杭州师范大学"人文振兴计划"学术著作资助项目

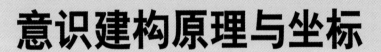

意识建构原理与坐标

丁 峻．著

中国社会科学出版社

图书在版编目（CIP）数据

意识建构原理与坐标／丁峻著．—北京：中国社会科学出版社，
2014.2

ISBN 978 - 7 - 5161 - 3955 - 4

Ⅰ.①意… Ⅱ.①丁… Ⅲ.①意识—研究 Ⅳ.①B842.7

中国版本图书馆 CIP 数据核字（2014）第 026620 号

出 版 人	赵剑英
责任编辑	罗 莉
责任校对	王兰馨
责任印制	李 建

出 版	中国社会科学出版社
社 址	北京鼓楼西大街甲 158 号（邮编100720）
网 址	http：//www.csspw.cn
	中文域名：中国社科网 010 - 64070619
发 行 部	010 - 84083685
门 市 部	010 - 84029450
经 销	新华书店及其他书店

印 刷	北京市大兴区新魏印刷厂
装 订	廊坊市广阳区广增装订厂
版 次	2014 年 2 月第 1 版
印 次	2014 年 2 月第 1 次印刷

开 本	710×1000 1/16
印 张	29
插 页	2
字 数	459 千字
定 价	75.00 元

目　录

题　白

　　人是天地万物之灵，眼睛是心灵的"窗户"。在人的日常感知活动中，其所接收的90%以上的外部信息，均来自我们明澈和不停转动的双眼。我们的心灵，因着双眼对物质世界的阳光、鲜花、碧草、蓝天、大海、高山、河流……等的移情体验，对社会时空的亲友、有机生命、工作环境、交通、医疗、饮食、服务、体育生活、文娱情境等的对象化价值体验，对音乐、美术、歌舞、科技、行为规范和生活人伦的符号化抽象体验，从而使自己的身心进入了更深广幽远的多元时空，使我们的情思理想和人格命运同星辰日月、草木春秋、数码规律和宇宙秩序发生了某种共鸣与顿悟，使我们不断地借助双眼所摄取的天地妙象和符号规律来滋养孕育出新的情愫、智慧、人格和理想图式！在这个意义上可以说，正是我们的双眼解放了我们的心灵、拓展和深化了我们的生命时空！它们不但是感受爱意与美象的情感之窗、"心灵阳台"，更是摄取智慧、发见奥妙的"精神遥感仪"，还是表达深幽情思和灵感洞见的"心灵显像屏"！

　　皮亚杰（Jean Piaget）指出，智力一词是指一个人不知道怎么办时所动用的能力。然而，智力一词尚不能含纳人的情感认知能力。有鉴于此，当代心理学逐步采用了智慧一词，以此指称人的情知意之综合性认知能力。笔者据此认为，智慧一词主要是指一个人明确理想目标并为之产生有关行为方案的新主意和有关自我及对象世界的新认识之意象创造能力。尤其在进化所提供的内在程序或反应模式对环境无能为力时，人类基于内在需要才进化出了抽象思维的智能。因此，我们要把自己的大脑视为天下最珍贵的无价之宝，要给予她更多的关爱、营养、呵护和文化滋润，要在心身科学引导下全心全意保障她的健康与发达！唯此，才会有我们的内在和谐、幸福健康、奇特创造，才会有我们的生殖健康、后代幸福和健达生活！

美是人之生命意象的对象化符号显现，美感是人之生命意象的本体性符号体验。于是，文化教育成为生命意象的价值建构过程，其中充满了美妙神奇的生命韵味，学习、思考和创造活动则成为一种快乐的发现过程和展示个性才能的自由价值实现方式；因而，精神创造是生命意象的崭新符号表达方式和主体的情知意价值之内在实现过程。其中，审美意识担当了生命意象的主体性体验与符号性传征之使命，科学意识则体现了生命意象的客体性体验和符号性实践之要义。要言之，人的情知意之全面发展，人的感性价值、知性价值和理性价值之整体实现，都需要主体持续建构科学人文一体化的理性意识与人格智慧！

第 一 章

心脑结构与功能

　　若要问世间最复杂最奇妙的事物是什么，则非心灵莫属。正是人的心灵深度、广度和复杂程度等内在品格，决定了我们对宇宙万物的认知程度、体验水平和改造利用的效能！然而，万千年以来，人类更多地致力于认识自然、社会和历史文化，相对放松了对自身心灵的观照与探究，对情知意能力知其然而不知其所以然，只管使用而不知维护修整和升级更新。

　　古人说得好："工欲善其事，必先利其器。"思维是人类的超级工具；对思维和内在情意的返身体验，则是人类确证存在意义并实现本体价值的独特方式之一。它们发动了人类的所有外在行为，并对之进行动态设计、超前引导、灵活调节和多维评价。所以，我们的确有必要从现在开始，抽出些许精力、时间和空间镜观吾心，以便从中有所发现、有所领悟，借此推动心灵的结构更新与功能升级，提高外在行为的效能与价值。

第一节　心灵与大脑的复杂关系

　　几千年来，哲学家、心理学家和生物学家等，对人的心灵及意识之来源、发生机制等，进行了长期的艰巨复杂探求，迄今尚未寻到满意的答案。主要困难之一，在于人的意识表现形式（心理/精神水平上）——如表象、意念、情绪、动机等，均无法获得实证性检验，有关的研究带有较强的主观性、经验性、内省性和抽象性等人文色彩。

一 意识活动的心理对应体与神经生理对应体的微妙联系

认知科学家格莱高里（R. L. Gligory）指出："我们推论，脑与意识之间有种密切的联系。……有关意识的一件麻烦事情是，它无法（或现在还未曾）从脑里分离出来，在不同的前后渊源中加以研究。所以，经典的科学研究方法对于研究脑与精神之间的关系，不是十分有用的。但这不是说人们对此一无所知，在脑的功能、结构与意识之间，确已建立了许多联系，然而我们尚不知道有关的联系原理。一般说，原因和因果方向不是由相互关系给出的，而是由适当的理论模型给出的。……尽管相互关系是明确的，但仍然很难判定因果的方向。理论（或范例）的变化，可以不改变资料而改变因果关系的方向。"① 在此，格莱高里从哲学的认识论逻辑和方法论原理上分析了意识与脑的关系命题。

物质科学主要是从它们所描述的宇宙中摒弃了意识和理智而取得成功的。换言之，不依靠有意识的理性实体来解释自然因果，不把神明作为自然界的动因（如天体运行和物种进化），这是对预成论问题的创造性理智解答。如果脑是通过自然选择而发展出来的，则它必定具有因果效应。可是，意识活动有什么效应呢？

人类的意识具有超前能动的特征。由外周神经排放神经电脉冲，以及由弱电流实验刺激脑内结构，均可引发被试的某些感觉。但是，人为刺激脑则无法诱发出痛觉或有意义的意识体验。对此，格莱高里意味深长地发问："既然运动控制和感觉刺激均取决于来自神经纤维的信号，那么我们为什么还需要意识这种东西呢？意识对脑有因果作用吗？意识足以成为一种动因吗？如果不是，那么意识有什么用处呢？什么是意识具有的但神经信息活动所不具有的？……可以说，'内在的'意识世界是根本不同于物质世界的，但是神经系统的物理信号又是如此重要。"② 显然，上面的问题有相悖之处：如果意识没有用处，它就不会被进化为人脑的一种动因。

笔者认为，人的对象性意识能够客观地反映现实，人的主体性意识或

---

① 转引自钱家渝《视觉心理学》，学林出版社2006年版，第12页。
② 同上书，第98页。

自我意识则能够基于心脑系统的内源信息而补充/添加修改、虚拟和预示外部的时空情境（过去、现在、未来；自我、他人、自然等体系）。意识的超前指示性功能或预示性的意识活动是超前发生的，相应的行为显然遵循世界的一种内部刺激模式，使得预示提前于脑对外部世界所发生事件的模拟（描绘或假设）。

心理学家阿鲁（Jaan Aru）推论："意识可能是人脑用来模拟世界的一种特性，我们则按照它采取预先行动。在我们借助内部模拟装置而感知世界时，为什么我们的意识呈现为现在进行式，却又按照未来一般式的预示范式而行动？……这里，我们遇到了同一悖论：意识有没有因果效应？如果它没有因果效应，就没有理由否认机器会拥有极其复杂的知觉。如果意识具有发挥原因的作用，则我们需要赋予机器以意识。倘若如此，当机器被赋予意识时，它应当复制人脑的哪些结构或功能特性？……总之，相互关系永远不足以建立因果关系。我们需要提出一种得以统一相互关系和识别因果关系的理论，但迄今我们尚缺乏这种理论。"[1]

另外，心理学上的很多感觉状态（例如羞怯、骄傲、爱情、创思、想象、回忆、反省等），很难用明确的生理状态来描述指征。那么，生理学如何同心理学相联系？能否撇开生理变化来影响或控制意识？从哲学上看，人的心理状态在多大程度上能被还原为生理过程？

需要指出的是，即使是目前最先进的第六代计算机，其单元量级、处理自然语言的能力和自动修正更新的水平依然远逊于人脑，更不用说具有情感、意识、想象力和创造力了。所以说，借鉴人工智能和神经网络技术来模拟认识人脑是很有必要的，但是不应将模拟、计算方法视为主要的方法，因为它不能代替我们对人脑本身的研究与实证。而且，如果不建立相应的中介原理来沟通现有的微观成果与宏观现象，则无论有关大脑的微观研究及动物研究多么精深至周，也无助于理解人脑与意识的本质关系。

① Jaan Aru, Talis Bachmann, Wolf Singer, Lucia Melloni. 2012. Distilling the neural correlates of consciousness. 2012. Neuroscience & Biobehavioral Reviews, 36（2）: 737–746.

二　脑与精神的关系

论及大脑的复杂深奥性，1991年诺贝尔医学生理学奖得主之一巴特·萨克曼（B. Saxman）指出："我们什么时候能了解大脑是如何工作的呢？例如，人脑的学习机理远远超出了我们的研究能力。因为大脑的高级功能实在太复杂，我们甚至不知道应该去观测什么信号。通过什么样的证据才能知道某个突触（synapse）变得更强壮？突触的强化是不是记忆和学习的基础？我的答案是否定的，仅仅靠突触尚不足以完成如此重任。学习和记忆过程几乎涉及到所有细胞及其彼此之间联系的变化——这是一种我们很难理解的变化。"[1]

突触活动的频率是每秒钟1千多次，1毫秒就能产生一个动作电位或者说一个信号；一个突触大约有一千万个受体；一个细胞可以接收几千到上万个突触（传导的信息）。因而，一个神经元能够同时处理数百亿到数千亿个信息"单子"，从而远远胜过一台电脑的信息加工容量！这样看来，人脑的信息加工能力远远超过千万兆亿（即相当于数千亿台"超级光子脑"）。

有鉴于此，萨克曼等对长时程电位与意识活动（包括学习和记忆）的联系表示怀疑，认为信息包含于动作电位的频率编码方式或突触传输方式之中。最新的文献研究也证实，电信号的传输比较严格刻板，而突触间的化学信号在传输路线上很灵活，能在相当快的时间内发生改变。这就是为何突触之间的联系路线频频改变、大脑不断改变（增加或淘汰某些神经网络）的机理所在。至于这些神经生物电和化学信号与大脑意识性体验的关系，以及意识体验的多元生成模型和脑机制等问题，笔者拟随后论述。

意识会不会是物质之脑的另一种状态？它们会不会是同一事物，而仅仅是描述不同？为什么在所有的物质客体中，只有人脑具备意识？是什么东西使脑成为独一无二的呢？所以，意识可能是脑的状态体现，就像意义由符号来体现一样。因此，了解意识的最好途径，也许是去探究符号是如

---

[1]　转引自［美］托马斯·A. 巴斯《再创未来——世界杰出科学家访谈录》，李尧、张志峰译，三联书店1997年版，第34页。

何体现的。格拉夫说："如何对人或机器给出意义。脑是通过阅读自身而具备意识的吗？倘是如此，我们应该密切注意有意识的计算机。"①

在哲学上，脑与意识的关系又被表述为心脑关系／心身关系，这组范畴成为支撑当代哲学、认知科学、神经科学和生物学的重大理论的核心概念。对此，哲学家提出了下列的假定性解释：精神与脑无关（即附带现象论或心身独立论）；脑产生了意识（相互作用论，一元唯物论）；意识推动了脑（一元唯心论）；两者平行地活动，没有因果关系（心脑平行论）；心脑同一（状态同一论）；脑对意识的事件突现论；等等。

笔者认为，人类心智的三大表象结构包括：理念性表象（或意象，形成于前额叶），符号性与概念性表象（或概象，形成于联合皮层），物体性表象与身体性表象（合称物象，形成于感觉皮层，分别由主体性物象与客体性物象构成，简称为体象与物象）。它们相互作用、协同增益，共同维系与提升了个性主体的意识发展、意识更新和意识调节等高阶功能。②

笔者认为，第一，意识体现了人脑的顶级功能；意识的大脑基础包括神经网络（譬如最新发现的"大脑默认系统"：the Defult-Made Network）、神经区块、神经柱群、神经电突触与化学突触、神经细胞的基因表达谱与蛋白质合成谱等多层级内容。第二，脑与意识之间的关系无论何等密切，它们都不是同一种事物。第三，连接意识功能体与神经对应体的双重中介可能是"心理对应体"；换言之，连接脑和意识的关键之物可能是心脑系统发生相互作用的高阶信息。其中，意象思维代表了主体的理性能力，体象思维代表了主体的感性能力，概象思维代表了主体的知性能力。

①　Tom A. de Graaf, Po-Jang Hsieh, Alexander T. Sack. 2012. The 'correlates' in neural correlates of consciousness. Neuroscience & Biobehavioral Reviews, 36 (1): 191 – 197.

②　Ding Jun, Cui Ning: The trinitive circle of cortex to control inner movement via visual feedback. Oregon University Books, 1992, p167 – 171. Ding Jun, Cui Ning: The trinitive circle of cortex to control inner movement via visual feedback. Oregon University Books, 1992, pp. 167 – 171.

　　进而可以推论，前额叶通过调控人的概念活动及物念活动来体现个性主体、民族群体乃至人类的精神价值与主客体智慧。人脑的意识内容极为深广复杂，其中包括认知、判析、规划、预测、想象、推理、体验定向、命名赋义，等等。第一，即使在没有客体信息刺激的情况下，前额叶也能驱动大脑产生内在的虚拟（表象）经验。第二，除去运动中枢后，仍不影响人的意识能力。第三，在麻醉或切除枕叶、颞叶后，人的意识状态仍可基本保持。① 第四，在双侧前额叶病变或切除后，人的意识可大部或几近全部丧失。

　　有鉴于此，笔者把前额叶作为大脑产生意识活动的核心结构。前额叶新皮层所储存和处理的信息大多涉及主客观世界的运动规律或理论模型，它主要指向未来时空、未知世界和真理王国。因而，它可被视为"文化皮层"；或者说，它是人脑之所以有别于动物脑的根本结构所在，人类以此体现了超越万物的智慧特质。

三　心身世界的"新天地"

　　神经科学家沃达尔（W. Vottar）指出："在任何科学中，或许没有一个问题像我们对心理的本质特别是心身关系的好奇心那样，激励我们对知识做如此执着的追求。……科学和哲学界有关心理本质的说法仍处于分歧和不确定之中……由于概念上和实践上的困难，心智的心理生物学不大可能由于某种单一的论据或概念的发现而被突破。恰恰相反，看来它是未来许多世纪神经科学中的一个关键性问题。这门科学最后享有的任何成就，将是化学家、生理学家、心理学家、数学家乃至哲学家们合作贡献的结果。诚然，哲学的现代形式的实践者们可能属于最重要的贡献者之列，他们扮演形形色色的资料库的综合者之角色。……如不成为一名起码的朴实的哲学家，无人能在这个领域从事工作。"②

---

　　①　Joseph Neisser. 2011. Neural correlates of consciousness reconsidered. Consciousness and Cognition, online 13 April.

　　②　［美］乔治·阿德尔曼：《神经科学百科全书》，本书翻译编辑委员会译，上海科学技术出版社1992年版，第1页（序言）。

例如，通过分析心象运动的行为效应，我们不但能深刻理解心理系统与机体系统之间的相互作用效应，还能见证心理信息转化为机体信息的奇特结果，借此感悟意识活动影响生命结构—功能及个体行为与素质能力的心理生物学机制。

哈佛大学心理学家科斯林（S. M. Kosslyn）在其专擅的心理表象研究基础上，发表了有关人们的心理行为在自由空间与坐标空间之间进行转换的计算机模拟成果。实验结果表明，那些经过与航空内容有关的"心理表象旋转"自我训练（内在演练、想象性情境）的飞行员学生，比未经此种表象训练者拥有更好的标准空间关系判断能力，并且其"想象性操移物体"的训练导致了实际上相应肢体运动的功能性改善：握持力增加、灵敏熟练性增强。未经"想象性操移物体"之较长期训练者，其上述行为实践能力未得到改善。

无独有偶，笔者在荷兰出版的论著也认为，芭蕾舞学生、歌唱演员和钢琴学生经过"运动表象"（肢体、发声器官、手指运动）想象性训练后，其实际表演中的空间表现能力较训练前及未训练者有显著性提高；且在这种内在训练过程中（静止体态）其相应的肢体、器官和手指的血流量及神经活动电位显著升至阈值水平以上。

上述事实提示了人的意识活动对其机体行为的深刻影响，为从哲学上阐释意识与物质、思维与存在、心理活动与身体活动之间的相互作用新机制提供了新的事实依据。笔者认为，未来的心身关系研究应当侧重辨识两者在信息层面的中介形式及其相互转换的方式，进而深入揭析它们之间发生相互作用的本质内容，以便深层推进学术界对脑与意识的认知概念刷新和思想模型创新等核心进程。

第二节　有关意识问题的多学科研究

当代人类所面对的物质世界、文化世界和精神世界，在科学与艺术力量的综合作用下，正在逐步显露出它们内在的隐秘结构和功能；其中最为复杂的领域当推精神世界。诺贝尔奖获得者 J. 肯德鲁指出："生物学研究所遇到的一切困难中最基本的困难，也许是研究者无法使他本身同他所研究的系统分开，因为他自身构成了该系统的一个部分，或参与了该系统的性质，以致不可能是客观的。"① 换言之，由于研究者本身是有意识的精神主体，从而在精神和精神存在于其中的物质客体之间横亘着一个巨大的概念鸿沟。上述矛盾向生物学家提出挑战的同时，也使意识科学成为最能激起人类竭尽智力的领域之一，成为人类在地球上所面对的至关重要的领域之一。

那么，大脑使用什么语言来沟通其内部的各种亚系统呢？目前已知，脑的生物学语言即是生物电和量子化学反应。同时，大脑还拥有心理学语言——三位一体的表象系统（包括实体性表象，概念性表象与意念性表象）。其中，左脑以听觉表象的逻辑思维功能最突出，右脑以视觉表象的形象思维功能最突出；从纵断面看，前额叶的抽象思维功能最突出，枕颞联合皮层的形象思维功能最突出。

尽管心理表象在大脑中实质上"看"不见"摸"不着，但它很可能是大脑对生物电化学反应的细胞内、细胞间和细胞膜上的复杂聚汇整合结果，并以二级同构的生物电场或信息场方式将之呈现于脑中。对此，神经语言学家 H. B. 巴罗精辟地分析说："人的意识处于内部语言和外部语言的界面上。外部语言同内部语言的相互转化，确是意识的重要组成部分。但是也得记住，人对大脑的许多内部信息交流活动并不能自觉意识到，它们不在两种语言的交界面上。"② 在更重要的水平上，思维、梦境、愿望等体验到（而未外显）的意识状态，以及由沉重的情绪事件或美学和宗教体验引起的更强烈的精神状态，都处于内部语言和外部语言的交界处。

一　意识世界的心脑信息观

论及视觉映像或心理表象的机制时，H. B. 巴罗认为："初级视皮层提供的上述描述被分布到次级视皮层，且也许在那里得到重新组合；而另一种描述则被输送到更高级的皮层。在那里，我们看不到视觉映像，它好比是用文字写成的书面语言，视觉表象要靠人的心理体验来破译。因而，

---

① 转引自丁峻《认知的双元解码和意象形式》，宁夏人民出版社 1994 年版，第107 页。

② 转引自［美］托马斯·A. 巴斯《再创未来——世界杰出科学家访谈录》，李尧、张志峰译，三联书店 1997 年版，第 106 页。

这也许可以使人们确信，当我们在生理学水平看不到视觉表象时，它可能是以符号集合体来表征的，这些符号同口头语言或书面语言中的单字没有太大差别。"①

笔者认为，与客观事物相对应的大脑中的生物电—化学反应模式，类似于一种形式化的书面语言或口头语言，它表征了某种形象，但不等于形象本身。唯有经过前额叶这个"文化皮质"施加认知体验之后，主体才能从生物学语言之中译出表象、意义、美感、观念和价值来。临床神经病学证实，前额叶损伤的病人，其记忆能力基本正常，但其进行辨识、洞察、计划、预测、变通等高级认知活动的能力显著下降，自发语言和书写能力降低，抽象思维趋于混乱肤浅，感知觉能力则不受影响。

上述事实提示，大脑的生物学信息在被整合与还原为心理学信息的过程中，前额叶新皮质与联合皮层、感觉皮层之相互作用是极其关键的。前额叶在后者的结构与功能中添加了文化信息，启动了深层的遗传机制，从而使系统功能大于各部分功能之和。大脑的内部语言（不管是什么样的符号）都对应于外部世界。布洛卡语言区负责把部分内部语言翻译为外部语言，魏尼克区及前额区则负责生成大部分内部语言的高级形态（例如意象）；三位一体的心理表象就位于这个整体功能系统及其多元时空之内。

（一）意识世界的生物学信息

意识活动的发生需要借助大脑神经细胞所传导的动作电位，后者实际上是神经元之间在突触层面发生的递质释放与接收之神经化学分子反应的神经电生理学产物。进而言之，大脑的生物电反应依不同的频率、波幅、时间相位等电学特征，来对大脑所感知或内生的信息进行编码，从而使之转换为统一的生物电语言，以便借此在全脑进行信息交流、整合与重构，形成大脑的反应策略或行为图式；至于分子化学反应，则依递质的不同分子性能与构象、不同的释放水平（量子级数）、不同的释放与接收部位等特性，借此对脑内神经元之间传递的生物电信息进行化学解码，使之对特定细胞膜上相应的受体、离子通道、化学通道乃至细胞质、细胞核内特定

---

① 转引自 Velmans, M. 2003. "How could conscious experiences affect brains?" Journal of Consciousness Studies, 9：3 – 29。

的蛋白质与基因结构功能产生靶效应。

从某种意义上说，人类的卓越智慧和复杂行为均与大脑的生物学语言密切相关：后者是前者的微观形式与物质基础，前者是后者的宏观表现与精神形式。当然，要寻找并发现生物学语言与心理学语言的转换中介，则是千百年来科学家梦寐以求的目标。这也许是造物主横亘于人类智慧面前的最后一道考验——若能破解心理语言的生物学法则，人类就可以乘胜揭开意识女神的神秘面纱了。

（二）意识活动的心理学语言

哲学家和心理学家认为，表象是一种心理语言或心理表征体。一些学者基于逻辑加工、语义分析和抽象思维等认知对象的表面属性，将"概念"作为另一种心理学语言。从我们使用的思维符号来看，概念的确扮演着核心角色。

由于"概念"是抽象之物，它必须借助某种文字形态或言语形式来进入人心，才能供人类思维之用。因而，笔者建议以"概象"代替"概念"，并把概象作为人脑对物体表象进行初步抽象加工的中介表征形式；把意象形式作为人脑对概象活动（或概念世界）进行高阶抽象加工的顶级表征方式。

需要指出，物体性表象活动发生于大脑的感觉皮层（即枕、颞、顶叶的中低层面），大脑借此表征客体信息及本体信息；概念性表象活动发生于联络皮层（即枕、顶、颞叶之高级层面相互交界与整合的神经纤维会聚区），主要表征知识信息、加工情感经验和语义逻辑内容，以左右脑的双向革命和互动互补为整合性特征；意念性表象活动发生于前额叶新皮层，主要表征主体的理性观念和客体的深广规律，以超越历史时空和现实时空、创构未来时空的情境来建构对内外世界的解释图式与行为蓝图。

二   人类与动物的意识观

依笔者看来，大脑的功能可以从内向、外向两个时空和生命本体、文化客体两重坐标上来加以确认。从内向时空来看，大脑的活动用以维系脑与机体的生理性稳衡、调节突发性的异常刺激带给生命系统的有害影响。医学证明，昏迷者和植物人都丧失了高级意识（即自我调节的）能力。从外向时空来说，大脑及其高级功能（意识心理）是人类认识客观世界、判断环境险恶、谋划行为策略、指导社会交往和创造新事物的本质力量的根本体现方式。

神经解剖学和考古学证实，现代人的大脑中，神经元之间和各脑区之间的双向连接纤维几占大脑75%—80%以上的空间；而在黑猩猩等人类近亲中，只有40%的空间用于双向连接；在猿猴仅有35%的比例，其他灵长类只有更少的双向连接纤维。① 这提示我们，双向连接方式对人类特有的概象思维和意象思维活动来说，可能发挥着决定性的功能支撑作用。

至于大脑对生命本体和文化客体所具有的功能，则还有更重要的内容：它帮助我们解释、建构和重组我们自身的一切经验、知识、情感、理念、人格、思维、世界意义和行为方式。这一切，都深深植根于人的表象体验、概象耦合与意象翻新之系列活动中——它们最初主要以学习和记忆的方式来发生，后者也是影响乃至决定我们的思维、情感、心理状态是否健康、行为方式是否得体有效的源头基础。

例如科学家发现，动物也能进行思维和判断，具有简单的情感动机和意向目的，能够进行粗浅的学习和记忆。② 其实，动物的思维以表象形式为主，它们缺少概念思维能力（包括起码的分类命名能力，符号发明能力及符号匹配能力），更缺乏意象思维的能力（即借虚拟的概念、理念来表征内外世界的本质关系，形成改造与创新环境的新方案新知识）。③

可以说，动物尚未走出感性世界，其思维、心理、认知和意识活动以本能性、直观性、现场性、经验性、表象性和机体反应性为主，不具备人类所特有的概念思维与理念思维能力，缺乏超前性、理性化、审美性和哲理性的意识品格。

需要指出，人类的意识活动不但能够对低位皮层以及皮层下结构施加自上而下的理念性影响，还能借助双重抽象符号（概念性表象和意念性表象）来加工各种信息、创造知识、运行思维、追求审美与智慧创造；

---

① ［澳］约翰·C.埃克尔斯：《脑的进化——自我意识的创生》，上海科技教育出版社2004年版，第302页。

② Gowlett, J. A. J.: Ascent to civilization: the archaeology of early humans. New York: McGraw-Hill, 1993, p. 36.

③ Carruthers, P. 2000. Phenomenal Consciousness. Cambridge: Cambridge University Press.

动物则主要靠身体表象和物象方式来加工低阶信息。人类的意识活动具有很强的指对性、超前性、整合性、选择性和创造性，而动物的物象思维则体现出机械习得性、本能适应性、感觉直观性、浅窄稚拙性等特点。

三 心脑活动的共轭信息

脑借助神经细胞上的生物电来传导内外源信号，这种动作电位的产生次数或传导速率/频率具有信息价值，"但具体是什么原理，还是一个谜……对于这些行动电势传导的信息是如何在中枢神经系统中综合整理的，我们的确一无所知"。[1]

萨尔曼（B. Salman）在《脑细胞的机理》一文中指出，在突触内，由量子级数的化学反应表征神经信息及其整合加工方式；不同的量子级数之神经递质释放与受体接收反应，对应表征着相应的不同种类与性质的信息内容。[2] 所以，作为大脑顶级功能与心理活动之统一语汇的精神意象，可能对应于上述神经网络及其高频同步振荡波。

有关心脑表征的数学模型，笔者拟借助下面的分析加以说明。

（一）三位一体的信息集模型

人的意识体验活动，包括外源信息的上行加工（编码与综合）、内源信息的下行加工（解码与匹配）过程。笔者基于祖克尔（M. Zoker）"ZS区域生长法"的像素合成与扩展学说、傅里叶转换公式、拓扑学关于图像基元的群集同伦匹配等方法，认为意识体验的生成是一种多元化的信息集建构过程，其中包括编码与解码、上行（输入）与下行（输出）、并行与串行、感知与行动、微观计算化和宏观模拟化等综合内容。

（二）"功能余数原理"

大脑的高级功能与低阶功能、整体功能与子系统功能、心理机能与生物功能之间的巨大差异性，乃至人脑区别于动物脑的优势基础等，均可由上述模型及其所派生的"功能余数原理"来解释之。

---

[1] Rosenberg, G. 2004. A Place for Consciousness: Probing the Deep Structure of the Natural World. New York: Oxford University Press.

[2] ［美］托马斯·A. 巴斯：《再创未来——世界杰出科学家访谈录》，李尧、张志峰译，三联书店1997年版，第207页。

前额叶及其他感觉区所富集的文化信息（语言、文字、概念、法则、知识、逻辑模式、艺术形象等），为生物学大脑之进化和思维发展提供了高度精致的语言形式和信息资源。所以，人脑的意识性体验是定位于前额叶且发散于其他感觉区的文化信息整合与时空价值重构过程。尤其是前额叶对大脑心理之低层结构与功能的超常催化与演练刺激，致使人脑借助第二信号系统而派生出第三信号系统（意象虚拟系统）；当第一信号系统和第二信号系统未受到感性刺激时，仍然能够借助表象形态再建客观世界或主观世界之情景，并作用于感知系统（即第三信号系统逆向作用于第二信号系统），从而形成从意象、概象到表象的信号复原与虚拟感知情景，继而使主体先前的感觉经验被激活并做出条件化应答，体现了 1 加 1 大于 2 的功能盈余效应。

四　有关意识生成机理的主要理论

什么是意识？阿姆斯特朗（D. Armstrong）在《唯物主义的心灵理论》一书中认为，意识一词包括三种状态：一是最低限度的心理活动（如梦觉），二是感知外部世界的精神心理活动（如视听觉），三是反省自己的内部世界之心理活动与状态。[①]

当代的意识研究体现了现象学的深刻视域，其中包括 qualia 问题（即指经历意识过程的主体所感觉和体验的，且只能由他本人感受到的主观感受内容）等复杂命题。D. 罗森塔尔（D. Rosenthal）深刻指出：意识是具备了感受性和意向性等心理状态基础上的高阶思想状态，特别是对某种内心状态的再思索。[②]

（一）意识理论概述

在解释意识本质机理的哲学流派中，占主导地位的是各种形式的一元论（如还原论和物理主义等）。还原论（Reductionism）的意识理论有三种：一是斯马特的语词还原论，该理论认为意识是一种大脑状态，意识可以被还原为大脑的某种神经生理过程或物理化学变化（的术语）；二是奎因的实在还原论，该理论把精神状态视为神经状态，而非另一种实体或心

---

① 高新民：《现代西方心灵哲学》，武汉出版社 1996 年版，第 23 页。

② John Heil：Philosophy of Mind. Oxford University Press，2004，p. 109.

灵状态；三是丘奇兰德的理论还原论。还原论的极端形式乃是"取消主义"或"等同论"，譬如《精神活动与大脑》和《唯物主义与身心问题》的作者费耶阿本德（P. Feyerabend）、《身心的同一性、秘密和范畴》等的作者罗蒂（R. Rorty）都坚持认为：所谓"意识"与"心理"等精神现象是不存在的，存在的只是大脑的物质活动过程。①

与还原主义相对立，当代哲学界涌现了一批倡导整体论（Holism）和突现主义（Emergencism）的深刻的思想家，例如奈格尔、鲁宾逊和杰克森等人。奈格尔强调说，意识经验的主观特性是无法还原为物理过程的，即存在着物理主义概念图式解释不了的关于意识的现象学事实；换言之，生命世界存在着超出物理主义范畴的意识性体验及其主观特性，它们不能还原为物理实在及其性质，而具有相对独立性，至少目前还没有希望对之作出科学的客观说明。②

杰克森进一步阐释道：主观的意识经验虽然由物理过程引致，但不能还原为物理过程，同时也不能对物理过程产生任何因果性的作用。笔者认为，意识活动作为人类的最高功能，可以对大脑及心理的低层功能与结构产生能动性反作用，这符合唯物辩证法关于功能与结构相互作用的原理。一些生物学家、物理学家和精神病学家也坚持认为，意识活动具有独立性和独特性，心灵现象和意识活动已经超出了科学与哲学的视阈和能力界限；意识如同物质和能量一样，在宇宙的结构图景中有同样重要且相对独立的地位与作用。批评"心脑依附论"和新旧"副现象论"时哲学家 J. 塞勒认为，心理状态是由大脑的无数单个神经元（冲动与平抑）之整体聚合状态所导致和实现的高层次行为，这种高层行为具有构成因果关系的地位和力量，亦即心理属性具有构成原因的意义。③

（二）基本评价

虽然上述理论深化了人们对意识与大脑的认识，但是它们共同忽视了

---

① Cleeremans, A., ed. 2003. The Unity of Consciousness：Binding, Integration and Dissociation. Oxford：Oxford University Press.

② John Heil：Philosophy of Mind. Oxford University Press, 2004，p. 213.

③ Llinas, R. 2001. I of the vortex：from neurons to self. Cambridge, MA：MIT Press.

大脑对文化内容的创造性加工和精神意识对大脑结构功能的能动调节作用，倾向于从人的大脑内部来片面、孤立、抽象地探索意识现象，从而陷入了一种恶性的"循环论证"怪圈。须知，人脑乃是人类的心脑系统、社会文化系统与生命机体系统长期互动互补与协同进化的复杂产物，其中涵纳了多元化、多层级和精细复杂的社会内容、生物学内容与心智内容。因此，我们不能单纯从大脑内部寻找意识的来源，意识现象决非仅仅是大脑细胞生物生理生化活动的结果。

笔者的看法是，心脑二元论并不适合于状态空间方法，它还需要第三个状态空间来发挥作用；而心脑同一论或相互作用论者则无法在状态空间这个形式体系中描述心脑关系，同时助长了精神实体化倾向。至于有关意识生成机制的一元论，则缺少对意识能动性及其信息增益机制的合理辩解，因而很容易走向机械唯物主义的还原论及取消论；二元论相对疏于对精神与脑之相互依存关系及其文化信息中介机制的基础性辨识，极可能滑落到等同论、平行论或唯心主义的超认知论等极端化的思想泥潭。不澄清这些"共轭性问题"（Cogjugated Problems，指同源同根和相互纠缠的复杂问题），则一切有关创造性意识的研究、应用、解释和预见活动终将难以奏效。

（三）事据启示

为了深入揭析意识生成的多元机制，今后需要检视与借鉴相关的神经科学事据。

第一，从大脑皮质的发育进化史来看，人脑以新皮质（尤其是前额叶新皮质）发育时间最长、扩展最快、容量增加最多、认知功能最复杂。人类的大脑在颞下沟、颞极和额极三个部位，汇联了感觉系统的所有输入信息，其心理之结构与功能成熟最晚，而动物脑的新旧皮质基本上变化不大。所以，新皮质（尤其是前额叶）可以作为探求人脑高级特性的结构重点。

第二，从人脑的内部结构来看，额叶（特别是前额区）同枕叶、颞叶、顶叶及边缘旁叶、海马区等（皮质与皮质下）重要区域，都有发达的双要的输出信息，皮质联络区则是上述"三级"的典型结构。[①] 据亚历

———————

① M. Sur and J. L. R. Rubenstein: Patterning and Plasticity of the Cerebral Cortex. *Science.* 2005，310：805.

山德拉报道，人类的高阶认知功能基于额叶皮质的神经襻（frontocortical loops）而形成于前额叶，脑内（皮层和皮层下）相互平行的神经环索结构从不同的皮层部位发出投射、分别汇集于前额叶的相应亚区。① 古里克等提出，前额叶对主体发挥正常的思维、认知和意向活动等高级功能具有至为重要的作用。② 蒙特利尔大学英才教育研究中心的科学家也发现，大约78%的天才青少年的前额叶新皮质的体积、神经元及突触数量（尤其是神经襻），均显著超过正常青少年。③

　　第三，神经信息现象学的最新研究也证实了上述的结构性推论。据卡尔文及科斯林等报道，借助神经成像术的观测发现，人脑在听到或看到某种具体名词（例如香蕉）时，其颞叶或枕叶的感觉信息能够沿着神经细胞网络扩散，同脑内相对应的抽象名词之神经反应区相汇合。这些负责处理抽象信息的神经细胞可位于第三级感觉区、感觉联合区、颞极甚至额极，共同汇聚于前额区；反之，人脑在听到或看到相应的抽象名词后，经感觉区而至前额叶对之进行编码加工，再反馈至感觉区负责具体经验的神经细胞柱群进行解码加工。①

　　笔者的研究也证实，当人进行内在思考或想象上述事物时，其大脑的神经活动之区域序列亦与上面的感觉行为相一致，且呈现出两种驱动方式（即信息加工模式）：感觉材料的自下而上式和抽象材料的自上而下（概念）驱动加工；两者都包含了串行与并行相结合、左右脑不同时空模式的激活与贯通等情形；其中，前额叶发挥着枢纽作用。人类的前额叶不但能够从其他皮质区提炼文学性、艺术性、生活性和科学性表象，还能精妙地摄纳来自哲学、宗教、审美文化和自我认知等理性世界的形而上元素和超时空理念，进而练达升华出卓越的意象思维能力。

　　具体而言，人类的理性意识之生成机制在于，它经由感觉皮层之表象

---

　　① Peter Stern, Gilbert Chin, and John Travis: Neuroscience: Higher Brain Functions. *Science*, 2004, 306: 431 – 436.

　　② Van Gulick, R. 2004. "Higher-order global states HOGS: an alternative higher-order model of consciousness." In Gennaro, R. ed. Higher-Order Theories of Consciousness. Amsterdam and Philadelphia: John Benjamins.

　　③ Morten Overgaard, Kristian Sandberg, Mads Jensen. 2008. The neural correlate of consciousness. Journal of Theoretical Biology, 254 (3): 713 – 715.

体验、联络皮层之概象匹配和前额叶新皮层之意象创构而得以次第廓出，其间同时涵纳与转化了大脑的生物学能量与信息、个性的经验与知识、情感意向和思维素质，并以历时空之高级感性（美感、道德感、理智感、灵感）、共时空之高级知性（主观知性、客观知性、宇宙知性）和超时空之高级理性（哲学理性、科学理性、艺术理发、生态理性）相统一的精神意识体系为根本特征，指向未来时空、宇宙生态文化和真善美的全息价值世界！

第三节　意识功能的建构范式

认知哲学的研究表明，人类意识能力的形成需要依托五大基本信息：经验信息（社会性内容）、知识信息（文化性内容）、情感信息（主体的人性内容）、身体信息（生物性内容）和理念信息（主体的智性内容）。进而言之，意识的发生与形成是多元性、多层级、序列化、时间异步化、空间叠合性的信息能量重组突现过程；意识的发展与成熟直接制约着主体的心智水平、行为方式和实践效能。

一　意识功能的神经生物信息学建构范式

什么是意识最终的生物学基础？它与智能活动的相互关系又是什么？这些问题不但属于神经科学、认知科学和心理科学的顶级问题，而且也是哲学（包括科学哲学、认知科学哲学、神经哲学、心理哲学和生物哲学等交叉学科）的尖端问题。

目前学界认为，精神是脑的功能；精神与脑构成平行系统；精神具有实在特性；心脑系统属于同型异构体、心脑本质呈现为共轭同一的范型；等等。然而，如果要解释精神现象所牵涉的神经机制的恰当范式，我们则需要着眼于大脑的宏观—微观这个两极维度，聚焦于大脑的中观结构（神经网络及柱群）及其中观功能（相互间的电化学作用及其整合生成的信息时空模式等），借助理论假说与数理模型开路，运用实验和模拟方法来检验之，逐渐绂绎出脑的精神发生原理、活动方式和结构基础。

从心身科学的基本原理可知，人类的身心发育需要基于遗传信息的预设程序，不断对内外环境的信息刺激做出超前反应，逐步形成并提升心脑及神经系统的能动性适应能力与主动性创造能力；其间，人的机体、大脑和心理系统的结构—功能发展的本质内容，实际上是个体生命对物质、能量与信息的摄取、同构与重组等一系列的非线性动力学演化过程。譬如说，人体的生命信息系统既包括遗传信息、体液信息（其中的激素与免疫因子等生化信息）和神经信息三大类，也包括感觉信息、知觉信息和理念意识信息等心理性内容。并且，神经信息并不等于心理信息与精神活动，后者表现出相对独立性，以表象、概象和意象等心理形式的产生、转换、重构与整合活动为主；神经信息则构成了这些心理活动形式的微观物质基础。

可见，脑体系统及其功能活动是生命信息的基本载体，生命信息表征了物质运动的高级特征，对生命结构与功能具有能动性反式塑造效应，生命信息系统具有自身形成与发展的特殊规律。例如，遗传信息以核苷酸、核酸、蛋白质等分子物质作为载体，但是生命的遗传不是以这些实体分子的直接传递方式来发生的，而是以遗传程序指令和相应的基因与细胞之生物学特性为传递内容的。所以说，生命的遗传是一种包括物质运动、能量代谢和信息活动在内的综合过程，物质载体受信息法则的支配与控制。同理，心理信息及神经信息作为高级信息形式，对体液信息和细胞信息又产生了能动的上游调节作用，从而有助于主体支配与控制低阶系统的发展状况。

精神心理信息对于神经信息、体液信息和细胞信息而言，具有元调控作用。因为，虽然神经信息是精神活动的物质基础（诸如神经递质的化学反应和细胞膜上的动作电位），但是它并不等于精神内容（神经信息不是精神信息）。神经信息在不同的神经回路中传递、转换与整合、分化，从而形成某种时空叠加和更为抽象的新信息；这种信息并不表现为某种具体的实在的物质形态，而是呈现为对神经回路及相关脑区之多层级物质信息的综合性与抽象性特征：概念化的神经信息表征体。

依笔者之见，人的精神心理信息系统由三大基本成分构成：（1）感性化的表象信息（包括物象、体象、图像与形象等）；（2）知性化或概念化的表象信息（包括术语、概念、法则、公理、逻辑程式等）；（3）理性化或意念性的表象信息（包括指向主客体的审美观念、道德理念、认知观念、人格意象、自我意识、社会意识、科学意识等）。进而言之，人的意识构成可以划分为三大基本层次：一是感性具身意识，二是知性符号意识，三是理性映射意识。

在外向性实践过程中，人的精神智慧力量能够通过自由意志而分别作用于大脑的前额叶、运动皮层、身体技能系统、符号中介（言语中介、文字中介、数字中介、图形中介、音符中介等）和物质中介（思想方法、技术手段、劳动工具），最终转化为对象性与实体性的客观价值表征体；在狭义的内向性实践活动中，个性主体的本体性意志转化为对象性目标等理念信息，后者借助前额叶的神经网络及生物电化学信息的相互作用，对处于高阶皮层的运动中枢、言语中枢、低位皮层及皮质下结构等神经系统进行下行性信息重塑、功能调控和结构嬗变，从而达到影响脑与机体这个生物系统之内在性能的效果。可见，上述的一系列中介单元便是意识活动所体现的心脑—心身相互作用的神经生物信息学基础。

例如，介导大脑高级功能并下行性调节底层结构的神经递质与激素等信使系统的分子活动，实际上构成了意识活动的神经生物信息学之微观动力学基础。对正常人体而言，应激与审美愉悦体验是两种主要的心理状态。它们均可通过相应的神经递质与激素效应来深刻影响人的大脑心理认知活动和细胞分子学微观事件。

（一）意识活动的神经模式：PLRB 柱环系统

前额叶（P）借助边缘旁皮质，便与边缘系统（L）、脑干网状结构（R）和底节（B）建立了密集的交互联系，成为发动、维系并调控情感、认知、睡梦和行为之多层级多递质稳态协调系统。笔者将上述结构命名为"前额叶—边缘系统—网状结构—底节"（PLRB）之柱环调控系统。中枢神经系统的 5 种关键递质乙酰胆碱（Ach）、去甲肾上腺素（NA）、多巴胺（DA）、五羟色胺（5-HT）和 r—氨基丁酸（GABA），大都源于脑干和底节，它们对皮层和皮层下的神经元活动关系重大。

第一，前额叶。据福斯特（Fuster, J. M.）1984 年报告，此区的 NA（去甲肾上腺素）、Ach（乙酰胆碱）和 DA（多巴胺）含量，远高于皮质感觉区和联合区；5-HT（5-羟色胺）正好相反。其中，Ach 在皮层以边缘旁皮质最多，在皮层下则以边缘系统和底节最多。据麦苏拉姆（Mesulam, M.）1984 年报告，额前叶的 Ach 受体以 M_1 最多，分布于 II—IV 层（非锥体细胞），具有突触后兴奋性效应。NA 受体，在前额叶 IV—V

层以 α_1 受体为主，V—VI层以 β_1 为主；β_2 分布于胶质细胞和脑血管肌层。它们均具有兴奋性作用。DA 在前额叶以 D_1 受体为多，D_2 较少。前者引介兴奋性效应，后者具抑制性作用。5 – HT 在前额叶不多，I—IV层可见 $5HT_1$（抑制性）受体，IV—V层以 5 – HT_2（兴奋性）受体为著。GABA 泛在于皮层浅层和皮层下，神经元为中间型非锥体细胞，其终扣围绕锥体细胞，起抑制作用。

第二，边缘系统。海马、杏仁核和下丘脑等内，均有较多的两种去甲肾上腺素受体（α_1 和 β_1），还有两种多巴胺受体（D_1 和 D_2 型），以及两种五羟色胺受体（5 – HT_1 和 M_1 型）；它们接受中缝核、蓝斑和底节的传入。外侧膝状体（LG）内有 α_1、β_1 和 5 – HT_1 受体，还有 GABA 和 Ach。

第三，脑干网状结构。NA 及 α_2 受体在蓝斑最多，5 – HT 及 5 – HT_1 在中缝背核最多。它们均发挥抑制作用，相互并行和拮抗。传入蓝斑和中缝背核的 DA、Ach 和 GABA 也较多。

第四，底节：黑质的 D_1、D_2 最多，苍白球内 Ach 最多、纹状体内 GABA 最多。底节从杏仁和边缘旁皮质接受传入，涉及情绪、动机、行为和认知等重要活动。其疾病有"皮层下痴呆"之称。Ach 神经元还在皮层、海马和纹状体内形成局部回路，以储存与整合信息。

（二）情感意识体验与 PLRB 系统

人的情感体验和情感表达活动需要以情感评价和态度意向抉择为基础。后者主要来自前额叶。前额叶不但为认知和行动制定方略和目标，整合信息与命名赋义，而且也向情感活动贡献了诗意、美感、哲理、旨趣、理念、意向等深邃隽永的文化魅力品位。在探索人的各类情感、情感障碍和睡梦、行为方面，尤其应加强对其内在的精神/神经动力学和信息论本质之解析，以破译其核心机理。

前额叶扩展最巨、成熟最晚，它以富涵文化符号（概念、法则、符号）和文化内容（哲理、诗意、观念）而著称，遂成为一种"文化皮质"，并借其想象力、创造力与逻辑推演力而主宰大脑、身体和人生。笔者在美国罗斯神经科学院所做的认知神经科学实验表明，前额叶与枕颞联合区、顶叶的活动呈现强相关，且它超前发动（预期电位、准备电位、动作前电位和动作电位），强度相对显著，且活动持久。据此，笔者提出了皮层（情感认知）"三位一体"表象环这个学说，即前额叶作为"意念表象（中枢）"，能动作用于枕颞叶的"客体表象（中枢）"和顶叶的"身体表象（中枢）"，为后二者赋予哲理、诗意和名义，将之整合为立体全息的心理意象，来充任体验、认知、想象、评价和决策等高级复杂功能。同时，广义的皮层"三位一体"表象环，则由前额叶的"意念表象（中枢）"、枕颞顶叶的"感觉—概念复合表象（中枢）"和中央前区的"运动表象（中枢）"组成，由前者整合分析感觉信息和指导运动反应。

进而言之，人的情感认知活动主要借助前额叶来协同引导 PLRB 系统（包括感觉皮层和运动皮层、神经内分泌和免疫系统等），由此实现主体对自身情感特征及价值的意象性映射、意识性体验和身体性表征。

具体来说，人脑通过前额叶向"运动中枢—本体感觉中枢—边缘系统—网状结构—底节"（PLRB）系统扩散同步化的高频低幅振荡脑电波，来获致相应的情感性意识体验。譬如，前额叶某些神经元可将自发性冲动（痕迹深刻或影响强烈的意念）导入海马—杏仁核；后者兴奋阈极低，被传入的微弱信号所兴奋，进而借此激活相应的记忆经验（表象），再经丘脑（背内侧核、外侧后核、枕核）将初级转译的此种记忆经验送达外膝体，然后将之导入纹状皮层，最后引起大脑对内源信息（视皮层）之高级译码和梦象体验。此过程被来自蓝斑、中缝背核（的非平衡冲动）和底节的上行性动力递质所协同/加强，它们为该过程打开了 PLRB 系统的有关门户。

在 PLRB 系统中，前额叶具有输出（意念性指令）内源信息的突出功能，导致情感障碍患者的内在应激和精神心理对神经生理的显著反作用（使 PLRB 系统产生功能状态和物质结构的双重异常/失衡）；它也造成 REM 睡梦中（海马）内源性视觉经验被对应激活并传入视皮层，引起似真的视觉性梦象体验。

从功能结构上看，PLRB 系统中的亚系统 P 网络（以前额叶为主，还包括边缘旁皮质和视皮层等）是理念输出与意象体验系统；亚系统 L 网络（海马—杏仁核—下丘脑等边缘系统）是转导内外部刺激的信息中介系统；亚系统 R 网络（以蓝斑和中缝背核等脑干网状结构为主）是激活情感和应激状态的动力调节系统；亚系统 B 网络（以底节各核群为主）是执行感觉与运动、表达情绪和认知结果的价值投射系统。它们共同构成了多级多元交互协同的 PLRB 柱环，发挥对情感、认知、睡眠、应激、行为和无意识体验的复杂调控作用。

有鉴于此，我们应当高度重视前额叶的功能，努力促进新皮层的发展，掌握内源信息的生成机制，提高自己调控内在应激的意识能力，优化对主客观世界的情感评价素质和态度抉择能力。我们还应当主动积极地充实精神体验、扩展认知天地，用审美表象、科学概象和哲理意象不断充实自己的情知意能力，借此形成更高阶的人格智慧与对象性智慧。

二　意识功能的文化信息学建构

前额叶新皮层是大脑的顶级结构，意识活动则是这个顶级结构所体现的最高功能产物，也是人类智慧活动的核心寓所。其中，物象是感觉的载体，词语是概念的载体，意象是观念的载体，语言是思维的载体，体象是精神的载体。

同时，精神活动又对各种信息活动具有能动性的主导作用，精神具有自主性。例如，是人的情知意活动决定了语言文字，而不是相反；是人的兴趣、认知目标与智力特性决定他学习什么、记忆什么、怎样学习和如何创造等过程，而不是蛋白质、核酸分子乃至基因决定上述过程的。身体的运动、激素的分泌以及大脑各脑区的功能等，都受到人的精神意识之高阶支配与超前调控。

有关意识体验的脑电地形图、脑血流图和耗氧量—糖代谢曲线研究的实验结果也表明，前额叶具有调节各脑区协同工作（激活与抑制）的高动力性、高统摄性功能。最新的意识活动实验发现，"前额叶损伤患者因缺乏抑制能力和检测新事物之能力，于是会出现注意缺失、判断失误、自信心下降、计划能力下降、记忆障碍、新思想产生困难，以及对现实和非现实情景的评价障碍"。[①]

其原因在于，对内在事件的调节，可以使一个人与现实分离（意识），并有可能对过去、现在和将来的事件做出各种解释。在神经系统完

---

① K. N. Ochsner, K. Knierim, D. H. Ludlow, J. Hanelin, T. Ramachandran, G. Glover, and S. C. Mackey: Reflecting upon Feelings: An fMRI Study of Neural Systems Supporting the Attribution of Emotion to Self and Other. J. Cogn. Neurosci., 2004, p.16: 1746 – 1772.

好无损的人类被试中，这种有见识的评价和调节行为的延时能力依赖于前额叶皮层。神经心理学也认为，智力活动、抽象思维及意识性体验的关键策略与核心内容，都主要由前额叶负责处置。

上述理论旁证和间接实证表明，前额叶参与决策、目标导向行为，计划及行为监测等未来性虚拟创造活动，即输出全新的行为模型和世界图景等智性信息。进而言之，人类的意识之所以能够以历时空、共时空与超时空的灵动弛豫方式体现出对特定事物及其内在规律的深微发见、命名赋义、概括抽象、解释预测等表达客观真理的主体性智慧功能，进而形成对符号模型的建构功能，作出对人类知识发展的概念性、理论性和思维认知性独特贡献，其根本原因就在于它所依托的文化心理信息学基本结构。

由前所述，大脑的"客体信息接收区"乃视听觉中枢，其"本体信息汇集区"是顶叶，其"理念概象信息加工输出区"则是前额叶，中央前区是"运动信息执行区"。

（一）内向认知意识与大脑默认系统的本体信息加工机制

内向审美活动，本质上是人以意象形式来虚观征验客观事物之审美特征的活动。因此，这种活动又可称之为"意象审美"活动。意象审美活动具有一些和外在审美活动相似的特点，同时又体现了一些不同于后者的独特性质。

1. 内向审美的心脑基础

"内向审美"实际上是心脑系统在美学、意识科学和心理哲学方面呈现的特殊的相互作用方式。进而言之，它主要是由大脑的"中线默认系统"所驱动的本体认知方式，其中包括前额叶的左右侧腹内侧正中区之下部、左右侧背外侧正中区之上部、右侧眶额皮层、顶叶前部等系列重要神经结构。

可以说，人的内向认知基于自我意识、审美意识和科学意识等理性坐标，体现了主体借助具身方式对主客体世界进行意识体验的思想智慧品格。它既是人类本体审美与自我反思活动的镜像表征过程，又具有相对独立性，体现了在缺少直观的外部审美对象和以身体为中介的社会实践对象之特殊条件下，人的精神世界运用内在象征的客观事物来对内外世界进行观念把握、情感评价、逻辑加工和虚拟认知，从而实现对内化的审美对象与实践对象进行审美体验、机理创新、性情优化和人格意志能力再造等高妙目标，并借此产生深烈的美感和练达的智慧！内向审美活动，本质上是人以意象形式来虚观征验客观事物之审美特征的活动。因此，这种活动又可称之为"意象审美"活动。它与人的外在审美活动有相似之处，同时又体现了一些不同于后者的独特性质。

2. 内向审美的价值转化方式

由外在的对象化观照达到移情入性，使心灵进入内在化、本体性的自我观照状态，这是内在审美与认知自我之活动得以充实、强化和完善主体的意识能力的根本原理。

其中，主体将审美表象改造重构为审美概念乃至审美意象（从而使主体的情知意整体参入其中），乃是由外在审美转化为内在审美的关键性智慧法门。进而言之，人的审美性意识体验实际上是主体动用高峰情感和智慧，借助镜像虚征方式，对审美对象进行整体性、深刻性和理想性的价值意境体验的一种意象认知范式。

哲学家贺麟指出：人究竟自由不自由，根本在于他的理想。① 人的幸福与自由实际上源于主体自身的意识体验；只有在想象力与思辨力自由奔放的理想境界中，人才能切实感受到生命及对象世界的自由和谐与美妙意蕴。所谓的"自由幸福"，实际上是人对自身状态的对象化审美体验。

正是在由内向审美所催化的思维创造之高峰状态中，人的心脑潜能与机体功能才能得到深度开发与高度整合，进而释放出前所未有的巨大能量，由此催生出新人格、新思维、新观念、新行为乃至新生命！这正是我们讨论并体用"内在审美"（虚拟创造）活动的意义所在。

距离感与超越感——内向审美的动力坐标。人的自我情感认知与对象化审美体验、科学认知与生命认知，其实是本质相通的。从科学、哲学、艺术、宗教体验，到爱情、友谊、亲情、爱国与思乡情结，莫不如此。正如芙兰雪斯女士给黑格尔的情书中所说："重要的不在于我们体验的是什么，而在于我们怎样去体验。"②

反观当代社会，人的教育和文化创造的根本矛盾是，受教育者被毫无

---

① 贺麟：《文化与人生》，商务印书馆 1988 年版，第 56 页。

② ［德］黑格尔：《黑格尔通信百封》，苗力田译，上海人民出版社 1981 年版，第 138 页。

情趣的书本知识所累，想象力枯萎凝滞，美感灵感力感荡然无存。而这等境遇皆来自人们缺少价值契通之感悟体验，反而受到低层次目标与需要之羁束，使心灵不能在超达的境界中协调交融、昂扬飞腾。因此，若无情感之审美辐射和意志之理性锤炼，便绝难使人的意识驾乘巨翼、神游八方，进而获得神奇的发现与创造！

（二）主体意识对人格文化的建构方式

体验的根本之义，乃是人类精神的最高价值活动，是人与世界的价值契通甬道，也是人与文化互为创造性的文明脐带。体验的本质是人的精神价值之创造性的实现境遇，由此它也是个性的核心、表象之本、概象之母、意象之源和文明之"胚宫"。

譬如，长于创造性思维的主体（包括天才人物）之根本特征在于最早最佳地获得了体验能力，进而由体验生出境界、美感、灵感和力感，借此同时洞悉了自身与世界，创造和完善了自身与世界，为自身和世界带来了深邃的欢乐、高尚的品格和卓越的灿烂文化。

意识体验中的"距离"，显示了主体超越现实的时空幅度。从普遍的意义来看，最高级的超越性跨度应当到达精神世界的彼岸：个性与宇宙相交融，自我同人类相契通。审美境界同现实状态的距离愈大，则意味着其理想水平愈高，个体释放的精神潜能与心灵痛苦亦愈大。

古往今来，一切伟大的作品与人物都具有浓郁的悲剧气质。严重的威胁和生死攸关的考验，都能强劲催化他们的人格嬗变过程；"沧海横流，方显出英雄本色！"唯有这些考验才使人心中的卓越潜质得以发掘释放。雅斯贝斯认为，只有在遭受致命危险的"临界境遇"中，才会展现出个性的真正本质。[1] 因而，悲剧精神的审美价值即在于人的最大潜能彻然爆发，人的本真理想纯然实现，人的生命力量走向不可战胜的情感高峰、智慧高峰和意志高峰！这种高峰价值作为人类共同的理想象征，借助悲剧审美之"快感"和"痛感"而激发起人的空前力量，由此实现悲壮豪迈的"内在攀登"！

由此可见，本体性的情感认知与意识体验既是人对生存状况的价值评

---

[1] ［德］雅斯贝斯：《生存哲学》，王玖兴译，上海译文出版社 1994 年版，第 83 页。

价方式（其中包括信念理想等复杂意识），又是人的精神发展所依托的内在原动力。它赋予现实生活以一种理想化的情景状态，开放出一个虚化的真实世界，同时也是一个未来的现实世界。它实际上在为人类社会选择着精神方向和行为道路，人类的意志与目的借助虚拟体验而获得了内在实现与价值肯定。

可以说，它既催生了人的想象性体验与自由幸福感，又导致主体产生了深重的现实性失望痛苦和压抑感。人的幸福与痛苦，本质上源于其内在的意象—物象比照及自我对话结果；而如何使人既保持尽可能完美的理想目标，又拥有相对合理的现实状态，从而使人的精神张力不致因过大而崩裂，也不会因过小而委顿，这已然成了个性主体在建构创造性意识过程中需要首先确定的价值坐标。

造成个性化独特价值体验的根本条件，乃在于个体产生的内在理想同客观对象的现实形态产生了瞬间的契合反应，并由此激发出主体强烈深沉的意象体验；其体验的激情和倾注于对象的情知意于是便愈显丰厚、鲜活和完整。从中可以看出，内向审美和内在实践对人的精神命运以及个性发展具有异常重要的影响。还可以说，那种坚不可摧之志、始终不渝之情，是人的第二特征或曰文化品格，它们对人的个性精神重建和理念意象创新来说，则具有更为深邃的价值。

这即是说，我们唯有同审美的感性对象拉开距离，将自我镜像移入审美时空，才能激发自己的表象转换、角色易位、概象匹配和意象翻新等意识创新体验，才会获得悲喜交集的情感升华和契通物奥的超拔性智慧，才能借助自己的高峰体验开发与释放自己大脑与心身系统的最大潜能，进而在虚观默察的内在革命中实现个性价值的系统增益与自由创造。

马克思说："劳动过程结束时得到的结果，在这个过程开始时就已经在劳动者的想象中存在着，即已经观念地存在着。"[1] 德国思想家 W. 席格勒说过：痛苦使人深思，思想信念使人坚强与成熟，并导致人超拔痛苦、创造欢乐。[2] 内部审美活动凭借其抽象、深邃、高远和自由的品格，而赋予主体无限丰富的想象力、灵颖的洞察力、深微的理解力和闪光的创

---

① 《马克思恩格斯全集》第 23 卷，人民出版社 1980 年版，第 202 页。

② W. Zeigler. The subject of mind. New York：Academic Press，1994，p. 263.

造力，使人在借助形而上之光返照形而中情思和形而下情景的共时空整合与超时空创构过程中获得高妙的理性启示与感性升华，由此催生出高洁的人格情操和创新的意识品格。

由于内向审美活动需要一个人全身心地投入对自我的情感、思想、人格和命运的体验，因而需要主体把情、智、意诸种力量指向一个目标，相互协调统合，达到最佳的系统放大功能和优化重组效应。于是，这种活动集中体现了其对人的精神力量的"三位一体"整合效能。

总之，内部审美与创思活动实际上是人对万物表象的本体性内化、概象转化和意象创构过程，由此催生了人的思想语言和内部对象形式，激发了主体对现存秩序的创新观念，引发了主体情感与性格、思维与认知、意识与行为的深刻嬗变。其中，意象审美活动赋予主体多元形态、多维时空的精神统摄能力及契合主客观规律的创造性预见品格，由此推动主体从内部审美走向内部创造和外部实践的高级境界。

第一，主体以未来时空作为思想坐标，以客观真理与主观理论作为价值目标，由此发动对个性主体乃至人类群体的历史性反思、现实性批判和未来性完善之内部设计和外部行为；由此发动对自身、人类、自然、社会、知识世界和精神世界的全息认知及改造完善活动。其中，精神世界由于体现了主观真理、主体理性和本体规律，因而赢得了真理品格。

第二，人的精神世界由于能够发现与整理客观世界的发展规律，预测自然—社会—文化世界的演进趋势，因而具有镜像化的客观真理之逆映射品格。

第三，人的精神世界还能通过主体学习与转化对象世界的运动规律，使之成为主体自身不断充实和完善的思想规律或主观真理，因而它具有不断增进主客观世界真理品质，经相对真理持续逼近绝对真理之建设性与可持续发展真理体系的创造性品格。

第四，人类的精神世界借助脑体活动的两极调节方式和双元进化模式而体现出心脑结构与功能之科学发展规律，同时显示了其善于自组织和不断调节自身活动的本体理性化完形品格。

因此，我们把前额叶（新皮质）视为理性意识的中枢，它借助生成、编程、推动和取消各种元指令，来间接实现对心理活动和机体运动的复杂调控。

三　意识功能的系统进化论建构范式

大脑与心理系统的功能既有相互重合之处，也有相互区别之处：前者的生物学功能主要是调整与维系机体所有器官和系统的正常生物学发育及其生理活动，后者的功能则在于体现主体对主客观世界的有目的之认识能力与改造能力，且主要借助符号形态的知识体系来指导个体与群体的各种行为方式，以便获得更加合情合理的劳动成果。其中，人的心理活动对机体发育和身体健康的影响程度越来越显著、越来越超前、越来越积极主动；同时，大脑的生物学遗传特性以及神经系统与细胞基因的活动效能和表达水平等物质结构的实体因素，也对人的心理健康、精神状态、情知意活动和行为素质产生了深微持久的制约效应。大脑与心理系统在互动互补与竞争协同之中体现了日益复杂的相互作用效应，从而实现了共同进化的双赢格局。

（一）心脑功能的分离与意识进化的内在动力

意识能力是大脑顶级功能的集中体现。然而，从大脑内部寻找意识来源的做法是欠妥的。正是意识的涌现及其多层级的结构生成与多元价值效能的外显，才导致了人类心理系统与大脑生物—生理系统的相对分离。

至于心脑功能分离的内在原因，笔者认为应当注重考察人脑的社会内容与文化价值。正是在人的社会经验和文化操作过程中才产生了人的意识活动这种新形式或高级特性。而论及人的理性意识，就需要将之与远古人类的感性意识（体现为物象思维和体象思维的方式，以身体语言为主）加以区别。

黑格尔指出："表象思维的习惯可以称之为一种物化思维，一种偶然性的意识，它完全沉浸在材料之中，因而很难从物质形式里摆脱出来并独立存在。"①

可以认为，人类之所以能够立于理性智慧之高地，主要是凭借了概象

---

① ［德］黑格尔：《精神现象学》，贺麟等译，商务印书馆1997年版，第40页。

思维和意象思维这两大思想"阶梯"。遗传学家艾略特（T. S. Elliot）和穆图尔斯基（V. Motulsky）指出："文化进化加速补充了生物学进化，现今文化条件已成为人类生物学变化的主要推动力，将来也会是这样。"[1]

的确，那无限神妙、出神入化、洞幽烛微和无所不能的抽象思维，即创造文化、自我反思、追溯历史、探索未来和未知、发现规律—真理、建构理性和科技模型等智性能力，乃是现代人与原始人的主要区别。这是因为，意识发生、精神能动性及大脑相应的复杂结构之形成，都是人类主动应对环境、超前规划预知和探索深幽事理物象、力求成为环境和生命的主人之行为进化的必然结果。

德国研究协会主席、基因科学家恩斯特—路德维希·温奈克指出：假定克隆成功、可以复制某个人，但它无法复制人的记忆与智力特征。记忆等高级功能属性，并非基因中先天就有的，这是生物学的极限，也是克隆技术的瓶颈所在。[2]

因此，可以从脑的文化进化→行为进化→发育进化这个内在序列来探索人类意识活动对行为、信使释放模式和基因表达过程的超前定向引导作用。进而言之，所有物种的命运都受制于遗传构成和它所无法左右的环境之间的相互作用；只有人类才有能力控制环境，并在某种程度上控制自己的遗传构成。而文化进化主要依靠思维调节，演化快且按指数级量发展，变化动因常来自有目的之定向变异与主动选择，新的变异常常有益，以多种方式广泛传递且内容复杂；文化对人类的心脑进化及意识能力的发展，发挥着越来越重要的高阶动力作用。

笔者建立的"内在驱动进化模式"认为：人类的智慧思维、审美体验和伟大理想，驱使优秀的个体与群体不断开发大脑潜能，强化学习认知与知识经验积累，锐化发见力、透视力、想象力、预测力和创造力，借符号文化而生成第二抽象信号系统，最终使异常发达的大脑智能与意识体验能力牵引大脑生物学功能与结构发生定向性超前式发展，并构成对神经内

---

① DANIEL KEVLES：Genetics and the Uses of Human Heredity. Harvard University Press，2001，pp. 112 – 113.

② Longstaff，A：Neuroscience. London：BIOS Scientific Pub. Lit. ，2000，pp. 178 – 179.

分泌系统和生殖系统的全新调节方式——适度的紧张与良性应激状态，为人的身心发展和高效活动动员了脑体潜能，为生命进化提供了自上而下的精神动力。

（二）心脑功能的重合与意识—存在世界的耦合趋势

心脑功能原本不分家，在原始人那里体现为浑沌一体的状态；只是在人类逐步形成了日渐复杂精细的言语以及发明了文字之后，才加速了心理系统与大脑系统的隐性分离趋势。其分离的内在动力，则源于大脑高阶功能的宏观性整体性进化（即顶层功能进化），主要体现为人类的理性水平与意识体验达到高峰，形成了远离动物本能的高级认知品格（诸如美感、道德感、理智感等）、自我认知—自我调节—自我实现能力，不断提升了主体对主客体世界的历时空、共时空和超时空性洞察力、概括力、解释力、判断力、想象力、预见力，等等。

其中，以前额叶主导的"内在驱动"进化过程导致出现了人的超前性、能动性、定向性和创造性选择逐渐压倒外在的自然选择这种趋势，并逐渐经练习、巩固、改进而生成特定的精神意识活动模式。该活动模式发源于个体早期的大脑机体始基结构及遗传指令（包括双亲孕前孕期的行为调制，基因交换重组和后成修饰——指蛋白质在翻译后加入特定化学官能团而导致蛋白质的结构与功能产生新的变化——等内容），不但受到自我身心发育成熟水平的制导（如育龄选择效应），还受到主体出生后发生的先入为主的经验塑造的影响，进而在特定知识的推理路线、特定经验的感受模式和人格意向的反应方式等层面受到哲理文化的洗礼和美学文化的陶冶，最后汇聚于前额叶并催生了主体"理念中枢"的意识活动。

因而可以认为，人类与动物（乃至现代人与原始人）的最大差别即在于他们的大脑前额叶新皮层有无三级结构及其顶级功能（理性思维、意识超越和符号体验能力等）。其中，人类心脑功能重合的发展趋势是：意识能力作为心脑系统的顶级功能，其对低阶功能与低层结构的下行性正向调节作用逐渐强化，从而加速了心脑系统在结构捆绑、能量代谢、信息加工和功能募集方面的耦联协同与一体化发展。

那么，心脑功能重合的显性特征又是什么呢？笔者认为，其中之一便是 21 世纪以来科学家所发现的大脑 40~80 赫兹高频同步振荡波。众所周知，人的大脑电波有几种类型：一是 α 节律，8—13 赫兹，以枕叶的振幅最高；二是 β 节律，14—30 赫兹，以前额叶及额叶的振幅最高，其次是联合皮层；三是 μ 节律，7—11 赫兹，以顶叶的振幅最高；四是 θ 节律，4—7.5 赫兹，以额叶为主；五是 λ 节律，40—80 赫兹，以前额叶的振幅最高；六是 δ 节律，1—3.5 赫兹，以边缘系统及颞叶的振幅最高。

特别需要指出，λ 节律出现于人的紧张思考、复杂的意识活动和审美创造的心理高峰期间，并且体现为自下而上的逐层递增规律（从感觉皮层 15 赫兹以下的低频非同步振荡波、联合皮层 16—28 赫兹的中频低同步振荡波到前额叶新皮层的 29—40 赫兹的高频同步振荡波）。[1] 前额叶新皮层的广泛抑制和兴奋灶收敛聚焦于少数几个动力部位并发生对大脑时空节律的重整过程，进而引发了自上而下的 40 赫兹高频同步振荡波的远程定向性多层级扩散现象，导致人脑产生高强度的注意效应和认知优化效应。[2]

可以说，40 赫兹的高频同步振荡波即是人类心理活动高阶过程的功能标志，也是大脑顶级功能的生物电峰值状态，还是神经网络获得泛脑非线性动力学激活和选择性自组织的时空信息加工之本质体现。这样，它借助自身的界内峰值意义和跨界性的功能共轭作用，有效地实现了对大脑与心理活动的完形整合，从而具有促进心脑系统联动发展和有助于揭示心脑关系及意识本质等重大难题的划时代价值。

第四节　情感、认知与意识活动的关联性

人对意识世界的认知建构，本质上不是对外源信息的机械式复制，而是对其进行个性化的泛脑再组织和意义创新过程：一是自下而上的客观信息驱动（即感性驱动或经验驱动），二是由上到下的主观信息输出之调制作用（即理性驱动或意识驱动）。同时，主体对自我认知活动的情感体验、认知和评价过程又与其对外部世界的情感体验、认知理解和价值判断

---

① ［德］弗里曼，W. J.（Freeman. W. J.）：《神经动力学——对介观脑动力学的探索》，顾凡及等译，浙江大学出版社 2004 年版，第 324—325 页。

② 顾凡及：《神经动力学：研究大脑信息处理的新领域》，《科学》（上海）2008 年第 3 期，第 11—15 页。

密不可分；换言之，它们动用了主体大脑与心理世界相匹配的感知系统、认知系统和意识系统，使得主体能够同时借助客观信息来建构主观经验，借助客观知识建构主观知识，借助对象性情感形成自我情感，借助对客观规律的创造性体验和思维来返身感受自己的美妙情思和建构理性意识（主观真理）。

因而，意识建构的核心内容即在于主体打造个性化的意识表征系统之复合内容与时空形式。审美与创造的意识调控过程，本质上是人的精神力量同符号化的客观世界之物质形式相互结合、相互变造的文化内化与价值转化过程。其中，主体对意象世界的全息体验、虚拟认知与价值创新，则是人类发展创造性意识的根本目标与核心机制。

一　情感形成与发展的基本规律

知识创新的高阶条件是理念更新，理念更新需要主体的意识创新；意识创新需要依托主体的人格坐标，人格坐标主要受到元认知系统的调节，其中包括元体验和自我参照系的内在映射等关键内容。因而意识更新还需要人的思维创新；思维创新的感性动力则是情感更新，获得新颖深刻的体验；情感更新的信息基础则在于经验重构和知识内化等认知操作。所以，我们需要深入认识情感形成与发展的基本规律，以便据此培育富于美感、理智感和道德感的情感品质，借此催化创造性的思维能力和理念创新品格。

关于情感发展的基本规律，可从以下几个方面进行探讨：

第一，情感发展的关键期。当代科学证实，人在 10 岁前后，其大脑的感觉皮层要经历两次"迸发性生长"高峰，即 3—4 岁左右时，人的大脑感觉皮层的神经元数量达到了极限状态，其遗传潜能全部转化为相应的表观结构，从而为个体此后摄取刺激信息、建构经验系统提供了最佳的结构基础；5 岁左右，儿童的大脑感觉皮层开始进行细胞重塑，即保留那些接受了信息刺激的神经元及突触结构，淘汰那些未接受信息刺激的数量众多的"多余"神经元（大约占原先细胞总数量的一半左右）。[1]

---

① 蔡文琴、李海标：《发育神经生物学》，科学出版社 1999 年版，第 285—286 页。

　　第二，情感建构中的多元调制因素。具体而言，人的情感记忆时时刻刻受到前额叶、海马、感觉皮层和联合皮层等大脑核心结构的综合调制：一是感觉皮层向杏仁核输送相关的经验情景，二是联合皮层向杏仁核输送相关的认知信息（概念判断），三是前额叶向杏仁核输送相关的理念信息（动机、意向等），四是海马据此对上述多源条码进行整合编码，形成短期情感记忆，并在若干天内转化为长期情感记忆，送至左右脑半球的颞叶前下部、杏仁核、前额叶的眶额区（工作记忆提取平台）和枕叶、颞叶、顶叶的相关区域。[①]

　　第三，经验的内化与活化是情感生成的动力之源。个体在一生中不断感知日新月异的外部世界，从而导致其大脑的所有相关区域之细胞连接不断形成新的独特的神经回路，由此不断改变着主体的经验结构、情感结构、知识结构、思维结构、人格结构、意识结构；结构的渐进量变必然会引起主体的心理状态和素质能力的优化与更新。可见，经验是情感之母，新经验是激发新的情感的动力源泉。

　　第四，情感认知的后成规律。"情感对象不同于其他对象，它以特殊方式形成的内在表象构成了情感认知的起点，也构成了主体观照自我的对象化基础。……情感的认知对象不是现成的存在物，只能形成于个性化的情感体验之中；而且只有当这种经验完全形成之后，我们才会对此产生情感反应。"[②]

　　第五，主体发展情感能力的内在程序：一是将情感对象的客观形式转化为主观形式（感觉表象）；二是借助感觉表象引起主体的经验重构（经验表象）；三是以新经验激发相应的特殊情感（情感表象）；四是借助新颖的情感激发起美妙的想象（想象性表象）；五是情感投射与想象性情景投射：主体将自己的相似性情感及虚拟情景投射到感性表象上，从而形成相对独立于主客观世界的理想化经验表象和完美的情感表象；六是对诸种有关经验表象和情感表象进行全息比照，由此形成关于自我和对象的认知

　　① Noa Ofen, et al.: Development of the declarative memory system in the human brain. Nature neuroscience, 2007, Vol. 10, No. 9, 1198 – 1205.

　　② Kaspar Meyer. 2011. Primary sensory cortices, top-down projections and conscious experience. Progress in Neurobiology, 94（4）: 408 – 417.

表象；七是经由知觉投射和理性整合，形成相应的情感意象、人格意象、身体意象和自我意识等高阶产物，伴随着对自我和外部世界的美感、道德感、理智感、自爱自尊感、自信心等高级情感的廓出和情知意完形统一的大人格问世。

需要指出，主体所创造的多元化的内在自我既接受主体的情知意投射，又可向主体的客观感觉、客体知觉和客观意识系统等进行逆向投射，从而显著改善主体认识客观世界的能力与水平；同时，指向未来的自我意象又能够从主体对客观世界的体验、认知和意识活动中汲取并转化对象的感性特征、知性规则和理性规律，从而有助于主体充实和完善作用于未来的自我意象、人格意识、情感理想、元认知能力，进而引发主体对自己本质力量的持续性观照、纵深性体验、全息认知和高效转化等动力性效应，逐步从内在实现走向形成并外在实现更完满的理想观念（情感意象）之境界。

二　认知想象——情知意的统摄方式和意识体验的操作内容

主体创造性意识的发生机制在于，一是经验与情感的创变：从历时空、共时空到超时空情景；二是意义发现与实现享受的深广挺进：形而下、形而中到形而上的境遇；三是价值判断和理念显现的跃迁：从感性特征、知性范式到理性规律。为了实现主体的情感价值、认知价值和人格价值，我们必须在内外活动中有意识地实施下列的定向性情感实践，通过长期刻苦的身心磨炼来塑造真善美的情感素质，提升自我认知能力，设计合情合理的理想人格，进而逐步从自我的内在实现走向外在实现。

第一，经验变构。情感世界的多级组构与深广扩展：借助丰富多样和生动具体的外部活动，人的儿童时期就能扩展和深化自己的经验构成，优化自己的情感模式，深化、细化、锐化自己的情感反应能力。

第二，情感映射。借助情感映射，主体的价值特征就会呈现于对象之中，从而使审美对象能够揭示人的精神世界；同时，被表征的世界的深层特征也会投射到主体的心理世界，亦即审美对象同时造成主体情知意世界的结构重组与功能嬗变，使人的潜能特质和价值理想得以内在实现。可以说，人类情感活动的根本奥秘，就在于主体、客体和间体世界的多重组合及其复杂的相互作用之过程；而情感审美之所以快乐的深层妙机，也在于主体的内在创造与对象化发现：既创造了完美的"对象世界"，又创造了崭新的自我；继而，主体借助内在的"情感对象"这个思想客体而展开个性本质力量的对象化投射，包括移情投射、经验投射、理念投射、符号投射、人格投射，进而同时发现并创造出自我世界、自然世界、艺术世界、生命世界的新颖价值。

第三，想象性体验。想象活动的多时空弛豫和核心价值聚焦：人类的想象活动实际上是对未来情景的虚拟方式，其间受到前额叶所做出的合理预测及规律性认识之高阶调节。指向自我的情感想象之所以具有头等重要的认知价值，一是在于主体能够借此创造全新、美妙和理想的虚拟经验，由此引发对自我和对象世界的结构全新嬗变效应；二是此种新奇的虚拟经验能够激发主体产生更自由、更强烈、更纯正、更优雅和更深邃的情感体验，由此引发主体对自我和对象世界之意义场的深广拓展与价值跃迁效应；三是主体由此创生了共时空、形而中和知觉统合的审美概象，从而实现了审美对象从感性时空和知性时空的意义升级与结构创新，映亮了主体与对象通往审美高地（即情感理想、审美理念、人格情操和诗意境界、美感极致）的内在之路。

总之，正是在想象的世界中，主体才能与主客观时空的情感表象进行深广自由的交互式价值投射和无限颖妙的意义映射行为；其间，主体的移情达到高峰状态（共鸣），主体的直觉判断导致对自我、社会、艺术和自然世界的全新的诗意理解与全息的价值认同。

因而可以说，人的情感所中意的目标体现了主体的某种深刻而强烈持久的内在动机，标志着主体的某种价值理想。因此，情感对人的思维、意志和人格行为具有巨大深刻和持久的影响。

第四，意象建构。主体在内心形成的思维意象不同于"感觉表象"和"知觉概象"，而是一种不同于前两者的全新的理性化产物。理念意象乃是主体经过重组经验和知识，经过想象而产生全新的虚拟经验与新颖深刻的情感妙趣，经过审美判断而形成的用以表征主体价值理想及对象本质规律的理性认识。

理念意象作为主体意识之心理表征的核心形态，具有下列特点：

（1）全息价值象征性。主体的"人格意象"同时摄取与涵纳了主客观世界的本质特征，因此能够表征主客体的核心价值、暗示自我与万物的存在意义；其中既包括主体自身的情感品质、经验范式、思维效能、人格风韵、理念意识和个性理想，也包括客观对象的感性特征、形式构造、运动规律和生成法则。

（2）时空聚合重构性。在人的情感审美活动中，那些过去的、现在的和指向未来的情感，那些历时空、共时空和超时空的各种经验，那些形而下、形而中和形而上的价值理念，那些感性特征、知性能力和理性精神，都被审美主体一网打尽，悉数纳入理想化的"人格意象"这个"镜像时空"之中了。

（3）本质力量贯通性。审美主体的"人格意象"不但能够折射人与对象的本质特征，而且将两者天衣无缝地合为一体。

（4）嬗变跃迁超越性。主体所创造的"人格意象"成为其超越现实世界、内在实现自我的精神归宿，也成为人与世界实现价值契通的"精神甬道"。

（5）聚焦映射的特异性。由于主体实际上处于情知意活动的与时俱进状态和意想不到的奇特变化中，因而即使当他在不同时期和不同地点面对同一个情感对象时，也会产生不同的情感体验与意义感悟。同时，不同的主体面对同样的情感对象，则会引发人各有异的自我情感体验和自我认知境遇。

（6）主客体和间体的双向互动性。"思维意象"作为一个"双面折射镜"，既能呈现对象（即艺术作品或自然景象、生命形象）的本质特征，也能反射主体自身的本质特征。

（7）价值信息的创造性。主体所创造的"思维意象"成为自我意识的全权代表和理性精神的具身体现，它能够以自上而下的方式引导主体的经验重构、情感更新、思维优化、理念融通、情感升华和自我实现，还能够借助自身的内在显影特征和逆向映射装置而推动主体间接观照自我世界、直观符号形态的对象世界，由此获得全新的重大发现；主体借此获得审美妙机、诗意美感和自由的快乐感，借此赢得对自我的对象化感性确证、充实完善和内在实现。

（8）多级生成与突现性。主体对自我认知的返身观照和对客观对象的认知，都需要经历重构经验、刷新情感、对象化投射、镜观自我、确证本质、体验意义、评价对象、意象廓出等一系列环环相扣和次第展开的精神变构活动。进而言之，从大脑高位结构和高层感觉部位向低层感觉皮层的反馈式投射，不但能够激活更多的脑区，实现信息捆绑和价值整合功能，而且这种自上而下的映射模式成为建构心理表象并使之获得层级跃迁（嬗变为更高层级的心理概象乃至心理意象）的核心机制。

三　创造性意识的认知操作机制

总体而言，人的创造性意识之形成过程涉及四种动力因素：一是自下而上的客观信息驱动（即感性驱动或经验驱动），二是由上至下的主观信息调制作用（即理性驱动或意识驱动），三是从左到右的形象化演绎加工，四是从右到左的抽象化归纳加工。

（一）培育创造性意识所需的心理表征体及认知操作范式

1. 感性化的表象建构及情感投射

内源或外源的情感对象转化为新的经验表象，进而引发了新颖的情感体验；主体将情感色彩投射到经验表象上，进而形成了情景交融的情感表象。

2. 知性化的概象建构及想象投射

主体参照自己的情感理想，对当下的情感表象进行合情合理的发挥及称心如意的虚拟想象，进而激发了更深广、美妙和完满的虚拟体验，再将此虚拟的情感色彩投射到想象性的经验表象上，主体内在旁观这种对象化的自我情态，尔后从中汲取有意义的内容，将之用于对自我情感的返身认知。

3. 理性化的意象建构及理念投射

主体形成完美的经验表象、理想化的情感表象之后，还要将其与不完美的经验表象和现实的情感表象进行比照，借此形成更为合情合理的自我情感意象，进入对自我人格的情知意高峰体验状态和理性认知阶段，由此产生了关涉自我的美感、道德感、理智感、自我悦纳感（自爱）、自尊感和自信心，进而推动了主体对自我情感的意识体验、理性认知和观念升华。

（二）培育创造性意识的思想路径

为了培养青少年的创造性意识，我们需要引导他们定向积淀多种素质

（情感、经验与表象体验，逻辑、知识与概象贯通、意识通感与理性意象统摄等）。

第一，纵向开发（高阶定向、低阶定位的奠基性上行性驱动：从感觉皮层、联合皮层到前额叶新皮层），强化对青少年感性素质的情感经验性建构——以表象的审美体验为核心，以艺术教育和美育为内容，从而为知性扩展和理性创造奠定动力基础。

第二，横向开发（左脑与右脑的互动互补性协同驱动），深化对青少年知性素质的情理交融性整合——以概象的认知想象为核心，以科学人文的大知识系统及伦理性、逻辑性文化为内容，从而为理性意象生成、孕育直觉灵感（伴生美感理智感道德感）而打好基础平台。

第三，顶级开发（前额叶新皮层的统摄性下行性驱动），锐化对青少年理性素质的情知意共时空聚汇牵导——以意象时空的假定性虚拟效能为核心，以哲学教育和哲理体验为内容，从而为理性统摄活动和创造性之时空超越体系提供动力性发射平台。

总之，人在实施自己的创造性意识的建构过程中应当以大脑心理的"三位一体"意象活动理论为基础，进而将之作为开拓自己的主体性意识及建构创造性素质的思想参照系。

第五节　意识活动的多元内容与真理品格

人的意识活动之所以具有多元内容和真理性品格，乃是因为它经历了体验性的表象建构、想象性的概象建构和假定性的意象建构等三大嬗变过程，分别呈现为感性塑造、知性塑造和理性塑造等核心内容。换言之，人的意象生成与理性建构乃是互为表里的价值统一体。

一　意识活动的全息内容

众所周知，意识是人脑对客观现实的反映。它可以分为自我意识、审美意识、科学意识、道德意识、宗教意识等多种内容；按人的主体特性划分，意识系统可包括情感意识、思维意识、身体意识、社会意识、自然意识、文化意识，等等。具体而言，人的意识主要涉及主体对下列内容的体验、认知、调节和实践操作图式：自身的存在、客观世界的存在、自身同客观世界的复杂关系，以及虚拟的自我情景、假定的自我与外部世界的关系、预期出现的客观事物等特殊内容。其中，自我意识主要涉及人对自我的认知，又可称之为元认知；人对客观对象的认知称之为对象性认知，相应的意识活动被称作客体意识或世界意识。

在此需要说明，所谓的创造性意识，只是人们对主体意识属性的价值标示，与之相对的则是保守性意识或守旧意识。人的创造性意识需要孕生于丰富的表象体验、深广的概象贯通与超达的意象翻新之序列性复杂过程之中，并需要卓越的激情想象、坚定的意志品格和全新的假定性理念来孵化之。尤其是合乎情理的假说或猜测主要来自于创造性的想象力，还要依托理性原则，借形象显现理性观念，如此才能使人的意识超越经验和自然，创造出"第二自然"。所以，理念意象是表征意识内容的具有最高显现力的感性形象，因为一般的理念可以有无穷个感性形象来表征它，但是却没有任何一个足以充分地显现之。

进而言之，理念意象这个概念有助于我们揭示事物的本质和规律，因而带有普遍性，并能引发无数个相关或类似的意象与观念，诸如情感意象、自我意象、审美意象、道德意象、科学意象、爱情意象和人格意象。

因此，假定性猜测是意象生成和理性建构的主导方式与核心内容之一，它特别倚重哲学文化的时空超越性理念、深彻性洞见、高达性情怀、沉注式意志神态。

（一）价值体验

人的"价值体验"包括情景体验、符号体验和意识体验等三大内容。其中，情景体验是指主体对自我和对象之外部特征的感性体验，或者说对主客观经验的情感反应；符号体验是指主体对自我和对象之内在属性与变化规则的知性体验，或者说是对符号形态的主客观事物的情感反应；意识体验是指主体对自我和对象之本质规律的理性体验，或者说是对理念形态的主客观事物的情感反应，譬如人们常说的美感、理智感、道德感，等等。其间，主体对自我的体验、认知和评价过程又与其对外部世界的情感体验、认知理解和价值判断密不可分；换言之，它们动用了主体之大脑与心理世界的同样的感知系统、认知系统和意识系统，使得主体能够同时借助客观信息来建构主观经验，借助客观知识建构主观知识，借助对象性情感形成自我情感，借助对客观规律的创造性体验和思维来返身感受自己的美妙情思和建构理性意识（主观真理）。①

第一，价值体验的方式包括三个方面：（1）本体投射（心理，大脑，机体）；（2）对象性投射（人，物，机理）；（3）混合性投射。价值体验的定义：人对本体感性价值的对象化认知方式（自我之镜像观），主体借助对象的形态特征及其变化之妙来投射主体的象征性价值。价值体验涉及社会认知、本体认知和符号认知（包括审美观照和科学活动中的智性体验）。心理学认为，人的认知解释决定了其价值体验的倾向和反应结果。

第二，价值体验的对象与来源。价值体验的维度主要指向过去、现在和未来这三个方面。它包括：（1）历时空的自我、他人和物象；（2）共时空的自我、他人和物象；（3）超时空的自我、他人和物象。情感体验的来源是：（1）经验性时空；（2）认知性时空；（3）哲理性时空。

广义而言，人的认知包括对象化认知和元认知（即对自我思维心理的认识与调节）这两大内容。其中，元认知通常被广泛地定义为任何以认知过程和结果为对象的知识或是任何调节认知过程的认知活动。它的核心意义是对认知的认知。②

元认知的结构包括三个方面：一是元认知知识，即个体关于自己或他人的认识活动、过程、结果以及与之有关的知识；二是元认知体验，即伴随着认知活动而产生的认知体验或情感体验；三是元认知监控，即个体在认知活动过程中对自己的认知进行积极监控和灵活调节，以达到预定的目标。

元认知知识、元认知体验和元认知监控三者是相互联系、相互影响和相互制约的。元认知的体验模板即是自我表象（包括自我的情感表象和经验表象）。元认知知识则基于自我概象所形成的关于自我的时空结构和思维功能等特性认知。元认知监控或调节乃是以自我意象为坐标和未来时空为参照系的内在优化与外在活动重整过程。

总之，主体的元认知能力在建构自我意识和实施自我调节方面都发挥着决定性的作用。

_____

① 朱光潜：《西方美学史》下卷，人民文学出版社 1983 年版，第 402 页。

② Peter Stern and Pamela J. Hines：Neuroscience：Systems-Level Brain Development. *Science*，2005，310：801.

（二）认知操作

在主体借助对象化发现来塑造自我的情感表象，通过对象化认知来建构自我的概念时空，基于对象化规律来提升自我意象的理性品格等过程中，人的元认知能力显得尤为重要。而主体的对象化认知乃是基于元认知框架而展开的对具体的主客观事物的合理想象、定向判断与推理过程。

从本质上看，人的概念认知过程主要体现为知性化的概象建构、想象投射和逻辑映射这三个思维环节，认知平台主要由符号网络（包括概念结构等）、想象坐标和推理路线等三种结构组成。具体而言，即主体参照自己的情感理想，对当下的情感表象进行合情合理的发挥及称心如意的虚拟想象，进而由此激发了更深广、美妙和完满的虚拟体验，再将此虚拟的情感色彩投射到想象性的经验表象上，主体内在旁观这种对象化的自我情态，尔后从中汲取有意义的内容，将之用于对自我情感的返身认知。

其中，概象活动是理性认识与感性认识的结合平台和上下行联系的桥梁。① 概象的生成方式以想象和推理为主，兼有偶然的直觉灵感（即左右脑的信息短路）等情形。其间，想象先于推理发生，是体验、认知与思维活动的"火箭推进器"；推理活动则是"内宇宙轨道"和动力控制台，并对想象活动进行路径调节，对想象的产物进行逻辑检验。② 想象与推理通过彼此的互动互补、相互渗透而相得益彰、协同增益，从而实现了文化杂交、阴阳结合与主客观融通，由此孕育了高于万物的独特思想产物——概象。

总之，人的意识活动需要借助认知操作方式而得以次第展开。其中，认知想象活动是由右到左的"表象革命"，将表象经验活化和情感化，放射至更深广的时空天地；③ 认知推理活动是由左到右的"概念革命"，即把知识、语符加以逻辑化和意义化，以揭示更普遍更本质的时空规律。想

---

① Clark，A：*Mindware：An Introduction to the Philosophy of Cognitive science*. New York：Oxford University Press，2001，pp. 64 – 65.

② Goldman，A：*Philosophical Applications of Cognitive Science*. Boulder：Westview Press，1993，pp. 93 – 94.

③ Lloyd，Dan：*Radiant Cool：A Novel Theory of Consciousness*. Cambridge，MA：MIT Press，2003，p. 275.

象与推理左右互动、名实互补；它们又与前脑的规则指导和判析解释活动上下呼应、相互优化制导和重组，从而引发了意象世界的灿烂廓出。对于青少年来说，培养演绎推理与归纳推理同样重要，同时还要加强对于想象性的类比与关系推理、直觉加工能力的培育。为此，教师需要创设情境，拓展思维时空，激发青少年自由灵动的丰富想象，并使之与逻辑思维有机互动互补，形成情理交融的意象思维能力。

（三）　自我意识与理念整饬

"观念是精神原子弹"，因为观念是思想的网结、理论的坐标和意识活动的经纬，是理性活动的核心内容。因此，观念的变革与创新便成为思想创新的第一平台；具核心影响力的意象即是观念。

那么，新观念又从何而来？观念作为人的意识的核心内容，体现了主体对自我、他人和未来的价值意向，更体现了他对形而下、形而中和形而上时空的意识体验和理性思维水平。人的意识包括主体对自我和对象世界的总体性、本质性和规律性的认识。

其中，所谓人的自我意识，是指人能意识到自己的存在及活动（诸如感知、思考和体验，自己的动机、意向和目的，自己的优长、缺点和劣势，自己的发展目标、计划和行为策略，以及自我检点、自我批评、权衡利弊、预演行动、比较后果、优化决策，等等。自我意识的结构包括情、知、意三方面，其功能包括自我体验、自我认识和自我调节。[①] 每个人的自我意识不是先天就有的，而是在其发展过程中逐步形成和发展成熟的。人首先获得关于外部世界和他人的认识，然后将这些客观体验、客观认知和客观意识逐步转化为自己的主观体验、主观认知和主观意识。

自我意识的发生、发展和成熟，大体经历以下三个阶段：第一，生理自我。生理自我是个体对自己躯体的认识。第二，社会自我。个体通过学前教育和学校教育而接受社会文化的塑造，初步形成有关情感、思维、意向和行为方面的社会意识，尽量使自己的内外活动符合社会规范。第三，心理自我。从 16 岁到中年早期（30 岁左右），人的前额叶新皮层完成了神经髓鞘化过程，标志着其大脑的顶级结构实现了生物学成熟，大脑的顶

---

① 　Vasudevi Reddy. 2003. On being the object of attention: implications for self-other consciousness. Trends in Cognitive Sciences, 7 (9): 397 – 402.

级功能进入理性思维发展阶段，开始形成心理自我（或自我意象、自我意识、人格结构）。① 在这个阶段，青年个体逐渐脱离对成人的依赖，体现出鲜明的自我意识：具有主动性与独立性，强调自我价值与情感理想。

从自我的"情感表象"、"认知概象"到"人格意象"和对象化的"思维意象"，它们都是主体经过重组经验和知识，经过想象而产生全新的虚拟经验与新颖深刻的情感妙趣，经过审美判断而形成用以表征主体价值理想及本质力量的自我表征体。它们既融合了主体的情感特征，又体现了对象的感性意义，因而使主客观价值在感性时空获得了对立统一，使主体原有的内在经验获得了全新连接和结构重组，从而有助于主体对这种全新的经验产生全新的情感体验。

个体的思维方式和理念特征具体体现于他的自我意识、自我认知和自我体验等心理活动之中，并由此形成了相应的自我表象、自我概象（概念）和自我意象，其中包括自传体记忆、本体陈述性记忆、本体程序性记忆和本体工作记忆等思想资源。人的自我表象主要表征涉身经验与情感意向；自我概象主要表征有关自我的知识结构、概念范畴、命题建构和判断推理等共时空信息和形而中内容；自我意象则主要涉及人对自身之情知意、机体行为与生活事业的规律性认识。总之，"人格意象"这个内在之镜和自我意识的具身代表，在主体重组经验、激发情感体验、实现自我认知、完善人格行为等方面具有奠定性和决定性作用。②

可以认为，自我观念是一个人实现自我调节与自我实现的根本力量。自我调节是自我意识的机动成分，主要体现为人对自己的行为、活动和态度的调控。它包括自我检查、自我监督、自我控制等。自我调节以主体对自身心理与行为的主动掌握为前提，是自我意识直接作用于个体情知意行的输出环节，因而有助于主体实现自我教育、自我发展、自我提升、发挥自我潜能、提高自我的情知意效能感。其关键环节在于，人们要时时刻刻有意识地从对象世界发现自我，进而向外部世界投射自我，最后从内外对

---

① Chalmers, David: *The Conscious Mind.* Oxford: Oxford University Press, 1996, p. 118.

② Christel Devue, Serge Brédart. 2011. The neural correlates of visual self-recognition. Consciousness and Cognition, 20 (1): 40 – 51.

象之中汲取自我发展的价值动力，形成合情合理的自我理想，渐次从实现内在自我走向外在实现自我的新天地。

在自我实现方面，人并不是单纯地、直接地、照像式地反映外部现实环境；相反，在人的自我世界中有一种复杂的主观机制对人的所有经验进行筛选和重组，最终在每个人的意识中形成不同于客观现实的一种"主观现实"。① 对此，我们应当把握三点相关的原则：（1）不同的人，其自我心目中的所谓客观现实是各不相同的，这不仅与自我所处环境及经验相关，而且最主要的是同个人的自我状态相关。换句话说，"人格意象"和自我意识属于自我对待现实的根本方式，它们决定了现实在个人心目中的存在方式。（2）个人的"主观现实"与真实的对象之间具有何种关系，完全取决于不同的个人。（3）对人的行为及人格的理解，关键不在于理解客观现实，而在于理解人的自我意识中的主观现实。

概要说来，人的理念平台由自我意识、对象意识和预期意识等三部分组成。其中，自我意识对人的理念形成具有决定性的作用，而自我意识由基于人的对象意识和预期意识而得以逐步充实、完善和定型。换言之，自我意象、对象意象和预期意象共同促进了人的理念发展和思维创新。因此，人的观念是有感而发、厚积薄发的内在结果和高级意识加工的必然产物：即在四位一体的"美感、道德感、理智感、灵感"之高峰状态下奔涌突现的新理识、新判断、新规划。由主体的情感体验与理性思维所汇聚而成的精神意象便成了人的观念"发射平台"，其文化内容主要由审美鉴识、哲学理识和伦理宗教性悟识构成。

对于青少年而言，打造自己的观念平台与意象世界，乃是他们建构体验平台和认知平台的最终结果，也是从小学、中学步入大学之后所应承担的精神建构之顶级内容。在这方面，既需要学校进行相应的学科与课程改革，也需要教师在教材内容和教学方面依托理性文化进行教育创新，更需要大学生自身的情感刷新、知识更新和意识创新。思维创新是事关个人、群体、民族和国家未来命运与竞争发展能力的核心因素。只要我们以知识创新、学科创新和教学创新来为青少年的大脑心理发展提供人文化、科学

---

① Hans J. Markowitsch, Angelica Staniloiu. 2011. Memory, autonoetic consciousness, and the self. Consciousness and Cognition, 20 (1): 16 - 39.

化和哲理化的强劲动力，他们的创造性素质必然会厚积薄发、脱颖而出。那时，创造性实践之果与行为文明之花，必将如雨后春笋般涌出东方地平线。

二　意识活动的真理品格

皮亚杰认为，智力是你不知道怎么办时所动用的能力。笔者则认为，智慧是你知道理想目标并为之产生有关行为方案的新主意、新图式之个性意象创造能力。尤其在进化所提供的内在程序或反应模式对环境无能为力时，才需要并产生了智能。这种智慧便蕴涵于心身科学所提供的新知识之中，也须汲取来自人文艺术方面的新情愫、新体验、新意象、新境界。

认知心理学认为，人的意识系统由两个部分构成：一是关于主客观世界发展规律的思想模型，二是对这些模型的解释及运用，包括对主观世界发展图式和客观世界发展趋势的预期设计和前瞻预测。其中，人的自我意识包括以下内容：（1）对自己内在经验的返身体验；（2）对自我情感活动的综合观照与评价，包括审美、伦理、心理等层面的自我认知；（3）对自己的思维方式与效能的理性反思与抽象总结；（4）对自己的人格与观念意识的价值判断和事实检验；（5）对自己的未来行为的理性设计，以及对客观世界未来发展趋势或潜在深层规律的合理猜想与理论表征。可见，人类的意识活动涉及对世界模型的建构与超前把握未来现实这两种关键内容。基于上述认识，我们有必要对中西思维意识进行比较，以期深入把握彼此的特点，资作今后扬弃传统思维方式，发展现代意识并推进自主创新事业的理论参考。

（一）中国古代人的思维意识及认知世界的观念

中国古代的思想家一贯坚持"天人合一"、顺应自然的客体中心论与主客体统一论。这种认知世界与自我的思想模型虽然具有朴素的辩证法特点和系统论的原初风格，但是缺乏"对象化"意识乃至对自我和世界的"形而下"特征概括，进而无法对主客观世界之"形而中"属性与关系做出概念—范畴层面的精细界定，致使古代中国人的想象侧重合情性而缺乏合理性（科学性），其推理方式滞留于时空类比的层面。

进而言之，这样的思维意识带有概念的笼统性和模糊性色彩，欠缺层次性、序列性、精细性的心理表征，更难以升及真正的形而上境地。因为，真正的形而上思维乃是基于对主客观世界之形而下特征类型、形而中规则范式和形而上规律所做出的有效解释与接近真理性质的预期设想。换言之，理性思维需要主体拥有对主客观世界的形态体验、特征抽象、关系统摄和规律性认识，即基于内在生成的世界模型和自我模型来分别解释世界和自我、预测世界与自我的发展趋势、设计自我发展模式、探索未来世界的变化情景。

对此，金春峰在《"月令"图式与中国古代思维方式的特点及其对科学、哲学的影响》一文中进行过深刻的分析。①

笔者认为，中国古代人认知世界的思维方式之根本不足，乃在于缺乏合适的多层级思想模型（包括经验层面的特征模型、情感层面的情景模型、符号层面的概念模型和意识层面的理念模型）；其第二个不足，乃是重整体而轻个体（或具体）；第三个不足是缺少对象化和对表象的知性概括，包括将自己对象化、将客观世界对象化；第四个不足是缺少思想中介或"思维间体"，从而难以形成整合多种时空文化思维操作平台；第五个不足是类比思维的色彩过于浓重，从哲学、医学、文学、数学、天文学、工程学、音乐、美术、宗教思想等，到文字创制、言语表述、姿态表情，再到政治、经济、家庭生活领域，比、赋、兴盛行，明喻、暗喻、借喻、隐喻和转喻充斥；第六个不足是过分强调对功能的认知，忽略了对事物之结构与机理的认知。

譬如，中国哲学所推重的"象"思维，含有取法、效法之意，强调立象、立意、立人，强调对物象的感应、生发、转换、综合以及形成"象外之象"，以"象外之象"作为主导"象内之象"和形而下之象的法则；"象外之象"即"形而上之象"、大象、法象，也即征示"大道"与"至理"的心理表征体；每一种象都与相应的道、理、因、神对应，象与象彼此相通，从象内到象外、从一象到它象，最终至大象（整体与大道之对应体）。②

---

① 深圳大学国学研究所：《中国文化与中国哲学》，东方出版社 1986 年版，第132 页。
② 王树人：《中国的象思维及其原创性问题》，《学术月刊》2006 年第 1 期，第12 页。

　　笔者认为，这种"象"思维实际上仍然属于类比思维，盖因为在"物象"与"心象"之间缺乏精准的形式法则与结构范式，包括数理形式、化学形式、文字模型、逻辑规则、旁证与实证方法，等等。所以，由这种思维观念主导的想象活动及推理活动难以深及对象世界的深层内容，仅仅适于文艺方面的形象思维和人文社会方面的准抽象思维等情形。

　　与之相对，西方的传统思维属于对象化和解析性的还原论性质，同时这种思维体现了抽象思维的基本特征，即对表象系统进行合理分类与命名（概念化加工），建构命题，根据逻辑规则进行判断与推理，形成初步的思想模型及解释系统，进而进行科学实证，定量确定对象的内外特征，据此形成定性的总体认识。

　　进而言之，西方自亚里士多德开始，就同时发展了类比性的形象思维和解析性的抽象思维能力，并逐步加以整合，到17世纪又借助实验科学的成熟而使抽象思维完成了技术方法论变革，同时体现了逻辑性的思想方法—实证化的技术方法—形式化的模型表述方法。恰恰在逻辑—实证—模型方面，中国的传统思维呈现了根本性的不足，由此对古代科学的发展产生了深远的消极影响。因为逻辑—实证—模型是科学文化的三大要素，缺少逻辑检验、事实检验和精细表征形式的思想产物既难以令人信服，也难以对认识与改造主客观世界产生真正有效的价值作用，只适于发展某些文学艺术、哲学文化和宗教文化。

　　（二）现代人的思维意识及认知世界的观念

　　笔者认为，第一，人类有史以来的精神创造，大多体现为思想学说与理论模型的建构（几占90%以上）；第二，思想理论的创新为技术创新和实践发展提供了强大动力与深远启示；第三，思想创新集中体现为认识观的革新和思想模型的创制；第四，由于人类的观念体系、个性意识结构、行为规划和理论—操作模型等都以意象形态加以内在表征，所以形成先进而精细的意象架构乃是思想创新的先决条件；第五，思想创造是一项耗费终生精力、枯燥紧张和艰辛复杂的特殊精神劳作，因而需要主体提供审美的情感动力和敏锐判断力，以便持续驱动与调节智性的思想探索活动；第六，诚如爱因斯坦所说，思想创造的先导动力乃是充满激情和新奇神妙的想象力弛豫及审美直觉和科学灵感，逻辑思维只适于检验已成的假说和猜想，无助于发现真理和创造新知识。①

金吾伦先生指出：我们把牛顿科学导致的机械论和还原论的世界图像和思维方式称为"构成论"。② 事物在不断地转化、生成和消亡，生成过程不是物质结构组成要素的分解或重新组合，而是突现，是自组织，是新事物的生成。这就是"生成论"。生成论自然观超越了牛顿力学提供的构成论自然观，也区别于一般系统所主张的"系统整体是由部分集合所构成"的构成论思想。现在复杂性科学的发展为我们提供了一幅整体论的新的世界图像。这是 20 世纪后期新科学所提供的，使我们真正转到了后现代主义的思维方式。

笔者认为，原始人的类比意识侧重形态与功能，古代人的类比意识侧重事物的属性与关系，近现代人的还原论意识侧重事物的层次结构与微观机制，实际上属于概念—模型层面的类比思维；当代思想家所倡导的系统思维和复杂性思维意识方式，实际上是理念—模型层面的高阶类比思维，因为人们依据逐步客观化的事物发展模型来考量主客观世界之中的一切现象。这种逐步客观化的事物发展模型建立于人类从古到今的所有思维进阶基础之上，包括形而下（形态层面）的表象类比模型、形而中（结构—属性—功能层面）的概象类比模型、形而上（动因—机制—规律层面）的意象类比模型。

可以说，现代人的思维意识大大超越了注重分离、分割的传统思维方式，超越了系统论的构成论观念，体现了全息性、生成性、涌现性、宏微兼备性、可检测的标识性乃至超前的预见性品格。对此，约翰（Lauren Johnson）总结道："机械时代的思维方式是建立在以下三个基本信念之上的。这三个基本信念是：第一，宇宙是可理解的；第二，分析是唯一的探索方法；第三，每一事物都可以用因果关系加以解释。"③ 在这三个信念基础上，它具有以下四个特征：一是连续性或无断裂性，自然界无跳跃；

---

① Peter Stern, Gilbert Chin, and John Travis: Neuroscience: Higher Brain Functions. *Science*, 2004, 306: 431.

② 金吾伦：《理解复杂性，挑战传统思维方式》，《杭州师范大学学报》（社会科学版）2008 年第 3 期，第 6 页。

③ Lauren Johnson: From Mechanistic to Social Systemic Thinking—A Digest of Talk by Russell L. Ackoff, Pegasus Communications. Inc., 1997, pp. 21 – 22.

二是确定性，导致多种形式的决定论；三是可分性、还原论和构成论，由此导致否定事物间的关联性和系统的整体性；四是可严格预见性、否定随机性和偶然性，否定事物的突现和生成。

复杂性思维方式则与此不同。它主张事物之间的相互作用，相互联系。这种作用和联系是非线性的和非因果决定论的。系统是开放的，它们具有自组织与自生成的性质。针对传统机械论思维方式的特征，金吾伦把与之对应的复杂性思维方式概括为"四性"：（1）不连续性；（2）不确定性；（3）不可分离性；（4）不可预测性。①

总之，当代的人类思维方式体现了理念—模型层面的高阶类比意识，其认知世界的观念乃是对主客观世界之本质属性与发展规律的理性认识，因而属于全息整合性和超前预期性的精神涌现产物。

（三）特征认识—规则转化—规律化用

任何一种思维方式都具有双重效应。譬如，现代人的抽象思维及理性思维能力相当发达，然而现代人的想象力却日趋衰弱：诗意惨淡、美感稀缺、直觉久违、灵感罕遇、生命的气魄和胆识相形见绌。同理，原始人和古代人虽然置身于天地混沌的思想世界、言语单调、文字粗拙、缺乏概念、抽象思维薄弱，但是他们拥有比现代人更丰富和更鲜活的情感表象、经验表象、身体表象、信念表象和想象性表象，并借此创造了永恒的原始艺术、原始宗教，奇异的神话和人类的元哲学、元伦理及社会制度框架。

康德指出，正是表象才成为我们综合形成概念与知识规则的唯一原材料；概念的运用和理性观念的体现，都必须借助相应的表象形式来获得存在的依据。② 通过考察人类艺术、科学和思想的发展过程，我们可以发现：艺术家、科学家和思想家的早期兴趣，实乃其独特强烈的个性情感力量在特定对象上的折射；也即是说，正是我们内心的特定表象通过满足我们的感官需要而激活了相应的情感意向和认知动机。所以，笔者认为，经

---

① Peter Stern, Gilbert Chin, and John Travis: Neuroscience: Higher Brain Functions. *Science*, 2004, 306: 431.

② 陈颖健、张惠群：《新思维范式》，科学技术文献出版社 2003 年版，第 17 页。

验表象乃是情感发生之母、认知的原动力和意识进阶的根本基础。

劳伦·约翰（Lauren Johnson）认为："机械时代的思维方式是建立在以下三个基本信念之上的。这三个基本信念是：宇宙是可理解的；分析是唯一的探索方法；每一事物都可以用因果关系加以解释"。① 金吾伦先生指出："在这三个信念基础上，它具有以下四个特征，即：

连续性或无断裂性，自然界无跳跃；确定性，导致多种形式的决定论；可分性，还原论和构成论，由此导致否定事物间的关联性和系统的整体性；可严格预见性、否定随机性和偶然性，否定事物的突现和生成。"②

笔者认为，人类的意识进化一是牢牢依托人的表象资源，二是成为连接表象与概念的思想纽带，进而发挥认知的原动力和推动想象的价值力量中介。所以可以假定，如果没有还原论式的思维发展，则无论是人类的抽象思维还是人类的认知情感（与审美情感、宗教情感和伦理情感属于同等层级）都将难以脱颖而出。

总之，意识的发展离不开情感的发展，它是人格之本与创造之母；情感是思维意识之母，经验是情感之母。从另一方面来看，原始人的想象活动缺少合理的规则，体现了更浓郁的主观性—随意性—盲目性—迷信化色彩，因而需要在知性层面予以改造与完善。

所谓的理性意识，以笔者之见，无非是与主客观世界的规律吻合度较高的一种真相思维或本质思维。笔者建立了四大意识范畴，即"感性体验—知性概括—理性创见"、"形而下特征—形而中规则—形而上规律"、"历时空积淀—共时空聚汇—超时空升华"和"表象摄形—概象征实—意象传神"。

人类对主客观世界的规律性认识乃是一种永难穷尽的至高理想；理性意识的产生需要以主体所内化的关于主客观世界的局部规律/活动规则（即逻辑思维）作为知识基础、还需要以主体所强化的合乎规则的奇妙想

---

① Lauren Johnson: From Mechanistic to Social Systemic Thinking: A Digest of Talk by Russell L. Ackoff, Pegasus Communications. Inc. , 1997, pp. 21 – 22.

② 金吾伦：《理解复杂性，挑战传统思维方式》，《杭州师范大学学报》（社会科学版）2008 年第 3 期，第 7 页。

象作为体验（情感经验）的基础，理性意识的形成与发展更离不开主体的审美动力、道德感召和坚强意志。

所以说，我们应当从人类意识发展的内在逻辑（经验建构—情感定向—想象合情到合理—推理合乎逻辑—理念意识人格合乎主客观价值规律；特征认识—规则转化—规律化用）来客观评价传统思维的功过之处，不能否定传统思维在人类思维进化历程中的"阶梯"作用。严格说来，人们所谓的"思维"，不过是我们按还原论的认识方式对人类心脑活动的一种分解式称谓，其中割裂了它与人类的经验、情感、意志和人格等作为个性之人最要紧的主体价值特征的有机联系，因而事实上并不存在纯粹的、无情无意的客观思维，任何思维活动都必然或多或少、或深或浅地伴有主体的情感反应和人格意图。因此我们在把握思维的客观价值和社会意义的同时，更需要突出强调思维意识的主体价值与个体意义。即是说，人的对象化经验与情感、对象性思维与客观知识等，最终都要转化为人的自我经验、本体感受、自我认知和本体知识。这样，我们就会明白：即使是传统的思维方式，也必然对当时人类的经验建构与情感发展具有无法替代的独特价值。

（四）认知与完善主客体世界

人类的意识发展旨在促进主体认识与改造主客观世界，使之更加符合人的生命本质，更为接近人的价值理想，更加符合社会世界的理想规范及自然世界的本来规律，同时发展与创造更加接近主客观世界之价值真理的文化样式与知识系统理想。

知识仅仅是人类实现自身价值与精神理想的一种本体工具或精神手段，而至于个性主体的情感意向、经验意义、想象境遇、人格意识和身心健康，等等，乃是单靠知识所无法养成与实现的核心价值。所以，应当建立这样一种人类意识发展的逻辑秩序：首先通过塑造经验与情感来发展和提升人的感性价值，其次借助知识来提升人的思维品格，再次通过重构人的理念意识来完善主体的人格价值。人类唯有初步实现了对内在世界之双元价值（人文价值规律与生命科学自然规律）的完满认识和高水平的重构，方能以此有效地认识并改造自然世界、社会世界和文化世界。

然而，人类社会迄今所孜孜以求的，乃是客观价值、客体真理和客观理性，唯独舍弃了对主观价值、主体真理和主观理性的追求与珍视。① 这是因为，从根本上来说，我们对主观世界的认识程度与改造水平，直接决定了我们认识与改造客观世界的效能和水平。具体而言，复杂性思维意识就是一种更符合客观世界发展规律的理性思维方式，"它主张事物之间的相互作用，相互联系。这种作用和联系是非线性的和非因果决定论的。系统是开放的。它们具有自组织与自生成的性质，具有'四性'，即：不连续性；不确定性；不可分离性；不可预测性"。②

换句话说，创造性的智慧只是人类意识活动的最终产品，更为重要的是主体早期经由审美熏陶而催化的深沉博大的集美感—道德感—理智感—灵感于一体的卓越人格和非凡的想象力。由此可见，人们首先需要认知与完善自己的精神世界，进而将认知自我的元认知能力转化为认知客观世界的对象性智慧；换言之，发展自我认知能力乃是主体提升自我对客观世界之认识与改造能力的先决条件。我们唯有基于情知意内在统一这个主体心理的发展序列和人格意识的建构坐标，方能在认知与运用人的心理规律与大脑生物学规律之过程中推进自身的经验创新和情感创新，继而实现概念更新—想象刷新—推理见新和理念意识创新。

（五）意识三级跳：实体世界—符号世界—真理世界

为了理解人类社会的文化结构及其与自然世界和精神世界的互动关系，著名哲学家波普尔提出了"三个世界"理论，即物质世界、知识世界和精神世界。笔者在此采用"实体世界—符号世界—规律世界"这个范畴体系来概括思维世界的三大对象。

第一，实体世界是人类得以生存的物质时空，我们的所有经验和情感均发源于斯，我们的生命也注定要回归于斯。更为重要的是，人类意识所依托的感觉皮层都是被实体世界所精细塑造而成的。

譬如，朗格斯塔夫（A. Longstaff）在职业音乐家和青少年音乐爱好者的大脑颞叶的初级听觉皮层之中发现了由前到后有序排列的"空间频率

---

① Akins, Kathleen: *Consciousness: Psychological and Philosophical Essays*. New York: Basil Blackwell, 1993, p.254.

② 金吾伦：《理解复杂性，挑战传统思维方式》，《杭州师范大学学报》（社会科学版）2008年第3期，第7页。

响应柱"：该柱呈现为拓扑结构，即按声音（主要包括乐音及语音系列）频率的高低排列，从 0.5k 赫兹（千赫）到 23k 赫兹（千赫）；其中低频波段位于初级听觉皮层的中后部，高频波段位于前中部。①

又如，婴幼儿特别需要及早接受色彩鲜明和丰富多样的视觉信息刺激，以便为他们的初级视觉皮层形成特定的空间线条反应之细胞柱结构奠定基础。其原因在于，幼儿大脑之初级视觉皮层，其细胞构筑形成的关键期也在 3—5 岁时期；此后，其大脑的神经细胞从数量高峰和分布均匀的状态逐步走向选择性的细胞淘汰和集中分布，大约失去一半以上的神经元。②

所以，我们应当为幼儿呈现色彩鲜明和丰富多样的视觉信息，以便促进其视觉初级皮层的突触重塑活动，进而为其未来的感性能力发展，为建构抽象认知能力，形成自我意识与社会意识奠定更深厚的神经基础。特别是人脑的初级感觉皮层发育的关键时期位于出生后的第 3—5 年；一旦错过这个关键的可塑期，则我们很难弥补或重塑人的一系列相关经验了。

由此可见，实体世界乃是塑造人的感觉器官的有形模具，从而决定了初级教育的价值目标：注重儿童的经验扩展、情感濡染，训练他们的敏感品质、敏锐感觉、细腻的观察性和活泼的联想—想象—体验—游戏—模仿能力，以便为他们其后的认知发展和思维品质提升奠定深厚的感性基础。

第二，符号世界既是人类相互之间进行有效交流的思想工具，也是其得以全息传承并扬弃群体文化（包括经验、情感、知识、伦理观、审美观、人生观、价值观、行为规范、技术规则、非物质历史遗产等）的唯一手段，更是人类的思维活动与情感活动所须臾难离的心理表征体之母本资源。

人类对符号文化的认知与体用方式，一般采用下列几种样式：

---

① Cohen, Y. E., Knudsen, E. I: Maps versus clusters: different representations of auditory space in the midbrain and forebrain. Trends. Neurosci. , 1999, 22: 128 – 135.

② Alberto Gallace, Charles Spence. 2008. The cognitive and neural correlates of "tactile consciousness": A multisensory perspective. Consciousness and Cognition, 17（1）: 370 – 407.

（1）符号体验。它不同于人对实体世界的情景体验，而是主要借助对各类文化符号的形式认知来把握相应的概念、关系、性质、意义等内容，并且能够对历时空和共时空的自我知识与他人的知识展开贯通性与整合性的间接体验——借助自身拥有的直接经验和内源知识进行情景还原和价值映射。

（2）符号想象。主体围绕特定的审美目标或认知主题，对历时空和共时空的自我知识与他人的知识展开贯通性、整合性和创造性的具象构造与变形重组，从而产生崭新的虚拟经验。

（3）符号推理。即主体运用演绎和归纳原则，对想象所产生的虚拟情景进行逻辑加工，从中产生新的概念、命题与判断结论，形成对主客观世界某个层面的规则性认识，为思想假说和理论模型提供理性素材。

（4）符号人格与意识。即主体基于经由符号体验而形成共时空的象征性情感，经由符号想象与推理所形成的共时空性质的认知方式，建构出了超越有限自我并与他人、群体、人类之情知意相通的文化人格与多元意识结构；由此为个体形成和深化美感、道德感、理智感奠定了感性基础，也为其培养审美—道德—科学理性的三位一体意识与人格奠定了知识框架。

（5）符号对象化。即主体将内化的符号情感、符号思维、符号理想、符号人格等个性价值加以本体外显及对象化传达，譬如言语、表情、姿态、唱歌、演奏、文学写作、绘画、书法、舞蹈、体育、科学实验、思想理论、养花、服饰、管理、社交和生产、服务等方式。

我们应当区分人的本体符号之核心内容，有必要把作为工具符号的知识与技能训练同人的情感发展和思想发展加以有机协调：即以扩展经验、丰富情感、完善人的感性品质作为儿童教育的核心目标；以此促进他们对知识、自然、社会、人类的由衷热爱与追求，以此催化他们那深广灵动自由奇妙的想象力，以此驱使他们自觉建构情知意和谐的人格框架和认知内外世界的意识体系。

第三，真理世界既包括属人的主体真理、主观理性和本体价值，也包括对象化的客体真理、客观理性和物本体价值。①

---

① Rank, J., Pace, V. L., Frese, M: Three avenues for future research on creativity, innovation, and initiative. Appl. Psychol. , 2004, 53（4）: 518 – 528.

通过感性世界、知性世界和理性世界的相互作用，人类的思维逐步从对象世界和本体世界抽析出了特征形态、局部规律与普遍规律，进而将其逐步内化与转化为本体性的体验能力、认知能力和创造能力；这些能力均包括对象的三级特征（形态特征、概念特征和规律特征）和主体的操作规则（感觉规则、思维法则和人格意识原则）。

因而，人的诸种能力以相应的心理资源或精神素质为基础，包括感性层面的经验构成与情感维度、知性层面的知识结构与思维概象、理性层面的观念意识和人格结构。上述诸种能力的协调发展与系统整合，乃是人格发展和精神创造的先决条件。

第 二 章

意识进化的神经机制

　　人的大脑之发育成长及其高级属性的不断增强与延期成熟，乃是一个多元渐进的复杂过程；这个过程包括神经生物学、神经心理学、心理生物学和认知科学、遗传科学、行为科学等诸多范围的形态结构与功能内容之巨大变化。特别需要指出，人类文化（尤其是其形象语符和抽象观念）对人脑前额叶（及感觉皮质等相关结构）的积极性改变与超前能动性引导作用，在人类的心智成长、想象力训练、逻辑思维模式塑造和情感意志的提升与协同化方面，发挥着异常强大而深刻耐久的定向激发功能。

第一节　意识发生的大脑基础与行为阶梯

　　意识现象乃是人类所面对的最为复杂和引人入胜的认知难题。有鉴于此，我们应当从心脑系统的深微结构（包括生理结构与心理结构）与时空叠加功能（包括生物学与心理学功能）等方面寻找意识发生的源头动力和结构功能基础，进而结合对基因和蛋白、细胞等微观层面的结构功能变化的辨识，来整体理解意识活动的终极"靶效应"。

一　人脑的生物学进化与意识发生动力

　　人的意识和情感特征源于大脑神经系统的结构特化与功能模式化：意识的生物学基础以"前额叶—边缘系统—感觉皮质"为主，情感活动是与智能活动同步化的"感觉皮质—前额叶—丘脑下丘脑杏仁核"之中枢结构。

（一）大脑物质层面的进化

人脑中的神经递质、激素、受体等分子结构与功能持续发生着进化。人的行为、个体及家族与种族的遗传特性、社会文化和地理环境等因素，都可以对人脑进化的物质内容产生深刻的影响。譬如，进食行为能够影响基因表达活动。其原因在于，一是基因处于微观系统的最底层，并受到激素、递质、第二信使（CAMP）乃至大脑心理系统的上游调节与高层调控；二是体内外环境可以借助刺激神经系统来间接影响基因表达活动。

（二）大脑在能量层面的进化

人的脑重只占其体重的三十分之一，但却能消耗一个人全部能量及氧气的三分之一。这个比例远高于其他灵长类动物。因此，我们需要通过实证研究来绘制大脑进化过程中能量在各脑区的配置模式。大脑基因对能量的变化具有更敏感的反应和倍增效应，它对应激、审美、性情行为和环境变化也更是如此。从进化的角度来看，人类的直立行走方式主要是为了提高能量摄取效率及质量而进行的一种行为变革，它可以节省许多能量（机体所消耗的份额），并且使能量消耗的重心移向大脑系统。

从营养学的观点看，精细的食物和丰富的营养为人脑提供了更优质高效的能量，并促使人脑从 200 万年的 600 毫升增加到目前平均 1350 毫升的容积，远高于其他灵长类动物。例如，早期人类更多地食用肉类，从而使大脑所需的能量、物质得到优先满足，促进了大脑的体积扩展与功能抽象化；更大的脑量导致更复杂的社会行为和更高质量的饮食生活。研究表明，现代人的食物能量的 40%—60% 来自动物食品（肉、奶、蛋类等），而与人类最相近的黑猩猩只有 15%—17% 的食物来自动物食品。

（三）大脑在信息层面的进化

人脑在信息层面的进化包括下列内容：（1）生物信息进化（遗传信息、后成修饰信息、神经化学信息和脑电信息等）；（2）生理信息进化（体温、血压、免疫记忆、生物钟，表征饥渴感的信息，表征冷热疲惫、快感、软硬、甜苦和色彩感的信息等）；（3）精神心理信息进化，其中包括低阶心理信息（感觉性质的表象情景）、中阶心理信息（知觉性质的符号形态）和高阶心理信息（理性统觉性质的意念活动）之多级升迁与系列进化过程。

（四）大脑在神经结构层面的进化

1. 神经髓鞘化。其进化内容包括：神经髓鞘在人类大脑不同脑区的分布方式，个体大脑各皮层（感觉皮层，联合皮层和前额叶新皮层）发生神经髓鞘化的不同时间阶段，髓鞘结构与功能，等等。有髓鞘的神经元具有独特的信息传导优势：其传递信息的速度比无髓鞘神经元快10倍，传递同等容量的信息只需要百分之一的细胞群体积（与无髓鞘神经元相比）。

2. 胶质细胞的数量规模与功能。它在人类进化过程中体现了显著的数量变化与功能特征，即胶质细胞占据全脑细胞的数量之首且具绝对优势，从而发挥着神经生理方面的重要功能。

3. 新皮层分化及青春期延迟。包括人类大脑新皮层分化的时间及其伴随的行为特点与文化产物类型、大脑各区及小脑皮层的分化方式（譬如三大感觉皮层分别进化形成了初级两层和次级两层皮质）、人类青春期延迟的进化轨迹及其与神经髓鞘化和新皮层分化的相互关系等复杂内容。

4. 神经结构的特化形式。诸如皮层出现细胞微柱、巨柱和超柱结构，视觉初级皮层出现空间线条编码柱、听觉初级皮层出现空间频率编码柱、体觉皮层出现桶状细胞柱；联合皮层及前额叶新皮层形成致密的双向连接，单个神经元与其他神经元逐步形成了数量规模巨大的突触联系，V4区及颞中区出现的全能细胞及额叶的镜像神经元等特殊结构等，对思维进化所产生的独特影响。

5. 皮层与皮层下结构的协同进化。包括海马的分层演化、杏仁核三大结构的相应变化及其对应的心理功能变化、边缘系统及边缘旁皮层的协同进化特征、前额叶新皮层逐渐扩大和延迟成熟等，对思维进化具有重大意义。

6. 大脑信息系统的再分化、信息表征体的形态与功能属性的多元化。人脑基因表达谱及蛋白质合成谱接受双重调节（遗传程序与心理状态）的特点对思维进化的影响，人脑诸多基因变体具有很多细微差别，因而发挥着特殊的功能作用，大脑因功能分化（生理功能与心理功能）而产生的信息分化方式及其相互作用效应，等等。

7. 大脑的遗传度。据2006年的研究，感觉皮层的遗传度为0.6，联合皮层的遗传度为0.3，前额叶新皮层的遗传度为0.1；这对深入理解心脑/心身关系、精神—物质、意识—存在、遗传—环境和生物进化—文化进化之相互作用等重大问题，均具有特别重要的意义。同时需要指出，我们应当基于最新发现，对大脑各区及各皮层的遗传度和环境信息影响程度做出进化层面的全息考察和行为层面的精细分析。

8. 遗传因素与后天经验对脑体心理的双向塑造效应。细胞的个性特征及其外向连接方式——行为引导下的遗传因素与环境刺激共同塑造了细胞的表型和命运。当代认知神经科学证实，人脑约有 1000 亿个神经元，每个神经元可以连接其他的 1000—20000 个神经元（从而具有形成如此之多的突触及局部网络的巨大潜能）。以此计算，人的大脑大约拥有数百万亿到千万亿个突触；突触成为大脑传递信息和加工信息交流的基本方式。

因此可以说，深入理解每个神经元的独特活动（从基因表达谱、蛋白质合成谱到突触重建格局、神经元感受刺激与发送反应信息的模式化反应），这对于我们理解大脑心理塑造、行为方式与环境刺激在神经网络中嵌印痕迹、基因表达谱与蛋白质合成谱在不同细胞的不同表现以及人的个性特征之神经基础等众多复杂问题，具有异常重要的价值。

例如，在突触的形成过程中，个性主体的基因和人的生活经验决定了神经元之间如何连接、哪些神经元能够参与相应的神经网络等重要事件。美国威斯康星大学麦迪逊医学院的 R. 斯蒂芬教授指出，人的大脑中至少有数千个基因对大脑的结构性发育起着重要影响，每个基因都有相应的不同表达谱及蛋白质合成谱；[1] 同时，人在关键阶段（如"致畸敏感期"、脑的"生长进长期"和创造力"高峰期"，乃至孕前的生殖细胞发育成熟期等）的身心活动与行动经验，部分决定了激活与连接哪些神经元等核心模式，从而极大地影响到了主体的个性形成特征及其今后的行为方式。

二 人类心智与意识进化的顶级动力

美国布鲁金斯学会的 W. 狄更斯教授对 20 世纪各国的智商水平进行了调查测验，并与 19 世纪的智商进行对比。研究发现，欧美的智商分别上升了 24% 和 21%，亚洲国家的智商则上升了 15%—18%；那么人类智

---

[1] Craver, Carl: *Explaining the Brain: What the Science of the Mind-Brain Could Be.* Oxford University Press, 2005, p. 208.

商提高的原因何在？

（一）智商与意识能力持续提升的多种因素及其综合作用

巴斯（B. J. Baars）教授指出："历来认为智商主要受遗传影响，这意味着环境影响很弱。但是智商与时俱进的事实提示，环境对智商的影响可能比原先估计得要大得多。"① 伍德（J. N. Wood）认为，具有高智商倾向的人会努力寻找那些能发挥其基因优势的环境（如上学、读书、研究、从事抽象思维和知识创造活动等）。正是这些活动与环境加强了基因优势，进一步提高了大脑与心理结构功能适应环境与创造新文化的能力。

新西兰的弗林教授也发现，人类的智商每 10 年提高三个单位；各国人口智商增加最多者，乃是视觉空间智商这个部分，而语言和数字智商的提高则非常有限。视觉空间智商代表了抽象思维和空间想象的水平。②

笔者认为，人类智商的提高离不开社会经济进步、营养水平提高、教育普及和高学历人才增加、家庭更小并对后代的身心发展之投入水平逐渐增大这些环境因素。随着社会知识、信息化水平的不断提升，孩子们很早就接触了书刊、电视文化、网络文化和城市文化，进而思考各种复杂问题，从而导致他们的神经系统形成了更为丰富的突触连接与信息交流网络。主体大脑的结构与功能重塑，又会促使当代人在超前到来和深广扩展的虚拟体验与意象思维中不断提升自己的抽象思维能力和空间想象水平。

（二）心智进化的高阶动力与微观机制

当代认知神经科学的研究表明，前额叶新皮质能够以直接或间接方式激发脑垂体并动员全脑的相关基因，借此表达、合成与释放相关的神经激素、非神经激素、神经递质、第二信使和第三信使等，进而引发全脑神经网络的经典反应模式，由此激发相应的心理活动类型。③ 在宏观方面，个性主体的精神气韵、思维素质、情感水平和道德审美体验、人格意志状

---

① B. J. Baars, N. M. Gage. *Cognition*, *Brain and Consciousness*. Elsevier, 2007, pp. 246 – 247.

② J. N. Wood: Social Cognition and the Prefrontal Cortex. Behav. Cogn. Neurosci Rev., 2003, Vol. 2, pp. 97 – 114.

③ Craver, Carl: *Explaining the Brain*: *What the Science of the Mind-Brain Could Be*. Oxford University Press, 2005, p. 208.

态，则是人的生命力量之成熟水平与释放效能的最佳标志。

在微观层面，大脑细胞中 42% 的基因得到了表达，大约 65% 的大脑信使核糖核酸（mRNA）是其他组织所缺如的（其中 45%—55% 是脑特异的，约为 18000 种）；大脑核糖核酸（RNA）的核苷酸长度为 $10^3 - 2 \times 10^3$，平均长度 5000。[1] 在非神经细胞中，其所表达的 RNA 比神经细胞低 2—3 倍；许多神经细胞之基因转录，起始于不均一的位点，产生了具有不同 5' 末端的 RNA，且脑的大部分 mRNA 之分子长度大大超过编码蛋白质所需的长度，具有很长的 3' 端不翻译区（即含有元调节信息），且被腺苷酸化；单个大脑基因可被表达为数种 mRNA 分子，其 5' 末端和 3' 端具有细微差异及变更蛋白质编码区的剪接性显著差异。由于 mRNA 可通过指导合成神经肽、受体递质加工酶、激素蛋白等方式，来决定大脑结构功能之发育、成熟和活动水平，从而成为体现心脑特征与行为方式的关键分子基础。

譬如，科学家对后叶加压素（VP）之代谢片断 AVP（4—8）的功能分析与调节方式之研究表明，AVP（4—8）对记忆的促进效果可达数十倍到百倍，是迄今所探明的最强大的"记忆增强肽"，超过所有其他神经肽之生理学功能活性。[2] 其 mRNA 升调水平受到第三信使（c-fos、c-jun）等立早基因及其蛋白的上游催化；十分有趣的是，人的精神紧张、心理应激、情感激动、复杂的智力作业与审美活动等意识体验状态，均可导致 c-fos、c-jun、SAPK（应激蛋白酶激活因子基因）等的快速大量表达，从而能够激活相应的靶基因，即 AVP（4—8）基因，导致它的快速大量表达和 AVP（4—8）大量快速合成，以满足大脑应对紧张、应激或复杂认知情境之生理性心理性动力需要。

基于上述的大脑基因及 mRNA 转录（基因表达活动的核心环节）之特性，可以推出这种认识：大脑的基因表达数量丰富多样，其表达域和变化幅度宽广，其转录产物具有冗长复杂的调控序列，其蛋白数量巨大且种

---

① ［英］A. G. 史密斯：《心智的进化》，孙岳译，中国对外翻译出版公司 2000 年版，第 67、219 页。

② 转引自 Miller, E. K., Cohen, J. D.: An integrative theory of prefrontal cortex function. Annu. Rev. Neurosci., 2001, p. 167.

类异常丰富，其相互之间具有诸多的细微差别与剪辑加工的显著差异。这表明，大脑在加工信息方面拥有巨大容量、丰富的变化调节空间和精细复杂的调节潜能，因而其（特别是前额叶新皮层）在心身系统中是首屈一指、卓越无双的。

那么，心脑系统在上述四个层面的内外活动又是如何实现协调统一和练达整饬的呢？笔者认为，人脑的顶级调控力量和高阶内源动力主要来自前额叶新皮质及其精神意识活动。从这个意义上说，人的自主性、能动性、超越性和创造性，人类文化基于生物学活动而后来居上、领衔引导自身大脑心理及机体之生物学心理学进化的主导品格，人类意识的发生、成熟与升华练达，人的多层级本体性意识建构能力、双元进化趋势与内在动力，才能获得全息性、客观性、合情合理的深邃体现。可以说，人的精神意识活动对大脑基因表达及细胞突触建构、神经网络塑造和皮质结构功能的进化成熟，具有顶级动力价值和核心能动的调控作用。

总之，在人体与大脑的生物学结构发育方面，主体的意识活动具有超前能动的调节引导作用；至于大脑机体的功能发育过程，似乎与精神神经之高层功能性调节有更加直接的密切关系。为此，人类心身的进化动力之新源头，便落在新额叶新皮层之结构与功能的头上了。

第二节　意识发生的神经始基与心理契机

从理论上说，大脑结构与功能发育的源头基础及其敏感期、快速生长期（即最佳塑造期）不但是我们探索人类意识奥秘的战略切入点，而且也是我们提高"造化育人"与"文化育人"两大工作效能的必由之路。

一　人脑的生长进发期标志

人的大脑发育呈现出数个高峰期，其间既有轮廓与形态的扩建，又有深层结构和功能的发生及充实。它们受到遗传因素、后成修饰、母体环境和社会环境的多重影响，并成为个体心理发展和意识发生的根本物质基础。

在"生长进发期"/"致畸敏感期"，人的感觉发育（从结构到功能）在前、运动发育在后（从结构到功能），体现了大脑突触重建的关键可塑期（以 3—17 岁为主）规律。①

第一，临界期。胚胎细胞在 1—8 周处于分化的高峰期，是大部分重要的器官原基赖以形成的关键阶段。此期内形成的胚胎神经系统器官原基极易受到有害的环境物质和母体神经内分泌系统介导的内环境理化紊乱状态损伤，处于高度敏感的"临界期"或"致畸敏感期"。②

第二，分化期。在胎儿 22—25 周期间，其大脑的皮质沟回和神经细胞突起进入生长分化发育高峰期。此期间来自外环境的有害物质或母体内环境的（神经内分泌紊乱或行为心理过度失衡）有害刺激，均会严重阻碍胎儿大脑皮质和神经细胞的发育。③

第三，突触重建期。出生后 2—3 岁时，人的大脑皮质经历了又一个"生长迸发期"，表现为神经元数量及突触密集形成、大脑体积达到成人的 1/2。④

第四，髓鞘化。15—18 岁阶段，联合皮层新皮质的神经纤维髓鞘化，标志着该结构趋于生理性功能成熟（也即大脑的生物学成熟）。⑤

第五，心理成熟期。人的个性形成（或人格成熟），实际上始于 30 岁左右。在个体 22—26 岁时期，其前额叶新皮层的神经纤维开始髓鞘化，标志着大脑顶层结构的生物学成熟。⑥ 然而，此时人的个性精神世界至此尚未真正定型，因为前额叶新皮层的生物学功能之成熟过程刚刚开始，继而才会有心理学结构与功能的次第成熟。所以说，此时人的大脑仍有待于进一步发展到 30 岁左右，方能逐步达到情知意的高峰水平和个性基本成熟状态。⑦

---

① ［美］拉森：《人类胚胎学》，人民卫生出版社 2002 年版，第 63 页。

② 同上书，第 125 页。

③ 同上书，第 99—100 页。

④ 同上书，第 209 页。

⑤ 同上书，第 73 页。

⑥ Mahendra, S. Rao, Marcus, Jacobson: Developmental neurobiology. New York: Kluwer Academic Publishers, 2005, p. 23.

⑦ 丁峻：《科学新观察：人类生殖与心理进化论》，浙江大学出版社 2007 年版，第 98 页。

　　第六，大脑心理的创造性建构期。在 25—35 岁期间，人的大脑与机体内的神经递质、神经激素、性激素之分泌释放水平，均达到一生中的峰值状态，[1] 人的初级与中级认知功能与结构趋于成熟：经验、知识结构成形，表象体验和概象认知的能力形成，个性情感特征与思维品质基本建立，意象思维能力及文化意识——美感、理智感、道德感、直觉灵感等理性观念，开始形成。人的高级心理能力与结构、精神个性和意识理念等，在 30 岁之后开始逐步得以深化、系统化和协调统一。

二　人脑发育的机能敏感期标志及意识发生的心理契机

（一）人脑发育的机能敏感期

　　人的个体心理发展具有如下特点：一是在 3 岁之前体现了具象思维的特点，即依据直观感觉和动作对象来对具体的某个事物进行命名与指称，但同时缺乏整合性与转换性；[2] 二是在 3—5 岁阶段，随着经验和言语的扩展，儿童开始形成再造想象能力，但是带有零散稀松和情绪化的特点，缺少目的性与合理性；[3] 三是在 6—14 岁阶段，儿童的心理发展出现了重大转折，表现为兴趣的分化与深化、内部语言及概念系统形成、从实然判断向盖然判断（指对可能性的判断）过渡、从直观推理向抽象推理迁移、创造性想象增多。

　　导致上述现象的主要原因，即在于大脑发育过程中所具有的机能敏感期标志。具体而言，一是个体发育的"环境敏感期"、"容积敏感期"、"经验敏感期"和"符号敏感期"等最佳塑造期（3—15 岁阶段），乃是主体接受感性塑造和知性建构的关键时期。此后，人的心理结构和功能趋于成熟，在 24—38 岁阶段形成了理性意识的基本框架，可以运用意象思

---

　　① Hodgson Deborah Maree, Knott Brendon Gregory: Potentiation of tumor metastasis in adulthood by neonatal endotoxin exposure: sex differences. Psychoneuroendocrinology, 2002, p. 27 (7): 791 – 804.

　　② 丁峻：《科学新观察：人类生殖与心理进化论》，浙江大学出版社 2007 年版，第 32 页。

　　③ Mierke J, Klauer K C: Method-specific variance in the IAT. Journal of Personality and Social Psychology, 2003, p. 85 (6): 1182.

维来创造新的文化事物;① 而人格的定型与成熟，则要在 30 岁之后逐渐厚积薄发，并向深度、广度与强度之协调水平方面扩展。这是 2003 年 9 月上旬来自国外研究的结论。②

二是大脑发育的机能敏感期还包括"想象敏感期"、"逻辑敏感期"和"人格敏感期"等高阶内容。具体来说，在 15—25 岁阶段，人的想象性思维能力达到高峰,③ 开始形成个性化的认知策略与行为规划，对主观世界的活动规则或局部规律形成了初步的知识，对客观世界的中阶规律形成了初步的理性认识，初步形成了自己的情感价值观和理想目标。个体在 26—37 岁阶段，初步完成了对主客观世界之规律的知识表征，理性意识初步形成，艺术、科学和技术等方面的创造力进入高峰时期，人格特征基本廓出;④ 38—55 岁以后，人的思想创造进入高峰期，人格结构持续深化与扩展，理智感与道德感臻于完善，实现了主观真理意识与客观规律意识的高度整合，形成了内在统一的人格意识和内外贯通耦合的理性精神。

（二）意识发生的心理契机

人脑发育的机能敏感期同心理发展的契机又有什么联系呢？鉴于以上粗略分析，可以认为，人脑发育具有三大机能敏感期：一是 3—5 岁时期的初级感觉皮层之结构重塑与功能精细分化，人脑在这个时期对外部的感觉信息具有高度的敏感性和巨大的统摄性；二是 13—18 岁时期的次级感觉皮层分化和联合皮层之结构重塑与功能整合，人脑在这个时期对符号信息具有高度的敏感性和巨大的统摄性；三是 24—35 岁时期，人的前额叶新皮层经历了显著性的结构扩展与功能强化，即前额叶不但接收感觉联合区的信息，而且还向后者发送特定的理念。此时，其心理系统对理性文化具有高度的敏感性和巨大的统摄性，同时对主体自身的感觉和知觉活动也

---

① Wellman, Henry M. *The Child's Theory of Mind*, Cambridge: MIT Press, 1990, p. 54.

② Polk, T. A., & Seifert, C. M. (Eds.): *Cognitive Modeling*. Cambridge, MA: MIT Press, 2002, p. 315.

③ Friston, K. J. and Price, C. J: Dynamic representations and generative models of brain function. Brain Res. Bull., 2001, 54 (3): 278.

④ John Heil: Philosophy of Mind: A Guide and Anthology. Oxford University Press, 2004, p. 105.

能够发挥更有力的调节功能，从而使得主体的情知意获得全面发展。

与之相对的是，其心理发展的时空契机在于，一是在3—5岁阶段重点发展儿童的多元经验和兴趣潜能，为个体其后的认知发展和人格意识发展奠定基本的表象框架；二是在13—18岁阶段重点发展个体的想象能力与体验能力，从而有力促进儿童对知识概念与感性表象的深广耦合，推动主体的知识建构和思维升级；三是在24—35岁阶段重点发展人的意象思维能力，即定向促进主体对主客观世界之规律性知识的内化、转化与个性整合，以此建构主体的人格体系和理念意识系统，引发个体高水平的价值创造行为。

事实上，人的"情商"也是在30岁之后才能达到峰值的。这提示我们：情感体验、美感诗意、道德感情操、理智感意识，对于直觉灵感之催化和人格行为之定向强化等高峰活动，均具有决定性的动力作用和情知意"活化"、"优化"之价值效应。

第三节　意识成熟的神经特征

在人类漫长的进化过程中，其大脑的不同皮层分别获得了程度不同的生物学特性遗传度；具体而言，感觉皮层的遗传度最高，约为0.6；联络皮层的遗传度次之，约为0.3；前额叶新皮层最低，约为0.1。[①] 由此可见，大脑的发育体现了多层次和序列性的时空特点，包括从生物学结构与功能、生理学结构与功能、到心理学结构与功能的逐级发育，贯穿了自下而上的感性驱动和由上到下的理性驱动这个特点，最终从实体层面和能量层面的重构达到信息层面的重构。这一切都基于大脑发育成熟的主要标志，即神经元的髓鞘化。

一　神经元髓鞘化的基本规律

髓鞘作为一种生物电的绝缘体，沿轴突分布，可使神经元的去极化电波以跳跃的形式更快地传播开来。髓鞘的重量，约为人脑干重的三分之一

[①] Greg Miller: Behavioral Neuroscience Uncaged. *Science*，2004，pp. 306，432 – 434.

或更多；大脑白质，约一半由髓鞘构成。[1] 在大脑进化过程中，中枢神经系统的白质（包括髓鞘）成分逐渐相对增加，一个神经胶质细胞可以为邻近的 40 根以上的轴突提供节段髓鞘。髓鞘首先出现于种系发生的古老部分，人类的脊髓之髓鞘发生于胚胎第 22—26 周，胼胝体在出生后第 2 月开始髓鞘化，并持续到 2 岁时基本完成；人的大脑皮质髓鞘化的最早时间是胚胎第 26 周，髓鞘化先出现于古皮质，继而是旧皮质，最后是新皮质；在新皮质的髓鞘化过程中，运动区的神经元髓鞘化早于感觉区，后者又早于联合区，最后是前额叶新皮质的髓鞘化。[2]

从青少年大脑发育的生物学特点来看，10 岁左右枕颞叶的皮层神经元基本完成了髓鞘化；[3] 11—17 岁阶段完成了大脑联络皮层的神经髓鞘化，[4] 18—26 岁完成了大脑前额叶新皮质的神经髓鞘化。[5]

二　大脑髓鞘化的心理发展意义

从神经进化的角度来看，髓鞘是高等脊椎动物神经系统的特征性细胞结构之一，因而对高级神经系统实现信息整合及功能协调具有必不可少的重要作用。作为一种高度有序和呈规则性重复的神经构件，髓鞘含有比生物膜更多的成分。研究表明，在神经元的髓鞘形成之后，细胞的 RNA 形成种类与数量显著增加。譬如，婴儿大脑中的 RNA 仅为 200 个单位，占大脑成熟时 RNA 总量的 5%；而在成年人的大脑中，RNA 则猛增至 4000 个单位，约为出生时大脑 RNA 总量的 20 倍。[6] 相比之下，成人大脑中的

---

[1]　Mahendra, S. Rao, Marcus, Jacobson: Developmental neurobiology. New York: Kluwer Academic Publishers, 2005, p. 31.

[2]　陈宜张主编：《分子神经生物学》，人民军医出版社 1995 年版，第 64 页。

[3]　John Heil: Philosophy of Mind: A Guide and Anthology. Oxford University Press, 2004, p. 105.

[4]　Friston, K. J. and Price, C. J: Dynamic representations and generative models of brain function. Brain Res. Bull. , 2001, 54 (3): 278.

[5]　[美] 乔治·阿德尔曼主编：《神经科学百科全书》，杨雄里等译，伯克豪伊萨尔出版社、上海科学技术出版社 1992 年联合版，第 687 页。

[6]　Mahendra, S. Rao, Marcus, Jacobson: Developmental neurobiology. New York: Kluwer Academic Publishers, 2005, p. 197.

DNA、蛋白质和脂类，只比出生时增加了 2—5 倍（Meisami, E., 2002）。

以上的分析表明，神经元的髓鞘化启动了大脑分子层面关键的信息加工过程，从而为大脑实现其高阶功能——即心理意识功能提供了强有力的微观物质基础。这是因为，RNA 控制着神经元的蛋白质合成过程，由此直接影响了突触发育和重建、神经网络的形成和大脑生物电的泛脑高频同步化扩散等关键的神经事件，继而间接控制着个体心理发展的速度、方式、结构特征与功能水平。

在大脑中，神经胶质细胞的数量比神经元多出几十倍。① 可见，这种巨大的数量之比体现了大脑活动对前者更多的依赖性。具体而言，神经胶质细胞不但是神经元髓鞘化的始作俑者，而且还能参与神经递质的代谢、蛋白质的合成与转运等重要过程。② 例如，神经胶质细胞对突触分化、学习记忆和情感认知发展等心理活动，都具有潜在而重要的影响。

实验证明，有髓鞘的神经纤维比无髓鞘的神经纤维的传导速度快 10 倍；③ 另外，在以同样速度传导神经信息时，有髓鞘的神经纤维的体积只需要有无髓鞘的神经纤维的百分之一就可实现等功传导。④ 这是神经进化中的最后一项成就。这样看来，髓鞘化使大脑以同等速度传导同等容量的信息所需要的神经细胞减少了 1000 倍，从而可以把一个高度发达的大脑神经系统装入空间有限的颅脑之内。据此，人类才能加速发展抽象思维能力和意象思维特质，同时借助符号形式简化信息密度，借助髓鞘快速传导信息并提高单位细胞的工作效能。

在大脑的新皮层，包括次级感觉皮层、联合皮层和前额叶，神经细胞的髓鞘化既有差相化的形成时间，又体现出更高比例和密度的髓鞘化特征。所以有理由认为，神经细胞的髓鞘化具有三大功能：一是使神经系统

① Douglas J. Futuyma: Evolutionary Biology. Sinauer Associates, Inc. 2006, 3 edition, p. 49.

② 丁峻：《科学新观察：人类生殖与心理进化论》，浙江大学出版社 2007 年版，第 75 页。

③ [美] 拉森：《人类胚胎学》，人民卫生出版社 2002 年版，第 328 页。

④ Mahendra, S. Rao, Marcus, Jacobson: Developmental neurobiology. New York: Kluwer Academic Publishers, 2005, p. 31.

传导信息的速度提高了 10 倍，二是使大脑处理同样容量的神经细胞数量规模减少了 100 倍，三是显著提高了大脑的抽象思维与系统整合能力，为意识之快速深广统摄三大时空并产生综合性的中介时空（间体时空）这种独特功能的出现奠定了坚实的物质基础。

据艾克尔斯研究，人类的大脑在出生前已经实现了部分顶叶、运动皮层、枕叶上部和颞叶嘴部的髓鞘化，出生后又出现了部分顶叶、颞中回和额叶的髓鞘化；而前额叶、额叶和颞下回，则在青少年时期才陆续发生髓鞘化。其中，前额叶新皮层的髓鞘化最晚，在 22—26 岁时才逐步发生髓鞘化。[①] 这与人的心理发展水平相匹配。

三　大脑发育程序与前额叶的高阶信息调节

人脑的发育特点在于，皮质下结构与功能的发育早于大脑皮层，古皮质和旧皮质的发育早于新皮质，运动皮层的发育早于感觉皮层、联合皮层和前额叶皮层；[②] 所有感觉皮层在发育成熟时，仅占全脑的五分之一，运动皮层约占十分之一，前额叶约占十分之七；前额叶新皮层成熟最晚，体积扩展最大，与其他脑区的双向连接最多，功能最复杂，对各种有害刺激最敏感。[③]

感觉皮层持续地向前额叶传递相关的信息分量（即形成具象化的自我意识和对象意识），联合皮层也在青少年时期持续向前额叶传递相关的符号信息（即形成概象化的自我意识和对象意识），前额叶新皮层从青年期开始逐步形成对自我与世界的意象观念与人格意识，并不断增强对联合皮层和感觉皮层的下行性调节和顶级控制作用。[④] 例如前额叶对三大感觉皮层之中的次级区/感觉亚区所投射的返输入信息，就显著影响着人的感

---

①　[澳] 约翰·C. 埃克尔斯：《脑的进化：自我意识的创生》，上海科技教育出版社 2004 年版，第 138 页。

②　Mahendra, S. Rao, Marcus, Jacobson: Developmental neurobiology. New York: Kluwer Academic Publishers, 2005, p.31.

③　陈宜张主编：《分子神经生物学》，人民军医出版社 1995 年版，第 152 页。

④　Tyler, L. K., Moss, H. E: Towards a distributed account of conceptual knowledge. Trends Cogn. Sci., 2001, p.5: 248.

觉与知觉活动。①

　　因此，我们将 10 岁段（少年初期）人的认知方式概括为表象加工、书面语言内化、概象化内部语言建立、抽象性记忆及时空概念逐步强化等系列内容。总之，这是建立概象思维并贯通表象思维的一个关键阶段。17 岁处于少年成熟期及青年初期阶段，其前额叶的生理性发育成熟，心理性发育趋于丰富、敏感和活跃，是操用概象思维、整合逻辑性加工与想象性加工内容和建构初级意象世界的一个关键阶段。24 岁左右则是青年中期和创造性最佳年龄段始发期，其思维特征是建构了初步完整的意象世界，形成了初步协调的美感、道德感、灵感、理智感及其价值意识系统，在不断深化经验、扩展知识和完善个性的过程中开始孕生深广的爱心、神妙的灵感和理智性、道德性理想境界，化合释放强烈奔涌的创造性思维。

第四节　意识进化的多层级皮质基础

　　人类的意识发生与成熟过程，实际上与大脑皮层的形态分化、功能特化和结构嬗变等神经进化历程密切相关。动物的大脑从内侧往外分为古皮质、旧皮质和新皮质三部分。② 爬虫类动物大脑古皮质发达，哺乳类动物大脑旧皮质发达，唯有人类有别于其他动物的新皮质特别发达。③ 新皮质是用来学习知识和进行精神活动的，其在人的一生中（包括胎儿期）可储存 1000 万亿个信息单位。④

一　古皮质、旧皮质演化与前意识发生

　　从系统发生和个体发生上看，大脑皮质可分为旧皮质（palaeocor-

————————

　　①　R. J. R. Blair. 2007. The amygdala and ventromedial prefrontal cortex in morality and psychopathy. Trends in Cognitive Sciences, 11（9）：387 - 392.

　　②　［澳］约翰·C. 埃克尔斯：《脑的进化——自我意识的创生》，上海科技教育出版社 2004 年版，第 138 页。

　　③　Peter Stern, Gilbert Chin, and John Travis：Neuroscience：Higher Brain Functions. Science, 2004, p. 306：431.

　　④　Ibid.

tex）、古皮质（archicortex）和新皮质（neocor-tex），它们在细胞结构方面也有差别。高等动物新皮质发达，被覆于大脑表面，而前二者只见于大脑底面及内部。旧皮质从系统发生上看是最古老的，相当于梨状叶部分。旧皮质和古皮质（海马）统称为边缘皮质（limbic cortex），连同与其有密切关系的杏仁核、中隔核和丘脑下部，被统称为大脑边缘系统。饮食及性等本能行为、假怒（sham rage）等情绪表现、自主神经机能及激素分泌等中枢，已熟知在丘脑下部，但当大脑边缘系统的其他部位受到破坏或刺激时，这些部位的机能也有显著变化。

　　据统计，人脑的古皮质约占10%，主要分布于杏仁核和齿状回；旧皮质约占5%—8%，主要分布于海马与嗅皮质；新皮质约占75%—80%，主要分布于感觉皮层、联合皮层和前额叶。[①] 科学家把新皮质的出现作为哺乳动物进化的显著标志,[②] 这是因为从系统发生学的视角来看，从鱼类到鸟类，其前脑的表层主要由古皮质和旧皮质构成；在高等爬行动物（如鳄鱼等）的大脑中，于古皮质和旧皮质之间出现了新皮质的原基；到了哺乳动物，才出现了典型的6层结构的新皮质。进而我们会发现，在哺乳动物的大脑中，古皮质和旧皮质都被挤压到大脑半球的内侧，形成了马蹄状的边缘系统，包括海马、杏仁核、梨状皮质、扣带回、下丘脑和内嗅区，等等。两栖动物前脑的古皮质和旧皮质主要由传入神经纤维构成，其中旧皮质的神经纤维主要来自嗅球的传入；它们发出的传出纤维主要到达上丘和下丘脑。可见，发展成为边缘系统的古皮质和旧皮质，在进化的早期主要接受远距离的感觉信息；而新皮质则主要加工知觉信息和内部信息，并经由返输入回路和运动皮层分别传出感觉调节信息与机体运动信息。

　　总之，杏仁核来自古纹体，海马来自旧纹体，新皮质来自其原基。在新皮质形成的过程中，边缘系统也继续发生着结构与功能的进化。例如，海马逐步分化出了状如卷曲夹心蛋糕的3—4层结构（包括腹海马和背海

---

① J. N. Wood：Social Cognition and the Prefrontal Cortex. Behav Cogn Neurosci Rev.，2003，2：114.

② Douglas J. Futuyma：Evolutionary Biology. Sinauer Associates，Inc. 2006，3 edition，p. 32.

马），杏仁核则演变为由七个亚核构成的神经核群。[1] 其中，与类人猿相比，人类的海马体积增加了一倍，人类的中隔核增加了一倍多，人类的杏仁核内侧部分和外侧部分分别增加了 1.5 倍和 1.4 倍；总体而言，人脑比类人猿的杏仁核、海马、小脑和大脑新皮质增加了 2—3 倍。[2] 这种结构规模的扩展，对于大脑局部功能和整体功能的提升具有重要作用。以杏仁核为例，刺激其正中部则会引起难以自控的狂暴行为，刺激其外侧部又会引发愉快和兴奋的主观感觉。研究资料表明，其正中部的体积在进化过程中缩小了约一倍，而控制正中部之狂暴倾向的内侧基底部则相应增加了 1.5 倍；其外侧部扩大了 1.4 倍，这提示人类创造愉快情绪和保持积极乐观兴奋的能力有了显著提高。[3] 这一切又与人类的动机形成和思维对时空的超越密切相关。

　　第一，笔者认为，动机是主体情感意向的体现，是经验驱动因素的整合形式，并最终导致主体形成行为图式及外现方式。它涉及主体对行为之因果关系和行为模式与策略的思维加工过程，因而杏仁核在人类学习形成目的性行为的过程中发挥着关键作用。例如，在损毁或切除了病人的杏仁核之后，病人变得异常冷漠、离群索居、缺乏主动的意愿和行为、不再对周围环境的变化做出必要的反应；病人的思维迟滞，带有更多的机械特征和稀奇古怪的色彩。笔者认为，正是由于杏仁核同前额叶一道参与了对海马的记忆调制，分别为海马所加工的短期记忆内容添加了情感标记和意识标记，[4] 所以人的个体记忆才具有情景交融的主客观统一特征，进而能动体现主体的目的性和记忆—行为的本体意义（情趣性）。由此看来，杏仁核在与前额叶及其他脑区和皮层下结构的交互作用中，能够为主体的观察、感知、学习、判断、想象和行为决策提供有力的情感动力和价值动机；它对于我们维系和发展思维能力具有举足轻重的源头动力性意义。唯有借助它与新皮层的同步进化，我们才能更有效地控制负面性情，强化正

　　[1]　［澳］约翰·C. 埃克尔斯：《脑的进化：自我意识的创生》，上海科技教育出版社 2004 年版，第 214 页。

　　[2]　同上书，第 176 页。

　　[3]　Douglas J. Futuyma：Evolutionary Biology. Sinauer Associates，Inc. 2006，3 edition，p. 217.

　　[4]　丁峻：《创造性素质建构心理学》，吉林人民出版社 2007 年版，第 38 页。

面情绪心态，从而为思维活动和人格意识发展奠定内在的动力基础。

第二，边缘系统对信息加工的决定性影响。外源信息的加工并非直接在感觉皮层进行，而是先抵达丘脑，继而兵分两路，即分别进入杏仁核与初级感觉皮层；杏仁核对外源信息进行情感编码之后，将其送至海马，由后者根据前额叶投射的理念信息及杏仁核所标记的情感特征以及自身的形态分类原则而对次级外源信息进行综合标记，即多址编码。在多址编码之后，海马将有序化的三级外源信息分别送至各级感觉皮层、联合皮层、前额叶新皮层、额叶的运动皮层以及皮层下的相关结构之中，从而使三级外源信息循着另一条路径进入各级皮层的四级外源信息，彼此发生耦合，由此生成了具有初级内源信息性质的五级外源信息。[1] 人脑在将外源信息转化为内源信息之后，仅仅实现了初级资源的个性内化之一级目标，而人类学习他人的经验与知识则属于建构间接经验和知识的过程，其根本目的乃是借助内源信息来建构自己的个性化知识体系。因此，将内源信息转化为内源知识便成为人脑进行认知加工的核心环节。人脑生成了内源信息之后，再次动用所谓的"认知三元增益环"，即由杏仁核、海马和前额叶新皮层所构成的"知识发生器"（网络），对内源信息进行共时空的整合增益与超时空的嬗变翻新。[2]

二 新皮质进化与意识能力廓出

与古皮质和旧皮质相比，新皮质的进化体现了三大特点：一是新皮质的发育体现为从内向外（即由第 6 层开始，向第 5、4、3、2、1 层依次扩展）的空间方位，形成了标志性的六层结构；二是新皮质的面积扩展远远大于体积扩展（例如，小鼠、猕猴和人类，其新皮质的表面积之比是 1 : 100 : 1000）；[3] 三是人脑的新皮质形成了多种功能单位（诸如躯体感觉皮质中的面部代表区有许多呈桶状聚集的神经元群体，在视觉皮层有代

---

[1] John Heil：Philosophy of Mind：A Guide and Anthology. Oxford University Press，2004，p. 105.

[2] 丁峻：《创造性素质建构心理学》，吉林人民出版社 2007 年版，第 117、254 页。

[3] ［澳］约翰·C. 埃克尔斯：《脑的进化：自我意识的创生》，上海科技教育出版社 2004 年版，第 53 页。

表空间不同线条特征的神经细胞条柱状群体，在听觉皮层有表征声音之0.5—30 千赫兹的不同频率响应范围的神经细胞柱状群体，[①] 等等）及其微柱、巨柱和超柱结构。[②] 这些特化的结构，为人脑高级功能的形成与发展奠定了雄厚的物质基础和信息加工之硬件基础。

埃克尔斯指出，新皮层具有以下特征：（1）在种系发生上出现最晚，是原始人进化的独有产物；（2）在个体发育中成熟最晚，表现为大大延迟的髓鞘化过程、树突和突触发育过程；（3）具有左右半球的功能不对称性，比如语言、音乐和视觉空间特性；（4）年轻时具有成熟期可塑性，表现为能对局部损伤做出功能补偿；（5）其神经活动与很多认知及心灵的功能密切相关，包括意识、自我意识、思维、记忆、情感、想象与创造性活动。[③] 例如，以前额叶新皮层为主的顶级调节性元结构，能够为主体深入解读语言文化的理性内容（即语言世界的运动规律）及其对人类认识客观世界与精神世界的规律性启示（由语言世界的真善美活动规律而获得对更深广的主客观世界之运动规律的美感—理智感—灵感与理念意识），提供高阶神经支撑基础，因而成为人类独一无二且最为发达和成熟最晚以及功能最为复杂的大脑顶级载体。

这是因为，它与前述三大系统及其亚结构之间形成了异常密集而发达的交互投射关系，并借助自上而下的输出方式来超前和持续地发放高频慢波电流（超前于感觉行为 250—300ms 并持续存在，其频率为 40 赫兹），从而使全脑各区域的相关脑电活动得以实现高效稳定和谐的时空同步化，[④] 并形成了语言审美体验或创新表达（借助言语形式，书面形式，体象——表情姿态行为举止等多元方式）的最高精神产物——语言意象（以及它的扩散迁移变体：审美意象，认知意象，科学意象，情感意象，自我意象，道德意象，等等）。

---

① ［澳］约翰·C. 埃克尔斯：《脑的进化：自我意识的创生》，上海科技教育出版社 2004 年版，第 216 页。

② Mahendra, S. Rao, Marcus, Jacobson: Developmental neurobiology. New York: Kluwer Academic Publishers, 2005, p. 204.

③ ［澳］约翰·C. 埃克尔斯：《脑的进化：自我意识的创生》，上海科技教育出版社 2004 年版，第 244 页。

④ 汪云九等：《神经信息学》，高等教育出版社 2006 年版，第 458—460 页。

又如，由初级听皮层（A1）—次级听皮层（A2）—第一听觉联合区（AAI）—第二听觉联合区（AAII）所组成的感觉皮层结构，能够为主体感知语音的二级物理信息（包括音素—音位—音节等最小功能单元的声学特征，词语—短句—句群的时空结构等）以及组织相应的本体经验和情感状态而提供大脑生物学载体基础。[①] 根据最新出版的《人脑功能》一书，[②] 一是 A2 区不接受 A1 区的神经投射，而是接受来自 AAI 区的较为高级的听觉联合投射并向 A1 区反馈输入高阶信息。这提示我们，听觉感知皮层形成视听觉初步整合时空特征信息的二级语音表象（即关于音素—音位—音节的精细结构之物理声学心理表象）时，要接受主体业已形成的三级语音表象（语词—短句—句群之视听觉宏观表象）的文本背景和框架之自上而下的调节，从而使主体的情感动机与特定经验能够加入二级语音表象乃至更高层级的心理表征体之中；二是前额叶新皮层向 AAII 区发出密集的定向投射，从而使主体的语言动机理念及语言意识与个性的语境埋想等形而上力量，能够对语言表象（及其所表征的当下经验和情感状态）的形成过程与内容风格施加积极超前的能动性影响。

同时，由颞极—颞枕联合带—顶颞联合带—额颞联合带—边缘系统及边缘旁区—丘脑和下丘脑等组成的大脑联合区结构，体现了更为致密和广泛的双向连接特点，具有更多的中间神经元或联络神经元——这些神经元占大脑皮层神经元的绝大部分（1000 亿左右），它们并不参与传输感觉与指令，也不表现为强烈的间歇性脉冲发放特点和单向传输信息的经典法则，而是主要处理内部信息并以缓慢持续的方式发放可逆信息。[③] 大脑的这种特殊结构，为主体认识语言文化的全息价值，把握语言信息的整体特征，活化自由灵动的想象力并扩展深化判断推理能力等，提供了多种感觉信息与自身内在的多元经验知识和理念意向有机整合的中介桥梁，从而使人的语言体验与想象判断活动能够与主体的所有生活情景及知识记忆相互契通，并有利于其将语言审美与创造能力向其他能力领域（如科学、文

---

① 丁峻：《语言认知的心理表征模型与价值映射结构》，《杭州师范大学学报》（社会科学版）2007 年第 6 期。

② Richard S. J.：Human Brain Function. Amsterdam：Elsevier Inc. 2004，p. 61.

③ 汪云九等：《神经信息学》，高等教育出版社 2006 年版，第 489 页。

学、音乐、戏剧、影视、爱情、劳动等方面）进行有效和循序渐进的心理迁移，使语言文化得以深刻持久地优化与强化主体的综合性精神感受能力及创新能力。

可以说，正是借助了语言文化这个全息抽象的符号体系及人脑这个顶级映射结构，人类才有可能超越历史与现实世界的局限性，才能创造并恪守内在的理想世界与完满的真理王国，才能借此实现经验—知识—艺术—技术—诗意情感—道德感理智感从个体到群体和种族的历时空—共时空—超时空传承与扬弃，才能走向未来全球知识—资源—行为一体化的协同增益新天地。

三　交互式连接与意识信息涌现

心理神经生物学家卡尔文（W. H. Calvin）指出："将事物还原不失为一种科学良策。这些还原必须处于一定的合适的组构层次，不能忘了解释的层次（常与机制之层次有关）。类比并不能形成机制……真实的组构是由一连串的信息和决策过程所构成的。对智力所作的众多阐释，迄今未能对神经元多加考虑，也没有充分考虑这些脑细胞是如何彼此交换信息，怎样储存往昔事件，它们如何相互作用和协同工作，在局部和区域空间输出指令等真实微观情形。虽然对其中的一些过程尚无所知，但现在已有可能对大脑不同密码间的交流与加工勾画出一幅言之成理的概图了……我们需要架设起一座沟通精神心理活动与其内在的神经机制之间鸿沟的桥梁——这是理解心理本质和终极原因的科学性与客观性的必由之路。"[①] 大脑各区之间的交互式连接及其所形成的错综复杂的无数神经网络，即是我们理解意识现象与大脑特征之内在关系的思想中介。

（一）交互式连接的时空特点

纵向柱式建构和横向的交互式投射（远端、中端与近端多目标靶位连接）结构，是人脑（尤其是大脑新皮层）极为突出的微观结构特征，提示了进化的大脑自组织、自适应能力及其与万物相区别的内在殊异性。

---

① W. H. Calvin. The Brain How to Think (in Chinese). Translated by Yang Xiong-li, et al. Shanghai: Shanghai Science and Technology Press, 1996. 31 – 131.

在上游神经元（突触前结构）与下游神经元（突触后结构）之间，某个突触通常是单向交流、定向反应的；其他突触则接受或兴奋或抑制，或静息或预备动作的电化学指令。具有相似功能的神经元倾向于在皮层中排列为垂直的微柱（每个微柱含100—200个神经元）；功能互补的100个微柱又横向联合为大柱；100个大柱细胞群又构成超柱或微区。一个皮层区大约有1万个大柱，左右半球共有100个皮层区。

由于持续活动的神经元分布于三维空间的皮层，加之神经元的活动模式属于频率编码的时间函数反应，因此可以认为，神经元的微观结构与功能满足了人脑对四维世界的信息加工与认知反应这种真实性与客观性需要。并且，皮层神经元的兴奋性突触有70%接受来自0.3毫米半径内的其他锥体神经元；在前额叶，突触则有70%接受来自中远端的其他细胞投射。交互式连接约占人脑连接方式（细胞回路）的70%，而在高等灵长类动物只有30%左右。特别在前额叶，这种远中近端的广泛性交互式连接（投射与汇聚）最为显著，提示前额叶对各级感觉皮层、联合皮层和边缘皮层的下行性反馈调节、高层功能对低层功能与结构的能动性反作用等深层信息动力学机制。

特别值得注意的是，皮层神经元大多为多极神经元，其胞体位于树突一侧，意味着此类神经元的信息接收和加工相对活跃和复杂灵活，需要快速反应基因及时表达和产生（树突活动与膜结构）所需要的特定蛋白质、受体蛋白、酶蛋白、神经生长因子、递质、激素和氨基酸等。

基于上述讨论，笔者认为，意识体验可能是大脑所建立的某种神经元放电的特异性时空序列（它与记忆输入时所产生的序列相似，但主要保留特征性内容）。该时空序列的特异放电严格依赖于特定的细胞双向交互式回路、特定突触的空间分布与时间编码模式——后者又严格服从于相关突触上的树突及微丝之形态、体积、数量、膜通道属性和突触化学递质与调质的量子"释放—响应"模式等终极性要素。

科学家发现，能够干扰胞体和轴突功能（产生锋电位）的河豚毒素，对神经元树突的锋电位却没有任何明显影响；用微电极刺激感觉皮层或前额叶特定区域的神经元树突，也无法产生有意识的体验。这个现象提示，树突锋电位具有相对独立性，其变化程度和电位维持时间优于胞体和轴突；它可能与人脑的意识体验密切相关。此外，大脑皮层锥体神经元上的兴奋性突触均位于侧棘上，抑制性突触大多位于胞体上；侧棘突触构成了控制新皮层和海马的主要微观结构，当突触交流活跃时侧棘的周长迅速增加，以致出现"侧棘肿胀"现象，因而增强了突触的电轰击力。换言之，大脑实际上是通过激活神经元侧棘上的兴奋性突触来间接激活胞体上的抑制性突触，进而导致后者产生抑制性后电位。

（二）交互式连接的认知意义

笔者在美国罗斯实验室所做的关于人类视听觉认知的正电子发射术（PET）比较实验中发现：并非所有传入树突和细胞的刺激信号均能转化为感知内容，大脑皮层与海马在抽取对象特征的过程中会隐去多数非特征信息；且在感知一个立体性同时性呈现的视听觉情景刺激时，会以分布式规则将视觉图像信息、视觉文字信息、听觉言语信息和听觉音乐信息等，分别输入枕叶、颞叶及下顶叶等专能化区域存储分析，然后经过过滤选择和特征重构，送入联合区及前额叶等部位，资作抽象加工、命名赋义和关系推理之用。

在此过程中，一是神经生物学微观层面的信息活动之分子事件并未完全转化为感知觉内容，而是超分子水平的皮层加工有所选择和重点取舍；二是皮层各级水平的信息加工涉及分布式处理，动用先前的表象经验和知识概念，对重要特征进行多级重组和立体汇聚；三是微观层面和中观层面的信息加工容量大于树突、细胞和柱群亚区的信息总和，特别是产生了树突之间、树突与胞体、细胞与细胞之间的相互作用，造成信息效应大于结构反应的系统功能性增益结果。这恰恰是还原论所丢失的关键内容，也是整体论所依托的核心中介机制。[①] 可见，大脑的分子水平微观机制只是理解心理过程的必要性结构基础，而非充分性信息基础；信息的逐级取舍、重组和增益现象根植于特定的时空结构及矩阵转换特性之中。

突触后膜电位的空间总和，是指当同一细胞上不同部位的两个或更多的突触（常态下可以是成千上万个数目）被同时激活时，每个突触的效应重叠于其他突触的效应上，从而在整体的细胞膜上形成空间汇聚和功能

---

① 杨雄里：《当代脑科学的研究进展》，上海科技出版社 2006 年版，第 264 页。

增益等效应（这是还原论或机械唯物论者所意料不到的神妙情形，尤其是大脑从分子细胞水平到柱群亚区水平的多层级反应的复杂性空间叠合，会最终出现量变积累基础上的崭新质变——表象、概象和意象智慧脱颖而出；它又是整体论者所最感困惑和模糊的理论倚重之处）。而时间总和则指细胞以足够高的频率进行重复性活动时，一个突触电位可以叠合于前一次的电位上，从而产生持续性的膜电位反应。同一细胞上的电紧张电位在空间上相距较远时，则时间总和呈线性关系；它们相距较近时，时间总和呈非线性关系。另外，大脑皮层细胞在基部的突触具有电位时程变化快、电流小和振幅低的特点；顶部突触则呈现为电位时程变化慢、电流大、振幅高的特点。

笔者认为，基于前额叶与海马的交互式连接回路（前额叶经丘脑背内侧核和内嗅区而向海马的齿状回 CA_3、CA_4 区发出神经末梢；CA_3 区及 CA_4 区再发出投射纤维，直接和间接在前额叶新皮层等区域形成神经轴突末梢），海马以储存近期记忆为主，对条件刺激和非条件刺激建立时间反应模式并形成节律性慢电 Q 波（一种长时程增强电位——LTP 模式，可持续数月时间），前额叶在海马形成条件化反应（贯通条件刺激与非条件刺激、整合情绪驱动的经验记忆与概念驱动的策略程序目的记忆）方面，发挥着不可替代的高级调节作用；远期记忆和长时记忆则转入新皮层（感觉皮层的经验性、情景性表象记忆，前额叶的策略性、程序性和目标性概念记忆等）。当前额叶遭遇实质性损伤或功能性障碍时，失去了对感觉皮层和海马的信息接收与指令输入，中断了记忆信息源与加工目标，而且失去了对海马与感觉皮层学习记忆活动的调节通道，导致后者出现信息加工的紊乱、低效和低整合状态。

突触的可塑性，即体现为前额叶、感觉皮层与海马等的宏观性返输入与微观性再建构（树突、侧棘及生长锥活动）这种多元全息的内外信息条件化加工整合过程；它同时涉及突触重建、神经回路修正和柱群网络的再组织等内容。在斯特里马特（Strittmatter S. M.）的前额与海马神经细胞学习模型中，可见到长时程敏感型神经元在学习训练后出现树突与侧棘的大量新生、突触重建和生长锥活跃增生与定向迁移等现象。

笔者观察上述资料，发现在前额叶 9 区、10 区，眶额叶，海马

CA$_3$区、CA$_4$区及 CA$_1$区、CA$_2$区，枕叶 18 区、19 区和若干联合区，相关回路中的细胞延伸、突触重建和 LTP 反应具有同步响应的募集增益现象，这体现了大脑皮质—皮质下系统形成生物电节律的部分微观发生机制。当前额叶 9 区、10 区受损时，上述海马区域及枕颞区域的 LTP 时程效应下降，树突生长、突触重建数量锐减，生长锥活动受到抑制，进而导致细胞内的相关 mRNA 含量及蛋白质合成水平亦显著降低。从上述的分析中可以看出，前额叶对于记忆编码策略、程序组织、提取分析、背景回忆等活动，发挥着更高级的方法论调节功能，同时显著影响了记忆内容的整合过程。

更有意义和更重要的是，脑内不同区域的同种神经元（及不同的神经元）会有不同的基因表达谱和树突侧棘空间结构、突触总和模式及神经回路结构。据此可理解每个神经元的与众不同之处，据此确认不同个体之所以拥有不同结构与功能信息集的大脑、心理与行为之微观基础。如此不同的微观层面之丰富个性，经过时空叠加、多层级相互作用和前额叶构建全新的世界图景内部模式后之下行性反作用（功能牵引与结构表达重建），更会有力推进大脑与心理的特异性发展。

总之，大脑皮质（前额叶新皮层、感觉皮层）同海马、丘脑和下丘脑的交互式连接方式之广泛密集性存在，提示了学习记忆和意识体验活动受到理念驱动的下行性调节和经验驱动的上行性调节这个元认知的多元机制（加工策略、背景评价及加工内容的分布式操作）。

另外，核内、胞内分子水平的变化，一是受到激素、递质等介导（上游功能性效应、结构需求性信号），二是经 cAMP、GMP 和 c-fos、c-jun 等第二第三信使的中介，最终导致层递性和级联性的 mRNA 聚合酶、DNA 聚合酶（及相应调节蛋白、调节基因）和 rRNA 出现适应性激活/去抑制，从而在基因水平实现了表达谱重建与模式化。它们进而成为主体保持个性意识与固有行为方式的分子基础。

四　感觉皮层、联合皮层和前额叶新皮层的再分化

人类之自我意识和对象意识的发展经历了漫长而艰巨的复杂过程。近几年来崛起的认知神经科学，基于艺术—人文—神经科学一体化的宏阔坐标来深广精细地辨识音乐文化对人类大脑及意识的复杂影响，进而以神经

系统的客观变化来印证并阐释人类借助音乐镜像来观照、充实、完善和实现自我价值与对象价值的心理机制及其表征方式，借此打破了以往研究意识的单一视域，机械方法与抽象论述等局面，有助于增强意识研究的可观测性、精确定量性、可重复性和系统整体性品格，有助于我们深刻理解音乐文化优化重塑人类大脑与心理世界之重大作用。

第一，音乐信息的主体性内化方式，包括感性层面的乐音—经验—情感表象建构，知性层面的和弦和声规则—旋律判断方法—想象与推理程式之概象（模式）建构，以及理性层面的乐音运动规律—情感思想规律—主客观世界深幽规律之意象（图式）建构等三大形态。上述复杂的信息加工过程依赖于人脑颞叶的三级再分化结构：一是初级听觉皮层的 A1 - 1 和 A1 - 2，包括特化的"言语声音频率柱"、"音乐声音频率柱"等；二是次级听觉皮层的 A2 - 1 和 A2 - 2，用于加工声音的节奏和音程（右侧颞叶）、音位和音节（左侧颞叶）；三是颞叶局部联合皮层 A3 - 1 和 A3 - 2。

第二，音乐认知的时空映射结构，体现为感性表象的形而下和历时空体验，知性概象的形而中与共时空聚会，理性意象的形而上与超时空创制。上述复杂的信息加工过程依赖于人脑联合皮层的三元二级再分化结构：一是颞枕初级联合皮层的 VAAI - 1 和 VAAI - 2，包括特化的"视听觉二维信息感受细胞群"；二是颞顶叶初级联合皮层的 PAAI - 1 和 PAAI - 2，包括特化的"体觉—听觉二维信息感受细胞群"；三是枕顶叶初级联合皮层的 VPPI - 1 和 VPPI - 2，包括特化的"体觉—视觉二维信息感受细胞群"；四是经由三大初级联合皮层的信息升级与整合方式而形成的三位一体的"视觉—听觉—体觉立体信息感受细胞群"，包括 PAII—AAII—VAII 之表征概念化表象的特化神经细胞小群体。

第三，音乐意识的形成机制在于，主体经由感觉皮层的表象化体验、知觉皮层的概象化体验和前额叶新皮层的理念化体验，逐步建构了实体经验、虚拟经验和理想化经验，渐次生成了对象化情感、符号性情感和意向性情感，进而获得了对音乐世界和自我世界的形象认知、规则认知和规律认知，最终于内心创制了有关自我行为和艺术表现的意象图式，并伴随着审美意象、人格意象和文化意象的融通与廓出。

第四，上述认知机制建立于人脑长期进化而逐步形成的独特的多层级交互式神经网络结构：一是特异性与非特异性的上下行激活系统，二是后脑（以感觉皮层为主）形成的三级信息加工结构（即信息输入之投射层，特征提取之局部整合层和多元信息特征之全息整合层），三是前脑（以前额叶新皮层为主）形成的三级时空信息表征符合体（包括历时空意象—共时空意象—超时空意象）——或者说人脑所形成的最高状态与最终产物：有关客体世界发展规律与深幽价值之审美猜测和科学假说，以及有关主体自身的情知意之理想境界与未来行为的战略蓝图。由此，音乐牵动了人的深广体验与浑妙想象，遂使个体能够拓展优化情感境界，强化想象与推理能质，建构提升全息意识并集成辐射创新精神。

第五节　镜像神经元与 40 赫兹高频同步振荡脑波

大约在 70 年前，胡塞尔（Husser）将通向他人心灵的途径确定为哲学的核心问题。但是当前有关人如何契通他心的方法和途径却依旧像谜一样困扰着我们。我们怎么知道他人具有与我们一样的感知、理解力、情感和意志呢？有时我们借助身体的方式与他心进行联系。例如，如果有人告诉我们关于他的真实的疼痛经验，我们可能会同情他甚至完全与之"感同身受"。我们的共情能力具有十分独特的结构，这个结构得到了最新的科学验证：基于神经科学的最新研究发现的"镜像神经元"，有助于我们理解思维与对象的等价特性。

一　镜像神经元与移情模仿和社会意识发生

镜像神经元位于人的大脑皮层的运动前区（F5 区）、下额叶、后顶叶以及枕颞联合皮层等部位。也即是说，大脑皮层各区都存在不同类型的镜像神经元，尤其是涉及诸如共情这类对情感的模拟体验与对象化认知等活动。以运动前区为例，这一区域负责对主体的行为监控，比如行走、抓取、手部的旋转和拉伸。借助"单一神经元记录法"，我们可以观察到大脑皮层的某一小区大量独立神经元的活动。这种独有的神经活动模式可以通过相同运动的不断重复予以验证与识别。

1995 年，社会认知神经科学家里佐拉蒂（G. Rizzolatti）和加莱斯（V. Gallese）及其助手在帕尔玛大学通过对灵长类动物的研究发现，运动前区的功能不仅局限于对个体自身活动的监控，一些位于该区域的神经元也表征了对其他动物活动的视觉编码。① 这意味着，视觉编码通过呈现其他动物的某种具体活动方式而唤起了自身相似活动的同样类型的神经反应。因此，里佐拉蒂和加莱斯称这些神经元为镜像神经元。当然，这两类神经活动之间还是存在一些区别，镜像型神经活动不如个体亲身活动时相同神经元活动那样强烈。

镜像神经元具有一些非常典型的特征，比如其最令人惊讶的独特之处在于镜像神经元只有在实验动物（主要是恒河猴）看到有意图的行为时才被触发，可见的目标似乎是镜像神经元活动的重要组成部分。在没有可见目标导向下，凭空模仿的手部运动不会触发镜像神经元活动。同样，使用工具实施活动并且达到行为目的过程中，镜像神经元的活动明显偏弱。②

里佐拉蒂和加莱斯及其同事的这些发现，促使科学家将镜像神经元的研究延伸到大脑的其他部位。实验首先定位于大脑皮层上与之联系紧密的运动区并且主要指向其中的 F5 区，通过使用单一神经元记录法，追踪结果一致显示：镜像神经元的活动主要集中于恒河猴的后侧顶叶皮层（7b区）。他们还致力于对猴身体运动及对其他猴子目标视觉观察时相同的身体和手部运动的神经活动进行研究。结果显示，其中有三分之一的神经元不仅在个体自身活动过程中被触发，并且在对其他猴子相同行为的视觉观察中依旧被触发，尽管两者在强度上有所差别。一种奇特的神经活动模式与一种具体的身体活动之间的联系由此可以被确定下来。在对 F5 区的研究中发现，行动目标的可视性是镜像神经元活动的最重要因素之一。这些发现促使神经科学家进行推测：在大脑中存在一个广泛的镜像神经元网络系统。自身活动的执行及观察他人有目的的身体活动，都可以触发镜像神经元的特征反应。

科学家将镜像神经元的研究对象从灵长类动物拓展到人类，进而在人类和诸多灵长类动物上都发现存在类似的镜像神经元。除此之外，近来研

---

① Jiacomo. Rizzolatti, David Dobbs, et al. : The Mirror Neuron System [J]. Annual Review of Neuroscience, 2004, pp. 238 – 239.

② Ibid.

究显示不存在物种间理解其他客体身体活动模式的障碍。灵长类动物对人类动作的理解与对本物种个体动作的理解方式无异，反之亦然。镜像神经元的发现驱使人们发展并深化现象学研究的方法。我们需要对行为的感知、情感、动觉经验和意志等不同层面进行现象学的描述和神经科学的实验（检查具有镜像神经元典型特征的皮层部位）。

首先，必须识别那些在共同经验模式中人脑对某一行为的整合机制，即需要对呈现在人类日常行为之所有维度中的整个"镜像区域"网络进行探索。在大脑皮层的专门区域肯定存在具有镜像特征的神经元组，包括感知、意愿、动觉和身体活动。

其次，体验他人的相似经验需要特殊的认知模型（同感、共情、共行、共愿）。我们是基于我们知、情、意、行的幻象，并以他人的视角来扫描这些心理表象的。我们对一种幻觉的感知与感知真实的情景"非常相似"，它们具有共同的感知通道和等价的认知信息效应。有证据表明，幻象可能是我们与他人产生共同体验的思想媒介。譬如一个缺乏品尝柠檬经验的人（儿童），就不会产生与成人类似的那种共同经验。幻象论题的另一优势在于拥有他人感知、情感、身体动作以及意志观念的概念或语言，因此在其他所有动物身上应该同样起作用。这也为理解那种意向性（即非人类像灵长类也具有幻象的能力）开辟了一条新的研究道路。

因而，狭义的符号语言并非是回答他人行为是什么所必需的精确概念，广义的语言则包括身体语言（体象）、物态形象（物象）、文字表象、言语表象、音乐表象和书画表象，等等。所以，当人与他人进行交流或在内心展开对他人的认知过程时，主体所面对的人性对象决定了他摒弃用于认知自然世界的符号语言，而代之以体象语言或人物表象、情态表象、动作表象等，意在通过它来沟通他人的情感和意志，借此实现对他人的心身行为的认知目的。

笔者认为，人类自古就有类比意识，以后逐步从经验表象的形态类比发展到符号表象的规则类比，再到精神意象的模型类比。其间，我们所虚构的幻象尤其值得关注：第一，我们旨在借助幻象来模拟他人的复杂感知觉、行为与情感；第二，模拟的目的一是学习和内化那些有价值和规范性的行为方式与技术方法，二是旨在引发自身的相似体验，以便能够理解他人；第三，理解仍然不是最终目的，主体的根本目的是借助理解来作出更真实更合理的客观判断，从而为自己决定下一步的行为方式提供思想根据，以期实现利己和利人的双赢效果。因此可以认为，人类的幻象体验同时具有承担意义和实现意义的功能；借助幻想的帮助，我们可以以一种非常精确的方式把握客体及其属性。这种能力就是我们所说的意识能力。

可见，人类在认知不同的外部对象甚至内在对象时，能够灵活地选择最佳的心理表征方式来卓有成效地实现目的，而不是事事处处都机械地沿用一种固定不变的方式来应对千变万化的主客观世界。因而，对于当代心理学所概括的情景表征、特征表征、概念表征和命题表征等认知模式，我们有必要借助新的科学事据与理据来加以重新审视。

二　高频同步振荡脑波的神经信息映射逻辑

由于音乐体验最能激发人的高峰情感反应，并且能够催化人的自由想象和理想化观念，所以此处笔者借助分析音乐认知的脑电效应来阐释人脑的神经映射机制，进而深入剖析移情—共鸣现象和审美—创造的高峰意识体验之所以发生的神经信息动力学原理。

（一）非线性神经动力学的慢役使规则

系统在临界点附近的状态变量，包括慢弛豫变量和快弛豫变量；绝大多数变量受到大阻尼而迅速衰减，只有少数几个或一个变量会出现临界无阻尼现象，从而能够支配其他快变量的运动，并决定了系统演化的最终状态与结构格局。序参量即是消去所有的快变量和只剩下慢变量的映射方程吸引子，它是经由诸多子系统之间的协同合作效应而突现的，并进一步支配各子系统的运动，最终形成整体有序的结构与活动。[①] 进而言之，它以前额叶所调制的以丘脑为源头和以联合皮层（感觉输出）—运动皮层（动作输出）为靶目标的"预期电位"之低频高幅慢波作为自上而下的原动力，驱动其下层各脑区的神经电位活动趋向 40 赫兹的高频低幅同步振荡性快波（以兴奋效应为主）：从 β 中频快波到 γ 高频快波；而以 δ 波和

---

① 赵松年：《非线性科学的内容，方法和意义》，科学出版社 1994 年版，第 84 页。

θ 波这两种高幅低频慢波所引发的额叶等脑区的局部效应则是抑制。

可见，γ 高频快波以阵发性脉冲为特点，主要借助大脑第 VI 层细胞发放兴奋冲动；人脑借此将前额叶的理念信息投射到相应的脑区之第 IV 层细胞，由于形成了再输入式的内在信息增益环，从而导致立体感觉及内部表象生成。[①] 其非线性映射方程为：X n + 1 = f（a，xn）；其中，a 为控制参量，Xn 为迭代映射；关键是控制参数 a 的选择。

（二）离散映射

神经系统的此种活动具有内禀随机性和无标度特征（即复杂映射图形的结构特征守恒性），以及容错性（抽取主要特征）、鲁棒性（大量细胞死亡而不影响大脑的信息加工）、自组织性（即人类的智能不按逻辑方式运作，而是直觉综合）与拟序结构（离散值与连续值互动互补，协同增益）。因此，大脑作为一个超复杂系统，其高阶变量或时空自由度较少（主要从低层结构得到信息并支配之）。任何元胞机的下一刻状态由周围相邻的 6 个元胞状态之和确定之（状态参数为 0 和 1；时空叠合）。而动作电位类似于调频信号、服从“全或无”定律（一种时空叠加效应，指全部产生反应或根本不产生反应），每个神经元有数万个突触；皮层的 250 亿个神经元则拥有 250 万亿个突触（超过银河系的恒星总数）。这样，皮层柱的输入输出模型便体现出时空状态与信息种类从一维到多维的傅里叶变换效应。

（三）分布式定域

（1）由情境表象与动作表象形成综合的视—听—体觉表象（或复合性概念表象）；乐音编码以颞上回为主，兼及运动前区，该区对其他声学信息之词性及句法加工不产生影响。

（2）音素—音节—乐音之表象和乐句表象的功能，在于将音节组合成句，主要由左半球的西尔维厄斯区执行；该区不涉及语言节律，但涉及语法加工。

（3）抽象主题编码位于左半球的枕颞联合区；其中，普通名词由其

---

①　Evan Thompson, Francisco J. Varela. 2001. Radical embodiment: neural dynamics and consciousness. Trends in Cognitive Sciences, 5（10）：418 – 425.

后部加工，专有名词由其前部加工。

（4）动作表象：形成于额叶及额顶联合区等处。①

富里曼在 2005 年提出，γ 高频快波节律的神经元场径为 10 毫米，包含 1000 个皮层功能柱和 100 万个神经元，遂成为表征心脑介观事件的神经动力学结构单元；② 由于皮层功能柱 80% 的神经元属于兴奋型（柱内连接比例为 1∶6，柱间连接比例为 2∶6），20% 属于抑制型（且只在柱内做局部投射），所以皮层功能柱频率与外在信号的输入频率相近时，就极易发生同步化兴奋振荡。③ 由此可见，富里曼所说的神经动力学结构单元极有可能充任笔者所指称的"心理概象"和"心理意象"，因为 γ 高频快波节律的神经元场径主要起源于前额叶新皮层，后者主要涉及高阶心理表征体的形成；而 γ 高频快波节律向联合皮层和感觉皮层的下行性扩散效应，则会导致相关的低位皮层进入高峰状态的高频同步振荡，并激发产生了相应的心理表象。

从理论上讲，产生心理表象的神经元场径应当小于 10 毫米，其所卷入的皮层功能柱则在数百个左右，约有数万至数十万个神经元参与表象生成。④ 这是因为，感觉皮层大多选择性地再现单一的对象，相关的邻位对象及背景形象则由大脑的高位皮层分别表征之。而诸如符号性表象和理念性意象等高阶表征体的形成则更为复杂，它们同时需要前额叶新皮层的局部意象、联合皮层的概象和感觉皮层的表象协同组构而成。

（四）具身思维、神经逻辑与意识映射——40 赫兹高频同步振荡波与意识活动的关系

笔者认为，人的意识心理活动具有三级表征结构（即表象—概象—意象），其活动规律则主要体现为自下而上的基础结构驱动性和由上而下的高阶功能驱动性，信息的逐级全息整合性与返输入调节性，表象建构服

---

① ［日］渡边护：《音乐美的构成》，张前译，人民音乐出版社 2000 年版，第238 页。

② 刘曾荣等：《脑与非线性动力学》，科学出版社 2006 年版，第 222—223 页。

③ Antonino Raffone，Martina Pantani. 2010. A global workspace model for phenomenal and access consciousness. Consciousness and Cognition，19（2）：580 – 596.

④ 汪云九等：《神经信息学》，高等教育出版社 2006 年版，第 458—460、489—490 页。

从历时空的客—主体相互作用之审美形态特征，概象建构服从共时空的客体—主体相互作用之运动认知规则，意象建构服从客体—主体相互作用之理性价值规律；相应地，大脑的神经逻辑则呈现为全息分布式、非线性鲁棒性、无标度容错性，自组织随机性和可逆变换性等特点。

另外，只有人类才会思考并不存在的东西，以及想象非真实的情境，对复杂现象予以整理或解释，对未来的主客体发展情景或未知的世界进行前瞻性的预测和猜想，因而人类的理性思维体现了意向拟构性、内容填充性和时空捆绑性等精神特征。

以音乐认知为例，其价值目标在于：（1）于现实时空呈现理想化的情感关系；（2）建构认知关系，借助历时空的经验与情感来掌握共时空的客观规则，形成相应的思维规范；（3）创制（意向）行为关系，即基于历时空和共时空的内部信息而创造或表达超时空的主客观规律图式（价值坐标、战略框架、行为蓝图、预见假设、发现潜在真理、实现主体理念）。

音乐认知表象的形成机制在于：一是自下而上的客观信息驱动（主要位于第四层细胞），二是由上到下的主观信息输出之调制作用（主要位于第六层细胞，表现为超量的反向投射和返输入形式）。音乐意识涌现的中心环节，即在于这种大量和平行投射且广泛分布的同步化过程；主体由此产生了信息取向或目标定位（选择）等意向行为。这种再输入不但改变了接受方的阈值状态及兴奋—抑制之节律类型，而且把语义和行为加以贯通，进而形成了概念和理念，产生了高级意识（价值观念）；初等意识则只加工历时空形态的感觉信息；中介性质的知性意识负责对共时空的复杂信息进行加工。因而可以认为，40赫兹的皮质同步波体现了大脑结构—功能—信息内容的绑定状态，由此产生不同层级与形态的心理表征体。

神经科学家指出："意识对象既可以是一种虚拟的内在图像，也可以是一种真实的外部对象；前者源于语境自涌现结构，不能被还原为神经状态，具有非定域性或并行分布式特点，且无法直接进行测量。"① 笔者认

---

① Gazzaniga M. S: Cognitive Neuroscience, Massachussets: The MIT Press, 2004, pp. 646 – 647.

为，大脑的同步振荡反映了主体对感知内容的觉知（即时间结构模式）；神经元集群的激活图式则反映了感知的信息特征（空间结构模式）。并且，同步振荡能够导致神经系统的整体性自涌现行为，即使得各神经元激活的振荡频率与相位处于锁定状态。已知40赫兹是意识活动的固有频率，则同步振荡的一个周期约需25000us；一次神经元激活所延迟的时间约为200us；突触延迟时间约0.5—1us。

这说明，同步振荡的时程更长，其所涉及的神经元及突触的数目也更多（大约1亿左右），其同步化更加集中于高级皮层（因为皮层结构越高级，则其拥有的神经元就越多）。其间存在神经元的竞争维（横向水平）与协作维（纵向水平），而竞争的结果是可以产生最强的刺激特征，从而把其他不重要的特征信息以及噪声加以过滤或抑制；协作过程则导致兴奋性增强并提高了同步化整合与传输的时空效能。总之，大脑高阶的输出总和是兴奋性电位，后者以缓慢的低频高幅役使波和返输入方式向全脑深广扩散，最终激发了泛脑同步化的高频低幅快波，并由此涌现多层级的内部虚拟的意象景观。

可见，人类所形成的音乐共鸣以至更深广的情感与意向共鸣，乃是以我们大脑中所涌现的特有的40赫兹同步振荡高频波为根本特征，并由此产生了相应的全身心高峰意识性体验——那种将美感、道德感、理智感和直觉灵感统摄一体的神奇美妙状态。

进一步而言，创造性想象与推理能力是智性活动的本质方式，它包括人的情感经验、知识结构、多元思维和理念意识水平等复合内容，且以"表象—概象"、"概象—意象"之匹配耦合与互动互补的心理表征体为核心内容；以前额叶新皮层作为意象活动（体验与认知）的中枢，以联络皮层作为概象活动的中枢，以感觉皮层作为表象活动的中枢。

同时，人的意识体验能够显著促进大脑α节律的频幅优化和低指数变化，降低θ节律的频幅和δ节律的波幅，增强β节律的波幅，从而降低情绪起伏周期及波动幅度，控制冲动反应和极端化情感，趋于稳定自适和较高机动性的情感心理反应水平，有效改善青少年的情感品质。人的意识体验还能有效促进枕顶颞叶等感觉皮层的突触扩展和细胞柱群结构特化，持续推动联络皮层双向连接纤维的致密精细发展与空间广延辐射，有力推动前额叶与感觉皮层及联络皮层的双向连接与互动发展，进而有助于提升人的情感意识与认知意识的耦合水平、有助于强化主体对内外活动的元认知能力、元调控水平、意识创新及对象性转化能力。

透过音乐对人类大脑心理与审美意识的复杂影响，我们可以深刻理解人脑的感觉皮层、联合皮层和前额叶新皮层发生再分化的内在机制及其重大意义。可以说，音乐是人类观照自我世界的一面镜子；我们借此即可映现人类的创造性智慧品格。

第 三 章

意识形态进化论

如果说感觉系统是人类心灵进化的外源信息载体，则理性意识是人类心灵进化的内源动力；处于两者之间的符号思维，于是成为人类心灵进化的"新信息发生器"。正是借助奇妙的想象和深邃的推理意识，人类才能从内外世界——包括实体可感的物质时空、倏忽多变的宇宙妙象、深幽微奥的粒子世界、精细复杂的文化世界、人类身心的表情体象、人工创制的艺术科技对象等多维时空——获得创造性的审美体验、科学发现、技术发明、理论建构、艺术灵感。总之，意识创新乃是人类进化的内在杠杆。具体而言，意识的形态进化需要一系列的内在操作平台。

第一节　意识形态发生论

人的意识起源于感觉，嬗变于知觉，升华于理性统觉等心理结构。人的心理结构包括情感结构、知识结构、意向结构、人格结构、思维结构等内容；从形式上看，它自下而上分别由表象结构、概象结构和意象结构等三级内容构成。其中，感觉皮层蕴纳表象内容，联络皮层涵纳概象活动，前额叶新皮层主事意象活动。表象结构以经验为主，兼有知识性、情感性成分；概象结构以知性逻辑和语义概念为主，兼有情感性、意向性、经验性成分；意象结构则是对主体情知意特质和客体形态机理价值之全息表征，兼有感性、知性和理性之融通集成性质（如美感、道德感、理智感、灵感及其意识体验，想象推理和时空创构等情形）。

具体而言，人的情知意呈现为"三位一体"的协同方式。就中枢系统而言，额前叶是分析、决策和预测中枢，中央前区和顶叶大部是本体意向反应中心，枕颞叶是客体感知及情态反应中心。换言之，额前叶是"意识表象中枢"，中央前区和顶叶大部是"本体表象中枢"，枕颞叶是"客体表象中枢"。主体借助三位一体的意象活动来整合自己的情、知、意三种力量，进而借此吸收对象世界的"美—真—善"的品格，最后将之转化为三位一体的高级心理能力："美感—灵感—力感"，走向"爱美—求真—尚善"和"爱情—事业—人生"等三位一体的行为实践境地。

一　表象化的意识情思形态

　　人是充满情感富于思想的万物之灵。无论是抒发喜、怒、哀、乐、惊、恐、思种种情怀，还是表现凌云壮志、灿烂才华和人格情操，都必须借助具体的客观对象来激发情感、展开智思和催化想象。那么，我们如何发见自然与生命的诗意微笑？哲学家桑塔耶纳在《美感》一书中说，最幸运的选择是热爱自然和艺术，因为自然常常是我们的"第二情人"，她对我们的"第一次失恋"（广义）给予忠实的默契安慰。①

　　（一）移情之思

　　欲使"无情"的自然变得"有情"，必须首先让自己的心灵与大自然之"心"相契通。也即须由人向物"移情"，借爱的光辉照澈思维贯通自然隐妙境界的心路，使物景形象显示焕发出美："身无彩凤双飞翼，心有灵犀一点通。"欲实现"移情"，当先有人之"多情"和"敏感"等审美素质与能力存在。"多情"是长期性的动情的知识与经验的积蓄发酵结果；"敏感"是人接受环境刺激或暗示意义的一种释放出来的潜能特质，常常呈现无意识的直觉状态。这种心理倾向和感知能力多在松弛时刻、闲暇状态和轻松愉快的心境中闪现与强化。达·芬奇说："大自然向我们展示着奇迹壮观……是我们最好的老师。"自然界是一本不隐藏自己的书画，只要我们处处留心去读它，就可以认识它与欣赏它。②

　　欲使"有情"的大自然变得"情深意长"，则需要主体借助特定的意

---

　　①　Hookway（ed.）：*Philosophy and the Cognitive Sciences*. Cambridge：Cambridge University Press，2003，pp. 63 - 64.

　　②　José Luis Bermúdez：Philosophy of Psychology：A Contemporary Introduction. Routledge，2005，pp. 189 - 190.

识活动来激化情感和震荡心态，进而实现移情投射与换位思考的目的，借此深深潜入大自然的"心灵"中去。不断投射情丝，不断回环体验和反馈，方可造成忘我入迷、出神化境、物我相通、妙味无尽的效果。

譬如，悲愤之极的贝多芬，在屡屡失恋、贫困险阻和耳聋的重重打击折磨下，隐遁于花木、彩云和旷野当中，把大自然作为他唯一的知己和神妙的启示。在与大自然神妙的沟通中，他感染到了自然界深邃永恒纯真伟大的力，进而通过音乐揭示了大自然那优美纯朴深妙的无限诗意。① 爱因斯坦也对大自然的那种"宏伟壮观的结构"满心崇敬，并深受暗示和感染。他深情地说道："大自然最优美的礼物，是观察和理解的乐趣"；② 他对科学世界那简洁和谐的规律的天才洞悉和卓越创造，他的美感人格和智慧精神等，均有自然之功。大自然是科学和艺术的摇篮，由此产生人最可贵的奥秘感、庄严美丽的世界秩序感和内心的自由感。

（二）溯情之思

谁没有过难忘的"童年"？谁又能割断闪光的"青春"和甜蜜的"初恋"之情丝？……故乡、旧情、往事催人遐想、令人神往，常化作一串串闪光的浪花，翻涌在您心中。每个人都有那温馨迷人的一盏"回忆"之杯。

"童年呵！是梦中的真，是真中的梦，是回忆时含泪的微笑！"（冰心）这位皓首银丝的著名女诗人，常常借助独特的"冰心体"散文抒发温柔深沉的爱心。那神秘的大海、金色的阳光、絮细的母爱、烂漫的花枝、清香的书墨和少女的晶梦……都在如"梦"似"真"的回忆中得到了复现和重尝。她找到了爱的源头，时时感验和深化着人类的晶莹童心和活泼稚趣的独特情蕴，从中得到了甜怡的自慰和深透的自知，获致了自爱与自强的精神感染：呵，伟大灿烂、庄严美丽、潜深微妙、永恒忠实的自然！"你的微笑里，融化了人类的怨嗔"；③ 催化了我们的灵性……

① ［法］罗曼·罗兰：《贝多芬传》，傅雷译，北京广播学院出版社2002年版，第66页。

② ［德］爱因斯坦：《爱因斯坦文集》第3卷，许良英等译，科学出版社1986年版，第107页。

③ 冰心：《繁星—春水》，人民文学出版社1988年版，第43页。

　　这种反观自我和体验童心的内在审美境遇，不禁令作者漾出了"含泪的微笑。""为什么我的眼里常含着泪水？因为我对这土地爱的深沉"，艾青的"默默泪眼"与冰心的"含泪的微笑"，都是此时无声胜有声的最强烈深刻的情思意态，是对生命的回味，对自我价值的肯定和强化，并由此来催熟自己的人生之果。

　　又如，回忆也常常伴随"身心颤动"的激奋现象。"音乐，当袅袅之声消逝时，仍在记忆之中震荡——紫罗兰，当芳韵虽已凋衰，仍在心魂里珍藏。"（雪莱）触发回忆的媒介丰富多样，从谈话、观景、赏乐、遇旧、梦想到阅读、闲处旅跋等。回忆是一种普通常见但深刻独特的内向审美之强烈感验活动。回忆具有"苛刻"的挑选性和个性化的精神意向折射性，还有主观的半精确半模糊的诗情画意"美化"性。在回忆中，过去的"我"成为审美的中介（间体），我们借助这个中介体来与过去的物象人情和童心情趣建立共时空的精神联系，并在对象化的自我所构成的镜像时空中实现了完美的价值聚汇与理想化的精神重构：历时空的经验、共时空的情怀、超时空的理想，形而下的情景、形而中的演练、形而上的憧憬，感性化的真情、知性化的妙道、理性化的意念……

　　"回忆"之杯满含情思而独具韵味，因情深意远而回味无穷。朋友！愿你珍视自己的心泉所酿。玉液琼浆中，有你闪光的心香，有世界的珍珠和人生的真味。它是知心之杯，更是壮行之杯！为了明天，干杯！审美活动的根本魅力，在于对象化形象能够唤醒和激发起主体自由美妙的联想和"心往神驰"幻想与想象力，进而促使我们在充满理想色彩的情感高峰和思想焦点上尽情尽力地表现个性主体的精神创造力，并体验和享受由此而创造的意象境界之无限奥妙。

　　（三）对象化的情愫之思

　　对象化的情愫之思是指主体指向人格世界的价值认同性体验，包括审美镜像和道德镜像移情。例如，道德文化是推动人的精神发展和人格进步的重要力量。而这种动力的根本奥妙，便在于它能以某些真善美的观念与实物来吸引人、打动人、征服人、改造人。简言之，正是由于它具有相当深湛的审美品格和心理渗透力，才吸引了古今中外成千上万的信仰者，成为绵延不息、跨越时空与种族的一种精神文化"磁心"。

　　随着人类的精神进步和科学发展，人们日益认识到了道德文化的内在规律，进而开始从人的本体心理与内在机制上探讨生命的道德理想、存在意义和行为准则。道德感也逐渐渗入分化性、重组性、升华性和审美性的种种创新活动之中。例如，爱因斯坦体现了一种超越世俗、追求真理、庄严圣洁、悲壮牺牲的献身品格与人格理想。可以说，道德文化的精神本质是与艺术和科学的审美创造性境界一脉相通的。

在哲学家看来，意识活动是最高的幸福，因其指向一切可以理解的事物；人类唯有形成了理性意识及其价值体验能力，才能产生合情合理的行为、实现自由品格和幸福理想。道德体验蕴涵了悲苦性和自悦性情致，其根本动力和审美价值来自主体对自己所设定的对象化的自我和理想化的自我之科学认知与审美观照；主体的道德实践由此体现了体验的神妙性和超越性之美学意义。

（四）人性体验：道德感—良知—善意（生成）

伦理教育本质上是一种涉及人生观的价值改造与行为调整活动。伦理学所传达的一系列价值观，最终都要回归人的内心世界，需要通过人的道德观念、人格意识、具身性的情感体验及行为选择等内在转化环节而发生作用。否则，道德伦理规范永远只能停留在形式化、表面化和教条化的状态。

（1）良心体验的核心价值聚焦于主体的伦理情感时空

人对道德观念的体验和判断，源于其独处静思时的自主思考和自由选择。意象化的道德体验，正好将抽象的、外在的、间接的道德认识材料化为具体的、内在的、本体的直接经验，从而使真理具有了生命之寓，使理论引发了实践功能。

（2）人格伦理的审美移情及其超拔效应

在人生的镜像中，有无数双手伸出来，构成一种宏繁的经纬坐标系；实在世界与意象世界是极性相反和价值冲突的一种镜像对称体。在此天地里的艰苦寂愁之体验，会化为彼天地中的某怡欣欢之盈馨心香。故而，活力须靠爱意来激发之，又须靠智慧来谐整之。故而，一切真心拼取美感真智的人们，大可宁静以待现实逆境，大舍为了大取，深沉地养育出灿烂的人性之花和神怪的自然之果来。唯有爱意同智性相结合，才是完满而谐称的人生。

人类创造物质文化的原初目的是为了满足自身的生存需要，其续发的高层效应则是对我们心灵的欢娱和美怡。文化世界同人类的心灵世界相互贯通，相互创生和协同完善，人类借助意象体验的方式来内化、创造及外现文化的价值。审美便是要获得欢快的内在生机与外部活力；美感便是对本我及对象世界所呈现的生命气韵景态的复合交感式体验；美便是存在于内部宇宙及外部天地的生命能量运动时空的神妙贯通气象……

审美与创造、情趣与智性，实际上是水乳交融的整合物。两者都旨在同心协力地、聚精会神地以心灵之光来观照出存在之力。不过，审美之矢要以人性的潜能来轰开物性的隐奥，以情之所钟的完满对象来抵达人与自然契通的最高境界；而智性的创造则是以活化的精神力量来昭现物质或对象的存在新貌，以内在的意象转化为外在的规律性物象之实体方式。

德国心理学家和美学家立普斯指出："我们总是按照我们自己身上发生的事件去类比，即按照我们的切身经验去类比，去看待我们身外发生的事件"，从而"使事物更接近我们，更亲切，因而显得更易于理解"。①审美欣赏所面对的乃是对象与自我的感性统一体；美感就是主体"在一个感性对象中所感受到的自我价值"。②

笔者认为，审美乃是人对间体形象的价值认同与精神强化之体验，是一种基于现实性（审美客体）和超越现实性（主客体交变而成的中介间体—镜像时空）的理想体验。人基于自己的元认知价值观来建构人格理想和审美意识，进而通过镜像认知把客观对象的特征加以美化、具身化和本体化，由此创造了可心如意的自我意象和审美意象，进而借助内在映射方式来展示、欣赏和实现自己的个性理想，由此获得魅力无穷的精神乐趣。

二　符号化的智思形态

可以说，唯有人类才具有符号体验和符号认知的能力。以语言、音乐知觉和抽象思维为例，前者与直接客体、时空相邻、弱意义表达和具象一体性等特点有关，后者则与间接客体、时空置换、强机理认知、抽象化加工等性质有关。进而言之，人类需要借助符号体验和符号认知方式来把握

---

① 转引自朱光潜《西方美学史》下卷，人民文学出版社1983年版，第613页。
② 朱光潜：《西方美学史》下卷，人民文学出版社1983年版，第606页。

和重构自我价值、创造对象世界的意义。

（一）命运意象与自我理想的艺术表征体

"从痛苦中创造欢乐"的贝多芬，把整个身心献给了艺术女神和自然女神。他的第一和第五交响曲对于海顿的遵循和富于严谨逻辑的交响乐思，尤其使第五交响曲成为交响乐的古典高峰。但贝多芬对于主题的处理，中后期逐渐完成了高度简洁而有力的创造性发展。例如第五交响曲的第一乐章，是建立在两个音符变化和四个音符构成的主题之上的，显示了命运敲门声这种不可抗拒的异己力量。它不但是音乐主题最精炼的范例，而且也是整个交响曲里贯穿第一乐章的精髓，以及第二和第三乐章的强大对比力量。又如在第三交响曲中的第一乐章里，贝多芬不但在简练的三拍子式的精力充沛的主题上蕴含了无限的生命意志，而且在展开部上一反海顿的传统，将其由规范的容量长度（只占呈示部容量的 1/2—1/3）扩展为"后来者居上"的幅度——展开部与呈示部之比等于 5/3，并且引申出壮丽如歌的新主题，以此更丰满透彻地展露英雄的性格。

可以说，贝多芬把音乐主题的含义从个人的历时空天地扩展为文化性的共时空宇宙和理性化的超时空理想境界。另外，他把交响曲的第三乐章由传统的小步舞曲改换为急促活跃的谐谑曲，把变奏曲富于力度和深广活泼地引入交响曲中，比之海顿或莫扎特引入交响曲中的欢娱性格变奏更具有戏剧性和主体性韵味。他的创作激情和构思灵感，则基于内心的意象之恋/智性情思。

再比如，他对于爱情意象与自然意象的音乐符号性映射作品：《月光奏鸣曲》和朱丽叶·琪却尔第小姐。1802 年，贝多芬创作了这部"幻想奏鸣曲"，献给他的第一个初恋对象，集中表达了爱情的甜美和失恋的凄愁苦痛心态。在结构上，他打破了传统的奏鸣曲套曲的各乐章次序，以单部的三部曲式代替奏鸣曲式开始第一乐章，故而以慢板乐章的幻想柔梦和悲沉吟诵"先入为主"，渲染压抑和阴暗的心弦主调气氛。第二乐章用复三部曲式，借助中庸的小快板节奏来展示其理想的温梦和情绪的复苏情形，在轻快的统一性变化中孕育出了坚毅乐观的开朗性格。第三乐章为激动汹涌的奏鸣曲式快板，表达悲壮昂奋的热情和百折不挠的意志，以连续式的八分音符资作铿锵有力的精神自白而结束。尾声在激情的奔涌极点戛然沉寂，造成了神奇强烈的力量沉积和准备拼搏之效果。

在第一乐章中，主题结束时的调性处理一反常态，乐段的后乐句在主调之下的大二度小调上奇特地结束，造成了 b 小调和弦同主调和弦的对比呼应。另外，三连音型的广泛使用造成了梦幻般的月光如水的意境形态：流畅圆润的波浪潺潺流动，轻灵晶澈的透明柔婉氛氲，均匀宁静的和谐深邃境界……以波浪起伏的状态和心潮逐浪高的上行模进精神倾向，展示音乐形象的不平静心绪和沉思幻想，以及坚毅热情性格，获得了"润物细无声"、"深处水流急"一般的深邃神妙之美感。贝多芬通过三连音之内的级进和音形之间的跳进，和动机片段上的规律重复及适当变化，造成了一种情感和意志的强调、巩固和有力发展之奇特效果。也可以说，三连音本身就具有一种短而强的意念性力量和长而弱的情柔幻想性心境的戏剧性对比组合、丰富变化之效果。在莫扎特或肖邦的一些作品中，我们亦常见到这种优雅的歌唱性风格的"抒情标志"。

旋律是音乐的灵魂；拉赫尔认为，音乐的灵魂便是节奏。因为节奏体现了生命力的有机运动：在统一中自由变幻，通过强弱、紧缓和密稀的力量造型与雕刻而展示出人的完整精神和复杂心灵。①

进而言之，在人的知觉和意识体验过程中都伴随着"观念渗透"现象，或高层皮质（前额叶）对低层皮质（感觉中枢和体觉中枢）的交互性信息输入过程，也即是主体特定观念与思维模式（神经网络相互作用模式）对知觉经验和现时认知的指导、引领和调节作用。换言之，旋律与节奏即是理念的感性化身，它们为人的感觉带来了深刻的意蕴和超越性气韵，从而使人类的音乐能够深深化变人类自己的情思、智思和创新意识。若忽视或舍弃这些关键的信息增量，还原论将成为一种拼装拆卸积木的简单游戏，根本无法揭析人的精神心理之大脑机制和结构原理。

爱情和音乐一样，是人类最圣洁最美好的情感意象之一。自古以来，爱情便是包括音乐、诗歌等在内的一切艺术的泉源动力和目标理想的"永恒"主题。美是爱的根本属性，人性之美、人体之美和形象之美，则是世界上万千美妙事物之中最亲切、最具体、最生动的灵慧之美。在音乐与爱情之间具有奇妙的内在相关性。

---

① Jonah Lehrer, Unlocking the Mysteries of The Artistic Mind. *Psychology Today*, July, 2009, 72 (3): 16 - 22.

泰戈尔在《妇女与家庭》一文中写道："创造性的表现方式是通过各种情绪的变化而获得完美形式的。"①

梅纽因在《美国新闻与世界报道》上说："我们如果能像莎士比亚等伟人一样经常接触伟大的音乐心灵，我们就会发现，音乐的意义是无止境的。"② 可以说，正是那种将音乐和"爱情"融为一体的审美理想、价值追求及其意识体验，才是催化人的高洁情操、卓越意志和天才性智慧的根本动力。

（二）指向客观世界结构、功能、运动规则和时空关系的逻辑意识

古典科学家如哥白尼、开普勒和牛顿，现代物理学与化学家爱因斯坦、哈德曼·赫兹堡等杰出人物共同的认知特征，便是追求宇宙秩序的完美与和谐，就像追求音乐的精妙旋律和深邃韵味一样。开普勒认为，水星、金星、地球、火星、木星、土星等，都是遵从音乐的节奏和旋律而运转的。近来发现的"DNA 音乐"，则从生命基础结构上揭示了音乐旋律的自然秩序。这一切都是力与能的运变法则和发展原理，是人心与物象的深层韵律之具现。

例如，爱因斯坦的科学智慧及思想意象其实源于音乐欣赏和演奏所化生的审美意象，还受益于哲学文化所熏陶而成的理性意象的启迪。对此，爱因斯坦说道："在科学领域里，时代的创造性冲动有力地迸发出来，对美的感觉和热爱在这里找到了比门外汉所能想象得更多的表现机会……但是艺术家强烈的感情意向常能产生出真正伟大的艺术作品。"③

当时，虽然牛顿力学在解释宏观低速运动的物理现象时获得了巨大成功，但是它无法解释宇观、高速和超高速运动中的空间变化、时间变化及其相互作用效应。1904 年，洛伦兹对迈克尔逊的实验结果进行数学分析，推出了一个著名的公式"洛伦兹变换"及其假定性结论：动体沿着运动方向似乎以一定方式缩短了长度、体积，而运动的时钟则标出一个比真实时间流逝得更慢的表观时间。这样在科学上，来自莱布尼兹和马赫的理论

①　侯传文：《泰戈尔传：寂园飞鸟》，河北人民出版社 1999 年版，第 45 页。

②　Zeki, S., 1999, *Inner Vision—An Exploration of Art and the Brain*, Oxford University Press, Inc, NewYork, p. 12. 参见《青年参考》1987 年 4 月 24 日。

③　《爱因斯坦文集》第 3 卷，许良英等译，科学出版社 1986 年版，第 233 页。

质疑、迈克尔逊的实验证伪和洛伦兹的数学模型新结论等，遂成为激发爱因斯坦孕生"狭义相对论"思想的科学表象基础与概象动力。在艺术上，爱因斯坦主要以弹奏钢琴、演奏小提琴和欣赏古典音乐作为娱乐方式；音乐体验、音乐美感和音乐意象，则是他赖以想象与审美、借此鉴察与评估科学模型和构思科学理论的个性化认知表征方式。

如果说音乐表象激发了爱因斯坦的科学热情，科学概象奠定了他逻辑推理与思想实验的坐标和轨道，则哲学意象为他解释主客观世界提供了时空范式。为此，爱因斯坦深刻地指出："我们认识到有某种为我们所不能洞察的东西，感觉到那种只能以其最原始的形式被我们所感受到最深奥的理性和最灿烂的美——正是这种认识和这种情感构成了真正的宗教性精神……由此，我非常真诚地相信：提高一个人的思想境界并且丰富其本性的，不是科学研究的成果，而是求理解的热情，是创造性或领悟性的脑力劳动。"① 可见，只有在审美情感的有力催化之下，人的知觉意识和思维世界才会释放出更加丰富美妙和新颖深刻的理性之光与创新之果。

再如，儿童的动作性、形象感知性、具象模拟性、概象匹配性和意象耦合性之心理逻辑路线，需要逐步经由外在化的简单真实性向内在化的复杂虚拟性方向发展。布莱瑟顿认为，儿童对自然现象与心理现象的理解过程，源于想象及其心象的转换形式。由于概象是一种双关性或偶联式的思维心理与情感形式，它一方面具有表象化的经验性质与情感品格，可以进入体验、审美与想象的人文天地；另一方面，概象结构又具有符号概念化的知识特征与逻辑品格，可以进入反思、推理与思辨的科学理性天地。如是，人便可借助体验音乐表象来建构音乐概象，并于其中展开对知识的经验化解码和具象体验，实施对语义符号的逻辑性贯通和认知性想象；② 更为重要的是，这种知识建构与思维塑造不但指向概念性的客观世界，而且指向并贯通人的自我世界。

进而言之，经验表象作为情感载体，知识概象作为认知形式，均需

---

① 《爱因斯坦文集》第3卷，许良英等译，科学出版社1986年版，第96页。

② 崔宁：《思维世界探幽》，科学技术文献出版社2005年版，第23、28—29、172页。

要五种加工：定义性、关系性、表征性、机理性和意义性；其演进机制在于主体借助体象方式表征对象的意义、模拟对象的运动机制。[1] 认知科学研究表明，青少年对音乐概念的体验与认知，可以高效优化其对问题空间的情景表征能力，建构合适的时空运动模型，发见非良好定义之问题的解决策略，尝试整体性多元化认知路线，提高元认知的调节水平。

人类建构客体性概念的脑区主要位于联络皮层之内，其中，次级联合皮层乃是人脑加工知识概念、认知抽象事物和形成概象思维能力的核心区域。同时需要指出，人类在认知客体世界、建立客观概念、形成客观规律与客体真理的过程中，须臾难离主体自己的认知参考系、元认知坐标和人格智慧。[2] 它们通过形象生动、情趣盎然和具身玩味的主客体表象来贯通与耦合主体的客观世界。例如在想象性思维过程中，表象体验可以提高主体自右向左（脑）的"表象革命"水平，而符号体验则能够促进主体由左到右（脑）的"符号革命"，使相关的逻辑概念获得最深广的表象还原与感性形态。

三　意象化的理性体验形态

所谓"理思"，乃是指人类的思维超越情感维度以及对象的客观属性和运动方式，深入探索（猜想—预测—推断）对象世界的普遍规律，进而以此优化重构自己的意识王国或精神世界之高阶创造性认知活动。理性是一种最高判断、一种观念性智慧；它为人的情感提供整体目标与活动规范，也为人的意志树立方向和准则。它是智慧的最高表现，也是情感意志的最佳归宿。作为人的精神力量和内在活动的高度统一状态，审美体验因而蕴涵了哲理。两者都借着共同的"三位一体"力量，而达到爱、智、勇的共同彼岸。

---

① ［美］阿恩海姆：《艺术心理学新论》，郭小平等译，商务印书馆1999年版，第137页。

② 崔宁：《思维世界探幽》，科学技术文献出版社2005年版，第28—29、172页。

（一）意象体验的价值内容

人的观念或理念主要是指个性主体对自然世界、生命世界、文化世界、社会生活和自我世界的关系认知、意义理解、评价态度、理想图式和行为范式，它们可以借助多种意象来体现于内在世界、对象化为外在形式，包括审美意象、科学意象、哲学意象等类型；而心理意象乃是对主客观规律的内在体现，包括主体的价值理想、道德观念、审美意识、科学真理和人格情操，也包括客体的运动规则、时空特征、本质属性和发展规律等内容。审美理念唯有通过审美意象才能获得内在显现，而后者又是对审美表象和审美概念的统摄、合取与重构整合方式，借此将对象的感性特征与知性规则及时空关系加以全息表征。

那么，人的创造性灵感从何而来？杜夫海纳认为："审美经验揭示了人类与世界最深刻和最亲密的关系……只有当各种能力的运用好似被升华了之时，它们才能自由协调，在我们身上产生美的体验……既需要人格的全部参与，又需要有超越真实之物走向理想化的非真实之物的能力……是什么东西给创造以灵感呢？是美的理想……因此，美是'理想'的表现；理想并不是抽象的，它是在理想化了的对象中出现的透明理念。艺术并不模仿，它仅仅理想化，在特殊中表现一般。作品的精神内容愈有深刻的真理，它就愈美……说对象美，是因为它实现了自身的命运，还因为它是真正存在着；它在完满的感情中，获得了自己完满的存在和价值本原……审美对象所暗示的世界，是某种情感性质的辐射，是迫切而短暂的经验，是人们完全进入这一感受时，一瞬间发现自己命运和意义的经验。"①

由此可见，一是主体的美感来自情知意的完形统一状态，二是主体的灵感来自审美理念，三是美与审美价值乃是对象与主体共同实现了它们的情感价值、时空命运和完满属性。换言之，正是我们内心的美感催化了自己的创造性灵感；发现对象的本质之美，乃是揭示对象的内在规律的先决条件。

（二）意象建构所牵导的意识升华及理性创新效应

音乐美学家张前认为："音乐美产生于音乐家的主观与客观世界的完

---

① ［法］米·杜夫海纳：《审美经验现象学》（上、下），韩树站译，文化艺术出版社1996年版，第237页。

美结合之中，音乐的灵感既来自对现有表象的改造与综合，也来自对其它表象经验的塑造与融通。"① 可以说，音乐家所创造的理想化的主客观旋律世界之完美情境及其精神创造形式，主要体现为情知意高度统一、感性知性理性和谐贯通的音乐意象。

进而言之，审美起于具体形象和对象化形态，借此催生理想性意境，是一种对象化的价值体验；而作为最高判断的理性，则是面向人类、深入自身的抽象性、本体性的价值体验，指向人应当具有的本质状态。这两者都是指向未来的超越性体验，是主体力量和客体本质的完满认识、最优改造和真善美形态。审美的彼岸是理性王国，理性的彼岸是审美境界，两者分别由美感抵达灵感，又各自返回现实中的对象世界与主体世界，并由理想目标激发强化出战胜现实、实现理想的精神动力。

有学者"将音乐审美中'有意味的形式'看成是一种'意象'，它存在于主客体的审美关系之中。……并突出体现为审美主体的创造性作用"。② 从音乐感知方面看，其心理形式是音乐表象（并由此牵引激发出相关的情感经验表象），其感知方式是体验；从音乐认知过程看，其高阶心理形式不是音乐表象，而是以音乐概象（并由此延伸缔联其他相关的语言概念、情感概念、知识概念）为中介的音乐意象。③ 唯有借助意象思维这种方式，音乐家才能从音乐表象和情感表象等事实象征体中抽析出更深意味的"象征"内容，才能借助音乐世界的时空运动规律来认知客观世界与主观世界的内在规则与秩序。

具体而言，人的心智在情感推动和意向引导下，由形而下的经验世界逐步进入形而中的知识世界和形而上的真理世界，体现了从历时空的特征发现与表象建构、共时空的规则发现与概象加工、超时空的规律发现与意象输出之三位一体的多层级进化与创新历程，进而以此虚观万物、化变内外世界。可以说，判断力是选择与创造的出发点，而想象力又是判断力形成的信息根据和内在规则。通过想象和理思相互交融的身心体验，我们方能发现主客观真理。

① 张前：《音乐美学概论》，人民音乐出版社 2001 年版，第 47 页。
② 修海林、罗小平：《音乐美学通论》，上海音乐出版社 1999 年版，第 304 页。
③ 丁峻：《创造性素质建构心理学》，吉林人民出版社 2007 年版，第 164 页。

　　所以说，单有音乐表象和概象仍不足以整合人与世界的价值关系和主客观规律，无法形成创造性的新形象、新观念、新人格与新思维。因为，前两者只是在经验层面和知识层面对音乐文化进行了初步加工，只对人的情感心态与认知方式进行了相似性、虚拟性的内化与同构改造，尚未涉及人的精神意识、理念统觉与整体理性活动。①

　　杜威在《艺术感受》中写道："理智标志着本性与即时的处境相互作用的方式，意识是自我与世界在经验中的不断再调整。"② 笔者认为，如同表象对应于情感经验、概象对应于逻辑知识那样，意象对应于人的观念意识及对主客观世界的统觉通感状态与人格精神境界。因此，意象作为个性观念与人格精神的心理表征形式，有助于主体借助意识活动而使人的情感与逻辑、经验与知识、感性与理性相互贯通，使主客观世界的规律与个性情意理想相耦合，并以"美感、道德感、理智感、灵感"的"四位一体"方式厚积薄发，遂成为个性主体借助音乐意象建构深广全息的精神意象、理解主客观世界运动的新模式新规则和为文化世界创造新形象、新知识、新经验之智慧蓝图与心灵框架。

　　可能说，正是在音乐表象、音乐概象、音乐意象和音乐声象的四级转换与循环互动过程中，音乐文化的抽象价值方能逐步得到摄取与内化；并在影响人的一系列精神心理结构与功能之后，转化重组为新的精神意象、人格意象、音乐意象，进而对自身与他人的音乐生活、学习与工作及精神发展产生深幽强烈的久远影响。并且，音乐意象及其对人的人格意象的深广改造与优化建构，正好体现了音乐文化的第三级价值特性——主体对自我意识的本体性完善效应与理念意识的对象化创新范式。

　　总之，人的意象建构实质上是一个哲理化的认知体用过程。进而言之，审美的情感意象能够转化融通于人格意象、世界意象之深远时空，且扬弃升华了表象与概象世界的精华内容，统摄了主客观世界的深隐规律和本质特征，并使主体在精神世界变构与优化过程中获得了对自我与世界的哲理认知与思想理性化改造，孕生了创新的观念图式与精神蓝图，在内心创造了新人格与新文化之原胚。

---

① 丁峻：《创造性素质建构心理学》，吉林人民出版社 2007 年版，第 98 页。
② ［美］杜威：《艺术即经验》，高建平译，商务印书馆 2005 年版，第 34 页。

第二节　形而下的(体象—物象)意识
对象及其内化形式

人类之所以要首先发展形而下的意识能力，其根本原因在于，人类的生物性建构乃是决定社会性建构和文化性建构的先导基础。也即是说，人的感官系统同时作为外部世界之信息进入主体内部世界的首要窗口和表征或传示主体内心世界活动的临界窗口，必须首先获得结构塑造，以结构塑造和信息建构引导功能发育。同时，社会性和文化性是人脑不同于动物脑的主要客观内容。

一　形而下的意识方式

什么是形而下的思维对象呢？大体来说，它包括以下内容：一是自然事物的感觉形态和感性特征，二是家庭与社会中的他人及群体之声容风貌和体格行为特征，三是主体自身的情趣意向和情感态度，四是主体的历时空活动经验与行为历程，五是表征各种符号文化之感性结构的符号表象（诸如文字表象、言语表象、音乐表象、数学表象，等等）。

在这方面，原始人所体现的形而下的类比意识最有代表性。列维—布留尔认为："原始人的智力过程，与我们惯于描述的我们自己的智力过程是不一致的。"[1] 换言之，原始人的思维属于具象思维，不涉及抽象的概念。譬如，其所形成的各种"集体表象"之间不受逻辑思维的规律支配，它们是靠"存在物与客体之间的神秘的互渗"来彼此关联的。尤其是，这种思维意识完全不关心矛盾（它不追究矛盾，也不回避矛盾，它可以容许同一实体在同一时间存在于两个或几个地方，容许单数与复数同一、部分与整体同一，等等）。[2] 他又说："在同一社会里，常常（也可能是始终）在同一意识中存在着不同的思维结构。"[3]

———————————

① ［法］列维—布留尔：《原始思维》，丁由译，商务印书馆 2004 年版，第 76页。

② 同上书，第 77 页。

③ 同上书，序言第 1—2 页。

因而笔者认为，原始人主要借助直接经验来建构其有关自我和自然的意识，因而缺乏对意识世界的知性建构或概念表征；他们主要通过对经验的反思与总结来形成感性规则与经验逻辑（因而缺乏知识法则和抽象逻辑），其思维方式属于表象类比，不同于近现代人之概念层面的符号类比和理念层面的意象类比。

二 形而下信息的内化方式

如果说感性表象是人类心理表征其形而下思维活动的基本方式，则感性记忆乃是人类建构形而下思维内容的操作方式。第一，感性记忆包括体象—物象层面的经验记忆和情景—意义层面的情感记忆；第二，同理，感性思维分别包括以个体经验资作判断与推理标准的体象（经验）思维，以及以主体自我情感资作判断与推理标准的情态思维。①

由此观之，人类对形而下信息的内化方式，主要体现为以下类型：一是以体象方式指征自然事物的形态特征及活动样式，形成隐喻性的自然表象；二是以具身化方式表征社会情感、人际关系和对象意义，借此形成镜像化的社会表象；三是以对象化方式或离身映射方式表征主体自身的情感意向，形成自我表象；② 四是以虚拟物象及其体象预演方式表征主体的行为程序历程，由此形成自我的身体意象；五是以符号拟动方式表征文化世界的各种符号结构及其价值特征，借此形成物体工具与身体工具相匹配的技术表象。

形而下的经验乃是指人在现实世界所感知的物质形态、实体对象、实用事物以及自己的身体运动状态，它有别于形而中的符号经验和形而上的意识经验，不需要抽象思维和理性加工；形而下的情感则是主体对自己的形而下经验的感性评价与本能反应。形而中和形而上的经验建构、情感体验、认知操作和意识形成，都有赖于形而下的经验结构和情感模式来提供奠基性的源头动力。

---

① ［美］弗兰兹·博厄斯：《原始人的心智》，项龙等译，国际文化出版公司（北京）1989 年版，第 62 页。

② Noa Ofen, et al. : Development of the declarative memory system in the human brain. Nature neuroscience, 2007, Vol. 10, No. 9, pp. 1198 – 1205.

鉴于人脑的感觉皮层发育经历两个"生长迸发期"，视觉、听觉和本体感觉皮层的神经细胞在 4 岁之前达到最高数量，4 岁之后根据刺激所内化而成的经验模式来保留相应的细胞，淘汰缺乏经验刺激的大量多余的细胞，我们应当有意识地引导儿童积极扩展和深化丰富多样的经验，注重培养儿童与外部环境、客观对象和内在表象的互动交流能力，促使他们在审美镜像体验中发现对象之美和自身价值，在主客体与间体之互动映射的奇妙过程中激发内在的兴趣、情趣和志趣，借此提升他们的情感体验能力、情感评价能力和情感控制能力，进而逐步形成知觉层面的情感规范、自我概念和理性层面的美感、道德感、理智感，最终形成完美的情感理想、人格意识和价值理念。

总之，感性层面的经验养成与情感孵化具有突出特点和异常重要的作用。借助经验重塑和情感强化来提升人的内在创造能力，乃是当代基础教育的根本目标，也是发展人的意识创新能力和提升创造水平的决定性环节。

缺乏情趣则成为实现人生价值的"内在瓶颈"，开发与展示情趣则需要人们诉诸审美体验和认知预演。有了情趣与知识，两者有机融通与互动互补之后，便会孕生爱心美感、诗意灵感、人格气韵和文明行为，进而在精神创造与生命创造之中确证自我、欣赏自我、传播自我和实现自我价值。

三　感性思维与直觉意识

从认知心理学上看，感性思维基于类比观念，即认为主客观世界的万千事物之间具有某种内在的相似性，因而可以对两种或两种以上的事物进行简单类比乃至比附，借助其中已知的一种事物之特征属性（白箱）来映射未知对象的特征或机理（黑箱）。

类比有助于人们做出某些局部的科学发现及技术发明，通过意念对经验的迁移来猜测或解释某些客观问题。譬如，中国古代的发明家鲁班，就基于对锯齿草能够割破人的手指这个现象的类比，从功能反溯结构特征，进而发明了带有锯齿的木锯。

然而，人的感觉既能引导我们进入主客观世界的本质地带并由此发现相对真理，又易于将我们引入错觉误识之雾阵并导致荒谬的认识。例如，人类历史上关于"地球中心论"与"太阳中心论"之长期激烈的论争，便很有说服力。

因此，我们需要建构合理的概念模型，并据此形成合乎对象规律的知性与理性认识，以避免主观主义的错误。人的意识发展充满了种种动态变化；其中，人的特定理想、情感动机、社会责任感和外部的压力困难与挑战等多种因素，都可能会扭曲人既有的理念框架，导致主观主义的判断决策和行为方式。从这个意义上说，知识的多寡与深浅、经验的丰富与深细水平、外部环境的压力与动力、逻辑思维的能力之高下程度，均对当下和未来的思维观念具有重要的影响；人的情感动机和价值理想，则是重塑思维观念的核心力量。

作为完满和谐的存在，感性意识所昭示的价值当是对人性（潜能、特质和理想）和物性（"隐秩序"、性能极致和最高真实）的整体显示，应当同时体现出对人类自身与外部世界的终极关怀。这是因为，借助直观体验，主体贯通了自我与对象的存在命运；于是，人与物、主体与客体、精神与物质世界便成为彼此观照、相互映现、互为功用的存在伴侣。

广义而言，艺术、审美、科学创造和哲学玄想、宗教修炼，都旨在以人的意象体验来还原主体所发现与感悟的抽象的客观规律与客体真理；直觉灵感实际上体现了主体对这种"虚拟真实"的对象世界与自我时空的同步性意象性创造而已。那是一种意象性的交相映射状态，一种内在价值的外显契合及虚拟实现情景。这中间有对美与真的彻悟，有对善与刚的倾倒，有爱心之光和灵智之辉的交合振荡，有生命力化合为一体的新生与进取气象……谁若在一瞬间有过这种"心灵的感光"，那他便在内心实现和品味到了人生的要义真味。在"相对论"的世界中，在"智仁勇"的人道上，在宝黛、梁祝的对望里，在莫扎特的《安魂曲》中……我们都会发现那深清的面庞：它们是伟大宇宙和神圣心灵的镜像妙合，一个庄严美丽、朴素纯真的永恒景观……

以良知为特征的美好人格受到主体的元价值观或核心意象的操控。康德、黑格尔和萨特认为，意象是理念的感性显现，是观念与物性、理想与真理的审美结晶。我们无法把握瞬息万变的表象实体，只能洞悉其机要本理，以此来理会和参与万变之妙。"两极相通"是人类精神活动的一个神妙定律。

记忆，意味着感情和心智曾经拥抱过的事物被珍存于心间，成为一种影响身心目标的价值意象。爱与美、真理和智慧、欢乐与痛苦、逝去之光景和未来之金梦，都可唤起记忆。正是在生命早期的记忆中，我们建造了爱的世界、美的风光、真理的殿堂、智慧的温床，以供后来的意象居住和玩赏，成长和工作……

爱美，意味着去领会美和创造美。生命欲要求得智识，必得先释放情感、培育爱趣。因为，情感是心智的催化剂和定向仪。对美的鉴赏会使心智得到激发。于是，美又成为真理的向导，两者互相观照、共同走向有意义的境界……爱情就是对美的本体的眷恋，所以它又是一种主体性哲学或心身哲学；爱情就是因美的理式所激发的心理紧张和精神焕发状态；当人未见理式者时，其对美的感官印象只能引起俗欲；当人感悟到审美理式之后，其对美的感官印象引起对美的崇拜。古希腊哲人所说的"理式"，大约可理解为理性化的意念与境象之浑整风格和精神秩序（或爱美之意象）。而能赋予美和爱以灵韵奥义者，当为大智。

总之，美是一种全身心的体验焦点，美感是全身心的一种命运参与和神驰发现之意象折射。智慧的含义是：人心与宇宙之心妙合神通的意象力量。情感的真质在于：人性与物性价值的聚合核反应方式。智慧的生成机制：须靠情感来使心象与物象耦合。美是一种理想化主客体的意象直观形态；它的生成机制在于主体的意象预演、认知操作及虚拟映射等内在情景。

第三节　形而中的(表象—概象)意识 对象及其内化形式

何为"形而中"层面的意识活动？它指人类借助感性资源而认知主客观事物之内隐属性与抽象关系的意识活动，因而又可称作"知性意识"、"符号体验"与"概象认知"活动。具体来说，形而中的意识对象主要是由各种人工符号所表征的主客观事物的种类属性与运动规则等难以直观感知的深层特征或抽象品格。

一　形而中认知的意识对象及心脑基础

黑格尔指出："创见固然深刻，但还没有揭示出内在本质的源泉；同样，灵感虽闪烁着天才的光芒，但还未映亮最崇高的苍穹。真正的思想和科学的洞见，惟有通过概念方面的劳作才能获得。只有概念才能产生知识的普遍性品格；而知识的普遍性乃是已经发展成为本来形式的真理，这种真理能够成为一切自觉理性的财产。"[1]

从大脑的纵向结构功能轴系观之，其枕颞顶叶的初级皮层负责对主客观事物的外在形态进行表象加工，其联合皮层负责对主客观事物（基于表象）的相关属性名称等概念符号进行匹配性加工（即属于初级抽象的概象加工）；其前额叶统合主体理念、客体表象和主客体概象，对外部事物变化态势做出战略性规划、前瞻性分析和超越性反应策略等意象化时空图示加工。

至于概念性表象，它不是空穴来风的抽象无形物，因为"世界上从来没有抽象的真理，只有具体的真理"。[2] 笔者认为，概念性表象一是来自视觉性文字表象，二是来自听觉性言语表象与音乐表象等，三是来自理念性表象。

依据新整体论（"中介层递增量系统论"），人的知觉和意识活动中都伴随着"观念渗透"现象，即高层皮质（前额叶）对低层皮质（感觉中枢和体觉中枢）的交互性信息输入过程，也即是主体的特定观念对知觉与感觉的指导、引领和调节作用。意象思维以前额叶为核心中枢，经由双向性互动性投射（与双侧枕顶颞叶的初级皮层及联络皮层之间）而汇聚至额极和前额叶其他区域，并向中央前区发出双向互动性投射纤维，构成与感性世界、知性世界和理性世界之全息贯通及能动调控的格局。在此，美感爱心、道德感良心、灵感慧心和理智感平心等高级感性力量，经意象整合与时空转换之后，融通嬗变为相应的审美意识、伦理意识、创造意识和哲理意识。

二　形而中认知的意识表征形式

意识体验是唯有人类才具备的高级心理能力。主体在形而中层面的意

①　[德] 黑格尔：《精神现象学》，贺麟等译，商务印书馆 1997 年版，第 48、61 页。

②　马克思：《博士论文：论德谟克里特的自然哲学与伊壁鸠鲁的自然哲学的差别》，贺麟译，人民出版社 1973 年版，第 46 页。

识活动，其信息表征方式以概象为主，其信息加工方式以符号体验、虚拟想象和模拟推理为主。它在人类精神心理活动的"三位一体"结构功能体系中发挥着信息中介站的作用。

进而言之，概象并"不是一种关于对象的表象，而是一种关于知识的表象"。① 人类对形而中信息的内化形式主要包括四种类型：一是用以表征概念、范畴以及主客体世界相互关系的符号性概象系列，二是用以表征主客观世界之运动规则或活动规范的程序性概象，三是用以表征主体的精神世界之活动方式的本体概象，四是用以表征主客体世界之虚拟运动情景和预期属性—状态判断的前瞻性概象。

按认知心理学的观点来看，概念反映了事物的某些深层特征，但尚未达到主客观规律层面的真理水平；而理念则是人类对主客观世界运动、发生和转化、发展与演进过程的规律性认识。由此可以认为，人对形而中信息的加工有别于对形而上信息的加工；在人对形而中信息的内化过程中，主体借助现有的概念来整合当下的感觉信息，同时存在着主体与内外信息、感觉与知觉信息、真实信息与虚拟信息的时空整合、结构重组、形态转换与价值创新等复杂情形，最终形成某种标准化的概念和规范性判断。

譬如，人脑在视认知过程中既对视觉信息的输入特征进行分析，还将视觉信息与相关的听觉信息、体感觉信息进行整合互补，而且还运用以往的经验模式及概念系统进行对比、作出尝试命名与赋义判断。② 而主体在加工形而上信息的过程中，主要是通过运用现有的理念来改造、重组当下的各种概念，以至形成新的观念，不大涉及感觉层面的信息内容。

例如，计算机在进行轮廓辨认时，缺少对人的主观轮廓（经验信息模式）的参照；它的视觉认知系统里没有加入大脑因素，因而无法以内在模式来超前解释众多复杂对象。③ 传统的模板匹配模式、特征分析模式、结构描述模式和傅里叶模式，其最大的问题是没有体现重构三维信息的具体机制，且显得繁杂，不适合人脑对立体事物快速认知的事实。所

---

① 丁峻：《知识心理学》，上海三联书店 2006 年版，第 56 页。

② von Eckardt, B：*What is Cognitive Science*? Cambridge, MA：MIT Press, 1993, pp. 317 – 318.

③ 荆其诚：《现代心理学的发展趋势》，科学出版社 1998 年版，第 83 页。

以，应当将视认知的计算性和模态匹配性模式相结合，将微观的不可觉察的结构分析与宏观的可觉察的功能分析相结合，推进对人脑的视认知过程特别是形而中思维的全面性本质性认识。

形而中意识活动的实质在于，主体借助符号形式来概括对象世界的总体特征，进而借此贯通精神世界与客观世界的内在本质及深层价值。人的思维活动乃是主体依据自己的知觉所构建的心理模型，主体据此来理解对象的形态特征和变化规律；而主体在意识活动中所形成的感性表象、知性概象和理性意象，实际上是主体分别在感性层面、知性层面和理性层面所创构的认知模型。

总之，正是人类文化的各种"符号形态"占据了大脑新皮质的大部分空间，使之发育时间最长、体积扩展最巨、成熟最晚，才造成人脑功能高出动物脑千百倍这一伟大特性。因此可以说，内化的感性表象及其中阶产物——知性概象，乃是人的心智、情感和行为得以发展的高级起点，也是形而中意识活动、符号体验和抽象认知的核心内容。

三　虚拟体验与符号意识

虚拟体验是人类实现文化理解的根本基础，是人与人、人与自然和社会的价值契通甬道，也是创造的摇篮、人格的熔炉、文明的内源、审美幸福的永恒性瞬间境遇、命运的虚相操练。造成个性主体之独特性虚拟体验的根本条件是：个性产生的本体化的理想观念同对象客体化的现实形态产生了瞬间的契合反应，进而激发出主体强烈深沉的激情和高峰体验。虚拟体验对于人的精神重建与意识更新活动，具有极为重要的意义。

譬如，天才最早拥有了最佳的感性体验能力，从而能够快速发展虚拟体验能力，由虚拟体验而升达理念性的意识体验之高妙境界，由此生发出美感、道德感、理智感、灵感和力感，同时洞悉了自身与世界，创造和完善了自身与世界，并为自身和世界带来了深远的欢乐与高尚卓越的灿烂文化。因而笔者认为，虚拟体验是人类通向文明与自由、幸福与和谐的根本之路，是人类精神世界的知识创新活动，是人与世界的价值契通甬道，也是人与文化互为创造性的文明脐带。体验的本质是个性价值的创造性内在实现方式，由此它也是个性的核心，文明的子宫和意识的温床。

（一）虚拟体验的价值功能

所谓的虚拟体验，是指主体通过感受对象的符号形态来激发自己的某种情思与情意经验，进而实现某种内在价值；所谓的符号意识，则是指主体通过认识对象的符号特征、种类属性及运动规则等深层内容，继而领略对象世界的神奇变化之谜，满足内在的好奇与求知欲，进而理解对象世界的本质规律，感悟大千世界纷繁变化之背后的根本原理，以此满足自身对形而中层面和概念时空的认知需要，进而借此做出规范与法则层面的思想预见。

可见，感性体验不等于美感和道德感，知性体验不等于直觉灵感，理性体验不等于理智感。若要拥有美感、道德感、直觉灵感和理智感，则需要主体的感性体验经由表象层面抵达知性体验的概象层面，进而由此升达理性体验的意象层面，以此实现感性驱动与理性驱动的内在融通与整合，方能产生合情合理、有所发现和有所创新的全息性意识体验（美感、道德感、直觉灵感和理智感）和认知理念。

同时，虚拟体验活动的最高产物和中心内涵便是"意象"。它是理念与物态、灵智与对象、人性与物性的深远亲和、极致沟通；它是一种共时空的世界，把过去、现时与未来相串联，把个体、人类与宇宙相贯通，把显态世界与潜在世界相结合。因此，"意象世界"乃是精神文化的根本胚宫，是人类文明的伟大摇篮；意象体验则是主体以全心全意的心智神态来亲临一种境遇、评价一种命运、实践一种理想的"意象操作"活动。

（二）符号意识的内容创构与形式表征

人对精神文化的接受和创造，本质上是一种心理同化、本体表征和对象化表征的认知操作过程。其间，人的理解与评价活动需要借助符号意识来形成相关的体验境遇。缺少相似性的经验、知识，人便无法掌握和领会那些外在的、抽象的或超出人力的东西。所以，对价值对象的虚拟体验是人理解文化的核心条件。它以相似性、熟悉性为起点，将人带向殊异性、新颖性和抽象性的知识王国彼岸。

同时，任何文化对人的观念意识、情感趣味、认知方式及人格意识都有深刻持久的影响，这种影响主要借助人的符号意识来链接对象世界，经由虚拟体验进入感性体验的具身认知境遇等系列过程而得以实现。其中，将外部文化还原为自我经验，再将自我经验提升为自我概念和自我观念，然后再将之进行本体预演和意象映射，这是人对文化价值的认知加工范式；其间，人自身的情、智、意诸种力量被其所内化的价值信息所重构，使人的情、智、意力量同文化的真、善、美价值相结合，从而实现了自我精神的提高与完善。

人类创造文化的心理机制也与之相似：主体从意象化的艺术构思、科学模型或哲理框架中获得美感与灵智，并运用特定的物性符号来模拟传征之。由此可见，人的活动实践，既是对他所接纳的文化价值的生动传达，也是对他本身的精神品格的符号表征。这里，人的身体系统又成了精神世界的"本体符号"，一种独特的文化"语言"。

从这一点上讲，外部文化若要占领人心，必先经过人的身体这个"中介符号"系统的转译，继而逐步转化为人的情感意志、知识资源、观念智慧和人格力量，进而推动主体不断地去探索自然奥秘、科学原理、生活意义，借助镜像自我和镜像对象来更为深刻地领略美、实践美、表现美和创造美。

可以认为，人的文化学习结果和文化创造产物首先表现为人格化形态，而位于符号意识层面的自我概象则成为主体建构元认知能力并内化知识的核心模板。人格精神及主体认知的"自我参照系"乃是人们用以转化并形成客体智慧、建构客观真理和改造对象世界的"元智慧"（或本体之源），也是一切文化的根本指向、价值归宿与源头动力。

中国文化历来讲究人格修养的本体性和社会性价值，并造就了不少人格高洁、气势恢宏的伟大人物。人格建设对于文化接受和文化创造活动来说，具有特别重要的意义。首先，人格是人的文化内涵及个性特质的传神表征；其次，人格力量是造成"三位一体"的文化性价值体验与实践操作之本质力量。舍去人格意识，这两大系统便无法实现融通。

最后需要指出，人的符号认知与抽象思维主要依托符号意识所提供的价值标准及认知策略而得以次第展开。这是因为，人在青少年时期处于感性扩张和知性建构的阶段，其理性意识尚未形成，而是需要在感性与知性意识逐步成熟的基础上加以升级加工、逐步廓出理性意识的轮廓、持续增添理性知识的形而上内容。

具体而言，青少年的概念发展能力大体分为定义性、关系性、表征性、机理性、意义性等五种禀赋能力，① 其概念体系的发展则经由点、线、面、体等时空维度坐标，② 其概念特征的演进依从体象动作性、形象感知性、具象模拟性、概象置换性和意象生成性等系列路线，由外在性、简单化向内在性、复杂化方向生长。③ 其中，审美体验对儿童和青少年的经验性时间空间概念、逻辑性时间空间概念、自然与生命概念、科学概念和哲学概念的建构形成过程，发挥着深刻久远的模式化作用。④

这是因为，艺术世界蕴涵了运动的时间和空间、变化的表象与心境以及超时空的形而上意义和物质运动的神妙法则。同时，审美体验因着牵动了人的深广体验和超时空的想象，遂使个体能够更深刻地建构和体验自我意识、宇宙意识、精神运动妙象和时空变化规律，从而对拓展人的创造性概念世界及其判断能力、推理直觉水平具有更高的动力平台支撑作用。布莱瑟顿和莱斯利尔等认为，儿童对心理现象和自然现象的认知与概念加工，源于早期的想象性游戏和其后的艺术想象活动；⑤ 换言之，主体可以通过内心的表象转换过程来探索对象的意义、模拟对象的活动机制。

笔者认为，符号意识实际上是主体建构自己的创造性意识（即对主客体世界的意象表征能力）的思想中介；它具体体现在人的问题建构、心理表征和模型操作等认知映射方面。最新的科学实验表明，对问题空间的情景表征、概象体验和想象性尝试搜索等系列素质，是青少年发展问题解决能力和形成创造性思维的核心基础之一。尤其是它们对于解决非良好定义的问题、建构问题空间和时间运动模型、探索问题解决途径、尝试整体性多元化策略等，具有重要的动力性作用；因而，它们对于青少年的认知心理能力发展及思维模式建构，具有早期的奠基性、动力性和定向性作用。⑥ 因为它们实质上影响了儿童和青少年的元认知能力（元认知资源、

① ［美］B.英海尔德：《学习与认知发展》，李其维译，华东师范大学出版社2001年版，第38页。

② 同上书，第74页。

③ 同上书，第212页。

④ 崔宁：《思维世界探幽》，科学技术文献出版社2005年版，第138页。

⑤ Sternberg, R.J: Implicit theories of intelligence, creativity, and wisdom. J. Person. & Soc. Psychol., 1985, 49（3）：608.

⑥ 刘爱伦主编：《思维心理学》，上海教育出版社2002年版。

元认知体验和元认知规则），而"在儿童认知发展的过程中，元认知系统居于最核心的地位，它对儿童的认知策略起定时、调控、整合与修正的作用"。①

近现代思想史表明，杰出人物在青少年时期就表现出了超常的问题建构能力、因果推理及检验能力、时空类比推理能力、演绎推理（传递式与等级分类式）与直觉推理（可逆转换、互补分析）能力。② 例如，爱因斯坦6岁时便建构了"指南针靠什么确定南北方面"这个深刻的科学问题，在17岁前后又对"矿井升降机和地面之间的光信号之相对运动感知定位"这个相对论的情景原型进行了深入的心理建构、时空体验、因果推理和直觉推理。

在近几年中国青少年发展基金会等组织实施的"中国青少年创造性行为样本调查"项目中，专家们不无遗憾地发现：与外国青少年相比，虽然我国的青少年在基础知识、书面测验和操作技能等方面具有优势，但是在创造性解决问题、命名赋义和可能性推理等思维素质与能力方面，表现出了持续而普遍的薄弱倾向。

问题的关键可能在于，我国的青少年缺少对问题的情景表征、概象体验、时空想象和多元推理能质：这既涉及元认知所需的知识结构（缺少必要的深广性多学科认知资源，以课本为核心），也涉及元认知所需的体验能力（缺少对音乐与自然的直觉体验，感性时空单一狭窄），还涉及元认知的调节能力（因缺少鲜活丰厚和相互贯通的美感、道德感、理智感和灵感之发达感性高级动力，且对哲理文化的体验、想象与意识建构不到位，遂影响了直觉判断、灵敏调节和深广能动的全息洞察力与超前反馈能力）。

上述分析提示我们：青少年的素质教育、创造性教育等奠基性战略工程，不能锁定于狭窄的知识、技能层面，而要向青少年的感性塑造、知性建构和理性意识之整合统摄等深广目标推进；特别要强化他们的审美体

---

① ［美］R. 西格勒、M. 阿利巴利：《儿童思维发展》，刘电芝等译，世界图书公司2006年版。

② J. H. 弗拉维尔、P. H. 米勒、S. A. 米勒：《认知发展》，华东师范大学出版社2002年版。

验、认知体验、道德体验，以高效激发想象、活化知识、锐化心智，发展多元性、全息性、创新性的意象思维能质。

第四节　形而上认知的意识形态：
间体世界与镜像时空

纵观人类的精神创造史即可发现，在艺术创造、科学创新、技术发明、审美经验创造和人文思想理论创制等过程中，人们皆通过对特殊中介的创制、认知和操练使用来中转传递自己的本质力量，同时借助该中介来摄取、涵纳和体现真实客体的本质特征，最后将经过不断完善并达到理想化境地的中介体加以二次对象化，即将之作用于真实的客体对象、使中介体的主客观本质力量和核心价值及审美意义转化为真实客体的崭新存在，借此间接方式实现对真实客体的认知、创造、完善和利用之根本目的。在此对象化过程中，主体也因着对自身日新月异的本质力量的与时俱进的对象化直观、发现、确证和体验，因着同时发现、汲取、体验和创用对象世界的新价值新意义新情景，而得以不断充实、强化、深化、扩展、优化、重组、更新与完善着主体的本质力量、核心价值品格、生命意义。所以可以认为，中介文化、间体世界和镜像时空的不断生成与持续进化，乃是人类得以不断完善主客观世界的认知桥梁与内在动力之所在。

心理学家洛莫夫指出，人类的创造活动需要在共时空层面共享古今中外的他人经验、知识、情感和思想。人在学习和内化知识的过程中所形成的知觉表象（即文字概念符号、言语概念符号与相应的感觉表象类型相结合的一种心理表象），则具有更高的概括性、抽象性、深刻性和图式性特点，它对感性表象的特征进行重新取舍、强化与淡化，使之呈现出相对完整的立体形态和多元性质。[1]

这是由于，主体既通过回忆联想注入了历时空经验，又借助想象而注入了虚拟的共时空经验，进而激发出主体的全新情感和美妙体验。而在知觉表象向理性意象进一步嬗变的过程中，主体借助大脑前额叶作出认知期

---

[1]　鲍里斯·F. 洛莫夫：《认知科学与身心关系》，《国际社会科学杂志》1989年第6卷第1期，第90—92页，中国社会科学杂志社翻译出版。

待、形成思维概象，并将认知理念注入其中，从而使后者具有超时空的价值表征意义，借此体现主体的价值理想和对象的规律。

一　"间体世界"的形成原理

主体在思维过程中首先需要以自然景象、生命形象符号对象作为现实起点和客观参照系，继而在感性观照中通过回忆和联想来贯通经验，使之与认知的客观形式发生匹配耦合，通过经验灌注而创造出知性表象；知性表象仅仅有助于我们理解抽象概念及符号性知识，尚无助于我们形成理性认识、孕育创造性观念、建构思想理论。

那么，我们需要以何种认知方式来实现上述目标呢？

（一）"间体世界"的生成机制

心理学家伊丽莎白深刻地指出：在审美体验中，主体与对象处于共时空境遇，主体的情感运动特征与对象的感性形式形成了密切的结合体，对象成为主体的心灵标记、主体的心理活动成为对象所表征的意义内容。这既是一个价值共同体，又是一个命运共同体。[①] 为此，我们可以将主体的经验与客体的外观形象或文化符号相结合的综合性表象称作"意识间体"（初级形态）；它既融合了主体的经验，又体现了客体的感性形象及符号特征，因而既非自然体和艺术体，亦非纯主观体，属于一种价值中介体，它使主客观价值在感性时空获得了对立统一。

第一，形成对象性表象。在思维过程中，主体需要以感觉方式析出客体的外观形式及符号形式，进而形成有关对象的感性表象，尔后才能使自己的经验、情感、想象和思想理念同这种感性表象进行交互性投射。

第二，形成本体性表象。主体所形成的对象性表象能够刺激主体的感觉系统，从而使其原有的内在经验获得全新连接和结构重组，从而有助于主体对这种全新的本体经验产生全新的情感体验，并为发现自我情感的新意义提供感性动力。

第三，建构对象性—本体性的概念表象集。单凭回忆、联想所重构的经验及其所唤起的情感尚不足以体现主体的本质力量与价值理想。所以，

---

① Elisabeth Schellekens. Aesthetics and subjectivity. Brit. J. Aesthetics, 2004, 44: 304 – 307.

主体需要对处于历时空经验、形而下境遇和感性层面的客观表象进行深入加工，使之进入更高的价值平台：共时空知识、形而中境遇、符号化的知性世界，由此生成全新的知觉表象（或符号概象）。这即是中阶形态的意识间体。

对此，心理学家坎达斯精辟地指出："正是借助非凡的想象能力，人类才得以超越经验世界、进入符号世界，才能共享全人类的精神财富，借此把握内外世界的本质特点，理解对象和自我的深层意义。"①

第四，形成本体性理念表象，进而将之转化为客体性理念表象，以便借此引发主体对自我和对象世界之意义场的深广拓展与价值跃迁效应。如果说主体通过建构思维概象和形成中阶意识间体来表征主客体世界的中观规律、中层本质特征，那么它同时映亮了主体与对象通往思想高地（即情感理想、审美理念、人格情操和诗意境界、美感极致）的内在之路，为主体建构高阶形态的意识间体奠定了单元基础。

第四，从身体意象到物体意象：主体实现对象性价值的行为范式与工具范式。人无法永远在想象中生活，思维活动始于客观形式，也必须回归于现实时空。因此，主体在形成了本体意象及客体意象之后，就需要借此判断对象与自我的全新意义，借此面对未来、建构理想、确立人生的价值目标，进而将之转化为特定的身体意象及物体意象。

这个过程涉及理性内容（如价值观、个性意识、情感理想、形式规律、造型规则、客观规律、主观真理等），需要主体在超越历史和现实时空的形而上境遇中来把握主客观世界间体世界的本质特征与核心价值。

因此，我们又需要对内心的知觉表象展开二度创造、二次发现和二度体验。其间，主体需要创造一个深广的意义系统，并将之投射到"间体世界"之中，从而使自己创造的上述四大意象系统得到主体自己二度创造、二次发现和二度体验，借此实现它们的主体性价值与社会性价值。

（二）"间体世界"的意义衍生功能

一般人如何在审美过程中形成关于对象的意义？对此问题学界迄今缺

---

① Brower Candace. A cognitive theory of musical meaning. J. of Music Theory, Vol. 44，2：323－325，2000.

少深入探讨，人们只对艺术家的审美行为及意义建构感兴趣。心理学家柯克认为，一般大众更为注重审美作品、审美对象及审美活动所带给自己的本体性自由、超拔性体验及智性启示。① 笔者认为，审美主体在内心不断创造和生成的真正的审美对象——审美间体及其衍生的镜像时空，乃是其所获得双重发现、本体体验和自我实现的根本标志。

换言之，审美主体最终形成的审美意象具有指向未来、表征自我理想和本质力量、暗示客观世界深隐秩序和运动规律的作用；作为意象形式和形而上层面的一种超时空的"间体世界"，审美意象同时暗示了人与对象、主观与客观、本质与形式、事实与价值、命运与规律、符号与内容的完满统一及协同增益境遇。

总之，对于审美主体而言，其创建审美对象的系列过程（即感性表象、知性概象和理性意象），实质上是将审美的客观形式（如自然景象和艺术形式）逐步改造为主客观合一的"间体"形态（即与视听表象融为一体的经验表象和情感表象、与自然景象和艺术形象融为一体的个性理想化意象、命运意象、价值意象）。

可以认为，审美主体所实现的最终的认知结果不是像艺术家那样将艺术意象转化为对象化、感性化的艺术形式，而是旨在将内心的审美意象转化为本体性和操作性的审美感受能力、审美经验素质、审美知觉能力、审美想象能力、优雅纯正深刻细腻和清新活泼的情感表现能力、完善人格与实现理想的生活行为能力，等等。

因此可以说，一道自然风景、一首音乐作品、一幅绘画等，皆能催生一代又一代人的无数而别致的"间体世界"；因此，自然之美和艺术之美便以有限方式赢得了无限意义、以短暂的创造获得了永恒价值。而人类的所有的本体性和对象化创造产物都源于斯；人类的一切模仿、学习、鉴赏、思考和体验，皆归于斯。可以说，"间体世界"既是人类心灵所创造的最高产物，也是人类精神世界之本质力量与核心价值的绝妙体现，更是滋育美真善的内在源泉。

---

① ［英］戴里克·柯克：《音乐语言》，茅于润译，人民音乐出版社 1984 年版，第 221 页。

二　"镜像时空"的价值映射机制

所谓的"镜像时空",即是由上面所说的"间体世界"衍生而成的深妙内隐的智性产物,它是主体依托思维的客观形式和主观内容而次第创造的主客观统一体。需要指出,"间体世界"既不等于自然事象、艺术作品,也不是纯粹主观臆想的精神产物,因为它以主观形式涵纳了客观内容,统摄了对象的感性特征,灌注了主体精神的创造性力量和诗意化情感。更为重要的是,它既摄取了自然世界与艺术世界的感性生机,又吸收了心灵世界的知性珠玑和理性光华,从而在孕生之后兼具主客观世界的多种价值特征与信息辐射功能。换言之,主体所创造的这个思维时空属于特殊的中介体,具有内在的镜像映射功能。

(一)镜像映射的认知效应

由前所述,"间体世界"具有中介性质:在人的内心呈现为思想中介,在外部世界呈现为贯通人的思想与行为的实践中介。由"间体世界"所构成的"镜像时空"既不同于自然时空、艺术时空,也不同于心理时空:它涵纳了自然世界、创作主体和审美主体所体验过的历时空、共时空和超时空镜像;它表征了自然形态、艺术形式和主体心灵的形而下、形而中与形而上内容;它贯通与整合了感性价值、知性价值与理性价值,它昭示了过去、现在和未来的深层联系;它呈现了自然世界、艺术世界、生命世界和意识世界的动力特征、运变规则和演化规律。

可见,镜像映射乃具有工具性质或认知中介的高级功能。不同于实体镜面,思维主体所创造的"意识间体(世界)"具有双重映射功能。

一是它与主体心灵之间展开的交互性情感映射,既包括主体的对象化情感投射,还包括间体世界对主体心灵的"逆向映射"(即主体的经验结构和情感样式因着审美的客观形式的渗透与激发,而发生嬗变;主体从间体世界的符号形式运动中发现了自己所投射的情感影像,从而导致知觉变构和体验的深化与拓展)。

二是主体内心所形成的"镜像时空"还能象征性地呈现主体的情感理想、自由想象的本质力量、人格特征及合乎主客观规律的价值创造理念。譬如,由于艺术作品能够完美地表征艺术家的创作意象及其人格智慧特质,因而成为一种对象化和物化形态的"间体世界"与"镜像时空"。

　　对此，黑格尔深刻地揭示了审美中介的重大作用："只有通过反思中介的变化，对象的真实本质才可能呈现于意识面前。"① 也即是说，思想中介是一个"双面折射镜"，既能呈现对象（即艺术作品或自然景象、生命形象）的本质特征，也能反射主体自身的本质特征。

　　关于这一点，马克思早已做出了精辟的论述："人不仅能在意识中理智地复观自己，而且是能动地、现实地复观自己，从而在他所创造的世界中直观自身"；"人是有意识的对象性存在物，他自己的生活是他的对象，从而使自己的生命活动本身变成自己的意志和意识的对象"。② 换言之，人类唯有借助自己的超越性意识，才能从自己的生命活动乃至活动产物之中领略自己的身心价值。因此，作为意识主体的思想中介，"间体世界"所凸现的"镜像时空"具有摄取和折射主客观世界价值特征的奇妙功能。

　　对此，黑格尔做了透彻的阐释：艺术家善于"在艺术作品里以这种样式完善自我、并使之获得完美的感性显现：在外在事物中进行自我创造（即创造自我与对象）"。③ 进一步而言，人的这种行为包含了其对自身和对象世界的本质属性的创造与认识等双重价值。亦即是说，人的本质力量的对象化④（例如创造"间体世界"、形成"镜像时空"），既能导致对象世界的审美变构与价值完善，也能引起主体本质力量的充实发展与价值理想的内在实现。

　　其根本原因在于，主体能够将创造性想象之全新景象及其所激发的全新情感状态投射到对象世界（"间体世界"），同时直观镜像时空所呈现的自己的本质力量（创造性想象力与自由弛豫的理想化情感）及其产物（全新的虚拟景象、情感的新颖形式及其运动情景）。只有从这种直观中，主体才能真正发现自己的内在创造（新对象与新自我），才能亲身确证、体验和享受自己的本质力量、核心价值与生命意义。

---

① 　黑格尔：《小逻辑》，贺麟译，商务印书馆 1980 年版，第 76 页。
② 　《马克思恩格斯全集》第 42 卷，人民出版社 1972 年版，第 96—97 页。
③ 　黑格尔：《美学》第 1 卷，朱光潜译，商务印书馆 1979 年版，第 39 页。
④ 　《马克思恩格斯全集》第 42 卷，人民出版社 1972 年版，第 125—126 页。

（二）镜像时空的映射机制

具体而言，"间体世界"及其衍生的"镜像时空"之所以要经历多级生成和整体突现的复杂命运，其根本原因在于，认知价值的形成、呈现与对象化转换，以及主体进行的价值观照和意义体验等过程，都遵从思维心理的一条规律（或精神世界的运动规则）：经验决定情感，情感的对象化是主体观照自我的充分条件，这种对象化需要特殊的思想载体。

第一步，主体通过经验性的镜像映射来获得感性思维的客观性信效度；第二步，主体通过概念性的镜像映射来获得知性思维的逻辑自洽性品格；第三步，主体通过理念性的镜像映射来实现理性思维的真理性品格、规律性表征、个性化价值和社会性效能。

上述活动均需要主体对多层级形态的"思维间体"及"意识间体"进行再创造（即三度创造与欣赏）：将自己对主客体世界之情景想象及由此引发的激情所做出的本体性体验状态与诠释态度再度投射至中级形态的"思维间体"上，从而使其内的"结构表象"嬗变为"规则概象"，使"知觉概象"转化为"统觉意象"，使"符号表象"升华为"规律意象"和"理念意识"。至此，这三大意象精妙链接、互补互动、协同增益，进而综合形成了理性层面和意象形态的"间体世界"，其所衍生的"镜像时空"又接受了主体心灵的第三次投射，使主体精神世界的最高法则、绝对理念、价值理想和对客观世界发展规律的理性意识都转化为意象世界的对象化存在体；接着，主体又启动了第三次能动性的自我创造、自我完善和自我体验之伟大工程。

主体借助内在的"意象之镜"直观自我的最高价值、顶级力量和隽永意义：从形而下的外观特征、形而中的结构样式到形而上的规律模式，由此确认了自己所拥有、对象所显现的理性力量与形而上意象，由此引发了超时空、形而上和理性化的经验革命、情感升华（情操）、思维练达（直觉）和意识创新（主客观规律统一的完形理念）。接下来等待主体的是：将自己的思维意象次第转化为对象化、操作性、感性化、实践性的各种物化客体。

一言以蔽之，"思想间体"与"镜像时空"的三级生成和全息突现，集中体现了主体的情知意创造能力及其全新独特的"内在实现"情形，并成为诗意美感和直觉灵感得以厚积薄发、人格价值和理想观念得以圆满实现的根本动力。

第五节　从自我意识到世界意识：主客体认知范式的转换机制

理性思维主要是指人类基于主客观规律而运作思维方式，使人的思维耦合主客观世界的隐深秩序，进而做出更深刻和更新颖的意识性概括与理论性解释，以此体现主体对本体世界、文化世界和社会世界的思想启导作用。

一　自我意识与世界意识的共轭性内容

黑格尔指出："规律作为现象的真理或内在真理而具有绝对的普遍性，它消除了普遍与个别的对立，并成为知性的对象；它表明在感性世界之上和现象世界之外持续存在着一个真正的自在世界，这个世界是理性的首次表现。……它用规律的形式来表征动荡多变的现象界之持久稳衡和有序的图景，即一个规律性的王国。"① 而"规律的单纯本质就在于无限性或必然性……这种关于他物或对象的意识无疑属于自我意识；只有自我意识才是对象意识的真理形态。……事实上知性认识的只是它自己，此时意识以现象为中介而连通了超感官的形而上世界；这两个极端得以合拢为一个整体，——这就是自我意识，它于是从此进入了真理的王国。……事实上，自我意识是通过反思感性世界和知性世界的存在而形成的，且本质上是从他物的回归。"②

由此可见，正是人的自我意识催生了价值对象化和镜像返观的审美智慧与认知策略，进而引导主体对表象世界做出有序的分类与命名，对前所未见的新事物进行判断、归类并分析其结构功能，随心所欲地运用概象、意象方式来对内外世界进行虚拟认知与整理贯通。这是因为，"只有各种感觉的统一才能体现知识的真理品格，而知性的任务在于知道真理"。③

---

① ［德］黑格尔：《精神现象学》，贺麟等译，商务印书馆 1997 年版，第 162—170 页。

② 同上。

③ 同上。

因此，人类之所以能够立于理性智慧之高地，全仗赖于概象思维和意象思维这两架独有的进化之顶层功能阶梯（"云梯"）。

二 形而上思维的意识对象

那么，什么是形而上思维的意识对象呢？"知性的任务在于知道真理……假如意识在其自身深处找到了理性，那么它会将理性重新由此处推向现实时空，以便在现实情景之中直观理性的感性外表。……理性所寻求的正是规律及其相关概念……规律本质上就是概念，而后者以事物的感性存在方式呈现的；……事实上，理性本能地把规律当作真理来看待；正是因着这种简单而直接的普遍性，规律才对意识具有真理性；……规律之所以成为规律，全在于它既显现为现象，其本身又体现了概念。而理性意识本能地利用一切感性的存在来试验规律。"①

笔者认为，形而上的意识不但超越了人类历时空的感性内容，而且也超越了人类共时空的知性内容；它主要涉及主客观时空的运动规律、主客体世界的价值规律、主观真理—主体理性、客观真理—客体理性以及主客体世界未来发展的完满图式，等等。黑格尔指出，在思维里，对象不是以表象或形象的方式被把握，而是以概念的方式被把握；理性的任务在于把握真理，即寻求规律及其概念特征；只有以范畴为对象的自我意识，才可以称得上是理性化的意识。②

在人对形而上信息的内化过程中，同样存在着主体对内外信息、感觉与知觉信息、真实信息与虚拟信息的时空整合、结构重组、形态转换与价值创新等复杂情形；但是与形而中意识相比，人的形而上意识以主客体世界之未来发展时空作为根本坐标。它促使人类个体通过回溯、反思与扬弃自我、群体、全人类之历史经验—主客观情感—知识系统—虚拟情景，进而产生对主客体世界之未来发展运动情景的前瞻性规律性认识和实践性战略操运图式。③

---

① ［德］黑格尔：《精神现象学》，贺麟等译，商务印书馆 1997 年版，第 162—170 页。

② 同上书，第 133 页。

③ 崔宁：《思维世界探幽》，科学技术文献出版社 2005 年版，第 71 页。

　　例如，道德伦理可以称得上是人的社会行为规律或人基于对自身的本质性认识而建立的内在规范与外在尺度；主体对于道德规律的认识或伦理意识又带有表象的形式；因为意识诚然是经由现实界跨入纯粹意识的王国，但是它基本上还是处在现实界这个领域的规定性之中。于是思维便要借助抽象的概念来选择和创造那最能体现精神规律的某种表象，并以此作为思维展开与深化的感性参照系。①

　　概要说来，意象思维既是对客观表象、知性概象的完形重整形式，也是对主体的情知意等心境动机与价值理念的全息融合结果。主体由此产生对主客观世界本质力量的全新表征图式与超时空的内部世界模型。它体现了人类对表象世界、经验世界、知识世界和精神世界的本质性把握与创造性认识水平。意象思维以前额叶为核心中枢，经由双向互动性投射（与双侧枕顶颞叶的初级皮层及联络皮层之间）而汇聚至额极和前额叶其他区域，并向中央前区发出双向互动性投射纤维，构成与感性世界、知性世界和理性世界之全息贯通及能动调控的格局。在此，美感爱心、道德感良心、灵感慧心和理智感平心等高级感性力量，经意象整合与时空转换之后，融通嬗变为相应的审美意识、伦理意识、创造意识和哲理意识。

　　总之，热情理想是思维创新的"能量平台"，观念意象是思维创新的"发射平台"，审美体验和概象化合是思维创新的"组装平台"。黑格尔有言：热情与观念是人类文明的思想经纬与精神坐标；② 马克思礼赞道：理想是人类从野蛮走向文明、从远古走向未来的根本力量！③ 因为热情理想经由审美、道德和科学体验激发升腾，进而推动自由深广的灵妙想象和缜密有序的逻辑推理在内外天地弛豫，并使主体涌现出高妙深阔的哲理气象、审美灵感、伦理气韵，吟唱出宇宙的新景观、新秩序、新本质，描绘出认识世界和改造世界的新蓝图、新规则、新方法……

三　形而上信息的内化形式

　　由上述可知，人类对形而下信息的内化方式体现为以下类型：一是指

---

① ［德］黑格尔：《精神现象学》，贺麟等译，商务印书馆1997年版，第7页。
② ［德］黑格尔：《小逻辑》，张世英译，商务印书馆1982年版，第77页。
③ 马克思：《读摩尔根〈古代社会〉笔记》，《马克思恩格斯全集》第45卷，人民出版社2003年版，第65页。

征自然事物形态特征的自然表象，二是指征人际关系的社会表象，三是指征主体自身情感意向的情趣表象，四是指征主体行为历程的身体—动作之自传体表象，五是指征各种符号文化之感性结构的符号表象。人类对形而中信息的内化形式主要包括四种类型：一是用以表征概念、范畴以及主客体世界相互关系的符号性概象系列，二是用以表征主客观世界之运动规则或活动规范的程序性概象，三是用以表征主体的精神活动方式的本体概象，四是用以表征主客体世界之虚拟运动情景和预期属性—状态判断的前瞻性概象。

由于形而上信息的内化过程建立于以上两种信息内化之基础上，因而它必然体现为以下几种类型：一是表征主客观时空规律的运动意象，二是表征主客体世界意义的价值意象，三是表征主观真理与主体理性的人格审美意象，四是表征客观真理与客体理性的科学意象，五是表征主客体世界未来发展之完满图式的理想意象。

黑格尔指出："思维规律虽说不上是所有的真理，毕竟还是形式化的真理……感性存在的思维表象不但不与思维规律这种形式的真理发生矛盾，而且根本就没有与后者须臾分离过。……因为世界与个体仿佛是两个内容重复的画廊，其中彼此成为对方的映象：第一个画廊所陈设的纯粹是外在的现实，自身的规定性及其轮廓；第二个画廊则展示着同样的内容所对应的个体意识之理念；前者是球面，后者是焦点，焦点本身映现着球面。"①

如果说感性表象是人类心理表征其形而下思维活动的初级心理形式，感性记忆是人类建构形而下思维内容的操作方式，知性概象是人类建构与表征其形而中思维时空的中级心理形式，则理性意象是人类建构与表征其形而上思维时空的顶级心理形式。② 这是因为，"意识以及自我意识，它们本身就是理性的活化形式；但是只有以范畴为对象的那种意识，我们才能说它具有理性。范畴是存在与'自我'的直接统一体"。③

---

① ［德］黑格尔：《精神现象学》，贺麟等译，商务印书馆1997年版，第71页。
② 丁峻：《创造性素质建构心理学》，吉林人民出版社2007年版，第103页。
③ ［德］黑格尔：《精神现象学》，贺麟等译，商务印书馆1997年版，第199—203页。

　　另外需要指出，形而上的思维意识需要依托理性记忆（又称作元记忆）、理性情感（又称作元体验，即美感—道德感—理智感之三位一体统合心态）和理性策略（又称作元调节，即认识论方面的方法论）。

　　认知心理学认为，青少年的行为观念需要经历从生物性动机、外部性动机、无意识动机、近景性动机和辅助性动机向社会性动机、内因性动机、有意识动机、远景性动机和主导性动机转移的渐次递进性过程；① 其中，审美动机的建构有助于青少年从直接性、物质性兴趣向间接性、精神性兴趣过渡，使乐趣上升为情趣和志趣，使动机向内在需要和文化世界迁移。上述的动机性观念的形成主要依托人脑的左右侧前额叶的眶额皮层。

　　文化与人类心身世界具有相互创生、相得益彰的价值共轭关系及协同进化机制。进而言之，文化的根本价值便在于它具有生命风韵和造人之象；主体通过人格体验和意象整合即能完善和练达人的主体力量，并由此实现和体验对象化的物质文明。因此，文化的核心形态是"符号表象"，人格的精萃珍玑是"自我意象"。两者的深层优合与系统放大效应，便诞生了新的思想产品及生命产物。

　　创造的灵感从何而来？笔者认为，只有借助审美想象和科学推理这种相互交融的主客体价值体验，我们方能获得创造性的理念。杜夫海纳指出："只有当各种能力的运用好似被升华了之时，它们才能自由协调，在我们身上产生美的体验……这既需要人格的全部参与，又需要具有超越真实之物走向理想化的非真实之物的能力……是什么东西给创造以灵感呢？是美的理想……因此，美是'理想'的表现；理想并不是抽象的，它是在理想化了的对象中出现的透明理念。说对象美，是因为它实现了自身的命运，还因为它是真正存在着；它在完满的感情中，获得了自己完满的存在和价值本原……审美对象所暗示的世界，是人们完全进入这一感受时，一瞬间发现自己命运和意义的经验。"②

---

　　① B. J. Baars, N. M. Gage. *Cognition*, *Brain and Consciousness*. Elsevier, 2007, pp. 246 – 247.

　　② ［法］米歇尔·杜夫海纳：《审美经验现象学》，韩树站等译，文化艺术出版社 1996 年版，第 102 页。

由此可见，理性是一种最高判断，一种观念性智慧。它为情感提供整体目标与活动规范，也为意志树立方向和准则。它是智慧的最高表现，也是情感意志的最佳归宿。作为人的精神力量和内在活动的高度统一状态，审美体验因而蕴涵了哲理。两者都借助共同的"三位一体"力量而抵达爱、智、勇的共同彼岸。

不过，审美起于具体形象和对象化形态，借此使人进入理想性意境，是一种对象化的价值体验；而作为最高判断的理性，则是人们关于主客观世界之本质特征与内在规律的一体化价值体验。这两者都是指向未来的超越性体验，是人类对主体力量和客体本质的完满认识与最优改造的真善美精神境界。

笔者认为，正是因着"自我意象"与"世界意象"之间发生了"等功变换"，才使得具象时空兼备了非现实性与理性化的浑然境观，也使人的观念理想和最高力量实现了具体化、对象化。借此，人在意识体验中方能实现对自身与对象之本质力量的认识、表现、强化、评价、选择、创造、实现和享受等价值。

可以说，"体验"是存在的完满实现，是价值的美妙贯通，是美感的熔炉、智慧的摇篮、优秀人格的温床。它直接牵引着人的价值观念与身心实践活动，是文化的源泉，生命不朽的奥秘。人借此而打破了"生命有限，存在无限，理想无尽"的自然界限，以有限和瞬间而把握无限和永恒。这正是人类感受自由和幸福的奥妙所在。优秀的灵魂因着这种伴随生命始终的过程化体验，感悟到更持久深广的人生意义，从而实现了自己的理想价值和个性力量。

四　自我参照系——精神生活与行为实践的意象坐标

哲学的高度抽象性、本体性和自由性品格，要求人诉诸卓越的激情意志和感悟能力，即求理解的热情与灵性——"体验"外部世界和自身世界的价值特征、命运经验与意义。当代哲学家 B. 米罗诺夫指出："与其说智慧是认识世界的形式，毋宁说它是理解世界的形式。因为在现实中，要获得关于世界的完备知识是简直不可能的。在理解世界和人方面，智慧指出了从整体来理解存在的、实践的价值并加以调整。……哲学智慧是深刻的反思性直觉，这种直觉是……以对于世界及其规律的深刻认识为基础……智慧总是被理解为……‘智力和道德完善的最高境界。’”① 这正是人的最高价值和世界潜在秩序的契合境界。

从这个意义上说，美感、灵感和力感是本质相通的价值形态，均源自人的世界性本体体验和哲理化体验，是理性观念和情感意志的交融。价值观念可以决定哲学的范畴和人生的抉择。从“道德体验”、“智性体验”、“爱情体验”及“审美体验”等精神活动中可以发现，人的各种道德准则和智性目标来自内在统一的价值观念的下行驱动和情感目标的上行驱动，个性的精神价值和实践力量经由主体的创造性“体验”而得以发挥效能。具体说来，人类主要是借助对意象世界的构建来体现观念动机与价值坐标，来指导人格活动和创造行为。

美自人类始。人的一切审美与创造活动皆以意象体验为根本坐标。可以说，个性主体的自我参照系由下列内容构成：一是自我经验的参照点；二是自我情感的参照点；三是自我概念的参照点；四是自我反思的参照点；五是自我观念的参照点；六是自我理想的参照点；七是自我人格的参照点；八是自我身体的参照点；九是自我形象的参照点；十是自我行为的参照点。它们作为一种主体认知的镜像标示，蕴涵着人的个性化的感性—知性—理性化的全息体验，实际上是一种三位一体的主客观价值化合反应：其间既有情感的飞驰沉游，又有智性力量的腾翔遨观，还有意志胆气的叱咤操运，更有天地万物和生命性灵的意义映射。因而，主体与客体在吾人心中借此实现契通神会，人与世界的价值缘此获得了本质印证。

① ［苏］米罗诺夫：《历史学家和社会学》，王清和译，华夏出版社 1988 年版，第 92 页。

第 四 章

人格意识建构论

波普尔提出的"世界3"学说（即精神世界、物质世界、文化世界），① 扩展和丰富了人的意识时空，突出了人类理念对社会文明的主导作用。笔者认为，人的精神世界的核心内容即是意识观念系统；其中包括人的自我意识、有关对象世界的客体意识、审美意识、科学意识、道德意识、宗教意识、民主意识，等等。可见，人的意识世界不但涵纳了人的历时空经验、共时空知识，而且映射了超时空的规律与真理镜像。意识时空的这种全息价值品格，又来自漫长而复杂的认知进化。

那么，我们为何要讨论人的本体知识的建构问题呢？其主要原因在于，本体知识不但是个性主体形成自我意识的信息基础，也是其发展元认知能力的核心内容，更是其形成人格智慧，并将之转化为世界智慧的内在参照系。

第一节　道德人格的认知奠基功能

人类的知识系统可分为"本体知识"和"对象性知识"；本体知识由自我经验、自我情感、自我概念、自我意识等系列要素构成。主体唯有借助具身认知方式才能真正内化外源知识，进而以审美方式建构本体知识，运用投射方式输出思想成果和行为图式。因此，我们应当把建构本体知识作为大学教育的核心内容，把培养学生的元认知能力作为大学的根本价值

---

① ［德］波普尔：《科学知识进化论》，纪树立译，三联书店 1987 年版，第 368页。

目标，以便借此体现大学对人类文化的全息传承与综合创新的社会功能。

一　"诚"——人格意识对主体认知行为的统摄方式

"精诚所至，金石为开。"这句中国古代名言揭示了形而上力量的巨大能动性作用，而其源头则是《中庸》。子思所整理和阐发的孔子思想之篇章《中庸》，被认为是儒家经典之一，与《大学》、《论语》、《孟子》合称为"四书"，成为儒家传道授业的基本教材和天下士子科举进仕的必修考本。子思上承孔子、下传孟子，通过创造性发展孔子学说形成《中庸》代表作和"思孟学派"，其"诚仁"学说遂成为中国传统文化及儒家伦理文化体系中的重要组成部分。

（一）"诚"——作为世界本原的儒家人格及道德意识的标志

《中庸》一书阐明了诚与中之全体大用，体现了孔子的最大发明和儒家伦理文化的核心内容。诚指诚意，中指正心，两者构成修身的情感境态与认知基础。为什么呢？第一，因为"天命之谓性，率性之谓道，修道之谓教"（《中庸·一（纲领）》）。天命即天理、天道，它内化为人的德性而成为人道；天理又以中庸为规范中和为特征，即"中者，天下之正道；庸者，天下之定理"，"中也者，天下之大本也；和也者，天下之达道也"（《中庸·一（纲领）》）。这是儒家所认知的世界本原之客观内容及形而上理念。

第二，与此相对应，那什么又是儒家伦理文化关于世界本原之主观内容的形而上认识呢？无有别它，唯独"诚意"："唯天下至诚，为能经纶天下之大经，立天下之大本，知天地之化育，夫焉有所倚！"（《中庸·三十二（诚意）》）为何"诚意"具有如此重要的作用呢？这是由于"诚者，天下道也；诚之者，人之道也。……诚之者，择善而固执之者也"（《中庸·二十（治国）》）。天道以中庸为规范、以中和为特征，而孔子在此又把"诚"作为天道之状态、人道之状态，作为天道与人道相契通的本体标志。总之，唯拥有了诚心实意，才能择真而好学（致知）、择善而修情（仁）、知耻而守美（勇）；有诚意方能正心修行。

第三，如何能够使天道与人道相贯通，使天性与人性相濡染呢？孔子指出："知、仁、勇三者，天下之达德也。所以行之者一也……及其知之一也……及其成功一也。子曰：好学近乎知，力行近乎仁，知耻近乎

勇。"(《中庸·二十（治国）》）子贡说："学不厌，智也；教不倦，仁
也"（《孟子·卷三·二》）；"恻隐之心，仁之端也；羞恶之心，义之端
也；辞让之心，礼之端也；是非之心，智之端也"（《孟子·卷三·六》）。
也即是说，知、仁、勇作为天下之达德，体现了天道气象、人道风范，昭
示着天性之变化奥妙、宽广公正和雄健刚强品格，也反映了人性之灵敏情
感、聪慧智能与坚毅热诚的性格。所以说，知、仁、勇作为天德与人德相
表里的天下之达德，同作为"天下之正道"、"天下之大本"的"中"
（即天道、人道），以及作为"天下之定理"、"天下之达道"的"庸"与
"和"（即天理、人伦）相互匹配，构成了具有多元一体化层级结构的儒
家伦理形上观体系；并且，作为天人三达德的知、仁、勇又成为契通天道
与人道的根本法门和修行途径："知之一也"、"行之者一也"、"及其成功
一也"；"知斯三者，则知所以修身；知所以修身，则知所以治人；知所
以治人，则知所以治天下国家矣"（《中庸·二十（治国）》）。也即是说，
唯有人们在思想活动和实践活动中以诚心实意来贯通整合并内外修行知、
仁、勇三达德之时，才会逐步知天知人知己、爱天爱人爱己、顺"天时"
致"人和"达平心。

（二）真诚人格的认知催化效能

《中庸·纲领》有言："天命之谓性，率性之谓道，修道之谓教"；
"自诚明，谓之性；自明诚，谓之教。诚则明矣，明则诚矣"（《中庸·二
十一》）；"曲能有诚，诚则形，形则著，著则明，明则动，动则变，变则
化。唯天下至诚为能化"（《中庸·二十三》）。这里，孔子深入阐释了
"诚意"与"明知"相互作用的辩证关系：由诚心而实现明心（知）属
于天性（即符合天道与人道、体现天理与人性的良好品德：由良心达良
知）。同时，他又强调真诚的人格行为对他人的深刻感化功能，即教化人
性、濡染人性之功，由此揭示了意念志向这种顶级精神力量对人的情感活
动和认知能力的下行性能动性规范性牵导作用：

> 唯天下至诚，为能尽其性；能尽其性，则能尽人之性；能尽人之
> 性，则能尽物之性；能尽物之性，则可以赞天地之化育；可以赞天地
> 之化育，则可以与天地参矣。（《中庸·二十二（诚意）》）

孟子有言："尽其心者，知其性也。知其性，则知天矣。存其心，知其性，所以事天也。夭寿不贰，修身以俟之，所以立命也。"（《孟子·卷十三·一》）可以说，这是他对儒家伦理文化的认知价值和社会自然开发体用功能之完整释说。他从至诚可以尽性，从尽自我之性到尽他人之性，从尽人之性到尽物之性，从尽物之性到尽天地宇宙之性，对伦理人格促进人性的内在发展和物性的全面发展做出了价值时空层面的逻辑递进序列之阐释。这对于当代中国文化的推陈出新、中华民族的精神复兴和中国社会的文明创新事业，都具有高远深邃的战略性智慧启示。

因为"喜怒哀乐之未发，谓之中；发而皆中节，谓之和……致中和，天地位焉，万物育焉"（《中庸·纲领》），所以，虚静淡然、不偏不倚、守仁居义、得道遂性、称意合理的情感修养乃是塑造人格行为的首要根基和动力源头，所以"唯天下至诚为能化"——先化自我、再化众人、后化天地；先化性情、再化智思、后化意志人格。因而，"诚者，自成也；而道，自道也。诚者，物之终始，不诚无物。是故，君子诚之为贵。诚者，非自成己而已也；所以成物。成己，仁也；成物，知也；性之德也，合外内之道也，故时措之宜也"（《中庸·二十五》）。换言之，以仁心成全自己是"诚"，以仁知引导自己是道；成全万物则是智慧（知天知地知人知己），为仁知而勇于进取、努力奉献则可称作勇。

至此，知仁勇发源于诚心，又复归诚心，从而完成了儒家伦理人格对主客体世界之认知与完善过程的历时空摄取、共时空整合与超时空创新之文化价值使命。从中，我们即可感受到儒家伦理文化那博大精深的形而上体系、严密精细的形而中逻辑和鲜活丰厚的形而下活力生机。

（三）人格意识对成全自我与万物的决定性作用

从孔子培育理想人格的精神机制中，我们当能发现最早的心理学动力渊薮和道德体验促进理性认知的情知意相互作用价值意识。现代心理学认为，人的情知意唯有实现了内在统一和协调练达之后，才能有助于主体建构独特和谐的人格意识及个性精神。不妨借用一句话来认识孔子三位一体人格论的认知心理学效应："好学近乎知，力行近乎仁，知耻近乎勇，则知所以修身。知所以修身，则知所以知人。知所以知人，则知所以治天下矣"（《中庸·章句》）；"智者不惑，仁者不忧，勇者不惧"（《论语》二十八）。那什么是"知"与"仁"呢？"仁曰爱人"，"知曰智人"：即

"知者使人知己，仁者使人爱己"（子路）；"知者知人，仁者爱人"（子贡）；"知者自知，仁者自爱"（颜渊）。

荀子也认为，"知之在人者谓之知，知有所合谓之智"（《荀子·二十二》）；"有圣人之知者，有士君子之知者，有小人之知者，有役夫之知者。……有上勇者，有中勇者，有下勇者"（《荀子·二十三》）；"君子博学而日参省乎己，则知明而行无过矣"（《荀子·一》）。可见，孔子的仁知观包括了自知自爱、知人爱人、被知被爱这三大系列的情感规范与认知观念，表现了人人平等、自觉自愿、自主自由的"存在本体"认识论思想。仁知统一，意味着人道与天道、伦理与逻辑、主体与客体、情感与思维的和谐统一，由此从历时空的经验世界和共时空的逻辑天地导向超时空的理念王国，推动个性主体形成全新的人格意识和个性精神体系，在美感、理智感、道德感相互融通的基础上走向审美与创造的直觉灵感状态与统觉通感境界。由是观之，孔子的仁知勇三位一体人格论，实际上是人本化的精神宇宙意义上的理想人性建构理论，其意义已经超出伦理修行的范畴，具有认知和创造的源头动力价值与精神奠基功能。

真诚的人格意识是贯通整合知仁勇人格三达德的核心力量，因为"诚者，物之终始，不诚无物。是故，君子诚之为贵。……性之德也，合外内之道也，故时措之宜也"（《中庸·诚意》二十五）；所以"诚者，自成也；而道，自道也。……诚者，非自成己而已也，所以成物也。成己，仁也；成物，知也"（《中庸·诚意》二十五）。在此，孔子把诚意视为成全自我之仁的大道，由此导向成全万物的认知之道，内外之道相通、内外之性相合："至诚之道，可以前知。……故至诚如神"（《中庸·二十四》）。荀子也认为，"君子养心莫善于诚，致诚则无它事矣"（《荀子·三》）；"三德者诚乎上"（《荀子·十》）；"心何以知？曰：虚壹而静"（《荀子·二十一》）；"知之不若行之，学至于行之而止矣。……故人无师法而知则必为盗，勇则必为贼，云能则必为乱，察则必为怪，辩则必为诞"（《荀子·八》）；"圣人者，以己度者也。故以人度人，以情度情，以类度类，古今一度也"（《荀子·五》）；唯此方能"是非疑则度之以远事，验之以近物，参之以平心"（《荀子·二十七》），知天地、知人我、知明行。这样，"唯天下至诚为能化"，能仁、能知、能善（勇）、能修、能治、能不断发展，于是真诚的人格意识便成为练达人格能力和提升个性精神境界的不二法门了。

二　真诚人格意识的大脑心理活动基础

由上述分析可知，孔子把诚意视为修炼知仁勇人格三达德的根本基础、将至诚看作获得情感自由、认知自由和意志自由的内在坐标（即"从心所欲不逾矩"的良心规范、良知经纬和善行标尺）。更重要的是，以心理表征为核心内容的全息体验乃是个性意识活动的本质过程："意识即为情意化的主观体验"；而这种"体验是人与世界的价值契通甬道，由体验和认知导向个性精神世界的意象建构、对内外世界的意象性解释与改造活动"。① 因此，心理表征之全息体验便成为个性意识活动与人格本质内容的动态性核心标志：精诚笃意所激活的全息体验包括道德情感体验、道德认知体验和道德意识体验，还包括情感审美体验、审美认知体验与审美意识体验，更能涵纳理性化逻辑性的科学感知体验、科学认知体验和科学意识体验等立体深广的多元全息内容。这种精诚专一、全息深广、有机耦联的情知意体验活动，既有助于使人克服情知分离、经验与知识隔膜、知行背离与人格分化等内在的非道德化倾向，又有益于个性主体建构其和谐统一的人格精神与心理体系。

（一）促进以仁为核心、以美为动力的情感经验塑造与感性心理建构过程

在感知心理活动层面，人的各种经验和情感状态均呈现为表象形式；而在建构自我的表象过程中，又存在着自上而下的"理念性意向驱动"（即诚意力量的顶级调节）情形和自下而上的多种经验（视觉、听觉、运动觉等，语言、文字、图像觉等，审美性、道德性、认知性体验等）与多元情感（喜怒哀乐惊恐忧等）的全息汇合和立体融通情形。因此，以诚意为核心的人格精神状态有助于提高个性主体对多元经验与多态情感的融通整合水平，进而能够促进人的经验情感塑造与感性心理建构之人格精神发育过程。因为表象系统形成于人类大脑的感觉皮层（枕叶、颞叶和顶叶），它是大脑摄取加工所有客观信息的核心方式，也是保存各种事

---

① 丁峻：《体验——人与世界的价值契通甬道》，《宁夏社会科学》1988 年第 1 期。

实、情景和原型记忆的主要资料库。

由于"喜怒哀乐之未发，谓之中；发而皆中节，谓之和"（《中庸·一》），"礼义文理之所以养情也"（《荀子·十九》），所以"所谓修身，在正其心者。身有所忿懥，则不得其正；有所恐惧，则不得其正；有所好乐，则不得其正；有所忧患，则不得其正。心不在焉，视而不见，听而不闻，食而不知其味。此谓修身，在正其心"（《大学·八（正心修身）》）。也即是说，致诚笃意是正心的法门，唯有正其心才能修炼性情："所谓诚其意者，毋在欺也。如恶恶臭，如好好色；此之谓自谦。故君子必慎其独也"；"此谓诚于中，形于外。故君子必慎其独也"（《大学·七（诚意）》）。可见，修身须从正心始，正心必从致诚笃意始；诚意是使性情达到中和的首要基础和根本力量（即"元意识、元认知、元调节因素"），也是一个人塑造经验情感、建构表象心理的核心动力。

（二）推动以主客体规则为内容、以主体的逻辑思维为框架的知性心理建构过程

在知性心理活动层面，人的各种知识概念、符号逻辑和语义加工状态均呈现为概象形式。概象化的心理内容不同于表象事物之历时空特性和意象事物之超时空特性，它具有鲜明突出的共时空特点——它编码、保存和转化人的多元知识信息（包括主客观世界的各种具象内容与抽象的符号概念内容），它体现人的认知规则与策略（包括语法句法规则、推理策略、想象路径、审美方法、道德规范、人格准则等人文内容），同时也表征了个性主体认知客观世界的运动变化之时空图式（包括自然规律、数理逻辑、科学知识、概念定理等抽象化与符号化的科学内容）；更重要的是，人的概象活动还涉及个性主体对自身形象、自我情感、先前经验、知识结构、思维优势、人格特征、价值理想和自我意识等本体内容的内向认知过程。

概象心理主要发生于人脑的联络皮层区：下接感觉皮层之表象化合平台、上承前额叶新皮层之意象发射平台。它主要表征人对内外世界的抽象认识、语义模式与符号规则，是建构人格精神与世界模式的核心元件库。而以诚意为核心的人格精神状态，则能够促使主体高效优化与深广整合共时空的内外逻辑及语义法则，从而有力提升人的思维素质塑造水平与知性心理建构过程。在自我认知和认知他人与社会方面，儒家的人格心理发展

观体现了突出的价值意识和有序渐进、全面系统的认识论辩证法特色。

1. 致诚笃意对正心修身之奠基性导向性功能。例如，"意诚而后心正，心正而后身修，身修而后家齐，家齐而后国治，国治而后天下平。自天子以至于庶人，壹是皆以修身为本"（《大学·一》）；何为修身与正心呢？即"所谓修身，在正其心者。身有所忿懥，则不得其正；有所恐惧，则不得其正；有所好乐，则不得其正；有所忧患，则不得其正"（《大学·八》）。这里强调了修身与正心的情感调节内容及其人格价值。而对情感的修身与正心还能造益于人的认知活动，因为"人之其所亲爱而辟焉，之其所贱恶而辟焉，之其所畏敬而辟焉，之其所哀矜而辟焉，之其所敖惰而辟焉。故好而知其恶，恶而知其美者，天下鲜矣！"（《大学·九》）也即是说，如果人的情感不端正、不合中庸之道，则会造成认知方面的种种偏颇与失误、过犹不及，从而会导致同样有失中庸之道的人格行为及其不良后果。

2. 格物致知对修养诚意和正心修身的能动性建设性促进作用。孔子认为："欲修其身者，先正其心；欲正其心者，先诚其意；欲诚其意者，先致其知；致知在格物。物格而后知至，知至而后意诚，意诚而后心正，心正而后身修……"（《大学·一》）。这里所讲的"意"，乃指人的自我意识与世界价值观；"心"乃指人的情感心态；"身"乃指人格行为。可以看出，孔子把探究事物的原理之认知客观世界的活动视为端正意念、强化诚意和修练意识境界的根本出发点，由此导向致诚意识之形成、合理情感之变造、人格行为之修炼等一系列有序的建构精神世界的逻辑过程。那么，为何格物能够致知，为何必须由知物、知人而达到知己呢？

"知止而后有定，定而后能静，静而后能安，安而后能虑，虑而后能得。物有本末，事有终始，知所先后，则近道矣"（《大学·一》）；于是才能"知可为，知不可为；知可言，知不可言；知可行，知不可行者。……勇者不避难，仁者不穷约，智者不失时，义者不绝世"（《孔子家语·二十六／三十七》）。这里，孔子深入讨论了"格物致知"对于定神注意、理情安心、认知自我和考虑行为的次第性连锁性促进作用，从而体现了古代朴素的精神认识论、心理哲学观和认知发展观之思想轮廓。那么，知天地、知他人和知自我之间，到底有什么内在联系和先后秩序呢？

"樊迟问仁。子曰：'爱人。'问知，子曰：'知人。'"（《论语·二十二》) 在孔子看来，"仁"即是关爱他人、天地和自我的情感向度，"知"即是认识、掌握与化用客观规律来正心修身、指导行为的（人文）科学认知能力水平；这样，知、仁、勇之人格三达德便分别表征了人类精神世界之智、情、意三种心理活动，分别体现了相应的真、美、善三种价值理想。要达到知的境界，就须从认识他人和客观世界开始（即格物致知）。

"不患人之己不知，患不知人也"（《论语·十六》）；"不知命，无以为君子也；不知礼，无以立也；不知言，无以知人也"（《论语·尧曰第二十·三》）。可见，知人须从知其言、观其行开始；知君子之道须从认识天道（即普遍的客观规律与自然法则）开始，立身处世须从了解体用人伦规范开始。于是，"故君子不可以不修身……不可以不知人；思知人，不可以不知天。……或生而知之，或学而知之，或困而知之，及其知之一也。……'好学近乎知，力行近乎仁，知耻近乎勇。'知斯三者，则知所以修身；知所以修身，则知所以治人；知所以治人，则知所以治天下国家矣。"（《中庸·二十》）换言之，从知天道（格物）、知人性（知人）到知人伦（仁知勇三达德），再到"知晓"致诚意、正己心和修己身，然后导向知道如何教化他人和治理国家，儒家的人格精神建构和人格行为塑造之理想模式最终皆由此廓出。

3. 情知意的相互作用关系。进一步来说，知有三种境界："孔子曰：'智者若何？仁者若何？'子路对曰：'智者使人知己，仁者使人爱己。'子曰：'可谓士矣。'……子贡对曰：'智者自知，仁者自爱。'子曰：'可谓士君子矣。'"（《孔子家语·三恕第九》）由此可以发现，知己知人、被知被爱，均是一般贤士的人格标志；而自知自爱乃是君子之辈的更高层次的人格境界，也是一个人正心修身的根本依托、知天知人的终极归宿和关爱天地与他人的精神源泉之所在！

子贡曾引用说："故君子之言曰：'智莫难于知人。'"（《孔子家语·弟子行第十二》）孔子也认为："聪以知远，明以察微"（《孔子家语·五帝德第二十三》），此乃因为"爱人者则人爱之，恶人者则人恶之，知得之己者则知得之人。所谓不出环堵之室而知天下者，知反己之谓也"（《孔子家语·贤君第十三》）。这里，孔子进一步辨析了知人与知己、爱人与爱己、远知与近知之间的相互关系，为我们领会儒家文化的伦理观对认知行为的能动性影响提供了更深刻的思想路径。至于知与仁之间的互动关系及其对于人的行为实践之影响效果，孔子则精辟地指出："知及人，仁不能守之，虽得之，必失之。知及之，仁能守之……"（《论语·三十三》）；"知者不惑，仁者不忧，勇者不惧"（《论语·二十九》）。也即是说，单有聪明才智而缺少仁爱之心，则仍然难于保持成功的结果。

关于人的六种品德与六种弊病之间的错杂流变方式及其人格行为负面效应，孔子深刻地分析道："好仁不好学，其蔽也愚；好知不好学，其蔽也荡；好信不好学，其蔽也贼；好直不好学，其蔽也绞；好勇不好学，其蔽也乱；好刚不好学，其蔽也狂"（《论语·阳货第十七·八》）；"学而不思则罔，思而不学则殆"（《论语》）。可见，好学是致知的法门、致诚的坐标、达仁的阶梯、勇行的动力；善思则是使知识与情感相结合、思想与言行相统一的正心修身之内在机关。如此，才能达到"知之一也"、"行之一也"、"成功一也"的内外实践完满境地。

同时，知与仁、认知与情趣、智性活动与审美愉悦之间也具有相互作用，且情感力量因体现了诚心率性的自由品格、表征了个性主体的潜能特长，因而能够对认知活动产生动力导向作用："知之者不如好之者，好之者不如乐之者"（《论语·雍也第六·二十》）；"知者乐水，仁者乐山。知者动，仁者静。知者乐，仁者寿"（《论语·雍也第六·二十三》）。可以看出，孔子极其重视人的感性塑造、经验与情感世界之表象建构活动，认为它们可以使个性主体在快乐自由的情境中认知自我、他人和天地万物，借助美感诗意而激发直觉灵感、良知道德感和平心理智感，从而达到对内外世界的共时空性概念把握与超时空性意象创构，由此产生全新的理念意识与人格行为。

在此不得不指出，儒家倡导的伦理人格认知观具有知识结构上的严重缺陷和语义逻辑上的表征盲区：一是其注重认知人文内容、忽略了主客体世界的科学内容；二是满足于形而上层面的抽象分析和形而下层面的浅泛议论，缺少形而中层面的演绎推理与形式化归纳模型，从而造成儒家伦理思想体系缺乏情知意层面的操作性方法论与人格心理加工主客观信息的表征性内容。

当然，孔子强调从认知客观规律和辨析他人的言行活动出发，进而达到对自我的全面认知，在自知基础上形成阔达深远的自爱之心与自强之志，仍然体现了唯物辩证法的朴素认识论思想，值得我们深思。其实，现代人类对客观世界的认知与改造活动已经达到了登峰造极的地步，但人类对自身情感与经验世界、知识结构能力及思维状况、理念意识水平与人格行为品质的本体性认知活动，则少得可怜。为了达到真正的自知自爱、自由自强之人格精神境界，我们务必要强化人类对自身情知意世界的深广认识活动。

（三）强化以勇为特征、以善为目标的理念意识塑造与人格行为完善过程

在理性心理活动层面，人的理念意识与人格境界以何种形式呈现于脑海心空呢？不揭析这个顶级问题及其高阶机制，则不利于我们深入认识哲学文化对人类心理的变造方式，并限制了人们对文化重塑人格精神之本体效应的深微性全息性把握与创用活动。笔者认为，理念意识与人格境界并不是纯粹抽象、无缘无故的"空穴来风"产物，也不是神秘莫测的神谕天机或唯心之象，而是从表象到概象逐步抽析与重组整合的"文化结晶"和思想"精华"——即意象形态的主客观世界之全息图式、价值坐标、规律秩序、意义时空与理想境态。

进一步来说，人的理性活动主要包括理念意识、人格理想、世界价值观和情知意融会贯通的升华境态（诸如体现美真善品格的美感——理智感——道德感——直觉灵感——统觉通感和悟会见识，大体验——大人格——大智慧之精神气机，爱美——求真——向善之人格操守，等等）。对此，孔子所概括的知、仁、勇之三位一体人格"三达德"及其"知之一也"、"行之一也"、"成功之一也"的体用统摄效能，乃是最早做出的伦理精神本体论建构图式与认识论思想路径。

同时需要指出，现当代的哲学和心理学研究尚未对人的理性精神之心理表征方式做出深微宏整的理论透视，从而影响了人们对伦理文化之人本价值及其心理操作和人格体用机制的深入认识与操作践履活动的不断深化、拓展和升进水平，致使伦理文化依然束之高阁于抽象笼统的形而上"天空"，似乎它与人的情感素质和认知能力毫不相关、同大脑心理发展和个性创造力孵化过程相互隔膜。

因此，对人类理性精神之心理表征方式的科学认知与人文体用，不但事关中国文化的承传扬弃和价值光大之民族文化发展、民族精神复兴和国运民心再造等一系列战略大计，而且有助于我们对儒家思想资源深入进行

批判创新、价值改造、精神重建，更有助于深入高效优化推进社会传播，开掘中国文化的巨大潜能，使之在 21 世纪获得扎实高效和深广久远的社会传播与体用实践优化效能。

所谓理性精神，主要指人的理性意识、价值观、世界观、自我观等超时空的形而上品格之精神力量与心态境韵。它们涉及元观念、元认知、元情意、元调节、元经验、元记忆、元人格等核心内容。更重要的是，个性主体借助"表象（表征加工经验与情感）——概象（表征加工主客观知识逻辑与符号语义）——意象（表征加工理念意识与人格理想境态）"这个立体全息的多元多级心理系统之互动互补与协同增益方式，于内心顶层时空（意象世界之中）生成了丰厚鲜活且协调统一的美感——理智感——道德感——直觉灵感——统觉通感——悟会见识感——人格价值使命感——个性创造进取感等个性化真切而具体的意识体验，从而使情知意聚汇于美真善的理想人格坐标，使感性知性理性力量融通协变，进而产生认知与改造主客观世界的意象图式、行为样式和实践花果。孔子就说过："知之者不如好之者，好之者不如乐之者"（《论语·雍也第六·二十》），"知者乐水，仁者乐山。知者动，仁者静。知者乐，仁者寿"（《论语·雍也第六·二十三》）。可见，培养、引导和激发一个人对美德、对自然、对艺术、对科学、对人生和自我的情趣爱心和美感诗意，乃是使其诚心求知、正心修身和专心修养性情意志见识的不竭原动力之所在，也是塑造理想人格，建构理性精神的内在基础。

同时，这种感性启蒙又受益于个性主体的诚意驱动与牵引：即追求美真善的愿望动机、理念意识、意志理想——也即是其内心始初熠熠闪辉的"意志"、"诚意"、"人格理想"、"核心价值观"。因此，"三军可夺帅也，匹夫不可夺志也"（《论语·子罕第九·二十六》）。可见，精诚笃厚、弥坚高远的意志乃是正心修身的形而上"法门"和精神"机关"之所在。并且，它须以淡泊之气相滋养，方能形成定神安心的宁静澈达心境，进而借此致远知、察天地、明自我、益言行："知者不惑，仁者不忧，勇者不惧"（《论语·子罕第九·二十九》）。另外，道家倡导的"戒、定、慧"，也说明了修念道对于人格心悟人道的重要作用。

然而，自古以来中国的伦理教育过分注重灌输规范性知识，忽视了激发引导人对道德文化的审美体验与丰富多样的早期经验养成（塑造），致使人们出现了道德经验贫乏、道德情感淡薄、道德认知缺乏感性动力和能动自由的知性建构、道德意识浅薄、道德行为低水平化等种种问题；其根本要害在于，情感与认知相分离、道德意识与言行相脱节、人格与理性精神相隔膜。加之儒家、道家文化偏重于形而上的笼统观照与抽象分析，忽视了形而中层面的认知加工、逻辑建构、符号表征与概念体系的形式化创新，同时受制于中国古代缺少对生命、心理和自然之精微认识的科学文化状况，从而使形而上的语义价值很难对形而下世界产生深广久远的普遍性渗润性变造影响。因此，尽早强化人的表象建构与感性塑造之奠基活动、深入精微深化人的概象建构与知性塑造之思维模块有序活化工作，便成为提升人的意象建构水平与理性意识塑造品质、健全人格精神及完善行为实践的当务之急，同时也成为改造和创新传统文化之突破口。

笔者认为，主体的人格意识建构内容主要体现为意象形式，它主要发生于人脑的前额叶新皮层。在感觉皮层、联络皮层和前额叶新皮层之间，三者借助海马、杏仁核和丘脑而实现了双向贯通，由此形成了情知意系统交互式投射、互动互补与协同增益的大脑心理"金三角"神经结构；而在想象与推理过程中，则同时发生了情感经验（信息）由右脑向左脑的定向聚汇和语义逻辑（信息）从左脑到右脑的弥散辐射情形。这也证实了情知意互动互补，"仁、知、勇"三位一体协同增益的儒家伦理人格观之大脑心理建构效应，有助于深入揭示并深广辐射儒家伦理文化的认知优化价值及其巨量的潜在社会功能。

值得注意的是，近来国内的经济学家呼吁"再造内部自洽的中国文化"，使之从笼统的"格物致知"和抽象的"格心致良知"升进到新世纪的新境界：驱动国民以科学人文一体化方式来认知与改造主客体世界，为中国文化、经济和社会的全面现代化提供新的精神生产力；"因此，作为上层建筑的儒家文化是有能力随着时代、环境的不同而不断调整、创新的，并不像许多学者所认为的那样是顽固、保守和一成不变的。中国文化有能力在一个更高的经济基础上实现上层建筑的创新，从而使中国文化成为一个新的内部自洽的实体"（林毅夫，2004 年）。除了更高的经济基础之外，当代中国还需要依托更高的科技文化基础、人文社会科学基础、政治文化与企业文化基础，借此保障和助推中国文化的自强图新。

"一个意象可以抵得上一千个概念与命题"。也即是说，知觉的历时性让位于心理表象的共时性，主体一点点逐步知觉到的东西变成完整的、一下子出现的心中图像。① 有学者认为，"逻辑使理念世界有了主心骨。中西方文化和哲学的一个主要差别，就在于有无形式逻辑（而决非单单在于思维方式）"。② 换言之，单有意象、表象之思维加工仍远远不够，还必须建立形而中的概念（概象）逻辑体系（包括主客体世界的范畴论、关系论、价值论、认识论等理念体系的概念结构与思维框架），方能使形而上世界同形而下世界发生相互作用。

可以说，中国儒学发展到宋代，出现了朱熹的"格物致知"论与王阳明的格心"致良知"论两大理论，标志着儒家文化从伦理世界向认知世界、由人文天地向科学天地转型的创造性生机。然而，传统的"道器为一"、"体用一源"、"技为末艺"等观念，混淆了理性与知性、意识与经验、知识与技术之殊然界限；科技不发达之现象内源于缺少形而中层面的精细逻辑分析与符号形式表征、外源于统治阶级重伦理人治轻科技经济的政治文化与制度偏向。所以，西方的认知型文化催生了人类对主客观世界的科学解释、逻辑实证和知识理性表征；东方的伦理型文化则强化了人类对主客体世界的价值关系认知倾向，导致形而上文化与形而下文化共同回归于实用理性之狭窄浅泛天地，使伦理价值与实用价值发生体用冲突，使人格与言行发生内在分裂，使情意与认知发生脱节。

正如庄子所分析的那样，"知慧外通，勇动多怨，仁义多责"（《列御寇》）；于是，"判天地之美，析万物之理，察古人之全，寡能备于天地之美，称神明之容。是故内圣外王之道，暗而不明，郁而不发，天下之人各为其所欲焉以自为方。……道术将为天下裂"（《天下》）。③ 正是在知性（概象）层面，中国传统文化造成了情知分离、逻辑贫乏，从而导致人格矛盾和情迷意乱，难以依托薄弱的感性和空泛的知性来支撑托举出发达高远、坚实深厚的理性大厦，并由此使宋代至清代的中国科学文化出现大滑

---

① F. J. 莱德、B. F. 洛莫夫：《认知科学》，《国际社会科学杂志》1989 年 2 月第 6 卷第 1 期；中国社会科学出版社 1990 年版。

② 周昌忠：《中国传统文化的现代性转型》，上海三联书店 2002 年版。

③ 《庄子》，吉林人民出版社 2001 年版。

坡、政治文化出现大变故、思想文化出现大冲突。

赵敦华指出，中国文化传统的连续性得益于儒家思想与政治文化的相互认同与契合；① 因而在实用理性（儒家为"内圣"、统治者为"外王"）之内引外导合力作用下，推动了伦理文化偏离移情致知，成就自由人格与创新精神的人本坐标，滑向注重功利价值的人际关系与就范等级秩序现状的世故守旧、圆滑练达型之实用人格境地。根本症结不能完全归之于儒家文化本身，还应从独尊私利的政治文化、逐步衰退的科技文化和由此造成的物质生产力低下及经济贫弱状况等现实存在境遇与社会宏观条件方面加以诊治。同时，应当肯定孔子所创立的知、仁、勇人格三达德伦理体系，并对此进行深微的科学阐释和批判扬弃，使之在当代政治文明、科技文明和物质文明的曙光普照下，体现出应有的巨大深广的人格精神建设性价值。

最后回到人格发生之心脑本体上，笔者认为，一是感觉皮层最早成熟并经历童年的两次"生长迸发期"；二是前额叶新皮层成熟最晚、体积扩展最巨、双向联系最致密，人在26岁前后才完成该区神经髓鞘化，30岁方步入人格框架初成阶段并不断充实、丰富与完善之；三是理念意识活动对情感认知活动具有能动的下行性牵导定向与功能强化作用；四是孩提时代的经验建构与情感塑造遵循"先入为主"的原则，体现了终身活跃的强烈持久深广之源头动力效能，尤其是对个性主体的认知能力、思维方式、价值观念和人格行为等产生显著的催化效应。因此，儒家倡导的道德人格对于今天开发大脑潜能、提升认知水平、健全发展和谐人格、优化行为实践活动，都具有重大深远的现实意义与时代价值。

总之，这一切均来源于儒家伦理文化同现代心理科学、神经科学之知识体系的神通妙合。所以，深入阐释儒家人格文化的认知奠基效应、自洽进化特性及其生命科学机制原理，当会有助于开掘改造、扬弃创新和传播转化儒家文化思想宝库之合情合理价值的三大工程：中华文化传承光大、民族精神复兴图强、社会昌盛文明人民幸福。

---

① 赵敦华：《哲学的"进化论转向"》，《哲学研究》2003年第7期。

第二节　本体知识与自我意识建构

人类的自我经验建构体现为历时空的顺序性积淀与内化方式，其中包括动作经验、物象经验和感官经验；而在感官经验中又逐步分化出情感经验、视觉形象经验、听觉形象经验、视觉符号经验和听觉符号经验，等等。① 例如，儿童的经验建构呈现出四大特点：一是具象性，二是操作性，三是先入为主，四是情趣性。他们的情感塑造过程则体现出五大特征：一是从随意性向动机性过渡，二是从本体性向对象性迁移，三是从短暂性向耐久性发展，四是从爆发性向克制性过渡，五是从对象的表面意义向深层意义之反应方式发展。② 其间，人的自我意识建构及自我认知能力发展等高阶心理内容的扩充，均需要依托主体自己的本体知识。

一　本体知识的内涵、构成及价值分析

如何使学习者有效内化知识并建构和操用个性化的元认知体系，这是当代教育所面对的重大挑战。认知神经科学认为，本体知识是学习者转化客观知识的内在形式，然而它却成为教育的认知盲区和操作误区。主体实际上需要基于具身认知机制和镜像神经系统而将客观知识转化为本体知识，进而借助虚拟的对象化映射方式将本体知识逐级还原为本体性的知觉概象和感觉表象，最后以实体性、外向性的对象化映射方式，将本体性认知表象转化为体象—工具象—目标象。因而，教师应当将知识传导与内化过程首先落实到自己的认知操作这个先导性的核心环节上，以借此引领自己与学生的本体知识更新及本体创新能力发展。

学习是人类社会特化形成的一种文化行为，有助于塑造或改变我们的大脑、心理和行为，并将持续影响我们的思想、性格、心态、命运乃至幸福境况与自我实现水平。

从宏观层面来看，以人为本的主体性教育和学习主体的能动性发展，

---

① Donaldson, Margaret: *Children's Minds*, Glasgow: Fontana Press, 1978, p. 21.

② Flavel, John H., et al.: *Young Children's Knowledge about Thinking*, Monographs of the Society for Research in Child Development, 1995, Vol. 60, No. 243, p. 203.

其客观基础最终都要定位于人的大脑和心理世界；后者的个性特征及内在发展规律，乃是我们形成教育理念、制定教育原则、实施教育行为和评价教育效果的根本参照系。因此，我们（包括教师、教育研究者和管理者、教育决策者等）应当基于当代认知神经科学的最新理论，深刻反思现行的知识观与教育观，以便及时更新教育理念，切实改善教学方法，有效提升教师和学生的本体知识建构水平，真正造益学生情知意行的全面协调发展。

本小节拟结合当代教育的新型知识观、客观知识内化的认知方式、本体知识的审美建构与空间映射机制及教学的认知操作原则与心理建构坐标等问题，进行具体深入的探讨，以期造益我国的教育观念更新和教学工作改革。

（一）本体知识的内涵与构成

长期以来，人们把学习理解为主体加工刺激信息、建构客观知识和发展求解能力的一种单向过程与单质内容。然而，这种观点却忽略了主体借助内部信息表征学习内容、建构个性知识并将知识转化为系列能力的动态创造性特征，因而无助于教师和学生改变教学观念和教学方法、提高教学效能、增强自我发展能力和对知识的创新应用能力。

须知，教育仅仅作用于人的客观知识或对象性知识，后者则需要由学习者转化为自己的本体知识；本体知识的升级活化与内在映射导致人的元认知能力廓出。元认知活动基于自我参照系而实现对客观世界的具身认知与对象化映射。① 然而，我国的教育活动依然停留于第一个环节，尚未影响人的本体知识系统，进而致使学习者无法形成个性化的元认知能力。换言之，本体知识的建构空白乃是我国教育存在的根本缺陷，片面的知识观、实用性的人才观和功利主义的教育观乃是我国教育滞后的思想症结，应试制度、官本位体制与合法化的利益垄断规则乃是加速教育持续滑坡的社会政治弊病所在。

因此，我们迫切需要回归与教育活动密切相关的认知神经科学、从基础研究和最新理论之中寻求相关的科学解释。只有当我们真正深刻地把握

---

① Van De Lagemaat, Richard. Theory of Knowledge. Cambridge: Cambridge UP, 2005. 145 – 165.

了知识内化的心脑本质之后，我们方能"知己知彼、百战不殆"，进而能动地依据大脑心理的形成特点和发展规律，设计与实施高效、有趣、精妙和富于激发性与探索性的教学范式，借此首先推动教师自身的知识升进、情感完善和理性思维能力的发展，继而推动教学的知识加工升级、教学产品创新、学生的知识内化水平升进、学生的情知意行之创新能力养成。

但是在现当代人的心目中，所谓的知识主要是指有关客观世界（特别是自然世界）的科技知识，所谓人的认知与创造能力主要指对科技文化的内在转化与操运水平。① 我们对人的自我体验、自我认知和自我建构等内在过程缺少关注、研究和教育实践。

与对象性知识相对应，本体知识即是主体用以体验、重构、认知、评价、预测和管理自我的本体性记忆、经验、情感、程序、规则、策略等内在的认知资源，其中包括元记忆、元体验和元调节等认知操作要素，也包括主体对自我与社会、自我与自然、自我与科学、自我与宗教、自我与艺术、自我与伦理、自我与家庭、现实与理想等相互的价值关系与认知关系和互动关系的认识与行为意识。②

本体知识的文化构成涉及下列基本内容：

1. 感性化的本体知识

感性化的本体知识主要涉及指向自我的感性认识或经验性知识。包括自传体记忆，情感经验，自我形象，艺术经验，科学经验，宗教经验，道德经验，游戏经验，自我对话经验，自我幻想，身体经验，等等。其生成方式主要以本体联想、幻想为主，主体借此创造了虚拟而真如的自我新经验与新情感。

指向自我的经验性知识有助于个性主体在历时空层面将客观经验、对象化情感和社会化价值分别转化及还原为主体自身的主观经验、本体情感和个性价值。其所具有的感性化具身体验之价值品格，有助于矫正目前基础教育的感性缺失倾向。

其认知机制在于，元认知系统乃是个性主体认识与改造内外世界的精

---

① Greco，J.，2009，"Knowledge and Success From Ability，" Philosophical Studies，142：17 – 26.

② 丁峻：《知识心理学》，上海三联书店 2006 年版，第 12 页。

神框架，它基于"自我参照系"（即个性主体借助自我知识系统认知自我、调节自我、实现自我的思想体系）这个母本而得以渐次成熟、厚积薄发。如果青少年缺少这种元记忆的基本架构及其载体构件，则他们只能对间接经验与抽象知识采取囫囵吞枣式的机械记忆方式，从而形成孤立、封闭、沉寂和被动的知识资料库，最终导致其所机械保存的客观知识无法转化为人的个性化的情知意行之本体知识。

2. 知性化的本体知识

知性化的本体知识主要涉及指向自我的知性认识或符号性知识。（1）普遍知识，譬如有关自我、群体、种族与人类的各种知识。（2）个性化知识，譬如自我潜能，自我特长，自我情感特征，自我性格倾向，自己的思维方式，自我想象，自己的人格类型，自己的能力优势及薄弱点，自我的行为方式，等等。其生成方式主要以人的本体性想象、符号性推理、假想性情境为主，主体借此创造了合情合理的自我新概念与新规则。

指向自我的符号性知识系统既有助于个性主体在共时空层面转化及体用其所摄取的各种对象性符号知识，也有助于主体将本体性知识再次投射到新的对象时空及新的对象目标之上，进而借此实现对外部世界的移情体验和换位思考。其根本原因在于，元体验乃是个性主体转化外源性的社会经验和符号知识的精神中继站，它需要人们借助移情和换位思考的方式来将外源信息与内源信息加以全息重构，形成自我知识，借此推进对自己的情知意的完形嬗变、自由弛豫和虚拟实现等内在进程。

个体形成的指向自我的符号性知识，实际上体现了个性主体对自我之身体性、生理性、心理性、病理性、人类性、社会性、历史性、审美性、科学性、伦理性内容与特征的概念表征方式，规则操作能力，关系建构格局，行为调节水平。唯有基于这些本体性的情感体验与科学认知，个性主体方能对自我的潜能特质、个性特征、性格倾向、思维方式、情感气质、知识结构、体能状况、行为范式等形成合情合理的概括性认识。

3. 理性化的本体知识

理性化的本体知识主要涉及指向自我的理性认识或理念性知识。它包括自我意识、情感理想、认知策略、人格框架、价值观、行为图式与发展战略等内容；其生成方式主要以人的本体性意识体验、理念具身化转换、理想化情境与主客观规律的完形耦合及感性嬗变为主，主体借此创造了个性化的自我意识系统，进而以此解释自我的历史，调节自我的现实图式，设计预测自我的未来进路。

总之，个体形成的指向自我的理念性知识，实际上折射了主体自身的本质价值与精神理想，体现了主体对自我世界的内在规律、价值真理与发展战略的科学认识，反映了主体高阶转化及能动创用对象世界之多元规律和真理认识的理性精神建构水平；它们集中体现为个性主体的自我意识、元体验—元认知—元调控水平。

对此，罗马俱乐部前主席佩奇深刻地指出："现代人虽有能力改变一切，却忽视了自身的发展。一切努力都没法使现代社会从困难的沼泽中挣脱出来，因为现代人一直保留着成为当今危机根源的精神状态，没有考虑过应该怎样改善自己的思想、行为和情感，疏忽了唯一能够不断发挥协调作用的哲学、伦理和信仰，从而使我们的内在世界失去平衡、外在世界失去协调、前途难以预测。"①

（二）具身认知的心脑原理与教育价值

菲舍尔深刻地指出：人类的教育目前走到了一个十字路口，我们迫切需要深入了解大脑的发育规律和工作机制，弄清楚优秀的学生以及学习障碍的学生的大脑原因及其心理动因，以此作为参照系，彻底改造与更新我们的教育观念、教学方法和评价标准，借此促进教师与学生的同步发展。②

笔者认为，本体知识是学习者转化客体知识的认知中介，据此形成的"自我参照系"及元认知框架决定了个体的对象化认知水平和行为方式。因此，教育的核心目标应当聚焦于人的本体知识，以深度体现"以人为本"的教育理念，真正实现人的个性化情知意之自由自主和全面协调的发展。其中，人对本体知识的审美建构乃是学习者发展认知能力的先导目标。其原因在于，人的本体性情感发展位于认知发展的首要阶段，自我认

---

① ［意］奥雷里欧·佩西：《罗马俱乐部：世界的未来——关于未来问题一百页》，蔡荣生译，中国对外翻译出版公司 1985 年版，第 88 页。

② Barbarra Rice（edited）. Transforming the Art of Teaching: The Role of Higher Education. New York: Dana Press, 2009, p. 281.

知框架决定了人的对象化认知能力。①

1. 具身认知的心脑原理

从广义上看，人的学习涉及对客观世界和主观世界的感性体验、知性建构和理性创造等系列内容；其中，学习者实际上是借助自身的各种感觉状态（包括视听觉方面的客观表象和身体器官方面的主观本体表象）、知觉方式（包括对外部世界和自我的言语知觉表象、文字知觉表象、图画知觉表象等符号加工形式）和意识状态（包括自我意识、自然意识、社会意识、审美意识、科学意识、道德意识等理念意象形式）之全息主观特征，来还原或转化其所学习的客观内容的。同时，广义的知识包括经验文化（间接知识）、符号文化（知识系统）和行为文化（即操作与传达主体的体能、技能、智能、情感能力等的综合能力系统）。在此需要指出，人的学习乃是其获得情知意行诸种能力发展的信息基础，而记忆能力则成为影响人的学习能力与效果的首要因素。

（1）具身记忆的全新机制

经典的教育心理学有关学习和记忆机制的定义，学界众所周知，不再赘述。但是，2009 年 6 月美国科学家有关记忆机制的最新研究，却向我们呈现出了全然不同于传统记忆理论的新结论，因而或许会引发教育心理学和教育行为的翻天覆地的巨变。

神经教育学家 L. 罗森布鲁姆在《科学美国人》杂志上发表的研究报告指出，在人们形成知觉记忆的过程中，实际上需要学习者动用自己的多种感觉状态（以及以往的知觉表象和理念意象）来全息转化他所面对的外部信息，以便借此将客观信息还原为自己大脑与心理系统的多元一体化主观信息；换言之，学习与记忆的本质变化乃是学习者借助心脑系统的既有信息资源来模拟重构学习内容的一种本体嬗变过程。② 例如，当我们听老师讲课时，不但需要动用听觉记忆和视觉（文字性和情景性）记忆，更重要的是还需要借助自己那内隐无声的"唇读"动作及自己对"唇读"

---

① Van De Lagemaat, Richard. Theory of Knowledge. Cambridge：Cambridge UP, 2005. 145 – 165.

② Lawrence Rosenblum. Read My Lips：Using Multiple Senses In Speech Perception. *Scientific American*, June 1, 2009, Vol. 6：45 – 53.

的感觉（包括自我听觉、自我对声带—气管—口腭—唇齿—肌群活动的动觉），以及借助自己有关言语听觉、言语表达、文字视觉、文字书写和相关客观对象的回忆、联想、想象与虚拟呈现方式，来系统模拟老师的讲授内容，并借助各种内在表象—概象—意象来还原或转化之，使之最终在自己的心脑世界形成相应的新型神经网络、记忆表象和知识节点。

（2）具身拟动

上述学习者的"唇读"动作涉及其对学习内容的再现性模仿、表达性记忆和操作性输出等心脑过程；而他对自己的"唇读"动作的本体感觉则属于对内部信息的多元加工方式：将情景记忆转化为自传体记忆，将外显记忆转化为内隐记忆，将陈述性记忆转化为程序性记忆，将感觉记忆转化为工作记忆等。进而言之，学习者的"唇读"动作分别激活了他的"言语表达（构思）区"（布洛卡区）、"言语表达（执行）区"（即辅助运动区—前运动区—运动区）和"左侧前额叶皮层"上部等相关脑区；他对自己的"唇读"动作的本体感觉则分别激活了自己的"听觉皮层"（包括初级听觉皮层、次级听觉皮层、听觉局部联合皮层、沃尼克区和多感觉联合皮层）、"后顶叶"和"右侧前额叶皮层"下部等相关脑区。

依照埃德尔曼的"非表达性记忆"和"全局映射意识观"，人类的记忆并不是精确重现先前事件序列的机械性固态性产物，而是主体在不断变化与重组的经验中创造性地对感觉元素重新分类与组合的一种方式。并且，记忆还受到价值理念、情绪心态和优势经验的多维约束，受到知识结构与逻辑框架的制约而进行分类组合，受到语言和概念系统相互连接方式的路径影响。① 因此，记忆是一种全脑特定网络的系统活动，具有动态性、生长性、联想性和不断深化或修改的性质。

由此可以看出，人类的记忆具有多元构成（理念要素、情感要素、认知要素和经验要素）的属性，并获得全脑的局域性映射与组构；它又是动态性、开放性、生长性、不断修饰和富于细节变化的一种弹性有机产物。这样的记忆体，既可以体现陈述性功能，又能发挥程序性作用，还可在外显记忆与内隐记忆之间转化并链接工作记忆等序列。并且，学习的本

---

① ［美］J. 埃德尔曼：《意识的宇宙——物质如何变为精神》，顾凡及译，上海科技出版社 2004 年版，第 91—92 页。

体性永久性效应既体现于大脑宏观中观结构和功能的塑造变化方面，又体现于分子层面的基因表达谱和蛋白质合成谱之精细变化方面。盖言之，学习引发的个体心理最高效应，乃是个性意识与人格理念体系的完整廓出：它们体现了美感、伦理感、理智感、直觉灵感和进取动力感相统一的高级文化品格，契通了主客体世界的本质规律与价值本原，并由三位一体的意象、概象、表象系统加以完形表征，供主体由内到外具体操用。

笔者在有关音乐认知神经科学的实验中也发现，审美性的认知活动能够显著增强人脑（前额叶、海马、杏仁核及感觉皮层）的兴奋水平与时程，并能提高全脑的高频低幅同步振荡水平，从而对人的学习和大脑心理发展都具有多层次的优强化调节作用。由此可见，伴随认知加工的审美学习所引发的表象体验与经验建构，不但能够改善学习者的情感品质和记忆水平，而且会借助多元一体的审美表象、经验表象和情感表象来汇聚整合出更高层级的认知概象与理念意象，同时强化与深化了主体学习过程中的想象力品质和直觉推理效能，从而提高了认知加工与情感加工水平。

又如工作记忆及其低阶效应与高阶控制因素。工作记忆被形容为人类的认知中枢，目前成为认知神经科学最活跃的研究主题之一。古德曼（Goldman-Rakic）认为，它也许是人类心理进化中最重要的成就。例如，神经教育学家托马斯报道说，在工作记忆的任务负荷中，其任务越复杂、动用的认知能力越高级，则工作记忆的 P300 波之潜伏期越长、波幅越大。①

换言之，认知主体还需要为形成并操用本体工作记忆系统而动用元调节系统，其中包括身体工作记忆、情绪工作记忆、自我经验工作记忆、自我认知工作记忆、自我动机工作记忆，等等；而前额叶新皮层的前内侧（BA 45、47 区）和后背侧（BA11、6 区），则是其范畴化加工区，它们指导任务分类、语义检索、策略匹配等高级抽象加工活动。前额叶的工作记忆区位于 BA9 和 46 区。在这方面，前额叶新皮质成为整合信息、调节情感、制定策略和设计行动的核心结构，并自上而下地相继启动工作记忆、陈述性记忆和程序性记忆等内在信源系统，指导策略建构及其匹配问

---

① Thomas M. Jessell, Eva L. Feldman, William A. Catterall, Rodolfo A. Llinas, Carol A. Barnes. 2009 Advances in Brain Research, Dana Press, 2009, pp. 23 – 24.

题求解程序等有序活动。

可见，记忆的全息转换特点有利于学习者将学习内容还原为自己的多种感觉、知觉和意识状态，从而既能够整体练达与充实自己的情知意行诸种能力，也有助于学习者建构多元化和多层级的记忆检索通道，从而充分发挥记忆资源的多重效能。

（3）具身重塑

人类的记忆除了最新发现的全息转换特点，还具有动态更新的特征。该学说由诺贝尔生理学奖获得者埃德尔曼最早提出。他在 2000 年出版的《意识的宇宙——物质如何变为精神》一书中深刻指出："记忆的根本性大脑效应在于建立新的细胞双向连接环路、形成共享水平更高和加工点更丰富灵活的全息动态神经网络；其核心的心理过程乃是作用。神经细胞及其回路所受到的发育性选择（保留）、经验塑造（被易化）和各脑区神经元群交互式连接之信息汇聚性选择（'再输入'方式），这三大信条成为我们理解大脑、意识、文化行为和遗传相互作用的理论基础，也是我们探讨意识发生机制、洞悉大脑细胞永续新陈代谢但其心理内容却稳恒持久这个奥秘的合理导向之一。"①

具体而言，人类的记忆并不是直接在感觉皮层形成的，而是需要先将感觉信息送到皮层下的海马区，一是特定的感觉信息在此区接受来自前额叶的理念意识调节、来自杏仁核的情感动机调节、来自下丘脑的生物本能调节、来自三大感觉皮层的信息样本比照，由此形成了经过多元编码和涵纳主客观世界多重信息特点的综合性开放性信息资源——短时记忆；二是在海马内形成的短时记忆被分别送往前额叶（作为形成"目标性工作记忆"和"操作性工作记忆"的感性材料）、前运动区（作为记忆预演和巩固的基本副本）、杏仁核（作为体验记忆内容和建立新的情感模式的感性动力）、相关的感觉皮层与联合皮层（短时记忆转化为长时记忆并分类长期保存的信息资源库）。

埃德尔曼精辟地揭示了记忆的动态更新特点：不同的人，以及同一个人在不同的年龄、场合、时期和心境之下，其对同样的一种学习内容之记

---

① ［美］J. 埃德尔曼：《意识的宇宙——物质如何变为精神》，顾凡及译，上海科技出版社 2004 年版，第 91—92 页。

忆和回忆活动都会采取有所不同的信息加工方式，进而导致形成各有殊异
的记忆表象和回忆表象。① 这是因为，海马是加工事件情景记忆的唯一入
口通道，而语义记忆则经由多通道方式来加工信息：经海马通道获得事件
情景之特征化表象，经联合皮层、内外嗅皮层和旁海马皮层获得与语义概
念匹配的相关认知概象，经前额叶新皮层获得超越个体经验与知识层面的
更深广的哲理性语义意象。其意义在于，进入感性记忆编码程序的事件情
景信息，同时牵涉到主体当下的经验记忆、工作记忆与情感记忆。因此，
不同的人拥有不同的经验记忆、工作记忆与情感记忆；同一个人在不同的
年龄、场合、时期和心境之下，其所涌现的经验记忆、工作记忆与情感记
忆均有所不同。当主体所感知的言语信息由初级感觉皮层进入海马时，便
受到来自前额叶和杏仁核的有所不同的理念信息与情感信息的综合改造与
整合，进而形成有所不同的记忆表象或回忆表象。

　　笔者认为，记忆的动态更新特点体现了人对记忆内容的创造性加工品
格和与时俱进的修饰—调整—更新能力，从而使之能够不断满足人的即时
性或当下的情知意需要。从根本上说，人的记忆活动依赖于主体的记忆动
机、记忆兴趣、记忆策略、记忆模式和记忆资源；其中，记忆内容的表征
方式与建构水平等，都受到主体的情知意之不同状态的深刻影响。因此，
我们的教学不但需要教师对课程知识进行个性化的重新组织，而且还需要
教师善于对学生潜伏的记忆动机、记忆兴趣进行巧妙的激发，以及对他们
不太合理的记忆策略与记忆模式进行科学的引导，以便使他们逐步形成相
对有效及合情合理的学习方法和认知策略——后者乃是比任何知识都更加
重要的元认知能力。

　　（4）具身体用

　　人的本体知识的来源由三大系列、九种对象所构成：历时空的自我、
他人和物象—符号，共时空的自我、他人和物象—符号，超时空的自我、
他人和物象—符号；它们分别被主体的镜像神经元系统转运至经验性时
空、认知性时空和哲理性时空，进而由大脑前额叶的情感体验中枢进行价
值评价、由认知中枢进行机制分析，再由前运动区进行具身预演、由语言

---

　　①　［美］J. 埃德尔曼：《意识的宇宙——物质如何变为精神》，顾凡及译，上海
科技出版社 2004 年版，第 91—92 页。

活动区进行符号匹配，最终形成个体对客观知识的三大认知转化产物：本体性情感（形态）、本体性认知（规则）、本体性意识（规律）。

2. 本体知识与自我认知

体验自我、他人和人类情感，体验艺术美、自然美、道德美、科学美之情韵奥妙。这是因为，学习者只有具备了相关体验才能形成自我表象，进而为尔后的自我认知（情感性、伦理性、科学性、审美性）提供相应的感性资源，并使自我情感、本体经验与自我概念融合互补，借此形成合情合理的"知性自我"。并且，唯有依托本体知识，个性主体方能深入展开热情自由、合情入理的对象性奇妙想象与严密精细的对象性逻辑推演，进而做出有效假设和合理猜想，为揭示未知规律，实现潜能特质和理想蓝图而完成知识创新、人格创新、理念创新与行为创新。

否则，如果学习者对主客体情感、审美文化与道德文化缺少体验，第一，会造成经验贫乏、情感肤浅且脆弱、表象稀薄、感性世界发育不良，从而导致认知发展的深刻冲突与低效水平：由于缺少情趣动力，使求知活动与情感趣味相分离、个性潜能特质与所学内容相隔膜、抽象的知识概念与生动直观具体的表象相分离，进而导致学习过程枯燥乏味、晦涩难懂、想象力孱弱、推理刻板，更谈不到发展学习策略、提升认知水平和建构意象系统（资作理念创新的平台）了。第二，由于缺乏审美文化、道德文化的感性移变，因而导致学习者对它们进行认知学习时产生情感缺席、意向拒斥、表象枯竭、认知刻板化等内在矛盾，并导致审美学习和道德学习出现空洞概念化、空心去主体化等认知后果，最终在学习者的人格发展、情知意协调与个性行为发展过程中埋下了内在分裂、内外分离的病根。

主体有关自我认知的需要既包括主体在知识内化过程中创造与感受具身预演和虚拟映射之妙境的自我审美动机与个性潜能诉求，也包括其在知识外化过程中实施与体验具身操作和实体投射之神奇效能的智性乐趣和自我实现的愿望。

再次，习得的知识以本体知识为标志，其认知要素和操作范式被储存在前运动区、布罗卡区、后顶叶、扣带回后部、枕颞联合区等低位皮层。

具体而言，来自前额叶前部的"目标性工作记忆"要对我们所学习的事件情景信息或所要想象的特定问题进行目标扫描和特征提取，以便形成"操作性工作记忆"的靶目标，进而由"操作性工作记忆"来检索我们大脑中的所有相关资源，为我们建构当前的记忆或形成想象性情景而激活相关脑区的特定记忆网络。可见，人的想象性思维既需要依托以往的记忆库，对以往的记忆素材进行选择性激活，也需要将脑海中逐步生成的想象性情景再次放入短时记忆和长时记忆的网络之中，以便形成新的本体记忆资源。当双侧海马损伤时，新的事件情景信息则经由初级感觉皮层、次级感觉皮层、联合皮层和前额叶新皮层这条内部直通道而得到信息加工，分别形成经验记忆、语义记忆和工作记忆，但缺少相关的情感记忆产物。

可以说，只有通过反思中介的变化，对象的真实本质才可能呈现于我们的意识面前。这个中介的高级形态就是笔者所说的"自我镜像"及其衍生的"间体时空"，① 其低阶形态则是人的本体知识；它们互补互动、协同增益，共同发挥着"认知转换器"之关键作用。从这个意义上说，那些未能进入人的情感认知系统和自传体记忆库的客观知识，根本无法影响主体的情知意结构与功能，因而事实上成了孤立存放于心中的"死知识"，考过即忘，毕业之后便抛之脑后了。

3. 具身认知的心理效应

那么，我们建构本体知识、形成自传体记忆和发展自我意识之根本目的又是什么呢？笔者认为，一是指实用或外在之用，二是指"虚用"或内在之用，即用于发展人的管理情感与认知管理等自我调节能力，提升主体的创造性思维与行为水平。

对此，著名的神经教育学家 D. L. 沙克特在 2007 年的《自然—神经科学评论》上发表研究报告，借助科学实验的结果深刻地阐释了人类的学习与记忆之重大作用："人的所有想象性思维，几乎都是借助回忆的方式来为联想和幻想、进而构成想象活动的表象素材。进一步来说，我们正是通过挑选和重组过去的经验表象、情感表象、概念表象和理念表象，来构造未来的主客观情景的。由此可见，我们的记忆显得何等重要！它伴随我们终身，并为了满足我们的内在需要而不断地加以改变与更新。也可以说，世界上没有一成不变或铁板一块的记忆，所有的记忆内容都在不断地

---

① 丁峻：《思维进化论》，中国社会科学出版社 2008 年版，第 3 页。

发生着变化；这种变化的根源则在于我们内心深处那变动不居和日新月异的观念意识、情感动机和思维目标。"①

　　具体而言，来自前额叶前部的"目标性工作记忆"要对我们所学习的事件情景信息或所要想象的特定问题进行目标扫描和特征提取，以便形成"操作性工作记忆"的靶目标，进而由"操作性工作记忆"来检索我们大脑中的所有相关资源，为我们建构当前的记忆或形成想象性情景而激活相关脑区先前的特定记忆网络；来自杏仁核的情感记忆（信息流）则要对事件情景信息或所要想象的问题进行条件化匹配加工，从而使其带着情感色彩和意念动机烙印进入短时记忆，形成初级感觉表象，并以亚成分分别进入二级感觉皮层（形成经验表象）、（进入）杏仁——苍白球——丘脑（形成初级情感表象）、（进入）联合皮层（形成认知概象）、（进入）前额叶新皮层（形成语义意象）。可见，我们的想象性思维既需要依托以往的记忆库，对以往的记忆素材进行选择性激活，也需要将脑海中逐步生成的想象性情景再次放入短时记忆和长时记忆的网络之中，以便形成新的虚拟记忆资源。当双侧海马损伤时，新的事件情景信息则经由初级感觉皮层、次级感觉皮层、联合皮层和前额叶新皮层这条内部直通道而得到信息加工，分别形成经验记忆、语义记忆和工作记忆，但缺少相关的情感记忆产物。

　　换言之，我们对未来的预期、对客观事物的假定性猜想、对审美对象与认知对象的想象性体验等创造性思维活动，均需要以我们内心保存的记忆表象作为基本构件，进而对它们进行选择性剪辑、合并、变形与重组，以期借助历时空的经验和共时空的知识元素构筑超时空的思想图式，借此实现对自我与对象世界的理念性虚拟认知。因而，我们应当基于神经教育学的上述最新发现，来改善教学方法，优化教学效能，不断提高教学工作的认知操作水平。

　　那么，我们建构本体知识，形成自传体记忆和发展自我意识之根本目的又是什么呢？笔者认为，一是指实用或外在之用，二是指"虚用"或

---

　　①　Daniel L. Schacter, Donna Rose Addis, andy L. Buckner. Remembering the past to imagine the future: the prospective brain. *Nature Reviews Neuroscience* 8, 657 – 661, September 2007.

内在之用，即用于发展人的管理情感与认知管理等自我调节能力，提升主体的创造性思维与行为水平。

（三）人格意识及其观念运动的具身化和符号化路径

观念是抽象的，难以直接付诸行动的，因而需要具身转化，其可能的路径是从前额叶腹内侧正中区（情感评价）、背外侧正中区（认知决策）、眶额皮层（目标工作记忆）、前运动区和辅助运动区（执行虚拟运动）；由于具身化的观念属于人的本体性、身体性表达内容，因此主体还需要符号性表达方式，以便于受众接收其中的抽象内容，所以前运动区和辅助运动区都需要将具身化的观念运动模式传递给布罗卡区（右利手者以左半球的布罗卡区为主），后者将该运动模式转换为相应的特殊符号系统（言语系列、中文系列、英文系列、音乐乐谱、美术视觉造型、数理系列，等等）。①

审美经验实际上是人对某种虚拟而真如的理想化情景的内在创见与自由体验；审美活动是人对自我的内在创构，对象化观照和具身亲验活动。这是主体生成美感的价值源泉和内在实现自我的心理机关。"不断发展的情感既从大量的客观媒介中提取原料，也从主体以往的经验中抽取特定的态度、意义和价值，进而使它们得以活化与浓缩、被提炼与组合为思想和情感的意象及灵感。在这种过程中，两者（指主客观世界）都将获得它们不曾具有的形式、特征和活动规律。"②

可以说，正是由于主体发现了自身和对象世界的完满本质与发展规律，他才能够于内心呈现出相应的情感理想，获得真善美兼备和主客观世界相统一的价值理念，进而将这些内在价值逐步转化为相应的独特新颖的知性形式与感性形式，最后将这种感性形式加以对象化的符号呈现和对象化的实体传载。审美心理学家坎达斯精辟地指出："正是借助非凡的想象能力，人类才得以超越经验世界，进入符号世界，才能共享全人类的精神财富，借此把握内外世界的本质特点、理解对象和自我的深

---

① Lars Hall. 2003. Self-knowledge, self-regulation, self-control. Sweden, Lund：Grahns Tryckeri, Lund University, p. 113.

② ［美］M. 李普曼：《当代美学》，邓鹏译，光明日报出版社 1986 年版，第207 页。

层意义！"①

可见，审美教育作为人的感性启蒙之基础环节，同时担承着建构审美与道德素质、重塑情感世界、扩展认知与想象的智性经纬和提升人格行为的内在坐标等多种重要功能。

1. 引导学生建构元认知的心理坐标

神经教育学认为，决定人的认知发展的主要因素乃是"心理操作与信息转换"的能力。唯有形成了情知意的内在操作能力之后，我们方能依据此种行为蓝图和思想要素应对外部世界，发展实践能力，完善人际交往和实现自我价值。其中，我们所学习和内化的各种知识分别被转化为我们自己的间接—直接经验、情感要素和思想资源，由此构成了我们的各种能力所得以成熟的有机原料。

具体而言，教师需要引导学生学会"认知管理"与"情感管理"，借此体验学习与发展的美妙之处，体用学习的智慧之道。对此，在 2007 年于巴尔的摩召开的神经教育学高峰会议上，著名的神经教育学家伯斯纳（Posner）尖锐地指出："对大多数青少年学生来说，其学习效能不佳的根本原因并不是他们缺乏学习能力或能力低下、存在学习障碍，而是由于他们不知道如何使自己的情感与认知活动相匹配。换言之，他们天生缺乏这种科学方法的训练；因而教师需要向学生传导有关元认知的操作方法。"②

笔者认为，元记忆涉及自我表象（本体经验特征图），元体验涉及自我概念（本体思维规则图），元调节涉及自我意象（本体策略程序图）；同时，它们均需要相应的加工策略和多级程序，这由工作记忆链接上下层表征文本而有序发布、动态监控和整体调节之。从本质上说，元认知策略即是符合对象世界运动规律的心理表征法则与操作模式，元认知理念是调节其他元认知活动的核心因素。③ 可将"元认知"的教育内容称作"认

① Brower Candace. A cognitive theory of musical meaning. J. of Music Theory, 2000, 44（2）：323 – 325.

② Posner, M. I. & Rothbart, M. K. *Educating the Human Brain*. Washington DC：APA Books, 2007, 64 – 65.

③ Kevin N. Ochsner, Brent Hughes, Elaine R. Robertson, at al. Neural Systems Supporting the Control of Affective and Cognitive Conflicts, J. of Cognitive Neuroscience, 2009, 21（9）：1842 – 1855.

知管理"和"情感管理",这样既便于教师进行教学操作,也有利于学生的切身体用。

2. 情感管理与认知管理:自我意识的核心功能

譬如,学生只有通过深入学习"认知管理"和"情感管理"的科学方法,方能提升对自我(包括情感特征和思维方式等)的认知水平。而认知自我不但是认知对象世界的内在参照系,更是实现自我之能力与价值的思想基础;认知自我又需要基于人对自己的具身体验、情感理想和认知理想等感性内容与理性预设。论及"情感管理"的基本内容,神经教育学家罗斯巴特(Rothbart)指出,所谓"情感管理",即是指人们知道在何时何地对何人表达合情合理的情感态度。① 笔者认为,对青少年学生来说,他们需要掌握的"情感管理"原则和"认知管理"原则,主要涉及对知识(包括科学、艺术、伦理、社会、自然、生命等多元内容)和行为的情感分配、认知分配及思想设计图式。其根本意义在于,观念性的知识学习能够造成前额叶的结构更新与功能升级,进而引致全脑的神经网络嬗变和资源更新。②

总之,人类学习的本质效应在于主客观信息的相互作用,而建立科学的元认知坐标和情知意框架乃是学习者有效内化知识的根本目的和高阶条件。学习对人脑的结构塑造效应,具体体现为三大感觉皮层所特化的多种"时空信息频谱柱";③ 人的大脑皮层之细胞组合方式受到学习内容的"信息化塑造"和学习方式的"结构性塑造"。④ 这种双元塑造不但以客观信息的刺激特征为时空模式,而且也以主观经验和情感认知特性作为内在坐标,以大脑神经细胞的结构功能属性作为根本基础。换言之,人的感性生成具有独特而丰富的多元内容。如果学习主体缺乏音乐体验、游戏体验、动作体验、道德体验和智性(科学)体验,则会制约他们建立初级

---

① M. K. Rothbart, B. E. Sheese. Temperament and emotion regulation. In J. J. Gross (Ed.), *Handbook of Emotion Regulation*. New York: Guilford, 2007, 331 – 350.

② M. I. Posner, M. K. Rothbart. Influencing brain networks: Implications for education. *Trends in Cognitive Science*, 2005, 9: 99 – 103.

③ J. M. Fuster. *Cortex and Mind*. London: Oxford University Press, 2007, p. 225.

④ Gallagher, S. How the Body Shape the Mind. Oxford: Oxford University Press, 2005.

经验表象与情感表象的水平，最终降低其认知自我与世界的抽象思维能力。

进而言之，学习所具有的大脑效应，根本在于建立新的细胞双向连接环路，形成共享水平更高和加工点更丰富灵活的全息动态神经网络。① 因而，个性主体的学习活动应当努力启动感觉皮层的动机体验，善于调动前额叶新皮层的目标理念和联合皮层的超时空想象功能，以便高效内化重组学习内容，发展学习策略并优化思维效能。

促进知识转化为素质能力的大脑心理机制是什么？卡尔松深刻指出："人的大脑是奇妙而复杂的，它含有一种独特的伟大力量。人脑的前额叶新皮层中的神经细胞成熟于 22—26 岁阶段（即完成髓鞘化），即人脑的顶级结构刚刚实现了生理学的结构成熟，开始进入生理学功能成熟期。这提示我们，人的个性心理之高级结构——人格坐标与意识框架开始逐步凸现，其完全成熟则要经历漫长的数十年时间；因而在每个孩子的大脑中，都有一颗充满了尚未实现的奇思妙想、美好憧憬与创新能力的心灵在潜滋暗长。作为家长、教师和朋友，我们所能做的最重要的事情，便是去呵护养育这一潜能——兼备智能和人道品格的潜能，从而促使每个心灵能够实现它造益人类的愿望。"②

依此理解，大脑与心理的每一层结构及功能之成熟，都成为更高一层结构及功能的发展基础和操作平台；它们共同指向前额叶新皮层这个顶级目标——其顶级功能便是个性主体的理念意识与人格能力。

进一步来说，大脑的前运动区（具身预演中枢）和布罗卡区（抽象预演中枢）在人的学习过程中发挥着异常重要的"知识预演—能力操练"之执行功能。③ 它一面要接受前额叶的目标、策略和图式之引导，一面接受经过前脑加工并来自杏仁核的情感投射，同时还要基于前脑的工作记忆之信息检索，选择性地接受来自三大感觉皮层的表象资源

①　Bernard J. Baars, Nicole M. Gage. Cognition, brain and consciousness: Introduction to cognitive neuroscience, New York: Elsevier, Academic Press, 2007.

②　Ben Carson. Your mind can map your destiny. Parade Magazine, December 7, 2003. 6: 12 – 13.

③　M. I. Posner, M. K. Rothbart. Influencing brain networks: Implications for education. *Trends in Cognitive Science*, 2005, 9: 99 – 103.

和来自联合皮层的概念范式，以此作为实施"知识预演—能力操练"活动的基本构件。

二　从本体知识、人格智慧到世界智慧：认知转换与意识映射

人的自我发展需要经历自我感觉（形成自我表象）、自我知觉（形成自我概念）、自我想象（形成自我理想）、自我判断（形成自我规范）、自我意识（形成自我意象与人格框架）和自我实现（形成自我身体意象与行为图式）等系列复杂阶段。①

譬如，在儿童建构经验和塑造情感的心理发展过程中，其内在表征方式逐步从体象、物象向符号表象演变，即特定的经验、情感和动作姿态从分离的记忆中逐步走向融合，进而形成了综合性的情景表象：包括外向性情景体验和内向性情景体验；② 这种统合性的感性建构为主体尔后形成自我表象和人格意识奠定了坚实的信息加工基础。

所以可以认为，人的感性意识以历时空的方式而不断发生并积累叠合，并由此形成了个体经验的基本结构，塑造了个性主体的情感特质；由于历时空的表象系统是主体进行抽象思维（即分类概括事物的特征属性、命名赋义，将之符号化，借此展开判断推理与想象猜测等活动）的客观资源，也是主体发动认知活动的价值动机（即兴趣爱好、情趣志趣和好奇求知），因而它们成为主体建构人格意识和客体意识的信息基础与源头动力。

（一）智仁勇精神：人类文化的精华、人格文化的枢纽

几千年来，人类的心智发生了巨大的嬗变；这主要归因于教育所传导的知识价值。一是大学的文化集成了古今中外的人才成长与成功经验，凝聚了全人类的顶级智慧与美感人伦品格，因而成为提升师生员工自我表现、创造力、审美诗意、爱心良知和精神变革的动力源泉；二是大学的知识理念有助于激发大众的好奇感、奥妙感、求知欲和探索精神。因而，基于知识创新宗旨的大学教育遂成为引导人们认知精神世界与创新内在价值

---

①　Howell, R. 2006. Self-Knowledge and Self-Reference [J], *Philosophy and Phenomenological Research*, 72：44－70.

②　Zahavi, D. 2005. Subjectivity and selfhood [M], Massachusetts：The MIT press.

的核心平台。

与之同时，人类的环境与生态、情感与行为也日益呈现出种种危机境况："现代人虽有能力改变一切，却忽视了自身的发展。……惊人的科学技术成就迫使人类丧失了某些最重要的观念，从而使我们的内在世界失去平衡、外在世界失去协调、前途难以预测。"①

造成上述本体性危机的根本原因究竟是什么，我们应对挑战的智慧之道又在何方？笔者拟就长期被忽视的人的本体价值建设等根本问题进行具体深入的探讨，以造益我国大学的教育理念更新与知识载体创新。总体而言，人类的知识系统可分为"本体知识"和"对象性知识"；本体知识由自我经验、自我情感、自我概念、自我意识等系列要素构成。② 主体唯有借助具身认知方式才能真正内化外源知识，进而以审美方式建构本体知识、运用投射方式输出思想成果和行为图式。因此，我们应当把建构本体知识作为大学教育的核心内容，把培养学生的元认知能力作为大学的根本价值目标，以便借此体现大学对人类文化的全息传承与综合创新的社会功能。

人类自古以来对自身的审美之道及创造之谜很感兴趣，杰出人才则是体现人类的顶级智慧与崇高情怀的卓越典范；他们的审美情操和创新智慧遂成为天下大众心向往之的人格精神与事业理想的"标准参照系"。那么，主体用以孕育创造性情感与思维能力的人格智慧是什么？中国大学应该如何建构用以回应"钱学森之问"的思想路径？上述问题乃是值得我们深究且非常有趣和极为复杂的元问题。

1. 为何"天人一性"、"物我一体"的认识论是传统智慧的精华？

中国古代哲学认为，圣人之用心，皆以天地万物为一体。天下事事物物、形形色色，万万分殊，但都不离一心，心一贯万物万事，心具有众理，盖天人一性也，物我一体也。

人之所以能尽己尽物之性、知性知天，是因为天人一性、物我一体。换言之，每个人既是独立存在的生命体，也是浩瀚宇宙的一分子；他既是

① ［意］奥雷里欧·佩西：《罗马俱乐部：世界的未来——关于未来问题一百页》，蔡荣生译，中国对外翻译出版公司 1985 年版，第 88 页。

② 丁峻：《艺术教育的认知原理》，科学出版社 2012 年版，第 84 页。

认知的主体，也是认知的客体或被认知的对象。他可以通过认知自我来感悟宇宙的特殊规律，进而综合与推导出宇宙的一般规律。若非一性一物，就不可能实现尽己尽物、知性知天。因此可以说，知性则知天。

换言之，人的本体世界与作为人类对象的客观世界都具有本质相通的变化规律、真理与价值特征；因为人类与万物的孕育、生成、发展、壮大、成熟、退化及消亡和转化过程，均基于宇宙创生与湮灭的总体性规律。人类的本体世界由多元系统综合构成，其中包括生物生理生化物理系统、心理心智精神系统、社会历史文化与种族特质遗传系统、脑体物质系统和分子量子神经信息系统，等等。上述诸种复杂系统的形态、结构、功能及其信息演化过程，无不时时处处精妙映射着对象世界乃至宇宙时空的相关本质特征及其运变规律。

2. 当代教育的理念误区与知识观盲区

众所周知，知识是智慧的必要性基础。然而，对于诸如"知识如何转化为（人的主体性）能力"这样的问题，现当代的高等教育却无法回答之。其根本原因在于，教育仅能作用于人的客观知识或对象性知识，后者则需要由学习者转化为自己的本体知识；本体知识的升级活化与内在映射导致人的元认知能力廓出，元认知活动基于自我参照系而实现对客观世界的具身认知与对象化映射。

在这方面，国内外学者提出了很多关于知识的定义与分类方法，譬如"认知性知识"和"工作性知识"（巴顿），"个人知识"与"组织知识"（野中郁次郎），环境知识、专家知识与自我知识；[1] 本采夫提出了情感性知识、认知性知识和体用性知识；[2] 考斯米德斯认为，可以将人类的知识分为理论性知识、实践性知识、经验性知识和规范性知识。[3]

当代认知科学家莱达指出，情感也是一种主体性知识，没有情感体验

---

①　Cosmides, Leda, and John Tooby, 2000. Evolutionary Psychology and the Emotions [C], in *Handbook of Emotions*, Michael Lewis and Jeannette M. Haviland-Jones, 91 – 115. New York: Guilford Press.

②　丁峻:《知识心理学》，上海三联书店 2006 年版，第 12 页。

③　Van De Lagemaat, Richard. Theory of Knowledge. Cambridge: ambridge UP, 2005. 145 – 165.

就无法内化客观知识；情感有助于促进主体的认知目标定位及知识建构。①

与之有别，笔者基于主客体价值坐标，提出了与"对象性知识"相对应的"本体知识"观、与"客观智慧"（或对象性智慧）相对应的"本体智慧"（或人格智慧）观，② 进而据此深入揭析本体知识与人格智慧之间奇妙复杂的相互关系，借此为我国高等教育的文化发展与理念创新提供某种思想启示。

其社会动因在于，当代的大学（包括中国与外国的大学）尚未形成以人为本的知识观，因而它们无法基于人的本体知识之建构机制、升级方式、转化路径和认知操作原理来创制实施"客体知识—本体知识—人格意识—元认知系统—本体智慧"的具身认知教育理念，更无法形成用以促进学生的人格智慧向客观智慧转化的合情合理的思维创新教育理念。

譬如，我国的教育活动依然停留于传播客观知识这个初步环节，尚未影响人的本体知识系统，进而致使学习者无法形成个性化的元认知能力。③ 可以说，本体知识的建构空白乃是我国教育存在的根本缺陷，片面的知识观、实用性的人才观和功利主义的教育观乃是我国教育滞后的思想症结。

再如，我国大学所培养的学生普遍缺少下列高阶人文素质：

一是个性化的"哲学、美学、科学"三位一体认知理念与自我意识。它是人们用以认知自我与世界、构建假说与理论、设计实验选取数据、建构模型表征、解释已知和预见未知等科学理性活动的精神意识元坐标。当代的大学生及成年知识分子尽管学历高、外语好、专业知识精深、实验技术先进，却无益于科学猜想或理论假说之孕生。

二是新颖生动、美妙灵通的多元想象能力，包括艺术想象力、科学想象力、本体想象力等。国人（从青少年到成年人）呈现出想象力贫乏的

① Lawrence Rosenblum. Read My Lips: Using Multiple Senses In Speech Perception. *Scientific American*, June 1, 2009, Vol. 6: 45 – 53.

② ［美］J. 埃德尔曼：《意识的宇宙——物质如何变为精神》，顾凡及译，上海科学技术出版社 2004 年版，第 91—92 页。

③ 丁峻：《本体知识：教育的认知盲区与操作误区》，《心理研究》2010 年第 6 期，第 4—5 页。

严重倾向，多数人对知识、专业、职业工作缺乏如痴如醉的爱趣，从而难以大舍大取、献身于斯；脑袋空空，提不出问题、无力建构理性假说，而是按书本或别人的模式来做研究、搞实验，从理论到技术鲜有独创或建树。

三是丰富而独特的文化经验及个性化的概念建构能力。知识经验狭窄单一，概念视域褊狭陈旧，表象结构窄促，思维状态单调滞化，推理时空局限，想象天地窄小。

四是内外一致和理性化的人格行为范式。我国的部分大学师生、知识界和其他各界的不少人士，都表现出日益浓重的人格行为取向的功利化倾向。

总之，人类知识创新的根本之道在于"万物备我、格内致外"。然而，我国的教育暴露了严重的价值目标错位和耗竭人心的形式化倾向，严重制约了青少年之情知意本体能力的创造性发展，呈现出"借物役心，扭曲人性"的可悲效应。因此，我们迫切需要革除旧弊、激活大学的文化传承与创新功能；具体而言，我们亟须基于人的认知发展规律进行教育观、知识观和价值观的彻底更新，进而据此建构人性化的科学的教育理论与方法论。

3. 本体知识观的人文主义价值基础

孔子把诚意视为修炼人格智慧（知仁勇）的根本基础，将致诚看作获得情感自由、认知自由和意志自由的内在坐标（即"从心所欲不逾矩"的情知意规范）。这与西方古典文化及近现代哲学所推崇的"人本主义"精神价值观及文化教育哲学不谋而合。

现代人本主义教育思想重视人的价值，强调受教育者的主体地位、知识需求、潜能特质与个性尊严，追求人的情知意的个性化、和谐性与全面性发展。人本主义教育哲学的核心理念包括两大内容：

一是形成有关人性及个性世界的本体知识论。人是不可分割的整体，若想了解人、研究人，必须从人的整个脑体心身系统着眼，深入全面客观地认识它们的发生、形成、发展、转化、成熟与衰亡的内在规律，精细准确地把握个性主体用以调控其"情知意行"的内在机制。唯有掌握了人的情感、心智与行为发展规律，大学才能据此形成清晰明确、富于前瞻性和批判性整合性的传承与创新文化的基本框架，进而借此合理筛选出那些需要被传承的古今中外文化内容。

二是形成学习主体用以发展与转化本体能力，实现自我价值的本体创造论（系统）。每个人都有自己的需求和意愿，有自己独特的能力和经验，有自己特殊的痛苦与快乐，有自己与众不同的潜能特质与价值理想。因而，每个人都需要基于自己与众不同的本体知识系统来发展自己的元认知能力，进而依托"自我参照系"将元认知能力转化为认知客观世界的对象性智慧，最后经由身体系统的系列中介而表达与实现自己的人生价值。

笔者认为，本体知识是学习者转化客体知识的认知中介，据此形成的基于"自我参照系"的元认知框架决定了个体的对象化认知水平和行为方式。因此，当代大学教育的核心目标应当聚焦于人的本体知识，以深度体现"以人为本"的教育理念，真正实现人的个性化情知意之自由自主和全面协调的发展。其中，自我认知框架决定了人的对象化认知能力。

其根本原因在于，主体对自我身心能质的真切认知、充分发挥和完满实现，乃是人的根本需求与无上理想之所在。因此，我们的高等教育应当首先注重发展学生的"自我意识"，促使"自我认知能力"的形成和"自我价值"的内在实现与外在实现。

4. 客体知识转化为本体知识的具身机制

人类的学习行为实际上是主体借助对象之镜来观照自我和实现自我的精神内创方式。换言之，客体知识唯有被学习主体借助具身认知方式而转化为自己的本体知识之时，才能发挥其两大核心作用：一是对人的移情体验能力的强力催化和深广拓展，二是促进创造性想象能力的效价升级与理性化意象生成。[1]

第一，将客观经验转化为学习者本体经验的具身化体用原理。主体所加工的客观知识分别被主体的镜像神经元系统转运至经验性时空、认知性时空和哲理性时空，进而由大脑前额叶的情感体验中枢进行价值评价，由认知中枢进行机制分析，再由前运动区进行具身预演，由语言活动区进行符号匹配，最终形成个体对客观知识的三大认知转化产物：本体性经验、

---

①　J. M. Fuster. Cortex and mind. London：Oxford University Press，2003，144.

本体性概念、本体性理念。①

第二，将客观规则转化为学习者之认知规则与思维策略等本体知识的对象化迁移原理。人们在认知过程中需要对内心的知觉表象展开二度创造、二次发现和二度体验，进而将认知结果投射到虚拟性和实体性对象之上，借此实现自我与对象的认知价值。

第三，将客观规律、客观真理与客观理性转化为学习者的精神规律性知识、思想理念性知识和价值真理性知识的高阶具身内化原理。譬如，主体在创建科学知识的系列过程中，首先需要生成感性表象，继而生成知性概象，最后生成理性意象；其实质是将科学的客观形式逐步改造为主客观合一的"间体世界"与"镜像时空"；其间，主体将客观化的科学内容转化为本体性的生命感觉、知觉规则与理性意识，由此实现了理性价值的本体建构任务。

（二）人格智慧的建构机制与映射原理

教育的核心目标应当聚焦于人的本体知识，以深度体现"以人为本"的教育理念、真正实现人的个性化情知意之自由自主和全面协调发展。其中，本体知识的审美建构乃是学习者发展认知能力的先导目标。其原因在于，人的本体性情感发展位于认知发展的首要阶段，自我认知框架决定了人的对象化认知能力。②

1. 人格认知的自我参照系

笔者认为，本体知识是学习者转化客体知识的认知中介，据此形成的基于"自我参照系"的元认知框架决定了个体的对象化认知水平和行为方式。其中，高等学校在引导学生建构本体知识，形成元认知能力，完善人格智慧并使之转化为社会性智慧的决定性过程中，始终发挥着至关重要且无可替代的独特作用。

个体建构人格认知的自我参照系，需要借助以下方法：（1）善于借助外部世界的对象之镜来观照自我、体验自我、发现自我的独特新质，不

---

① 丁峻：《从本体知识、元认知能力到人格智慧的对象化转型》，《南京理工大学学报》（社会科学版）2012年第1期。

② Thomas M. Jessell, Eva L. Feldman, William A. Catterall, Rodolfo A. Llinas, Carol A. Barnes. 2009 Advances in Brain Research, Dana Press, 2009, pp. 23 – 24.

断充实与提升本体经验，建构感性时空的镜像自我参照系。（2）善于借助概念世界的对象之镜，对自我的本质特点展开符号还原、镜像具身和概念认知，进而建构知性时空的镜像自我参照系。（3）善于借助意象世界的对象之镜来观照、体验、预演和投射自己的人格智慧，据此建构理性时空的镜像自我参照系。

进而言之，我国的大学教育唯有实现了对学生的人格智慧建构活动的人本主义的科学引导之后，才能切实满足学生的本质需要，才能真正促进人的本体认知能力发展。

2. 人格智慧的操作结构：元认知与本体工作记忆

（1）元认知意识与人的本体发展

为了提升学习者的个性化体验与思维创新能力，我们需要树立以学生的元认知能力为根本目标的能力教育观。其根本原因在于，元认知能力决定了学习者对客观世界的认知水平与改造/创造能力。

第一，元认知的基本内容：元体验（涉及自我表象或本体经验特征）、元概念（涉及自我价值属性、发展特征与思维规则）、元调节（涉及自我意识及理念策略执行程序等）。① 作为客观世界运动规律的心理表征法则与操作模式，元认知理念是主体调节其他元认知活动的核心因素。

第二，元认知的体用方式："情感管理"和"认知管理"。与之相关的原则或方法论主要涉及学习者对知识和行为的情感分配、认知分配及思想加工图式。学生只有通过深入学习"认知管理"和"情感管理"的科学方法，方能提升对自我（情感、思维、意识和行为）的认知水平。

（2）本体工作记忆

为了借助元认知系统实现对自我情知意活动的认知、体验、调节和完善目的，学习主体还需要动用工作记忆。工作记忆主要是指人们在解决某种内在或外在问题，或实现某种思想目的的过程中，从自己大脑现有的信息库中选择性提取的与上述目标密切相关的理念性、策略性、概念性、情绪性、程序性、情景性、身体性知识。其中，来自元认知系统的元调节网络，具体负责提供相关的理念性知识，借此来引导与调试个体的工作记忆

---

① ［美］J. 埃德尔曼：《意识的宇宙——物质如何变为精神》，顾凡及译，上海科技出版社2004年版，第91—92页。

活动。

更为重要的是，人的元认知能力的发展需要学习者依托自己的"本体工作记忆"（包括情绪工作记忆、思维工作记忆、身体工作记忆）、"本体知识"系统和"自我参照系"坐标。在这方面，笔者所开拓建立的"本体工作记忆系统"（其中包括身体工作记忆、情绪工作记忆、书写动作工作记忆、言语动作工作记忆等重要内容），① 对于主体建构自己的本体知识，发展本体能力，创新本体价值，完善本体智慧，体验本体幸福等内部实践活动来说，都具有根本性的支撑作用。

3. 人格智慧的映射原理

那么，我们所获得的基于本体知识而形成的人格智慧又是如何实现空间映射的呢？可以说，认知自我不但是主体认知对象世界的内在参照系，更是其实现自我能力与价值的思想基础；认知自我又需要基于人对自己的具身体验、情感理想和认知理想等感性内容与理性预设。

（1）具身预演和内在映射

人学习知识的深层方式主要涉及"知识预演—虚拟映射"这个认知操作序列；其间，教师必须引导学生对课程知识进行具身性转化、创造性活化与本体性催化。② 具体而言，我们在内化客观知识时，一方面要依托自己的审美理念来确定认知目标、学习策略和信息加工方式（形成审美意象的理念驱动力），另一方面要听从自己的情感反应，有选择地重组各种感觉信息，以此作为内在模拟客观情景和创造虚拟意象的认知框架，进而将自己的情感体验、情感评价、思想假设等创新产物虚拟投射到内心的对象世界及"间体世界"之中，进而借助这种内在的知识预演和虚拟的价值映射图式反复操练自己的元认知能力，逐步形成自己的个性化的对象性创造性思维与价值实践能力。

然而长期以来，国内的教师习惯于向中小学生机械灌输抽象的客观知识与刻板的操作性技能，缺少对教学内容的情感投射和情趣渗透，造成知

---

① 丁峻：《艺术教育的认知原理》，科学出版社 2012 年版，第 91—92 页。

② Daniel L. Schacter, Donna Rose Addis, andy L. Buckner. Remembering the past to imagine the future: the prospective brain. *Nature Reviews Neuroscience* 8, 657–661, September 2007.

识传导脱离学生的内在需要，无法使他们借此生成本体知识，致使多数学生对学科知识感到乏味厌倦，大大降低了学习效果。为此，弗里曼深刻地指出，"教书匠"与"教育家"的唯一区别，在于前者仅仅为学生搬运陈旧知识，后者则为学生烹调新鲜可口的知识大餐。①

这提示我们，人所学习的文化内容需经由具身体验而转化为主体自己的心脑与身体之相应的活动状态——即不同层级的个性化的认知表征体系，如此方能真正造益于人的内在创造与价值感悟，切实满足大学生的高阶精神需要。

（2）移情换思，重构自我

伯斯纳指出："对大多数青少年学生来说，其学习效能不佳的根本原因并不是他们缺乏学习能力，而是由于他们不知道如何使自己的情感与认知活动相匹配。他们天生缺乏这种科学方法的训练；因此教师需要向学生传导有关元认知的操作方法。"②

基于新型的本体知识观，教师应当把学习者体验自我、认知自我和创新自我作为教学的核心内容与主导方式之一，即借助本体映射来体验自我，通过具身认知来理解他人和人类情感，获得"从他物中反映自我"、"从他物中享受自我"的拟人化品格，③继而缘此发现自然规律、领悟科学价值，品味艺术美、自然美、道德美、科学美之情韵奥妙，进而持续提升重构自我，实现个性理想和精神价值的内在能质。

（3）双向发现与自我实现

可以说，正是由于主体发现了自身和对象世界的完满本质与发展规律，他才能够于内心呈现出相应的情感理想，获得真善美兼备和主客观世界相统一的价值理念，进而将这些内在价值逐步转化为相应的独特新颖的知性形式与感性形式，最后将这种感性形式加以对象化的符号呈现和对象化的实体传载。

---

① Schmitz, T. *et al.* Opposing Influences of Affective State Valence on Visual Cortical Encoding. *J. Neurosci.* 2009, 29: 7199 – 7207.

② Masayuki Matsumoto & Okihide Hikosaka. Two types of dopamine neuron distinctly convey positive and negative motivational signals; *Nature* 459, 837 – 841 (11 June 2009).

③ Daniel Lametti. Mirroring Behavior: How mirror neurons let us interact with others. Scientific American, June 9, 2009, 6: 32 – 33.

其根本原因在于，"不断发展的情感既从大量的客观媒介中提取原料，也从主体以往的经验中抽取特定的态度、意义和价值，进而使它们得以活化与浓缩、被提炼与组合为思想和情感的意象及灵感。在这种过程中，两者（指主客观世界）都将获得它们不曾具有的形式、特征和活动规律"。①

换言之，学生唯有形成了认知自己的能力，获得了对自己的情知意力量的内在操控能力之后，方能将本体性智慧转化为认识与改造客观世界的对象性智慧。

总之，强调开发个体的潜能，重视培养受教育者的完整人格，激发与引导学生建构自我与世界的主体性能力，这既是未来中国大学实行教育改革的根本目标，也是未来中国大学实现文化传承与创新这个神圣理想的根本之道。

三　超时空的理念建构与人格意识升华

所谓的超时空理念建构，主要是指主体在接受了符号文化的启示之后，可以借助知性思维方式加工古今中外的所有间接经验，从中汲取自己所需要的价值内容，借此分享前人和他人的丰富经验与心智方法，以此充实自己的感性经验、本体知识和自我意识，进而提升自己的理性思维能力和人格意识品质。

进而言之，主体的理念建构与人格意识的涌现之所以具有超时空的性质，其根本原因在于：理念的形成既依据表象所提供的对象的感性特征以及概象所提供的对象的种类属性与运动规则，又受到前额叶有关的理论认识的引导（假设，猜想和预见等方式），从而使得主体的意识活动能够在把握对象的历时空特征和共时空属性的基础上涌现指向未来时空的新发现、新观点、新理论。尤其是主体的理念建构与人格意识的形成均借助意象体验来展开，即通过现有的意识内容与特定经验、情感的定向贯通与耦合，来获得对理性认识的感性检验与本体价值判断，从而在创生新意象的

---

① Vinod Goel and Raymond Dolan. Belief Bias and Cognitive Flexibility to Socially-Authoritative Information Sources. Neuroeducation Ezine，June 2006，Vol. 28（6）：138 - 139.

同时涌现出新型理念、人格和意识。①

这种超前性的认识主要源于前额叶新皮层的结构与功能活动，并通过三种输出方式分别指导和优化主体的内外行为：经由再输入投射路线而进入次级感觉皮层和初级联合皮层，借此能动调制主体的感觉和知觉活动，② 经由额叶及运动皮层实现对主体表情姿态与行为方式的优化调节，借助思想产品的对象化来造益社会群体的思想与行为，为人类的知识宝库增添新内容。

第三节　人格意识塑造的内外动因

唯有借助理性思维及意识体验的深广辐射功能，人类才会发现自然世界、文化世界和精神世界那无限深广、无限自由和无限丰富的意义空间。雅斯贝斯（Jaspers，K）认为，人只有在实存的自满自足欲望中和认识实体世界的活动中受制或惨败时，才会力求走向超越的天地。③ 因而，我们需要对意识时空之所以形成的内外动因和主客观意义进行深入探析。

一　人格意识演化的心脑机制

基于章士嵘先生和鲁麦哈特等人的观点，人脑实现自我调节的心理学原理主要基于主体的人格意识管理理论，其调节系统则由元认知系统来承担。具体来说，人格意识主要包括主体的自我情感认知、自我价值认知、自我道德认知和自我的社会行为认知与调节意念、心理模型和符号结构及其工作策略，等等。人格意识的演化体现出十大特点：一是对象化，二是层级化，三是前馈性，四是互动互补性，五是感性发生的建构性，六是知性发生的生成性，七是理性发生的突现性，八是逐层抽象性，九是信息重

---

① 丁峻：《心身关系与进化动力论》，中国科技大学出版社 2003 年版，第 84 页。

② Lloyd, Dan: *A Novel Theory of Consciousness*. Cambridge, MA: MIT Press, 2003, p. 62.

③ ［德］雅斯贝斯（Jaspers，K）：《生存哲学》，王玖兴译，上海译文出版社 2005 年版。

构性，十是系统增益性。①

如果人不进行自我反思，拒绝内视、内听、内动、内感知，放弃内在审美、思想实验等内部实践活动，难以运用想象力和逻辑方式进行心理模拟，无法借助符号结构来模拟外部世界，他就不可能形成超越时空和高度发达的创造性智慧及自我调节能力。

从心理哲学上看，人的自我意识、人格意识及内部意识的发生属于人类认知自我与对象世界的一种虚拟方式，其中包括反思意识、自我对话、虚拟体验等情形。维戈斯基主张，在内部意识的活动中，每当思想进行时就会使语词消失，代之以能动的、转换的、简约的和无语法形态的意象形式。② 在福多看来，表象是一种受意识操纵的内在表达方式，具有双重表征意义。③ 譬如，大脑前额叶在执行复杂的智力和体力技巧活动时，能够借助超前性的"预期电位"与"虚拟表象"来发动、设计和调控整合感觉经验，④ 从而得以形成统一的认知概象与运动表象。

换言之，人脑额前叶通过提前发生的神经电位来传达超前性的观念意象，以此对顶叶、枕叶、颞叶和皮质下结构传来的客体表象、体觉表象和认知表象进行组构、整合，从而保证了审美活动与思维创造的理性水平和超越性价值品格，并促进了本体世界的结构嬗变和功能升级。所以，人的精神意识借助对主客体表象的创造性加工，借助对各脑区神经元/神经网络的选择性强化与抑制，借助对空间性和时间性信息的阈内叠加、整合重构和易化来实现复杂认知。

（一）当代人类的道德情感之危机境况

人类的道德情感危机源于人格教育的彻底失败。现代教育的最大弊端，即在于追求为少数人服务的精英教育，而忽视了对大多数青少年的情

---

① 丁峻：《心身关系与进化动力论》，中国科技大学出版社 2003 年版，第 67 页。

② Markman, A. B., Gentner, D：Thinking. Annual Review of Psychol., 52：223 - 247, 2000.

③ Fodor, J. A：Precise of Modularity of Mind. Cambridge, Mass：MIT Press, 1999, p. 104.

④ Lloyd, Dan：*Radiant Cool*：*A Novel Theory of Consciousness*. Cambridge, MA：MIT Press, 2003, p. 38.

感教育、艺术启蒙，致使他们在人格发展的关键时期缺乏对美与知识的热爱，缺乏正确的人格定向和行为调节标准，从而导致厌学、闲逛、空虚、抑郁、无所事事、街头滋事、寻求肤浅刺激，甚至抢劫、杀人、吸毒、赌博和卖春等违法行为。[①]

此等现象，多源自青少年时期审美体验缺如，人格教育走过场，素质教育扭曲为艺术技能训练，步入抽象概念与空洞说教之形式主义泥坑，从而挫伤了他们的审美热情，对艺术敬而远之，对美妙想象力不能逮，情感空白、肤浅化或定位偏斜，从而使其人格行为、知识学习和人生道义等重大活动失去了积极的内在动力和实践效能，产生迷茫、空虚、厌学和追求享乐、放纵自我等消极现象。因此，根治社会病象的良方就在于百年树人，及早强力塑造广大青少年的感性素质，以不变应万变。

1. 道德经验贫乏

当代人从幼儿园开始到大学毕业，其心灵被书本和教室牢牢地束缚，除了被动接受老师的机械灌输和刻板的技能训练之外，很少有时间来遥望星空、亲吻小草、静观山水、默察人生、谛听音乐、沉醉文学、体验游戏、操练手工。因此，人们的感觉皮层装满了无法消化的大量知识概念和操作程式，其间没有道德经验的立足之地。

2. 道德情感淡漠

从儿童、青年到成年人，不少人对道德文化缺乏情感体验和价值认同，更难以借助观照自然情景、艺术作品、科学现象、社会现象来获取道德力量，充实自我，树立高尚的情感理想；不少人表现出情思分离、思言矛盾、知行对立的人格离散倾向。

3. 道德想象孱弱

多数人对道德文化缺乏如痴如醉的爱趣和自由美妙的想象，从而难以感受道德情感、道德观念和道德行为的内在价值，进而难以大舍大取、献身于斯。

4. 道德规范形式化

在当代生活中，到处可见"学生守则"、"市民公约"、"教师守则"、"医生守则"、"公务员守则"和企业事业单位的"员工守则"、"廉政纪

---

① 《光明日报》2000 年 1 月 1 日第 1 版。

律"等道德行为规范，不一而足。然而，其对人的约束效果其实非常弱小。其根本原因在于，这些道德规范尚未进入人的经验世界，尚未牵连人的情感态度，尚未内化为人的道德知性，更未促进人对的道德观念的内在建构；因而，它们仅仅是一种道德形式或外在符号，最终难以对人的内心和行为产生强力制约。

5. 道德观念混乱

一是缺乏道德理想，道德信念空白，反而追求功利、迷信仪式；二是缺乏道德责任感、义务感和使命感，对爱情伴侣、婚姻伴侣、子女老人、家庭、供职部门、工作和社会活动缺少敬意和忠诚；三是缺乏与道德意识相匹配的审美观念、科学观念、认知观念、批判意识、博爱良知、同情心和创新精神，从而导致人的自我意识和对象意识等呈现出低级庸俗，背离主客体规律，违反人情物理等主观化、利己性和固执性特点。

6. 道德人格离散化

人格行为取向的功利化倾向日益严重。

（二）道德情感教育及人格审美塑造的心身价值

众所周知，在风行全球数十年的"智商"理论渐趋平静之后，美国心理学家又在近些年提出了"情商"学说。该理论认为，"情商"支配人的意志、情感、行为方式和工作状态，而"智商"只不过是在最佳情感状态下的思维效能之体现。[①] 换言之，"情商"是"帅"，"智商"是"将"；前者是人的目的与志趣原动力，后者只是工具手段操作力。这的确有点"人本主义"价值观的味道。当然，情感与智能具有复杂的互动互补关系，而绝非"蛋黄"与"蛋清"那般泾渭分明。

笔者认为，"情商"学说具有人本主义的积极价值。借此，我们可以在宁静欣慰之中开阔认识自我心灵世界和新视域，同时也不必全然从一个极端走向另一个极端。

第一，情感的本质是一种表象体验和模拟输出状态，它根植于经验世界，开花于知识平台，结果于意识之巅；而概象形态则是人的情感体验所析出的认知结晶，也即是情感对象的形态风韵与情感主体的情感判断相契

---

① John D. Mayer, Richard D. Roberts, Sigal G. Barsade. 2008. Human abilities: emotional intelligence [J], Annual Reviews of *Psychology*, 59: 507 – 536.

合的一种半抽象半形象之表征内容；意象形态则是主体对情感概象的精神升华产物，代表了主体的一种情感理想或转化为艺术形象的高远境界。

第二，情感体验折射了人的价值理想（诸如人生方面的爱情理想，人性方面的道德理想，精神生活的审美理想和探求真理的认知理想），并且借助想象活动而使对象和主体情意得到净化与升华，进入虚拟实现其爱的"柏拉图式"情感世界，使主客体双方的特征经过美化和理想化而成为一种精神意象境界。所以，人的情感须以相关的认知内容和能力作为内在坐标，须以精神意识（审美意识、道德意识、理性意识、创造意识）作为价值目标和高阶动力，方能使情感发展练达，成为合乎情理和具有美感、理智感、道德感、灵感特质的高妙力量。

第三，人的情感发展及情感意识形成需要依托主体大脑的神经结构嬗变及神经网络重塑。一个神经元可形成数千到数十万个轴突，这意味着它能够与同样多的其他神经元形成如此之多的突触。人脑拥有 1000 亿个细胞，则能够形成 10000 万个突触；这样，将会至少有 700 万亿个突触分布于大脑皮层。① 神经元网络的数量，将会在此基础上以指数级的组合方式形成令人叹观的超级规模矩阵。它们之间在时间、空间上的多元相互作用及其叠合递增效应，更会显示出无穷的奇妙品格。

同时，社会认知神经科学家在 2005 年所发现的人脑的"默认系统"（The Defult-Made Network）表明，该系统在人的情感意识形成过程中发挥着无可替代的关键作用。② 另外，神经科学业已证实，人脑的前额叶腹内侧正中区（The Ventro-Median Prefrontal Cortex）正是主体产生高峰体验和情感共鸣的核心部位；而前额叶的背外侧正中区（The Dorso-Median Prefrontal Cortex）则是主体感知审美对象、投射自我理想及实现主体的认知价值的关键性脑区。③

进而言之，人脑的神经网络通过减弱或增强彼此间的大量连接及其合

① David H. Freeman. How Science Will Enhance Your Brain［M］. London：Dana Press，2008：104 – 105.

② Thomas M. Jessell, Eva L. Feldman, William A. Catterall, Rodolfo A. Llinas, Carol A. Barnes. 2009 Advances in Brain Research, Dana Press, 2009, pp. 23 – 24.

③ Van De Lagemaat, Richard. Theory of Knowledge. Cambridge：Cambridge UP, 2005. 145 – 165.

成信号，来保留记忆、执行思维和体验活动、引发意识心理反应。每一次新鲜的体验，都会导致细胞建立新的突触，形成新的细胞及增加轴突等神奇结果，从而塑造一种新的感知模式，为日后的学习、记忆、体验和思维拓展了一条新道路。一旦触动这个网络的某一点，便会激活整个网络而复现出相应的经验表象、情感意象、知识概象与生命意象。

由此可见，人的情感意识（及人格智慧）的发生与成熟，对于塑造大脑结构、培育人的感性知性理性能力、开发幼儿潜能、促进青少年大脑心理发展，都具有异常重要的奠基功能和源头动力性作用。这提示我们：人的精神创造活动不单需要较高的智力，更需要罕见的爱好乐趣、求知欲、勤奋刻苦的顽强意志和发达的情感想象力、审美直觉。正是后者才决定了我们开拓人生、学习知识、发展经验、欣赏艺术、领略自然、创造爱情和体验哲学文化的内在价值。

第四，爱心使人增强对压力的耐受性和抵抗力。加拿大麦吉尔大学的米歇尔·米妮教授及其研究小组，在 2002 年 8 月出版的《自然·神经科学》杂志上发表文章，介绍了她们对母爱行为与子女应激能力之间的新发现：当人遭遇压力时，大脑会释放应激激素来使人体产生应激动员反应、抵抗外部压力。而大脑同时需要某种机制来调节应激激素的分泌与降解水平，因为长期或过高的激素水平会损害神经细胞。①

（三）人格意识塑造的神经机制

人格意识的形成首先是源于感觉皮层的体象—物象经验（0 岁—12 岁期间，以 8—13 赫兹的低频脑电波为功能标志，以神经髓鞘形成作为一级结构标志，以突触重建作为二级结构标志，以"言语频率柱"、"乐音频率柱"、"线条频率柱"、"本体动作体象频率柱"的形成作为三级结构标志）；② 其次是源于联合皮层的客体—本体符号表象体验（13 岁—25 岁期间，以 15—28 赫兹的中频脑电波为功能标志，以跨区神经髓鞘形成为

---

①　引自丁峻《心身关系与进化动力论》，中国科技大学出版社 2003 年版，第 262 页。

②　Thomas M. Jessell, Eva L. Feldman, William A. Catterall. Advances in Brain Research, Dana Press, 2009, 23 – 24.

结构标志）；① 再次，源于前额叶新皮层的意象思维之理性能力的发生与成熟（26 岁—45 岁期间，以 30—40 赫兹的高频同步振荡脑电波为功能标志，以泛脑长程神经髓鞘形成为结构标志）。②

第二，作为人格意识进化的必然结果，大脑的工作路线和策略体现了意识活动的高度专一性品格，包括由意识驱动的下行性知觉调制与感觉调制过程，及 40 赫兹高频同步振荡波从前额叶向联合皮层与感觉皮层定向扩散的神经动力学过程。③

由此可见，并行和上行路线与感知觉及人脑的抽象综合活动有关，串行和下行线路同人脑的具象演绎和体验活动有关。

（四）自我世界模型及其解释系统的神经机制

心理学家设想了一个意识内部的信息流程图式，以此来表征意识的认知原理："认知系统由大量的认知加工单元的子集所组成，该系统的激活决定意识的内容。这种世界模型一般由符号组成，分布式地贮存于各认知加工单元的联结之中。人类智能的超前反映能力即蕴涵于这种结构模型之中。超前反映是一种心理模拟或心理实践。意识中的解释网络（即自我调节系统），能够对头脑中形成的世界模型进行解释，在现实的东西和想象的东西之间进行对话。这样，解释性网络与世界模型之间就存在一种心理模拟关系，解释性网络要对世界模型进行解释、评价、说明和反思。世界模型和解释性网络都由许多并行的认知加工单元组成，构成一种意识内部信息的反馈关系。"④

换言之，人脑通过意识系统实现自我调节。这种解释性网络或解释评价系统大致定位于额前叶；而世界模型或认知记忆系统则定位于枕叶、颞

① Quian Quiroga, Richard Andersen. How Does The Human Brain Work? New Ways To Better Understand How Our Brain Processes Information. Science Daily（May 26, 2009）.

② M. I. Posner, M. K. Rothbart. Influencing brain networks: Implications for education. *Trends in Cognitive Science*, 2005, 9: 99 - 103.

③ 顾凡及：《神经动力学：研究大脑信息处理的新领域》，《科学》（上海）2008 年第 3 期，第 11—15 页。

④ 转引自 Clark, A: *Mindware: An Introduction to the Philosophy of Cognitive science*. New York: Oxford University Press, 2001, p. 41.

叶、顶叶（以及部分额叶）皮层中。

根据鲁利亚的功能系统论和笔者的大脑"三位一体"表象（中区）学说，这种解释性网络或解释评价系统，可定位于额前叶；① 而世界模型或认知记忆系统则定位于枕叶、颞叶、顶叶（以及部分额叶）皮层中。"内部实践"及"内在审美"活动，可以说是人脑意识的内部信息加工（反馈与调节）之主要体现方式。

可见，意识的形成既需要主体拥有从外部环境获得信息的手段——感官及相应的皮层结构，还需要主体借助特定的内在符号体系来模拟外部世界的一系列本质特征，以便据此形成某种世界模型，然后对这种世界模型进行解释、评估和整理，最后形成新的意识框架，以主动地作用于环境。这后一种解释性、评估性和理性加工性活动，依笔者所见，主要由额前叶来承担。这种自我调节既可建立于意识的自发活动基础上，也可通过思想实验的方式①、内部实践和内部审美的方式来进行操作。其中，主体的自我意识作为其总体意识的核心内容，对人的社会意识、审美意识、科学意识的形成与发展起着决定性的作用。

其根本原因在于，自我意识之所以能够制约人的社会意识的建构与发展水平，其根本机制则在于自我意识率先发生，且成为主体建构社会意识的内在参照系。进而言之，人的认知发展实际上需要经历一个"外—内—外"的三段式价值能力转换周期："外在知识内化—自我知识建构—自我认知能力形成—对象性认知能力廓出。"其间，人的自我认知能力转化为对象性认知能力，需要依托主体独立创制而成的"自我参照系"（其中包括自我经验参照系、自我情感参照系、自我概念参照系、自我理念参照系、自我身体参照系等）。

由此可见，虚拟认知的根本机制在于，人的所有思想活动实质上是以内在的心理表象作为认知起点和客观对象的主观替代形式。②

---

① Thagard, P.: *Mind: Introduction to Cognitive Science*, Cambridge, MA: MIT Press, 1996, p. 32.

② Daniel L. Schacter, Donna Rose Addis, Randy L. Buckner. Remembering the past to image the future: the prospective brain. Nature Rev. Neurosci. 2007, Vol. 8, 9: 657 – 661.

　　基于以上分析，笔者认为，意识活动的根本特征即在于借助内源信息来构制主客观世界的心理模型，进而自圆其说地做出解释或预测；其中，人的自我反思、内视、内听、内动、内感，以及内在审美、思想实验等内部实践活动，乃是思维模拟现实世界情景的主导方式。其根本特点在于，主体自由地运用想象力和逻辑方式进行心理模拟，借助符号图像系统来表征外部世界的关系与性质，进而形成前瞻性的认识，并以此调制自己的行为，以便能动地适应自然环境、社会环境和文化环境的剧烈变化。意识的层次结构、符号形态、超前反应能力和积极性反作用，是心身关系中的核心内容，也是人类智慧之谜的重要基元。

二　人格意识体验的价值动力

　　罗素说过："人的心灵，就其本性来说，实在是一种追求玄奥的东西。他具有一种无节制的欲望，这种欲望就是从他生活经验的形形色色的材料中求得对事物终极本质的理解。形而上学的问题千百年来始终持续存在，并且经常反复出现，因为这是人类普遍的问题。我们每个人都必须根据自己的亲身体验来考虑这个问题。"①

　　本小节拟从以下几个方面探析历时空的意识积淀与前瞻性回溯体验之心理机制，借此揭示文化对心灵的重整原理。

　　（一）对好奇心、求知欲的文化透视

　　人的好奇心和求知欲根植于一种从神秘混沌和变幻无常的外部世界获取安定自在的需要。黑格尔认为，观念和热情是人类历史的经纬线。② 也可以说，好奇心与求知欲是人类借以打破自身的重重局限而认识世界和改造世界的内在原动力。

　　爱因斯坦说过："我们所能拥有的最美丽最奥妙的情绪是神秘感。所有的真知灼见都是这样感觉和赋予的。它是坚守在真正的艺术和科学发源地上的基本精神。谁若体验不到，不再有好奇心和惊讶感，他便不能探奇

---

　　① ［英］贝兰特·罗素：《幸福之路》，傅雷译，陕西师范大学出版社 2003 年版，第 46 页。

　　② ［德］黑格尔：《哲学全书（一）·逻辑学》，梁志学译，人民出版社 2003年版，第 72 页。

钩玄，虽生犹死。"① 从审美心理学上看，生命的本质意味着尽心竭力的意向关注和身心弛豫。所谓的神秘感，可说是对好奇心与求知欲的一种审美诠释；从认知心理学上观之，神秘感源于主体的猜想性意识、解析性定势和亲验性动机。审美活动和科学性、艺术性的创造过程是交融一体的体验，人于其中体验到某种自由力量的意向化实现或理想性景观，通过设身处地的对象化虚拟相似于身心机制的客观事物之机理，创造和享受着人的幸福境界与自由韵律。

而 "要理解和深刻地解释这种幸福，就不能单着手于观赏者的智力活动，而要深入到观赏者的机体心灵状态中。只有当人们面对某种绝对的情境之时，心灵的安息和幸福感才会出现。"② 例如，人通过欣赏音乐的神妙演进和自由归化，即能领悟大自然奥秘的潜在秩序，并得到一种 "万物一理，万象归心" 的情绪暗示，品味出人性的极致境界，这便是古今中外许多杰出科学家、哲学家和文学家酷爱古典音乐的妙旨所在。

可见，精神卓颖者，其情、智、意系统灵性呈现为一种盈溢性和扩散性状态，对外部世界复杂多变和模糊深奥的事物产生亲和力与内在的契合感，通过追求那些不确定状态和朦胧诡秘的景象而获得情趣的炽然与智性的弛豫，将生命的能量尽其所有而投入富有意味的价值体验和虚拟创造之中，从而可实现过程化的自由美感与合目的性、合规律性的最高境态。

由此可见，只有人类才能思考并不存在的东西，以及想象非真实的情境，对复杂现象予以整理或解释，体现了意向拟构性，内容填充性和时空捆绑性等精神特征。

可以说，主体对自我—他人人格进行审美体验与价值认知的根本目标在于：（1）于现实时空呈现理想化的情感关系；（2）认知关系，借助历时空的经验与情感来掌握共时空的客观规则，形成相应的思维规范；（3）（意向）行为关系，即基于历时空和共时空的内部信息而创造或表达超时空的主客观规律图式（价值坐标，战略框架，行为蓝图，预见假设，发

---

① ［德］爱因斯坦：《爱因斯坦文集》第三卷，许良英等译，商务印书馆1979年版，第78页。

② 同上书，第136页。

现潜在真理，实现主体理念）。

　　进一步来说，理性思维的内容核心是观念网络。观念理想均脱胎于人的深邃体验，主体通过情感认同、智性创构和意志定位而实现了个性的生命选择。因为，人以他们的思想——观念和理想——来创造自己。

　　（二）用趣味催化灵感妙思

　　谈到旨趣，总会同诗意、理想、情愫、体验、思索等东西相关联的。归根到底，旨趣是生命奉献的情感之光，是生命发现的存在乐趣，是生命采撷的前进动力之营养果。什么是人生的意义与价值？抛开外部的得益观念，它们都存在于人的情趣之中。而情趣不过是人的内在意念（好奇心、求知欲、神秘感）同外在表象的瞬间亲吻。从而使人既领略了自然之妙，也养怡了生命灵性。

　　人生当立于趣味之基础上。诚如梁任公所言，领略得自然的妙味后，也便领略得生命的妙味。以静观静、以动观动，使自己的活动"与天地相似"了，便能体验出这个真生命，是谓之"自得"。① 体验乃全人类独一无二的至宝，我们应当以自然做生命的镜子，领悟宇宙奥妙和人生趣味。

　　需要指出，情感仅仅作为人的生命力量表现形态之一而存在，它只是艺术的本质价值之一，但决不是其全部。情感的内容或艺术的意蕴，恰恰在于揭示一种定向的精神目标，基于理想意象的自我评价、自我肯定方式，同时又是自我体验、自我实现和自我享受的一种方式。可见，情感惟有通向真、善、美之境界，才能进入艺术王国，才能完善自我人格、创造自我理念、实现自我价值。

　　总之，人格审美是主体对自己的人生道路和目标的价值选择方式，是人对自我本质和生命真谛、自然奥妙的深邃体验，也是其对外部事件和自身潜能意向的折射反映，是自我强化和完善人格的原动力。它是伴随着主体认识世界与改造世界的对象性实践而发生的主体对自我的审美认识与人格改造活动——主体性内在实践。这一切都需要主体借助审美意识，将自我从形而下和形而中时空提升到形而上境界，由此形成理性化的人格

────────────

　　① 《梁启超全集》第6卷，北京出版社1999年版，第437页。

意识。

（三）人格意识体验的价值映射体

为何人类需要借助自己的人格意识来体验万物之真机、生命之意义和文化之价值呢？笔者认为，这需要我们从人类的心智转型范式谈起。

第一，人需要运用具身方式来感知外部世界的情景、运动特征和价值力量，借此形成自我的情感经验、科学经验、道德经验、审美经验、身体经验，等等。第二，人的自我意识的形成需要基于主体的个性化知识系统——即本体知识、元知识和社会知识、自然知识、文化知识的独特重构系统；个性化的知识导致主体形成自我意识系统，其中包括自我的情感意识、思维意识、人格意识、审美意识、道德意识、社会意识、科学意识，等等。第三，如果主体需要发展对社会、自然、科学、艺术、经济、军事、技术等相关领域的认知能力与创造能力，他必须在自我意识的基础上形成概括性更高和调节性更强的元认知能力，其原因在于，自我参照系乃是个性主体形成元认知能力的思想坐标。第四，为了提高自己对客观世界的认识能力与改造能力，主体需要将自己先行发展起来的元认知能力（包括自我认知能力）进行对象性转化与客体性表征。

因而，每个人都能体会出自己的那种爱好心、求知欲、创造冲动、操作欲等情态力量。但是，却不一定总能意识到这种爱意后面深藏的价值。换句话说，你的爱好与你的潜能特长有什么关联？或情感意向同智性能力是如何相互影响的？要解释这些问题，就需要根据认知发展心理学来进行分析。

可见，情感附丽于物象，智慧作用于事理。人的情趣可以引导智慧去发现自己的天地，探玄钩奇。借助自然之境、艺术之境和生命之镜，我们就能体验到人类的思想旋律和宇宙的奥妙光影。那带响声的风雨光霁，将窜入你的心灵天地，永远彻响不息，永远旋腾不停，摇撼出一个崭新的人格世界——闪耀着你的目光、激荡着你的血液、奔响着你的声音和飘逸着你的气韵的个性世界。

总之可以认为，人的爱好趣味是个性的折光，心灵的镜子。热爱是天才的老师，而爱好是天才的第一道心灵之光。譬如，当我们进入音乐的王国时，感到对方似乎来自理想的国度：它是梦中异性的笑容声貌和体态活现，或是抽象云空中的神秘召唤，余音袅袅、心荡神醉……因而，我们会情不自禁地和着心儿立于音浪的峰尖上，深切感到此时此刻自己的肺腑之声在吟唱，自己的心灵在驰飞……从而翻然忘乎一切，身心皆融入音乐的琴瑟颤响世界之中，觉得那既是自己的心声，也是理想的化身。这是主体对客体的情感认同、精神强化与主客交融的价值契通体验。音乐就是那神奇的"天外石子"，舞蹈便是透明的"心湖"涟漪。前者是启示，后者是昭示，共同创造了人类心空的旋律与审美造型之复合意象，契通了内外宇宙……

因此，当我们对充满美与智慧的文化样式产生了天然的亲和力，获得了内在的契通感并以全副身心投入到特定而通达的对象世界之中时，就会油然绽放出会心的含泪微笑。此乃吾侪之爱心美感和诗意良知的体象显影。

由此可见，真正的幸福，其实是指一个人能够充分发挥自己的才能并体验到过程化和结果性的智性乐趣与自由境界。因此，如何把人的献身精神引导到有价值的对象上，这一点对人的自由全面发展和个性意识建构是非常重要的。人生有限，目标无穷，但唯有融入这个伟大神妙的过程，我们才能从瞬间把握永恒，以有限实现无限，从现实升达理想。

1. 中国先哲的幸福"三达德"和现代思想家的体验"三境界"

人之幸福与否，除了外部因素的影响，更主要的是在于其内因方面，即认知意识决定思维、思维决定体验、体验决定幸福感。例如，孔子的人性哲学着眼于使人摆脱"心役于物"的无尽苦海，从而"以不变应万变"，抵达"乐天知命、仁者不忧"、"智者不惑"和"勇者不惧"的自由境界。人类在无止境的宇宙进化中表现了根本的瞬间性和有限性，不可能实现最终的完满状态；因而，要把握生命的有限过程，当需努力自强不息。人生的最高目的在于普遍人格的精神实现，在于追求"天人合一"的神妙境界。这种人格与境界则以"内省体验"来贯通。

梁启超认为，体验的三个关键环节是：第一，把自然界当作与自己的生命合为一体的绝对赞美之物，若能领略到自然界的妙味，便也领略到生命的妙味。第二，体验不是靠冥思，而要有行为有活动才有体验。因为儒家认为，宇宙原是生生相续的动相，人之活动一旦静息，便不能"与天地相似"而感应其妙了。第三，这种动相起于观察而不止于知识，因为知识的增减和自己的真生命没有多大关系。①

可见，体验是难以言喻的人与世界之本质契通状态，它直接参与并牵引着人的观念性与实践性价值追求活动，也使人感受到过程化的生命自由运动。这种天人感应成为人类创造文明和享受利益的动力基础。看来，人的宁静自由与幸福完善不是单靠丰富的物质享受所能实现的。因为和无限的存在、无尽的心欲相比，人的有限存在、有限能力和有限享受不过是沧海一粟。

由此可见，道德实践上的精神自律自足性虽然是人感受幸福并认可其价值的必要条件，但幸福的实现却不一定完全受道德所决定。诚如梁漱溟自述："文化是什么东西呢？那不过是那一民族生活的样法罢了。生活又是什么呢？生活就是没尽的意欲……和那不断的满足与不满足罢了。……其实，生活是无所为的，即使那一时那一处的生活亦非为别一处生活而存在的。……事事都问一个'为什么'，事事都求其用处……这彻底的理智把直觉、情趣斩杀得干干净净。其实我们生活中处处受直觉的支配，实在说不上是'为什么'的。"② 可见，新儒学也讲究生活的"意味"，除了理智，生活更重要的动力是情趣与直觉，这样便同孔子的生命本体论与超功利价值观相契通了；在宇宙与人生之间，毕竟前者从属于后者，应当以"物趣养心"，不能"心为物役"。

中国哲学上最重要的问题，是"怎样能够令我的思想行为和我的生命融合为一，怎样能够令我的生命和宇宙融合为一？"故而，中国的儒学以人为中轴，肯定人的价值、生命意义和道德理想，相对轻视物的价值和客观实践。其中，"仁、智、勇"三者为"天下之达德"，是孔子哲学文化思想的精髓。

对此，荀子阐释的具身认知之道乃是"君子博学而参省乎己"，"是非疑，则度之以远事，验之于近物，参与以平心"。儒家强调天与人的统一性，认为宇宙的法则与人的法则是一致的，人性源于天；所以孔子从人的内在本质与生命意义上来设定人的发展标志："唯天下至诚，则能尽其性；能尽其性，则能尽人之性。"（《中庸》）此处"其性"意指个体之

① 《梁启超全集》第 6 卷，北京出版社 1999 年版，第 437 页。

② 梁漱溟：《东西文化及其哲学》，商务印书馆 2004 年版，第 156 页。

性，"人之性"则代表人的普遍共性；两者的契合过程，便是用"诚"一以贯之的"智仁勇"的三位一体聚汇，是全身心、全人格和全魂灵的参与。

2. 西方人的"符号体验—内在实现"之幸福价值观

狄尔泰说：世界观的最终根源乃是生活；对生活的反思形成了我们的本体经验。生活之谜则是人生经验中的高深部分，它闪烁着人的哲理世界观和精神创造力的灿烂之光。每一次大的体验都向我们展示了生活的一重新天地，也使我们具备和开发了自身的新潜力新眼光。当这种体验重复出现并结合起来时，我们就形成了对生活的基本态度。① 这种从人类的具身经验出发来解释人的理念世界的发生机制，无疑具有认识主体性价值的方法论意义。

美国心理学家马斯洛提出了"内在实现"理论："自我实现的人想把自己与所热爱的工作一体化，使工作具有自我的特征，成为自我的一部分。他所献身的事业似乎可以解释为内在价值的体现和化身……"② 罗杰斯也认为："成为一个人意味着什么？……在体验中发现自我和世界，成为真正的自我。"③ 换言之，罗杰斯的人格理论则把自我看成是人格状态变化的前动力因素，认为自我的现象场是人格的研究重点，并提出自我对世界的独特知觉、体验和赋予意义决定着个体的外显行为。由此，他把个人的自我概念与其经验的相互关系的协调性视为人格发展状态和发展方向的内在动力。

依笔者看来，人的意识（主导动机）制约着他的"体验"内容与方向，而体验的过程其实是对自我与对象世界的虚拟改造、审美开掘和价值重构。说到底，即是借助符号体验来认知万物、改善万物和实现主体的内在价值。现实生活中不少人缺乏"美感—灵感—力感"式的"三位一体"体验，而以偏重情感和动机为主的主观体验居多。体验是创造的基础。人

---

① ［美］马克瑞尔：《狄尔泰传：精神科学的哲学家》，李超杰译，商务印书馆2003年版，第165页。

② ［美］马斯洛：《人类价值新论》，胡万福等译，河北人民出版社1988年版。

③ ［美］卡尔·R.罗杰斯（Carl R. Rogers）：《罗杰斯著作精粹》，中国人民大学出版社2006年版。

的内在创造性活动带有"不能详细准确加以分析的体验"特性，是对过去的事物与运动所产生的经验、知觉记忆和意象的一种原始组织形态，是一种气氛、一种意象、一种不可分解无法言传而又模糊神妙的"整体"体验。人的创造性的种子就萌发于这个状态中。

三　内在审美与自我实现

就脑的高级性质而言，那融汇主客观信息的心理意象，便是精神世界与物质世界相互作用的最高时空境遇。[①] 统摄审美意识的过程，就是主体对主客观世界之规律进行内在转化和整合重构的价值表征过程，其间需要主体借助创制与操作表象—概象—意象体系来达成理想目标。[②] 这对于理解和强化"内在审美"与"内部实践"方式，[③] 深微开掘个性心灵中所蕴藏的巨大智慧潜能，也具有深刻的启示。

（一）超时空的审美理念统摄方式

1. 内在审美的转化方式

我们需要由外在的对象化观照达到移情入性，使心灵进入内在化、本体性的自我观照状态。其中，主体将审美表象改造重构为审美概象乃至审美意象（从而使主体的情知意整体参入其中），乃是由外在审美转化为内在审美的关键环节。现代大众过多地满足于对外部世界的物象欣赏与形声感知，停留于感性体验的外表层面，从而使审美之功半途而止。

审美体验意味着主体将自我与世界视为一个整体，深入体会那个似乎真实又虚幻、永恒又霎然的世界，并从中获得悟性："凡体验有得处皆是悟。"

内在审美是自由创造的根本天地。现实世界对人施加了种种阻力，使

① Kevin N. Ochsner, Brent Hughes, Elaine R. Robertson, at al. Neural Systems Supporting the Control of Affective and Cognitive Conflicts, J. of Cognitive Neuroscience, September 2009, Vol. 21, No. 9, Pages 1842 – 1855.

② Kaspar Meyer. 2011. Primary sensory cortices, top-down projections and conscious experience. Progress in Neurobiology, 94 (4): 408 – 417.

③ John Heil: Philosophy of Mind: A Contemporary Introduction. Routledge, 2004, p. 32.

人的个性难以自由完满地发展。唯有通过内在审美，我们才能如愿获得情趣与心智创造之无限自由，从而以成熟和深沉坚毅的精神力量来应对现实困难、创造文化奇迹。

对此，中国著名哲学家贺麟认为：人究竟自由不自由，根本在于他的理想。[①] 人的幸福与自由，实际上是一种指向特定价值情景的精神体验；只有奋发的意志和高洁的情感共同交融进灵妙深幽的智慧活动中，在想象力与思辨力极度奔腾的理想境界中，人才能切实感受到生命的自由之妙。

冰心说得妙：一朵花儿，便是一团微笑。可见，爱即是从万物中认出"自身"理想和本质特征的行为。这是主体对对象价值的认同和强化，是一种超越时空和自我的审美体验。人和人，人和万物之心心相印，就在于以默默无语的晶泪和心颤魂抖的潜能闪辉来互相理解、相互契通的。在这神圣的一刹那间，人与世界以最高的灵性和美蕴而实现了真、善、美的绝对和谐、奇特统一。它生动地揭示出了人和世界最原初的亲和性血缘关系，也委婉昭示了心智得以闪光、创造之花得以绽放的内在契机。

悲欣交集与潜能激发——内在审美的核心动力效应。人的"悲欣交集"状态，提示了审美的终极精神效应与悲剧艺术及人生的永恒动力价值，亦即欢乐与痛苦交织一体的神妙体验（超越性体验）。"物极必反"、"两极相通"。进入超时空境界的主体心理呈现出一种审美与认知的高峰体验，在痛苦与孤独中，人类的最大潜能（情感、智慧和意志）得到了彻然释放与闪辉，人的最高理想得以内在实现、人的灵感妙思得以厚积薄发，它们使主体体验到了深远的欢乐与自在。

因此，人类意识的当代进步之一，便是悟出了"心灵是至高无上的本原尺度"这个简朴的真理。从向外探寻生命真谛转入向自身内在世界探幽，这个两极翻转醒悟的过程便是通往永恒的闪光之路。苦难是生命的催化剂，艺术是心灵自由的象征。唯有审美体验才能带给人类以永恒的温馨慰藉，并使我们借此确立精神支柱、实现自我价值。那在逆境中立于不败之地的内在机制，其中的堂奥便是：只有忘却与舍弃小"我"，方能获得自在、纯真和深邃，方能达到崇高与伟岸。大"我"之境界，乃是逼近那永恒神妙的天国深处之得道体验。

---

① 贺麟：《文化与人生》，商务印书馆 1988 年版，第 74 页。

无独有偶，"乐圣"贝多芬在写给贝蒂娜的信中说："音乐是比一切智慧、一切哲学更高的启示；谁能参透音乐的意义，便能超越常人无以振拔的苦难。音乐当使人类的精神爆出火花！"① 笔者认为，正是审美主体所创造的"间体世界"才能成为主体超越现实世界、内在实现自我的精神归宿，而"镜像时空"则成为人与世界实现价值契通的"精神甬道"。人的最高价值、物的最大奥秘，统统交融于其间……

距离感与超越感——内在审美的动力坐标。人的感情面对世界万事万物的最高境遇在于气机相通。从科学、哲学、艺术、宗教，到爱情、友谊、亲情、爱国与思乡，莫不如此。它犹如冈察洛夫所描述的那种创作体验："重要的不在于所体验的是什么，而在于我们怎样去体验。"② 总之，幸福的体验大体相近，无非是一个人在身心整体方面所感受到的满足与快活。一个人的幸福价值观，便是他的个性理想和意象世界的最高体现，也是他的美感、灵感和力感交融一体的境界展示，更是他的思维创造力与情感审美力之"定格"与"感光"。

2. 悲剧体验的生命价值

古往今来，一切伟大的作品与人物都是富于悲剧气质的精神现象。悲剧精神的审美价值，即在于人的最大潜能彻然爆发，人的本真理想纯然实现，人的生命力量走向不可战胜的情感高峰。智慧高峰和意志高峰！这种高峰价值作为人类共同的理想象征，借助悲剧审美之"快感"和"痛感"而激发起人的空前力量，由此实现了悲壮豪迈的"内在攀登"。雅斯贝斯认为，只有在遭受致命危险的"临界境遇"中，人才会展现出个性的真正本质。③

审美活动中的"距离感"显示了主体超越性体验之时空幅度。从普遍的意义来看，最高级的超越性跨度应当到达精神世界的彼岸：个性与宇宙相交融，自我同人类相契通。因而，造成个性化之独特价值体验的根本

---

① ［法］罗曼·罗兰：《贝多芬传》，傅雷译，人民音乐出版社 1978 年版，第77 页。

② ［苏联］阿尔森·古留加：《黑格尔传》，刘半九等译，商务印书馆 1997 年版，第 306 页。

③ ［德］卡尔·雅斯贝斯：《生活哲学》，王玖兴译，上海世纪出版集团 2005 年版，第 106 页。

条件，乃是个体产生的本体化之理想观念同对象之客体化的现实形态产生了瞬间的契合反应。

从中可以看出，内向审美和内在实践对于人的精神命运以及个性发展具有异常重要的影响。那种坚不可摧之志、始终不渝之情，可以说是人的第二特征或曰文化品格。人有两重"新生"（身体与精神），同样也有两种秉性（天赋性格与后天性情）。这种坚毅志向和忠诚之情对人的个性精神重建和理念意象创新来说，具有决定性的意义。也即是说，我们只有同审美的感性对象拉开距离，将自我世界移入审美的知性时空和理性时空之中，才能借助悲欣交集的复杂体验孕育自由激越的超拔性意象，从而在高峰体验中动员释放大脑与心身的最大潜能，在虚观默察的内在革命中实现个性的全面升华与价值创新。

（二）内在审美的情知意变化气象

从对象化印象、心理表象到本体表象、反思概象和理想性意象之渐次生成，审美主体经由内在审美过程而实现了对感性、知性与理性世界的多级建构与贯通整合，进而引发了对主客观世界之价值内容的创造性表征与实践性传达活动。

1. 欣悦感和观注意识

审美的艺术欣赏或景致观赏活动，最先使人产生的最为强烈的感觉，便是那种蓦然而生的惊喜与欣悦感。在此基础上，观赏或聆听者因为自己的这种迅捷而深邃的直觉所做出的判断——对审美对象的形象属性之价值观照、情感评价——而激发了强烈的好奇心，而搅动了自己心灵深层最奥秘的情绪平湖，于是欣赏者便在情感定式与心理意向的驱策挟裹下，涌现了一个新的精神兴奋灶——观注意识。审美活动初始的这种欣悦感和观注意识，实际上是审美主体内在价值力量之先行化和潜在化的一种价值判断——迅捷而隐微、强烈而潜深的一种直观感觉。

2. 命运感和忧患意识

审美移情或"同情"现象，同时折射了个性主体的价值特征与精神品格。此类深刻的个性倾向，乃是对"欣悦感和观注意识"的深化，是主体的趣味意向、情感定式、价值观念和审美理想与客观形象之"平等交流"、"物我合一"。这个过程必然会使欣赏主体产生"感同身受"的角色移位和"命运移情"感。因此，只有当对象引发或触动了自己最深刻的情绪和最迫切的愿望之弦时，对象的特征才更具有审美感召力；同样，只有审美主体积蓄了丰富多彩、艰难困苦的生活经验后，也才能更深刻地体验形象所蕴含的深厚的美学价值。

我们在产生了"命运感"之后，一方面因着审美形象或秀丽或崇高的特性感染而激发出内在的昂奋力量（或欣悦或悲昂），催生出精神上的理想境界；另一方面又会情不自禁地对自身心灵深处进行对比审视，由此而产生憧憬理想的激情，产生浓烈的不满足感、焦灼不安情绪并汇聚成深沉的忧患意识。这正是审美的"双重效应"。它们矛盾地统一在审美主体的审美过程中，形成所谓"悲壮气质"和"乐观心态"之二重性格与复杂人格。这是审美主体面对"现实"和面对"理想"时所产生的"分流合道"式整体效应，它充分显示了审美价值及其美感力量所得以产生的意象认知机制。

忧患意识乃是人类共有的精神特征，也是人类战胜内外困难而坚定奋进的文明主旋律之魂脉。审美的根本意义在于，它能够使人们激发战胜内外困难、改造自我与现实、奔向个人与人类理想的伟大精神力量。所以，命运感和忧患意识是个性主体审美移情的精神转折点，也是沟通主客体价值世界的精神甬道。借此，我们便将价值观与审美观紧密地连为一体，并形成了更深广的概象世界，进入观照自我、反思命运的理性天地和意象王国。

3. 神妙感和超越意识

爱因斯坦说过：最美丽最奥妙的情绪是神秘感。所有真知灼见都是由这种感觉赋予的。人若体验不到它们，便不能探奇钩玄，虽生犹死。人的热情和智慧，均来自于大自然那庄严美丽、深邃简洁的情绪感染和无穷启迪。

审美过程中的"神妙感"和"超越意识"，是审美体验的高峰状态和极致境界，是审美想象的无限自由弛骤和至上的快悦享受。审美主体由此进入流连忘返、出神入化、物我合一、自由和谐的美妙理想王国之中，按照自己的个性情趣和活动方式翱翔于自己所构想的理想天地之中……"超越意识"是审美主体对于现实世界的超拔和腾升，是对于理想世界的契通与融合。它以更为强烈、深邃、坚毅和奋然的整体精神力量而使主体得到系统的精神"实现"——使个性情趣、力量自由、境界神妙等个性体验和本质特征油然廓出。

总之，内在审美活动体现了主体认知自我人格与对象价值的逻辑起点与镜像视域，深刻透射出一个人的审美意识和人格理想等真貌。然而，"欣悦感"和"观注意识"必须回归到"命运感"和"忧患意识"，"神妙感"和"超越意识"也必须复落到"悲壮感"和"创新意识"上。因为人不能生活在幻想的世界中，只能脚踩大地、面对现实、朝着未来坚定行进，才能逐步逼近理想中的美妙世界。

也即是说，神妙感与超越意识是个性主体回归理想、实现内在自由的意象活动之体现，由激发了主体自身的爱心美感诗意、旨趣潜能特质和自由想象力，使人的身心力量进入一种顶极能量的高峰释放状态，从而成为解放内在自我之决定性动力体验。若没有这种意象体验，我们的身心则会困于现实世界，随波逐流、变幻不定并失去自我，我们高质量的心身健康、行为文明、爱情婚姻、精神创造、生殖健康乃至生命创造便无从谈起。

4. 悲壮感和创新意识

人类由于对死亡的厌恶、恐惧和抗争，以及对假恶丑事物的愤懑和反击，对美好事物意外受损或灭亡的悲恸，随之激发起内在的理想斗志和创新热情，同时伴有浓重的悲壮情怀。

人生往往是从快乐走向痛苦、从自由走向束缚和从纯朴走向繁杂的逆旅。虽然未来是灿烂的、理想是美妙的、真理是永恒的，但人类追求它们的过程则是一个无穷尽、无限性的自我否定和自我挣扎之悲壮孤寂、艰难痛苦的永恒活动。

因此，人在审美活动的终极所产生的"悲壮感"，一方面源于理想界的意象体验和精神力量的自由表现与自我肯定，另一方面则是因着现实世界的坎坷处境、尘世丑恶之反向激惹和自我超越、献身理想、抗争现状等形形色色的情感冲撞而生成，并交汇为一种奇妙的超时空"意象"。而"超越前识"起自于"悲壮感"。审美素质和价值理想较高的人们，会因着现实的激励与理想的吸引而大舍大取，忘我于三位一体的整体性审美与创思境界，钟情于理想闪辉的创造性天地，驰骋于想象、猜测和推理之自由神妙的世界里。

同人类的现实生活相比，悲剧世界是一个由人类非凡的行动、强烈的情感、超人的意志、空前的发现和无所畏惧的气魄所组成的特殊世界。我们通过虚拟体验悲剧世界中的不屈精神及其悲惨命运，可以身受感染、唤起同情并激发出自己心灵世界那最潜深、最强大和最高尚的精神力量；悲剧精神的另一主要特征便是"使命感"——悲剧往往以终极悬念、形而上疑问和永恒性探求告终。悲剧承认神秘事物的存在。我们如果对它进行严格的逻辑分析，就会发现它充满了矛盾。它始终渗透着偶然性、巧合性、反复无常的命运捉弄感和人的无能为力感、对无常人生与自然宇宙的神秘感敬畏感慨叹感。然而，人类却从不畏惧和悲颓；人类借助悲剧精神来赞扬艰苦的努力和英勇的反抗。悲剧艺术乃至悲剧人生等，恰恰在描绘人力之渺小、肉体之脆弱易朽的同时，又衬托表现出人之心灵的伟大、崇高和永恒性品格。悲剧毫无疑问带有悲观和忧郁的色彩，然而它又以深刻的真理、壮丽的诗情和英雄的格调使我们深受鼓舞："它从刺丛中为我们摘取最美丽的玫瑰"。①

概言之，悲剧性壮烈精神是审美领域最为感人、最富于刺激和强大的（激励人的）精神力量。我们通过审美活动而厚积薄发的"悲壮体验"和"创新意识"，乃是对人类最高价值的情感认同和精神强化之结晶。在此体验中，主体同时展现和升华了自身的个性力量，创造了崭新的意象世界，在心中实现了自己的理想。总之，悲壮感与创新意识是内在审美的终极结果和核心特征，它揭示了人生有限、自然永恒、人力有限、知识无涯、艰难困苦之绝对性、幸福快乐之相对性等人类命运规律，传达了悲壮自强这个不朽的进取意志及悲剧永恒性魅力之心理动因。可见，人的内在创造既是改变命运、完善人格、锻造意志和激发灵智的必由之路，也是捍卫自尊自由、美感爱心和诗意情趣的唯一法器。

"观念是精神原子弹"，莫里斯在其文化哲学著作《开放的自我》一书中如是说。② 因为观念是思想的网结、理论的坐标和意识活动的经纬。人类高于动物之处，就在于事先在头脑中形成了世界的观念图景及其实景蓝图；在观念世界中超越现实并实现自由，是理性活动的根本价值。因

---

① 朱光潜：《悲剧心理学》，人民文学出版社1983年版，第106页。
② ［美］C. W. 莫里斯著：《开放的自我》，定扬、徐怀启译，上海人民出版社1987年版，第42页。

此，观念的变革与创新便成为思想创新的第一平台。意象是主体的意念与概象有机结合的产物，具核心影响力的意象即是观念。

第四节　自我意识发生与背外侧正中前额叶（DMPFC）

自我认知及自我意识的形成过程实际上是主体创造间体世界、形成思维意象及整合主客观世界价值力量的精神嬗变过程，这个过程与大脑的扣带回后部（加工自传体记忆）、后顶叶（形成自我经验）、联合皮层（产生自我概念）和背外侧正中前额叶（形成自我意识）等结构密切相关。[1]其中，背外侧正中前额叶（DMPFC）发挥着统摄自我意识与对象意识的核心作用。

进而言之，意识主体对自我的心理表征内容既不是一成不变的凝固体，也不是含有标准模式的精神复制体，而是需要主体依据自己的新经验、新情感、新想象、新评价、新理想和新观念不断地加以充实与完善。这既是主体实现内在理想的根本途径，也是主体感悟审美价值的必然结果，更是主体变构、更新和完善精神世界的不二法门。

同时需要指出，在认知自我和建构自我的本体性意识活动中，主体与世界的关系发生了根本性的变化：即主体与客观对象、与他人和社会、与艺术世界和自然世界等，不再是对立的主客关系，而是彼此融合、相互依存、互动互补和协同增益的伴侣关系。此时，主体借助间体世界所衍生的镜像时空同时观照客体世界和自我世界，进而使自己能够突破现实的束缚，实现自我情知意的全面发展并达致高峰状态与理想境界。

在主体所形成的意识间体之时空，主客体之间互相汲取对方的价值品格，交互投射自身的感性特征和内在理式，彼此欣赏，以致最后融为一体，达到主客合一、物我契通的境界，主体进而借助思维间体这个自己所创造的内在对象来镜观自我，发现自我的新质，体验自我的妙韵，评价自

① Abigail A. Marsh, Karina S. Blair, Matthew M. Jones, Niveen Soliman, and R. J. R. Blair。Dominance and Submission：The Ventrolateral Prefrontal Cortex and Responses to Status Cues。J. of Neuroscience，April 2009，Vol. 21 （4）：713－724.

我的价值，提炼主客观规律，完善自我意识，最终形成创造性的新意象、新行为及新产品。

其间，主体会逐步从感受对象的外在特征（感性价值）转向对对象的深层特征（知性价值：如形态特点、运动方式、深层特性、发展规律等）的认识，最终把握对方的本质特点。可以说，主体将自身和对象的形而下特征、形而中属性、形而上本质，历时空情景、共时空心态和超时空构想，感性化认识、知性化理解与理性化认可等复杂多元的主客观内容，都统摄一体，据此形成完满美妙的"思维间体"和"镜像时空"。这是一种理想化、合理性与创造性的主客体完形统一体，主体与客体都能投射并从中发见、体验和确证自身和对方的本质力量、核心价值与人生理想，进而借此认同、强化和完善自身与对方的关系，充实、发展和实现自身的本质力量，将个性理想加以虚拟的内在实现，尔后进行真实的外在实现（即对象化、实体性和操作性的生活实践）。

一　本体意象廓出

人的自我建构活动需要经历哪些过程，又会形成哪些相应的思想产物？至今我们尚缺乏明确的认识。为此，我们需要深入探究相关的问题。

（一）本体建构内容

萨特认为，意象是各种印象的微妙组合与变化方式，人在思考和记忆想象时，也是在对内心的意象进行虚观默察、琢磨猜测、推理演化、重现组合。人的观念同意象是相互表征、互相制导的一双"孪生子"。① 康德指出，审美意象是理性观念同感性形式的完美结合，人的抽象观念在感性形式中获得了生命。②

实际上，人在运用某种观念去分析判断外部事物时，他即是在运用一种符号化的内部模型或图示理解面前的对象。于是，观念成为某种内在化的对象形态，既体现了主体的旨趣、智性和意图，也表征了客观实物的基本特征与意义。认知对象借助意象方式来获得主体意义和客体价值。

---

① ［法］保罗·萨特：《想象心理学》，褚朔望译，光明日报出版社1988年版。
② ［德］康德：《论优美感和崇高感》，何兆武译，商务印书馆2001年版，第164页。

　　具体而言，一个人对自我的精神建构，需要以相应的心理表征体作为内在标志，以此进行三种建构活动：（1）有关自我的具身性知识。换言之，主体在感性层面进行三种本体性表象的心理建构（即有关自我的经验表象、本体情感表象和客观情感表象）。它们具有历时空、形而下和感性化的特点。（2）有关自我的符号性知识。换言之，知性层面的本体概象（概念化表象）建构内容，可包括有关他人、社会、自然、艺术、生命和自我的知识（概念性）表象，想象性表象，预期性或推理性表象等。（3）有关自我的理念性知识或元知识。换言之，主体在理性层面的意象（理念性表象）建构内容，可包括主客观世界的形式规律、结构规则、运动模式，主体的价值判断、情感理想、合理预期、思想图式、人格坐标、精神规律和行为方略等精神意象。

　　（二）本体建构机制

　　自我意识是创新意识的核心，自我意象是创造性思维的镜像模板；同时，自我意识也是人的情感理想和人格框架得以成熟的高阶动力。其中，本体意象的形成过程包括以下序列：

　　第一，对自我情感和思维的返身体验：情景体验—符号体验—意识体验。自我体验是自我意识在情感和元认知方面的具体表现。自我欣赏、自我悦纳、自爱自尊、自信自强等心理状态，都是自我体验的具体内容。自爱自尊是指个体在社会比较过程中所获得的有关自我价值的积极的评价与体验；自信心是对自己是否有能力实现自我价值而产生的自我判断。自信心与自尊心都是和自我评价紧密联系在一起的。

　　第二，对自我情感和思维方式的返身认知。人人都具有异常丰富的对象性情感体验和认知经验，但是不少人缺乏对自我情感的返身体验，更缺乏对自我思维方式与状态的对象化认知与客观判断。自我认知是自我意识的首要成分，也是自我调节、控制情感的心理基础，它包括自我感觉、自我概念、自我观察、自我分析和自我评价。单凭回忆、联想所重构的经验及其所唤起的情感体验，尚不足以体现主体的本质力量与价值理想，难以实现客观化的自我认知。所以，主体需要对处于历时空经验、形而下境遇和感性层面的自我表象进行认知加工：共时空知识、形而中境遇、符号化的知性综合，由此生成全新的知觉表象（或自我概象）。其中，主体的想象活动和内隐判断发挥着时空转换与价值升级的决定性作用。

第三，对自我情感和思维的意识加工。对自我情感和思维的意识加工，乃是基于主体对自我的情感体验与本体认知活动。自我意识是人对自己身心状态及对自己同客观世界的关系的意识。自我意识包括三个层次：对自己及其状态的认识；对自己肢体活动状态的认识；对自己思维、情感、意志等心理活动的认识。正是由于具有自我意识，人类才能对自己的思想和行为进行自我控制和调节，从而形成完整的个性。自我意识是人的意识的核心内容，它对自我表征的最高形式之一便是自我意象；自我意识的成熟是人具备理性意识的本质特征。它以主体及其活动为意识的对象，因而对人的认识活动起着监控作用。换言之，人可以通过控制自己的意识来有效地调节自己的情感、思维和行为。

总之，人在建构自我精神的过程中所创造的对象化"自我表象"、"自我概象"和"自我意象"，能够与"客观表象"、"客观概象"和"客观意象"发生部分重叠与整合情形，因而具有双重映射功能：其一是它们与主体之间能够展开交互性的情感映射和思维映射，包括主体的对象化投射，还包括它们对主体心灵的"逆向映射"（即主体的经验结构和情感样式因着它们的价值反射而发生嬗变；主体从它们的变化运动中发现了自己所投射的情感影像，从而导致知觉变构和体验的深化与拓展）；其二是它们还能象征性呈现主体的情感理想、思维创新的本质力量和合乎主客观规律的价值理念。

二　自我观念形成

认知心理学认为，人的意识系统由两个部分构成：一是关于主客观世界发展规律的思想模型，二是对这些模型的解释及运用，包括对主观世界发展图式和客观世界发展趋势的预期设计和前瞻预测。

（一）自我意识的价值内涵

其中，人的自我意识包括以下内容：（1）对自己内在经验的返身体验；（2）对自我情感活动的综合观照与评价，包括审美、伦理、心理等层面的自我认知；（3）对自己的思维方式与效能的理性反思与抽象总结；（4）对自己的人格与观念意识的价值判断和事实检验；（5）对自己的未来行为的理性设计，以及对客观世界未来发展趋势或潜在深层规律的合理猜想与理论表征。可见，人类的意识活动涉及对世界模型的建构与超前把握未来现实这两个关键内容。

在论及人的创造性意识时，马克思指出："人的感觉、感觉的人性，都只是由于它的对象的存在，由于人化的自然界，才产生出来的。……我在我的生产过程中就会把我的个性和它的特点加以对象化，因此，在活动过程本身中，我就会欣赏自己这个人的生活显现，而且在观照对象之中，就会感到个人的喜悦。……我们的产品就会同时是一些镜子，对着我们光辉灿烂地放射着我们的本质。"①

（二）个性意识的建构原理

车尔尼雪夫斯基在评价托尔斯泰的艺术天才时说："谁不以自身为对象来研究人，谁就永远不会获得关于人的深邃的知识。托尔斯泰伯爵的才华之特点，表明他十分重视在自己身上研究人类精神生活的奥秘，从而能够描绘出人的思想内在活动的画面，而且还因为它给予了托尔斯泰一个牢固的基础，使之能据此全面地研究人的生活、透视人物性格和行为动机、激情和印象的冲突。"②

可见，人的对象化审美感知、想象和构思活动，主要是指向内部时空的一种意象判断与认知操作。这种全息的文化体验（即主体对象化和对象主体化虚拟换位体验）乃是美感与真知涌现的本质源泉，也是人格与作品得以升华的伟大熔炉。

所以，个性主体的审美创造活动不单指向客体世界，也同时指向主体心灵。这是文化创造人格生命的高级方式和本质内容。人格精神对艺术家的审美体验及价值意象的创生与转化，具有一种正向的制导力和本体的内驱力功能。艺术家内心形成并操作运转的意象世界，就是在审美轨道和智性坐标上弛豫腾飞的文化神鸟，是主体生命走向完善化和对象化境界的超越性延展与理想化图景。

现有的人格研究呈现出过于抽象笼统、缺少具体化的心理表征和操作化的思维意识等特点。个性主体的人格特征体现于他的自我意识、自我认知和自我体验等心理活动之中，由此形成了相应的自我表象、自我概象

---

① 《马克思恩格斯全集》第 23 卷，人民出版社 1974 年版，第 202 页。
② 中国社会科学院外国文学研究室编：《欧洲作家论形象思维》，中国社会科学出版社 1986 年版，第 256 页。

（概念）和自我意象，其中包括自传体记忆、本体陈述性记忆、本体程序性记忆和本体工作记忆等思想资源。

为此，笔者提出了人格的"双座子—等位单元"说，即所有的人都具备人格的全息结构与多种发展潜能，而某个人的人格发展与变化取决于遗传—心理—社会—情景等四大变量的相互作用。调控人格活动的主要力量乃是自我意识或人格意象；其中，符号化的自我体验、自我认知和自我意识构成了链接形而下自我与形而上自我的思想纽带。

所谓的自我意识，乃是指人对自己的内心状态与外部行为的价值判断和目标定位；所谓的自我认知，即是指人对自我身心发展的概念表征、知识建构、情景虚拟和时空推理；所谓的自我体验，是指人对自身之直接与间接经验、情感态度、思维方式和个性理想的综合性与对象化再现方式，并诉诸审美的、伦理的、科学的、宗教的、艺术的、哲学的具象观照和感性评价方式。

所谓的元体验、元知识和元调节，即主要涉及自我意识的建构及其运行过程。而自我表象，则主要表征涉身经验与情感意向；自我概象则主要表征有关自我的知识结构、概念范畴、命题建构和判断推理等共时空信息和形而中内容；自我意象则主要涉及人对自身之情知意、机体行为与生活事业的规律性认识。

可见，人格系统具有极为丰富的多层级结构、多元时空坐标、综合的发生学因素和动态变构的深广容量；特别是随着个体之感性、知性和理性结构的次第形成与扩展升级，以及个体不断面临难以预料的环境挑战和家庭—社会—文化系统的新型角色期待，一个人的人格会发生某种渐变、局部突变甚至整体嬗变。

讲人格的独立，是为了求取心灵的自由。后者涉及心智创作的动力，前者关联着主体的思维坐标。打造自由的心灵，需要以人类性、世界性的哲理时空来支撑，需要依托广博的智慧、灵锐深邃的眼量和高尚纯洁的情操境界。

具体来说，我们应当在以下几个方面切实推进个性意识的建构过程：一是建构自我意识的逻辑起点乃是自我表象，从自我表象着手建构思维表征体；二是自我表象的形成遵循主体对象化的原理，即借助审美与认知的移情体验，达到从对象时空发现自我的目的；三是对象的感性特征和运动方式被内化、转化为主体自身的感性素质，因而需要我们强化对观察力、记忆力、联想力和透视力的培养；四是在对象化体验过程中诉诸自己的理解与价值评价，即认知坐标移位到对象方面，同时折射自己的概念时空、想象经验和推理规则，从而以对象为焦点形成自己的思维概象特征；五是当教师要求学生根据对特定认知对象的感性—知性—理性之综合认识与记忆来复现（演奏、复述、书面呈现、动作再现等）对象的内容时，学生就会基于自我的表象—概象—意象系统，来进行个性化的创造性表达与演绎（发挥）。

总之，人的自主性及创造性能否获得充分发展，儿童时期的经验塑造至关重要。现代工业文明和现代教育的最大问题，就是人的自主性和自足感普遍丧失，人格的发展存在缺陷。今天高度关注并认真探究人的情感发展规律和思维建构原理，将会对改善人类群体的情感状况、人格行为和幸福品质起到独特、积极和有效的建设性作用。

（三）发现自我价值的认知契机

人的一切活动均受其情感意向和理念心态的引导与制约。当代人格心理学家保罗·梅尔认为：人的不少事件是临界的、重要的，从外部难以看到它们的重要性。例如认知结构中的幻想、宁静或思想迁移。①

对每个人来说，体现其认知能力的主要标准在于能否抓住"重要问题"以及能否想出"新的解决方法"。② 而能够理解艰深的问题并形成巧妙的解决之道的能力，则主要来自于伟大的思想和伟大的高尚人格。"社会化比通常所理解的教育或训练范围更广，它包括规范与标准、价值与态度，以及具体的知识结构、技能特质和行为之模式。总之，这是把人们引入一种文明境界或准文明境界的过程"。③ 换言之，社会化及社会认知能力的发展、社会意识的形成，均有助于提升主体包括工作标准和思想方式

---

① 引自〔英〕马克·柯克《人格的层次》，浙江人民出版社 1988 年版，第 249 页。

② 〔美〕哈里特·朱克曼：《科学业界的精英——美国的诺贝尔奖金获得者》，商务印书馆 1982 年版，第 170 页。

③ 〔法〕让·斯托策尔：《当代欧洲人的价值观念》，陆象淦译，社会科学文献出版社 1988 年版，第 15 页。

在内的深广的认识论与方法论训练，使之从人格和思想方面达到审美的和哲学的高级境界——这是他们今后取得事业成功的主要心理文化动因。

换言之，社会化过程也就是主体建构个性意识的知识起点和感性动力；这个过程蕴涵着丰富的契机，供主体借助各种对象化之镜发现自我、体验自我、评价自我、提升自我和创新自我。人的这种审美修养和思想艺术，具体表现为早慧、敏感、坚毅，具有强烈深邃持久的爱好心与求知欲，对科学现象、艺术情韵、哲理事物及宗教境象等都深深浸入、玩索不已。大家熟知，爱因斯坦就是这种以音乐审美、哲学思维和人道立身的杰出科学家，是审美人格及智慧创新的伟大典范。①

具体而言，主体发现自我的认知契机包括本体审美及价值映射等系列要素：

一是对道德感、伦理意识或人格美的自我体验。

二是对工作或职业的价值体验，其中包括此类问题："我们到底是为了金钱、爱心还是理想而苦苦奋斗着？或是为了满足物质需要而活着？"这牵涉到每个人对幸福的理解。由于家庭对幸福如此重要，它一旦成为满足的原因时，劳动就成为某种避难所。②

三是对精神危机及其动力转化过程的体验。其中，主体对自身精神危机的人格调控与意象转化则显得非常重要。例如，罗曼·罗兰在同梅森葆夫人的通信录中所展示的内在危机感、对斯宾诺莎的坚定信仰、追求自我完善的崇高理想、以艺术慰藉心灵的思想寄托等精神特征，就集中体现了法国大革命之后黑暗年代里进步的小资产阶级个性精神的思想本质，并由此催生了对象化和理想化的个性文学形象——约翰·克利斯朵夫。③

四是对悲欣交集的矛盾性格的自我认知：通过调节自我、整合性格矛盾，达到化解主客体冲突的对象性目标。每个人的心中都有一个"大我"和"小我"在不时地对话与交锋；它们表征了个性主体的"理想性格"

---

① 〔美〕阿瑞提：《创造的秘密》，钱岗南译，辽宁人民出版社1987年版，第43页。

② 〔法〕让·斯托策尔：《当代欧洲人的价值观念》，陆象淦译，社会科学文献出版社1988年版，第16页。

③ Searle，J：*The Rediscovery of the Mind*. Cambridge，MA：MIT Press，1992，pp. 63 - 64.

与"现实性格",或曰理性自我与感性自我。它们一个指向现实,另一个指向内心,大小相等、方向相反,互补互动、协同增益,共同推动个性主体的人格发展与精神完善。

人类的最高智慧,便在于能够对自身和世界做出合情合理的整体性理解与深邃的领会。同时,伟大的心灵常常是由悲苦的内外命运之板压铸而成的,它们是真理的复本,是真善美的化石,是人性的范品。

人在最痛苦的境遇中,为什么常常情不自禁地要驰飞于往昔的光影世界?因为往昔的温馨之杯被回忆的心灵狂饮沉醉,人要通过品味其中涵蕴的真纯人性和美妙情致,获得自我平衡、自我肯定、自我激励……故而,回忆也是人的一种自我审美活动,一种本体性的价值体验和认知调节方式;选择性地重温和强化过去的自我世界所喷溅出来的灼热芬芳之梦,这是生命的精华之光,是值得永生珍存的个性珠宝。

痛苦是智慧和美感的发源地,生命力借着这块磨刀石而迸射出耀眼的光华。一切美象妙物皆深藏着一种无名的悲哀与惆怅。因此,耐不得寂寞便无法进入新世界。孤独,不失为一种自由的境遇。只有从失败和血泪中,我们每个人才能真正发现自我、释放潜能;只有从失败与逆境中,我们才能瞥见自身与别人、生命和宇宙的深层奥秘。

五是压力转化、凤凰涅槃、精神整合与自我新生。从内涵说来,人的个性创造力系统由综合的价值积蓄和倾向目标构成。从其表现序列说,则从初级和谐→精神危机(骚动不安、焦灼不悦、痛苦不堪等)→高级和谐(突破自我,爆发创造力、抗击现实的非和谐秩序),最终实现内外和谐的对象化审美与认知价值之崇高理想。

第五节　自我情感意识建构与左侧前额叶(LM PFC)

情感意识是人类个体基于生命的有限性而追求生命超越与不朽的一种有关生命价值的意识体现,它构成了人类哲学、科学和审美文化的重要内容。特别是基于对生命有限性的深切体悟,人类生发出忧患意识和超越性意识,由此形成了隽永的审美意识,追求因时而变、依时而动的时间性的超越性价值。

因此,探讨人的自我情感意识具有独特的本体认知意义和自我完善价值，同时有助于我们建构客观理性、客体规律、客观价值等对象化的理性意识——具有重大的思想参照系意义。

一　自我情感意识的基本结构

人的自我意识的觉醒，其积极的表现之一在于，个性主体不仅能意识到他与外在对象的区别（具有灵性），而且意识到他与他人的重要差别（即个性化的情感记忆、情感体验、情感特征和情感理想）。进而言之，人类实际上是因情感意识而发展出超越性和永恒性的理性意识的，情感意识成为催化人的审美意识的内在动力。

审美的情感意识正是这种敞开未来的永恒意识之一，并使得个体意识到未来的超越性生成，意识到无限性境界的发生，以未来美好的理想性意识来消弭现实的悲剧性存在。换言之，审美的情感意识永远趋向于、发生于未来的时间境域中，此种超越旨在以未来的自我意识观照现在，是一种价值预设或有关自我的意识性体验。总之，人的情感意识包括对象性与本体性两大内容。它是生命觉醒和审美意识的重要体现，也是审美追求的重要体现。人借助审美追求而从有限的存在时空超越出来，一方面消除生命存在的有限性和局限性，另一方面，借助审美的自我情感意识来提升自我的感性价值。

笔者认为，人的自我情感意识体现了三位一体的多元时空生成规律和主观价值—客观价值的相互映射效应。具体而言，一是主体对自我之历时性、共时性和超时性情感状态的反思与体验，二是其对外部世界之历时性、共时性和超时性情景的对象化观照，三是根据自我的审美意识、价值意识和认知意识，将内外世界的历时性、共时性和超时性内容加以交互映射和定向匹配，由而形成了全息新颖的自我情感意识。

（一）　自我道德情感意识

人的自我道德情感意识涉及个性主体对自我道德动机、自我道德规范、自我道德观念、自我道德理想和自我道德行为的价值体验、意义评价、认知调节与理想塑造等多重内容。

泰勒（Ch. Taylor）在《自我的根源》一书中紧扣现代人经常经历的"空间迷向"现象，发现现代人对自我的分割与人们在所谓"道德空间"（当然也是一种社会空间）里寻求自我、美德和理性探索的限制有重要的关系。① 麦克英特（A. MacIntyre）注意到，对自我、美德和理性探索的定位与环境空间有着广泛的联系，因为我们不能独立于意向来规定行为，也不能独立于构成意向的环境来规定自己的情感意向。② 换言之，道德感即是个体对其道德观念的具身化体验与感性认知方式。

罗素的自我意识观点认为，存在着两个空间：主观的、内在的、私的空间和客观的、外在的、公共的空间。在自我的私人空间主要充斥着主观的表象，在公共的客观空间则存在着物象；主观的内在空间之表象是对外在空间实在物象的映照，二者存在对应关系，客观空间中的物象变化必然引起主观空间的表象变化。③

主体的认知机制即在于，主体把自我对象化、把私的空间看成外在的空间，借此观照自我。詹姆士认为，所有的空间和事物，不论是回忆的、想象的还是现实的，都在自我之外。正因为这样，自我的私空间就作为一个虚的空间与外在的实在空间统一起来，因此我们看到的是一个虚的外化的私空间，我们行走其中的是一个外在的客观空间，由于主观空间与客观空间获得了统一，因而自我表象就与客观物象统一在一起。西方哲学家认为意识具有双层结构：表层结构是自我对情感对象的认识；深层结构是自我情感的镜像生成。

（二）自我审美情感意识

自我审美的情感意识是指审美主体借助对象之镜来观照自我的情感状态，特别是以审美发现的眼量、审美鉴赏的心机、审美想象的妙景、审美判断的直觉来梳理自己的情感脉络，肯认自己的情感意义，提升自己的情感品位，完善自己的情感理想，内在实现自己的情感价值。例如，人们时常要回味童年的真趣、初恋的惆怅和自由的玩耍情景，其实就是自我审美与自我激励的一种内在方式。当然，目前学术界对于这个问题的研究很不够，因而需要大家共同努力开掘人类自己的内在审美金矿。

话又说回来，自我审美的情感意识需要以审美客观对象为中介，进而

---

① 转引自 ［美］J. Rouse. Knowledge and Power toward a PoliticalPhilosophy of Science, Cornell University Press, 1987, 108。

② Ibid., p. 110.

③ ［英］罗素：《心的分析》，贾可春译，商务印书馆 2010 年版，第 64 页。

借此摄纳对象之美、映射与观照自我情感之美。审美意识，照康德的说法，是直观感性的先验格式，用以罗列万象，整顿乾坤。然而我们内心的审美意识的构成，须要借助感官经验的媒介。我们经由视觉、触觉、动觉、体觉，都可渐次获得审美意识。人类的对象性审美意识，在东西方有不尽相同的体现方式。例如，西洋艺术的空间透视法遵循三个原则：一是几何透视法，二是光影透视法，三是空气透视法。中国画的空间构造，则既不是凭借光影的烘染衬托，也不是移写雕像立体及建筑的几何透视，而是旨在显示一种类似音乐或舞蹈所引起的空间运动感。例如"书法的空间创造"。中国的书法本是一种类似音乐或舞蹈的节奏艺术，它具有形线之美，能够传征情感与人格的状态。它不注重摹绘实物，也不完全抽象。我们通过研究书法的空间表现力，即可了解国画所体现的独特的空间意识。

又如，中国的字不像西洋文字由多寡不同的字母拼成，而是每一个字占据齐一固定的空间，通过写字的笔画而结成一个有筋有骨有血有肉的"生命单位"，同时也就成为一个"上下相望，左右相近。四隅相招，大小相副，长短阔狭，临时变适"和"八方点画环拱中心"的"空间单位"。中国字若写得好，用笔得法，就会生成一个富有生命空间立体感的符号机体。书画通于舞，其空间感也与舞蹈与音乐所引起的力线律动的空间感相似。中国人画兰竹，不像西洋人写静物，而是临空地从四面八方抽取那迎风映日偃仰婀娜的姿态，舍弃一切背景，甚至于捐弃色相，参考月下映窗的影子，融会于心，胸有成竹，然后拿点线的纵横，写字的笔法，描出它的生命神韵。①

在这样的场合，"下笔便有凹凸之形"，透视法于是用不着了。画境是在创造一种"灵的空间"，就像一幅好字表现一个灵动的空间一样。中国人以书法表达自然景象，那是一种永恒的灵动空间，是国画的意境。

总体而论，西洋的绘画渊源于希腊，其宇宙观注重把握自然现实，重视宇宙形象的数理和谐，因而创造了整齐匀称、静穆庄严的建筑，生动写实而高贵雅丽的雕像，以奉祀神明，象征神性。从中古时代到文艺复兴，

---

① ［意］布鲁诺·赛维：《建筑空间论》，张似赞译，博远出版有限公司2006年版，第26页。

他们更是自觉地讲求艺术与科学的一致。画家兢兢于研究透视法、解剖学，以建立合理的真实空间之表现范式。其艺术不惟摹写自然，并且修正自然，以合于数理和谐的标准；其审美的空间意识偏于科学的理知态度。①

那么，中国山水画所表现的空间意识又是什么格局呢？中国山水画的开创人是六朝、刘宋时代的画家宗炳与王微。他们两人是中国山水画理论的建设者，阐发了透视法的特点及中国绘画艺术的空间意识。王微反对绘画的写实和实用功能。绘画是以托不动的形象以显现那灵而变动（无所见）的心。② 绘画不是面对实景，画出一角的视野，而是以一管之笔，拟太虚之体。那无穷的空间和充塞其间的生命（道），是绘画的真正对象和境界。换言之，中国画的美感源于人们对艺术意象的感性观照。

西洋画在一个近立方形的框里幻出一个锥形的透视空间，由近至远，层层推出，以至于目极难穷的远天，令人心往不返，驰情入幻。中国画则喜欢在一个竖方形的直幅里，使人抬头先见远山，然后由远至近，逐渐返于画家或观者所流连盘桓的水边林下。③《易经》说："无往不复，天地际也。"中国人看山水不是心往不返，目极无穷，而是"返身而诚"，"万物皆备于我"。这是中西画所表现的空间意识的不同。

2001 年的一项研究发现，人的大脑似乎天生对美具有一种精确的判断力。这项研究是由意大利的几位心理学家和艺术家共同完成的。他们利用功能核磁共振成像（fMRI）技术观测那些对艺术并不熟悉的普通观众对古典主义和文艺复兴时期几座雕塑名作的反应。实验结果，显示，被试对于原始图像的反应，和篡改了比例的雕像相比，在被试大脑的右侧脑岛、侧枕回、前叶楔和前额叶等区域存在更加强烈的激活。这些区域被科学家称作"大脑的默认系统"（default-made network）。更加有趣的是，当被试对雕像进行整体的审美判断时，被他们判断为美的那些图像更多地激

① ［日］卢原义信：《外部空间设计》，尹培桐译，中国建筑工业出版社 1985 年版，第 172 页。

② 刘天华：《园林美学》，云南人民出版社 1989 年版，第 42 页。

③ 邓庆尧：《环境艺术设计》，山东美术出版社 1995 年版，第 69 页。

活了被试大脑的右侧杏仁核。①

据此，科学家们推测，人类对于美的判断可能基于两种独立的机制：一种相对客观的审美机制基在于皮层神经元和脑岛的联合激活，它和人们公认的"黄金分割比例"相一致。另一种机制则来自于被试自身的主观判断，这涉及主体自身情绪的审美经验与空间意识引起大脑杏仁核激活。

2002 年，意大利的著名认知神经科学家里佐拉蒂（Giacomo Rizzolatti）和其同事发现了镜像神经元（mirror neuron）的存在。这种神经元的神奇之处在于，当人们在观察他人动作以及自己做相同动作时，都出现同样的神经发放模式。② 这些在大脑顶叶、额叶出现的镜像神经元的发放，特别和有目的的动作相关。神经科学家弗赖堡（Freeberg）认为，当我们观看普桑（Poussin，法国画家）的作品时，或许正是由于画中人物的动作激活了我们大脑中的镜像神经元，使得我们虽然没有亲身经历这些动作，却能体会到相同的情景，从而能够借助移情体验和共鸣反应更加真切地感受画中人物的情绪及意图。③

可以说，我们借助对世界的形象化感知而形成了对象性表象与自我表象，进而借助对世界的符号感知而形成了对象与自我的概念性表象，最后创造了理念化的对象性表象和自我意象。其间，从形态体验、符号体验到意识体验，我们渐次掌握了内外世界的基本规律，我们逐步形成了完形化的多种意识能力和行为范式。

（三）自我对科学的情感意识

科学活动需要人的兴趣驱动、经验养成、热情投入、激情想象和美感体验；其中，主体的科学想象力实际上与他的审美想象力之间存在着交集。在一般情形中，人的审美想象力的发生与形成相对早一些，因而它有

---

① Gusnard DA, Akbudak E, Sulman GL, Raichle M (2001): Medial prefrontal cortex and self-referential mental activity: Relation to a default mode of brain function. *Proc Natl Acad Sci USA* 98: 4259 – 4264.

② 贾科莫·里佐拉蒂、利奥纳多·福加希、维托里奥·加莱塞：《镜像神经元——大脑中的魔镜》，赵瑾译，《科学美国人》中文版《环球科学》2006 年第 12 期。

③ R. Solso, 2003, The psychology of Art and the evolution of the conscious brain, MIT Press.

助于催化主体的科学想象力。

同时，一个人对科学文化的情感意识主要包括下列内容：一是对科学现象的兴趣体验，二是对科学概念的情趣理解，三是对科学规律的志趣追求，四是对科学理论的审美建构，五是对科学真理的情操信仰。可以说，在科学活动中，"情感表象比知识概念更重要，因为前者能够直接激发人的创造性想象，想象力能够催生无尽的新知识；相形之下，知识不但是有限的，而且是刻板的和乏味的。"①

这是因为，"无论是在科学活动、艺术活动还是其他的思想活动中，对人的认知行为产生深刻影响的乃是人的内在兴趣；它影响着人的情景记忆、程序记忆和工作记忆"。② 说到底，它需要审美体验的深层催化和哲理意识的顶层牵引。总之，我们应当用自己内心最美妙、最灵颖和最鲜活的精神力量，去认知和摄取科学世界的精妙气象；这是一种互相发现、互相吸纳、互补互动和协同增益的智慧滋生方式。

二　自我情感意识的大脑定位

有关情感意识的认知神经科学研究，迄今比较少见；有关自我情感意识的探索性成果，则少之又少。但是，它在人的自我意识发展过程中发挥着非常重要的支撑作用。因此，它值得我们深入钩探之。笔者在此结合前额叶的亚区结构与功能，简要讨论人的自我情感意识所赖以形成的大脑物质——信息基础。

（一）左侧前额叶（LMPFC）

前额叶新皮层的主要功能乃是支持主体指向特定行为的时间整合。这个过程遵从时间格式塔规律等复杂的时相序列而得以形成和付诸实施。③其中，临时工作记忆、前瞻工作记忆和注意工作记忆（控制干扰信息）

①　Ronald de Sousa. The rationality of emotion. Cambridge：Massachusetts, The MIT Press, 1991, pp. 65 – 66.

②　Goldman, A：*Philosophical Applications of Cognitive Science.* Boulder：Westview Press, 1993, pp. 93 – 94.

③　Lloyd, Dan：*Radiant Cool：A Novel Theory of Consciousness.* Cambridge, MA：MIT Press, 2003, p. 23.

等三个序列，构成了大脑整合时间意识的核心环节。

第一，临时工作记忆位于左侧前额叶外侧中部，主要检索主体最感兴趣的以往对象、当下事物和将来的行为目标，主体进而据此形成新的情感意象与思维意象，资作指导其后续活动的思想图式。其下行性驱动低位皮层的信源目标，乃是颞枕联合皮层和颞顶联合皮层。

第二，前瞻工作记忆位于左侧前额叶的眶额部、外侧下部和前运动皮层，主要基于临时工作记忆来设计后续行为的具体策略、程序、方式和手段等操作性内容。在这方面，前运动皮层及其所依托的辅助运动区需要左侧前额叶的外侧下部的行为指导，进而发动了对后续行为的内在预演活动。

（二）腹侧正中前额叶（VMPFC）和眶额皮层（OTPFC）

第一，腹侧正中前额叶主要负责激发人对自我的积极情感，同时抑制来自低位皮层和皮层下结构的干扰性信息与负面情感刺激，基于主体的理智感、道德感和目标感而调节主体的言语、姿态、思想和行动。在被试体验其最喜欢的音乐和感受崇高悲壮的宗教情景时，该区的神经元表现了强烈的抑制性反应（去极化抑制性突触后电位）。

第二，眶额皮层主要负责维系人的积极的情感动机，形成情感理想，建构预期的情感目标，同时抑制来自枕叶、颞叶的干扰性信息及负面情感冲动，以及对来自杏仁核与海马的本能性情感冲动加以抑制，借此使主体能够聚焦注意力。该亚区受到损伤后，患者常常出现欣快感，伴有激动、虚构、妄想、说话啰唆、言语离题等怪诞行为。

第三，扣带回（AC）也是主体加工自传体记忆、转换与体验预期行为价值的重要结构，从而体现后续行为的奖赏效应和主体意义，借此形成主体的行为动机。

（三）左右侧大脑半球

一般来说，左侧大脑半球具有维系积极情感、抑制消极情感的作用；与之相反，右侧大脑半球则具有激发消极情感、抑制积极情感的效能。其中，左侧颞下叶负责语言情感记忆，右侧颞下叶负责自我情感记忆和音乐情感记忆；扣带回前部负责人的预期性情感记忆，脑岛负责主体以往的与身体生理经验有关的情感记忆，杏仁核负责保存主体以往对外部事物的情感反应模式，进而为人的当下的本能性情感反应提供自我参照系。

另外，人的情感活动具有正负性效价、记忆唤起度、注意力聚焦度、爆发强度和持久性等基本参数特征。

三　临床神经心理学的样本分析

一是自我情感执行障碍，患者对自己的情感行为程序的时间空间与秩序整合发生了困难，无法启动与组织新的情感行为，表现为注意力分散和游离，缺少计划性，无法排除情绪干扰，做事没有条理性，其言语、思维、情感和动作缺少内在的一致性，等等。

二是情感工作记忆障碍，患者无法判断情感事件发生的时间顺序，也难以形成有序的情感决策行为，常常忘记了情感目标，或者无法从记忆库之中提取当下最需要的情感信息资源。

三是情感意识障碍，表现为淡漠（背外侧前额叶病变所致），抑郁（左侧前额叶下部病变所致），欣快（右侧眶额皮层的病变所致），喜怒无常，情绪冲动，失去自控能力。

四是情感注意障碍，主要源于前额叶背外侧或眶额皮层的病变，患者表现为空间忽视，无动于衷，态度淡漠，反应消极，注意力分散、游移不定，并可伴有固执、身体运动和言语活动出现困难，运动减少、运动不能、失动性缄默症，等等。

第 五 章

意识表征及其缺失机制论

由于人类的行为活动以意识对内外世界的表征和理解方式为根本坐标，所以要探讨意识之谜，就应进一步了解主客观世界之形态特征、运动规则和发展规律在人类精神时空里的存在方式或显现形式，这是脑研究中最复杂而又最迷人的重大主题。

第一节　意识表征的基本内容

大脑是关于精神与物质、意识与存在等基本范畴相互统一、相互作用的一种合适样本。其中，代表精神意识的（额前叶）"意念中枢"，代表本体生命物质力量的（顶叶）"身体中枢"，代表客观世界物质形态特征的（枕颞叶）"客体表象中枢"，[①] 于心理学层面进行着有序、复杂和微妙的相互作用（甚至是重组、改建、优化、扬弃等过程），从而使人类借助高级符号系统来发展提升自身的精神心理能质，指导文化实践和文化创造行为。

一　意识表征的含义与特点

在全息水平和整体观上，大脑活动包含了精神心理信息、生物生理化学信息和物质能量等运动，是物质、能量和信息的多层次多序列之统一方式与作用场所。其顶级信息系统——人的意识活动，则深刻表征了主客观世界的价值特征、基本规律和演化镜像。

---

① 崔宁：《思维世界探幽》，科学技术文献出版社 2005 年版，第 36—38 页。

（一）意识表征的含义

所谓的意识表征，是指主体在意识活动中用来使意识对象、意识内容、意识产物呈现为内在形式的认知手段或中介工具。进而言之，表象—概象—意象之"三位一体"系统是人类意识对主客观世界之价值与规律的虚拟象征形式，是文化世界的心理镜像。①

（二）意识表征的特点

简要说来，人的意识表征具有以下特点：

第一，全息概括性。意识加工不同于感觉加工的独特之处，就在于进入意识层面的思维对象得到了时间和空间方面的特征整合，从而使知觉表象能够体现多种感觉表象的诸多特点，有助于主体形成对客观事物的某种"统觉"。由此可见，意识的概括性基于主体对特定事物的普遍特性之分析、分类与组合，还需要借助适当的回忆、联想和想象来扫描对象的所有特征，更需要借助判断和推理来确定对象的概念与属性。

第二，抽象性。进入认知层面的意识对象、意识内容及意识结果，并不是以生动具体的感性表象而呈现的，而是以相对抽象的符号形式或认知表象呈现的，诸如从文字表象、言语表象、音符表象、数理表象、符号表象等系列表征形态进入相应的概象时空和意象时空。这是因为，感觉只提供表象，理性则从中析出本质特点或普遍属性；理性思维的作用在于把握概念，并使之与现实存在的对象本质特点相一致，还需要与对象的表象特点（感觉形式）相匹配，而人们无法借助某种生动具体的形象来指称抽象的概念，只能使用符号形式来表征客观存在的思维对象。

第三，虚拟性。由于人的思维意识既难以直接进入思维对象的实体结构之中、也难以直接进入思维对象的历史时空及未来时空，因而主体只能借助经验层面的感性模拟、概念层面的知性模拟和意识层面的理念理性模拟来把握对象。尤其是当人的经验与知识不足以模拟对象的本质特点时，主体就需要进行创造性的想象和模糊推理，以此形成更接近对象本质及客观规律的理想化模拟表征体。

---

① 李其威等：《当代国际心理科学进展（论文集）》第一卷，华东师范大学出版社 2006 年版。

第四，层级性。意识表征不是平铺直叙的线性过程，也不是单一呈现的孤立产物，而是经历了情景表征、问题表征、概念表征、命题表征、模型表征等多元化和多层级的建构过程；其中，以表象形式呈现的经验与情感，以概象形式呈现的知识概念、想象情景和推理图式，以意象形式呈现的人格特征、观念意识、猜想假设和行为蓝图，分别在人的意识表征过程中发挥着不可替代的重要作用。

进一步而言，心理意象乃是对主客观规律的内在体现，包括主体的价值理想、道德观念、审美意识、科学真理和人格情操，也包括客体的运动规则、时空特征、本质属性和发展规律等内容。因而可以说，人的各种理念唯有通过思维意象才能获得内在显现，后者又是对思维表象和思维概象的统摄、合取与重构整合方式；主体借此将对象的感性特征、知性规则与理性规律加以全息表征。

二　意识表征的功能

意识表征的功能主要表现在以下方面：

第一，为人类能动地完善自我、开发释放精神能量，提供科学依据、教育方法原理和成功的经验范本。既然人的意识能够能动地超前影响人的记忆内容（知识与经验）、情感对象思维水平，所以有理由认为，主体借助建构意识表征体即可练达升华自己的情知意能力，据此发现自身和世界的新颖深刻的真善美规律并创造新的精神作品，借此建构更完整成熟的人格意识。后者乃是我们认识世界和改造世界的主体坐标与内在蓝图。

第二，它蕴涵了主客体的价值本质、核心规律、身心潜能与精神理想，体现为"美感诗意、爱心善意、同情关怀、道德感良心、理智感平心和直觉灵感慧心"的完满融汇与升华练达之水平。①

第三，有助于人类以合情合理的方式开发心脑潜能，促进情知意的全面和谐发展。这是因为，人的心理结构包括情感结构、知识结构、意向结构、人格结构、思维结构等内容；从形式上看，则由下而上分别由表象结构、概象结构和意象结构等三级内容构成。其中，感觉皮层蕴纳表象内容，联络皮层涵纳概象活动，前额叶新皮层主事意象活动。

---

① 崔宁：《思维世界探幽》，科学技术文献出版社2005年版，第36—38页。

同时需要指出，主体的表象结构以经验为主，兼有知识性、情感性成分；概象结构以知性逻辑和语义概念定理为主，兼有情感性、意向性、经验性成分；意象结构则是对主体情知意特质和客体形态机理价值之全息表征，兼有感性、知性和理性之融通集成性质（如美感、道德感、理智感、灵感及其意识体验，想象推理和时空创构等情形）。

基于意识发展的内在规律，我们应当在青少年早期阶段强化感性建构与表象塑造，在中期阶段强化知性建构与概象塑造，在青年后期至成年前期强化理性建构与意象塑造活动，以便为 30 岁左右个性的全面成熟和身心进入高峰创造期奠定坚定深厚的意识基础。

第二节　意识对主客观世界的表征方式

理性意识的生成以感性体验作为价值动力，以知性判断作为价值桥梁，以理性预见作为价值模型，以人格意识作为生成产物；其核心表征方式，包括客体世界的本质性普遍性规律意象、主体世界的合情合理性合目的性理想意象、个性精神之情知意三位一体与知行统一的人格意象、指导未来行为实践的超越性战略意象，等等。由此可见，理性化的意象活动乃是个性主体调控其情知意活动的顶级力量，并且对主体形成创造性的诗意美感和灵感智慧之过程具有决定性的催化作用。

一　知性意识对主客观世界的表征方式

知性化知识的生成是以表象为源泉，以概象为焦点，以规则程式为经纬，以想象为先导，以推理为后盾，借此实现对客观世界之运行机制及主观世界之活动规则的抽象把握和能动建构等多元产物；其表征方式包括想象性概象、推理性概象，其类型包括语法规则、逻辑规则、数理定则、伦理准则、审美法则及科学技术、人文艺术等专门的符号结构规则，等等。如果说感性知识类似于某种"物象模式"，知性化知识接近于（精神世界的）某种"程序图式"，理性知识则相仿于（社会生活中的）"预见模型"。

第一，想象性概象（情景范型）。想象是一种内在知觉，通过虚拟的经验引起真如的感觉。在有意识的智性思维中，在接近无意识的梦境思维、直觉灵感经验中，想象均发挥着关键性的抽象概括和推理预测功能。

第二，推理性概象（关系范型）。旨在形成主客观世界的新概念与新范畴（结构范型），发现主客观世界运动的新方式与新规则（功能范型）。卡巴纳克指出："对物体或事件的想象本身，可以被编码进入记忆，促进记忆材料的保存。……想象确实吸收了对特定感觉模式中的信息加工的特定机制。这一推理部分是根据想象可选择性地干扰同类知觉模式这一事实提出来的。芬克报告的大量结果说明，想象运用了中枢的感知机制。"[①]这说明，想象可以催生新的创造性信息，是知识和经验获得内化、活化并升华为智能的主要门径。

二 理性意识对主客观世界的表征方式

所谓理性意识，指经由感性意识和知性意识而升华的一种顶级思想产物，它是主体凭借意象思维而把握主客体世界的本质、全体与内部联系的认知图式，具有抽象性、间接性、普遍性和超越性、虚拟性等特点，以主客体世界的本质规律、活动范式、价值理想及战略框架为基本对象。此处所说的"意象"，乃是精神世界的合情合理的理念同物质世界那自在自足自为的本质规律的契通妙合。换言之，理性意识体现了人类对主客观世界本质规律与核心价值的高阶把握方式和能动性双向创构水平。

（一）意识性体验

意识体验并不是一种感性经验，而是一种由上到下的理念还原活动、思想具象表征方式。当代神经哲学、认知科学和心智哲学的核心内容，就是理解意识性体验的神经元基础。[②] 立贝特指出：梦涉及意识性体验的记忆，"梦的体验完全是意识的，而且有时是极其生动的。因此，梦能代表那些不一定和记忆与回忆过程相关的意识性体验"。由于意识性体验必然涉及前额叶、顶叶和枕颞叶的部分性参与，且这种参与已经得到了笔者的

---

① ［美］H. 戈赞尼扎：《认知神经科学》，沈政等译，上海教育出版社 1997 年版，第 268 页。

② ［澳］约翰·C. 埃克尔斯：《脑的进化》，潘泓译，上海科技教育出版社 2004 年版，第 228 页。

研究和实验证实，所以前额叶的意识中枢之角色似乎是可以初步定论的。① 同时，前额叶的概念驱动又离不开顶叶和枕颞叶的表象驱动与整合定位。

一个饶有兴趣的现象是，刺激脑组织所引起的许多神经元的反应，并不产生任何意识性体验。② 实验表明，特定的大脑激活需要长达 500 毫秒的时间；在报告觉察到要做（或决定做）一个随意动作的时刻之前，大脑已有数百毫秒的预期活动（短于经预期活动时间则导致皮层负激活——无意识的精神活动）。此现象说明，一切有意识的体验均需要前额叶的理念驱动（主观安排或发动、设计）。

（二）猜想性与对策性理念（真理虚拟情景与前瞻性战略意象）

人类的智慧旨在应对现实、预见规划并指导未来的行为。唯此人类才比动物具有更长远的能动适应能力，才不致沦为现实和环境的奴隶，才会以远见卓识和前瞻性战略智慧来洞察利弊安危，抉择最优目标并获得高效优质发展。因此笔者认为，超越式的理性思维或构拟未来的意象思维乃是其独一无二的优势品格。

具体来说，人脑的前额叶新皮层（以额极作为整合中心，并与感觉皮层和联合皮层发生致密遥远的双向沟通）即是这种顶级能力的神经结构功能基础。其进化速度最快、体积扩展最大（约占前额叶的 90%，占大脑皮层近的 1/3）、成熟最晚（22—26 岁发生髓鞘化，实现生理性成熟；28—30 岁时完成突触重塑和建立电化学反应模式，并进入意象结构形成期、理性思维操作期和人格意识廓出期）。③ 作为"主客体意象信息（中枢）"，它既面对外部世界（自然社会与文化）的深层规律与未来的价值图景，又指向主体内部世界（表象、概象与意象天地）的根本规律与未来的价值目标活动范式。这样，它借助历时空的表象资源（感性化的主客体信息）和共时空的概象资源（知性化的主客体信息）来表征内外世界更深层、更新颖和更合情合理的运动规律（意象图式），从而资作预

① ［美］乔治·阿德尔曼主编：《神经科学百科全书》，杨雄里等译，伯克豪伊萨尔出版社、上海科学技术出版社 1992 年联合版，第 203 页。

② 同上书，第 496 页。

③ B. 英海尔德：《学习与认知发展》，华东师范大学出版社 2001 年版。

见、规划未来主体发展及改造超越性的理性思维或远见卓识。

（三）理论学说（意象图式）

第一，如果说表象具有相应的具体性外部事物之原型特征（与镜像对立），概象具有大致明确的客观事物之表象类型与可感知的运动特征，那么意象世界所指称的主客体世界之本质规律及主体的未来行为战略框架则是高度抽象的一种符号体系。它所面对的规律之像或战略图式实际上并不存在，或是属于不可感知的某种情境，并无标准范式可言，于是主体只能借概象与表象的杂交重构来生成二级抽象符号——意象形式，以此来模拟或虚构那或陷在或遥远的对象特征了。

第二，人对过去或现在的内外世界之体验与认知，基于已有的知识规则和范式而进行；但对属于未来的主体行为之战略设计，对于客观世界逼近真理境界的本质规律之全新解释，则处于相对缺乏经验和知识的困难境遇，即现有的经验与知识无法满足预测未来、设计战略、预见规律与价值之理性需求。因此，这种超越时空的认知自我与世界之深层规律、设计改造主客体世界之行为蓝图的全新活动，便需要借助模拟与虚构的方式来生成新理念、新人格、新蓝图、新模式了。

（四）人格信念（本体意象性模型）

以意象形式呈现的理性意识内在地必然包含了主体精神建构的最高产物——人格信念，当然也包含有主体对客体世界的规律图式建构产物——世界观、人生观、伦理观、审美观、宗教观，等等。从本质上看，人格指个性精神世界中的情知意活动之核心坐标与价值经纬系，它是文化内化为个性主体精神能质的最高产物；个性主体的情知意力量与客观世界的对象形态、机理和价值由此实现了贯通耦合，呈现为高级感性（美感爱心、灵感慧心、道德感良心和理智感平心）、高级知性（科学知性、人文知性、宇宙知性、生命知性、社会知性等）及高级理性（审美意识、道德意识、科学意识等）等人格框架和行为蓝图。

（五）全息意识（关于主客体发展规律的意象化模型及其解释——预测系统）

观念、理念和意识等乃是理性认识的重要内容。奥古斯丁把观念视为现象世界的完善模型，康德将道德自律意识作为理性观念的内核。黑格尔则认为，理性是精神的本质特点，精神的实存是知识活动，精神体现了主体性与客体性的统一性；理论性的精神创造是精神世界的观念性基础；理性是自在自为的真理性，即观念的主体性与客体性之普遍而单纯的统一性体现。①

笔者认为，理性意识既包含了主体对客体世界本质规律的科学预见和解释模型，也包含着主体对自我及人类身心世界之价值理念与根本潜能的战略预期及未来行为规划蓝图。具体而言，理性意识的心理表征方式以意象为主，其深层机制在于：主体在超时空、形而上和理性文化三个维度，对自己、他人和人类的历时空经验、共时空知识、形而下表象、形而中概象、感性情景和知性特征进行全息重构、自由变换，由此将主客观世界的形式特征、中层属性和深层本质加以贯通、整合与突现，从而达到主观真理与客观真理、主体理性与客体规律、主观意识与客观法则相互统一的神奇美妙心态境界。

诚如黑格尔所言，主客体这两大世界的本质价值经由理性意识获得了内在契通与时空融合，可谓"天人合一"、"宇宙即吾心、吾心即宇宙"。它表明，人类的理性意识体现了主体心智向客体规律的能动逼近趋势及思想真理向存在规律回归的精神命运。

三　理性知识的生成机制

人类之所以在长期的进化历程中能够形成理性智慧、审美意识、道德情怀和创造性的直觉灵感思维，可以说全仰仗着经验表象和概念模型这两大心理"云梯"的支撑。迄今为止，学术界对感性认识的心理表征方式已达成共识，即表象方式；但对命题、概念、定理、模型等抽象形态的符号化知识之心理表征问题，依然存在很大的争议，更对人格、意识理念化的本体知识状态缺少表征研究。② 因此我们很有必要对此展开分析。

---

① ［德］黑格尔：《哲学科学全书纲要》，薛华译，上海人民出版社 2002 年版，第 267—270 页。

② Searle, J. R: Mind, brain, and science. Cambridge：Harvard University Press, 1984，p. 237.

（一）　当今主客倒置的价值观与认知系统

王充在《实知》篇中指出，只有凭借耳闻目见才能得到真实的认识；只有在经验基础上以类相推，才能预见未来。康德也认为："关于对象的表象来自经验……一切关于对象的知识，之所以具有客观实在性，关键只在于与经验有联系。"① 据此，康德阐释说："知识来自两个源泉——一是接受表象，二是运用概念，即直观和概念构成了一切知识的要素；知性不能直观，而感性缺少思想，两者只有结合起来，才能形成知识。"②

人的知识系统不但涉及客体世界，而且与主体世界具有更为密切的关系。诚如笔者前面几章所述，人类认识客观世界的能力需要由其认识自我世界的能力转化而来；其根本原因在于，元认知能力决定了人对客观世界的认识能力，元认知系统涵纳了主体对自己的情知意力量的特性认识、调节策略和实现路径等核心内容。然而笔者需要指出，人类在认知与改造客观世界的伟大进程中取得了日新月异的壮观成就，但是在认知改善主观世界的复杂过程中却呈现出严重的滞后倾向。具体表现在：

1. 忽视对主体情感意识的价值认知与精神建构

虽然情感、情绪对人的认识活动和社会实践具有重要影响，一直是哲学家、心理学和教育学家、管理学家关注的问题，但是迄今缺少发展科学人文一体化的情感意识的公认理论。例如，对人的情感塑造与经验建构之知识化内涵、科学机制与精神行为价值等，缺少深入的定性定量研究和理论阐释，进而导致社会轻感性教育、重智性训练、轻人文艺术、重科学技术的实用主义文化盛行，致使青少年呈现出经验单调、情感贫乏、人格残缺、意志孱弱、想象力平庸、创造性阙如、知识僵化、理念偏激、行为缺乏和谐定向目标与公共准则。

2. 缺乏对自我认知机制的科学阐释

在当代人的心目中，所谓的知识主要是指客观世界的科技知识，所谓人的认知与创造能力，主要是指主体对科技文化的内在转化与操运水平。例如，对人的自我情感体验、情感认知评价、情感的理性反思与重整完善

① ［德］康德：《纯粹理性批判》，蓝公武译，商务印书馆1960年版，第155页。

② 同上书，第156页。

等内在化的精神实践活动（以表象等实体符号为对象），缺少关注、研究、传播和应用实践。中国文化历来注重对伦理规范的传播灌输，而忽视了对个体的伦理体验、审美体验、宗教体验之正向引导，侧重以惩罚式的单一的伦理经验塑造人格；而西方人以基督教文化、艺术文化为载体，以此为儿童提供多元化情感体验空间，并借祷告与忏悔形式强化个体对自我情感的内向体验、认知反思与调节改造努力，从而使个性精神之根借文化移情造象效应而深植于肥沃的经验之壤与深阔的感性大地。

（二）理性知识的生成与表征

所谓理性知识，指经由感性知识和知性知识升华而成的一种顶级认识产物，它是主体凭借意象思维而把握主客体世界的本质、全体与内部联系的思想结果，具有抽象性、间接性、普遍性和超越性、虚拟性等特点，以主客体世界的本质规律、活动范式、价值理想及战略框架为基本对象。此处所说的"意象"，乃是指精神世界的合情合理的意识同物质世界那自在自足自为的本质规律之气象的契通妙合。换言之，意象形态既是对感性表象与知性概象的完形重构产物，也是对思维主体的情知意力量的全息融汇结果，从而产生了对主客体本质力量的创造性表征图式，催生了超越时空并具有普遍意义的内外世界新模型，由此体现了人类对主客观世界本质规律与核心价值的把握方式和能动的双向创构水平。① 而理性知识的生成方式，则具体体现为以下内容：

一是建构"间体世界"；二是形成"镜像时空"（使思维对象与主体产生交流契机）；② 三是因着思维信息的刺激而引发主体对经验的重构、情感的更新、思维的优化、理念的融通、人格的升华、理想的具现，等等；四是主体能动和有意识地将自我的新颖特征、本质力量、深幽价值、奇妙意义等，虚拟而真如地投射到"间体世界"，由此创造出更完美而内在的"第二自然"或"第二精神体"；五是主体借助"间体世界"的显影特征和逆向映射装置（即"镜像时空"）而间接观照自我世界，直观符号形态的对象世界，由此获得全新的重大发现（主客体之本质力量、运动特征、核心价值和存在意义），这种发现属于创造性的体

---

① 丁峻：《思维进化论》，中国社会科学出版社 2008 年版，第 287 页。
② 同上书，第 3 页。

验之花与思维之果；六是主体对自己的多重发现进行情感体验、智性体验和理性体验，据此获得创造性思维的妙机、审美诗意和自由的快感，借此赢得对自我的对象化感性确证、充实完善和内在实现；七是主体借助理性观念和创新意识而创用自己的创造性发现与对象化体验之成果，即：首先将它们转化为强劲、深刻、持久和高效的精神原动力，借此超越现实世界的种种痛苦无奈迷茫，战胜人间的阻力与内心的矛盾，进入称心如意的"间体世界"和灵犀相通的"镜像时空"；其次在意象世界所呈现的完美理念之启示下，以"间体世界"的形式结构、要素内容和运变模式作为理想参照系，据此构思与创制主体的艺术图片、科学模型、思想假说和行为蓝图，继而依托此类框架来对相关的艺术形式（要素及结构等）、科学符号、哲学概念和行为范式展开创造性的筛选、重组、变形和整合，借此实现对"间体世界"和自我世界的对象化价值转换与感性化实体呈现：艺术作品、科学体系、技术产品、哲学理论、生命产品和劳动成果……

　　总之，主客体和间体世界之间的双向互动过程既体现了人的精神活动的本质规律，也体现了理性知识、理性观念和理性精神的形成机制；思维意象则是理性知识的心理表征形式。

四　主体性人格的知识表征方式

　　研究主体性人格的知识表征方式，具有多重思想意义及应用价值。（1）有助于拓展与深化当代知识论的价值内涵，充实主体认识论和认知哲学的概念范畴，为促进科学知识与人文知识的融会贯通而提供人性之道；（2）有助于为学校教育、公民学习与人格文化发展提供思想启示：深化教育的人本价值内容，注重传导元知识及用以建构主体性知识的方法与认知之道，切实推动人的能力评价标准回归主体性坐标，从根本上割除"应试教育"的痼疾，借此促进人的主体性知识、情知意素质与主客体认知能力的自主全面深入发展。

　　（一）主体性知识的人格内容及意识构成

　　主体性知识主要包括个性化的元知识、自我知识以及个体化的客体性知识；它涵纳了"个人知识"（即主体对科学知识、人文知识、社会知识、技术知识与艺术知识等公共知识的个性内化与集合性内容），但

"个人知识"却无法涵纳元知识及自我知识等个性主体创建的新内容。可见，主体性知识是对人的主体性价值特征与认知能力的独特表征方式。它深刻体现了个性主体对公共知识的内化、重组与转化方式，进而成为支撑个性主体建构自我、认知自我、管理自我和实现自我价值的人格智慧基础。

（二）国内外研究现状述评

1. 有关主体性知识的概念研究

盖特勒基于波兰尼的"个人知识"理论，建立了"元知识"框架及其与"自我知识"的内在联系；① 迈耶提出了"情感性知识"、"思维性知识"及"情感能力"等新概念；② 纳比尔区分了"德性知识"（virtue epistemology）与物性知识的不同之处；③ 余文森概括了"个人知识"与"公共知识"相互关系。④ 上述研究揭示了主体性知识在人类发展自我认知能力方面的重要作用。

2. 有关"主客观认知框架"的转换方式及"自我参照系"的理论探索

罗姆·哈瑞（Roma harry，2010）指出，认知哲学的"寓身认知"理论对当代知识论的客观主义认知框架构成了巨大挑战；客观认知框架需要由主观认知框架转换而成。⑤ 霍威尔（Howell）提出了以"自我参照系"为坐标的元认知能力建构路径及其对象化转换范式。⑥ 国内学者探索了知

---

① Gertler, B. 2003. *Privileged Access: Philosophical Accounts of Self-Knowledge* [M], Aldershot: Ashgate Publishing.

② John D. Mayer, Richard D. Roberts, Sigal G. Barsade. 2008. Human abilities: emotional intelligence [J], Annual Reviews of *Psychology*, 59: 507 – 536.

③ Napier, S. 2008, Virtue Epistemology: Motivation and Knowledge [M], New York: Continuum Press.

④ 余文森：《个体知识与公共知识》，西南大学，2008 年（中国博士论文全文数据库）。

⑤ ［英］罗姆·哈瑞：《认知科学哲学导论》，魏屹东译，上海科技教育出版社2010 年版。

⑥ Howell, R. 2006. Self-Knowledge and Self-Reference [J], *Philosophy and Phenomenological Research*, 72: 44 – 70.

识转化的主观条件与思想方法（吕国忱，2002；胡军，2006；孟伟，2008）。上述研究揭示了人类自我认知能力的对象性转化原理，由此贯通了主体性知识与客体性知识的主要环节。

3. 不足之处

目前的知识论研究依然侧重于探索知识条件及确证标准等问题，属于知识归因论与知识表征论之列，明显缺乏基于不同对象的知识类型扫描，尤其是基于主体性坐标的知识论探究，因而无助于解决人文知识与科技知识两相对立的"斯诺问题"。为此，今后的研究应当增加主体性知识论等新内容，以便有助于人们拓展解决"斯诺问题"的视域，深化对主体性价值内容的全息认知，有利于提升人的内在和谐水平及认知主客体世界的双重能力。

（三）主体性知识表征人格意识的心理机制

1. 主体性知识的基本构成

包括六大方面：（1）主体性经验知识；（2）主体性概念知识；（3）主体性情感知识；（4）主体性身体知识与技能知识；（5）主体性策略知识；（6）主体性理念知识，等等。上述认识基于笔者的本体知识概念，并适当拓展了它的思想内涵。①

2. 主体性知识的建构程序

每个人的主体性知识不是自发形成的，它需要主体具有自觉的建构意识，还需要他人的方法示范与策略引导。其建构程序包括：（1）以寓身方式内化客体性知识，形成自传体记忆、情感知识与经验知识；（2）借助对象世界的概念建构自我—世界概念；（3）运用客观规则建构主客体认知策略；（4）运用程序性知识建构身体知识与技能知识；（5）借助客观规律建构元知识、本体性理念与自我—世界意识，形成元认知能力、人格智慧与对象化智慧。

3. 主体性能力（自我认知能力或人格智慧）的生成路径

（1）寓身体验与自我—世界表象重构；（2）符号认知与自我—世界概念更新；（3）理念预演与自我—世界意象廓出；（4）自我意识与世界

---

① 丁峻：《本体知识：教育的认知盲区与操作误区》，《心理研究》2010年第6期，第1—11页。

意识的人格整合及人格智慧生成。

4. 人格智慧的对象性转化方式

（1）将人格化的智慧意象转化为身体性的智慧意象（及其元调控范式）；（2）将身体性的智慧意象转化为符号性的身体概象图式；（3）将符号性的身体概象转化为感性化的身体表象（包括五官四肢等感觉—运动的）范式；（4）将感性化的身体表象转化为对象性与物化形态的多元化客体表象范式。

（四）研究主体性人格的知识论新维度及意识论新视域

1. 认知维度

第一，基于主体性视域，对当代知识论研究领域的相关概念进行关系梳理与意义评价；第二，探索主体性知识的基本内容，辨析它与客体性知识及科学知识—人文知识、自我知识—社会知识、个人知识—公共知识、自然知识—人工知识等相关系列的异同点；第三，综合运用马克思主义认识论、认知哲学和科学哲学的有关理论方法，创制人类建构主体性知识的哲学原理；第四，阐释人类的主客体认知能力之形成机制与转化范式；第五，围绕知识建构与能力发展的主体性坐标，探索主体性知识观的思想意义与社会应用价值。

2. 理论坐标

（1）重点：建立知识内化（或客体性知识转化为主体性知识）的哲学原理；（2）难点：揭示主体性知识转化为主体性智慧（包括自我认知与元认知能力及或人格智慧）的思想范式。

3. 思想框架

（1）全面考察人类知识世界的主体性内容，建立科学与人文一体化的主体性知识观；（2）揭示主体性知识的建构原理及人格智慧的形成机制；（3）确立主体性认知框架向客体性认知框架转换的思想范式；（4）阐释主体性知识观的多重思想意义及多元应用价值。

五　自我与社会契通的具身化意识体验路径

意识具身认知理论是当代认知科学领域发生的日趋强劲的第二代革命性思想产物。心理学家塞尔指出，在21世纪，占据心理学乃至哲学核心位置的其实是研究心智原理的具身认知科学。近十年来，国外的相关研究异常活跃与深入；国内对这个新兴交叉学科的研究相对薄弱，以译介和评述为主，尤其是对具身理论所蕴涵的哲学心理学认识论价值及其深广的社会实践意义缺乏深入的审视。

（一）研究自我与社会契通的具身机制的认知价值

无论是在认知外部世界还是内部世界的过程中，主体都需要依托具身方式来实现客体知识内化、建构主体性知识、形成自我理念、体验自我价值、转化主体性智慧、体现社会性智慧，进而实现自我的社会价值、文化价值与本体价值。换言之，具身机制不但有助于人类认知自然世界、社会世界、文化世界，还有助于人类认知自我世界；其中，自我意识对人的自我认知及自我实现活动发挥着决定性的作用。自我意识源于个体的元记忆、元体验，并成为构成主体的元认知系统的第一参照系；个体的社会认知则需要以此作为实现社会交流的本体坐标。

1. 意识具身理论凸现的心身关系认识论价值

吴凯伟认为，认知现象是西方心理学家和哲学家共同关注的问题之一。第二代认知科学以具身认知观取代了第一代的计算认知范式，力图借助具身机制对心—身—世界之间的全息交互方式作出系统化阐释。以交互具身为基础的认知科学显示了独特的价值：人的社会认知与自我认知活动均需要借助具身方式来实现价值沟通。① 它有助于揭示人的多元一体化本质与价值特征，有望克服笛卡尔的身心二元认识论矛盾。

2. 意识具身理论蕴涵的认知科学方法论效能

魏屹东指出，认知科学采取语境实在论立场，有别于传统的认识论和方法论。② 有别于20世纪基于计算主义认知范式的第一代认知科学，具身认知理论对人类基于因果论和决定论的客观认知框架构成了巨大挑战：客观认知框架由主观认知框架转换而成。安德森认为，具身认知理论揭示了认知过程的复杂特性及新的研究进路，提出了有关认知本质的新观念，从而为人们重新思考身心关系和心灵—大脑—机器等问题提供了新的方法

---

① 何静：《具身认知的两种进路》，《自然辩证法通讯》2007年第3期。

② 魏屹东：《当代科学哲学的“认知转向”及其成因》，《科学技术与辩证法》2005年第4期。

论启示。①

3. 意识具身理论的基本范畴与深广的实践意义

在具身理论研究方面，卡塞蒂等提出了"交互具身"、"语境耦合"、"意义生成"、"具身认知—离身认知"和"内在表征—外在表征"等系列概念。② 伽拉尔（Gallagher）指出，具身理论有助于揭示人的自我知识生成机制，因而有利于个性主体建构自我意识、孕育创造性思维，进而能够为当代的认知教育、审美教育、人格教育提供富有深度的感性启示。

（二）研究意识具身问题的薄弱环节及发展趋势

近些年来，学术界对社会认知的神经机制及心理范式的探索取得了突破性进展，首先是对镜像神经元系统之多元功能的发现、证实与深化，接着发现了能够表征主体自身的抽象理念与情感意识的"超级镜像神经元"；③ 其发展趋势在于逐渐向着主客观世界之价值信息相互转换的深层方式逼近，向着逐步揭开心脑关系、心身作用、脑体关系、主客中介体的全新境遇挺进。同时相对而言，对自我认知的心脑机制缺少深入细致的理论研究及事据发现。从个体的元记忆、元体验发端的自我意识，实际上是构成元认知系统的第一参照系；人的社会认知皆以此作为投射自我、观照他人、揣摩他人、体验他人情绪的本体标准。因此，我们需要深入揭析用以贯通社会认知与自我认知行为的内在机关。

（三）探讨意识具身问题的思想路径

1. 梳理与评价西方当代研究意识具身理论的思想进路、主要学说、社会影响、理论局限性和发展趋势。其中包括身体现象学、社会现象学、生物进化论和心理现象学的哲学进路，以及认知科学和神经哲学的进路。

2. 阐发意识具身认知哲学的基本原理。一是知识内化的具身机制，二是认知发展的身心表征—建构机制，三是观念发生的具身预演机制，四

---

① Bernard J. Baars, Nicole M. Gage. Cognition, brain and consciousness: Introduction to cognitive neuroscience, New York: Elsevier, Academic Press, 2007.

② Carsetti, A. Causality, Meaningful Complexity and Embodied Cognition, Springer, 2010.

③ Lakoff, G., Johnson M. Philosophy in the Flesh: the Embodied Mind and Its Challenge to Western Thought. New York: Basic Books, 1999.

是知识外化的具身映射机制。

3. 揭示意识具身理论的多元价值内容。包括知识内化与转化的多层级形式与内容；自我意识的生成方式，身体表象与身体意象、自我表象与自我意象的相互关系；"自我参照系"影响主体认知范式的深隐路径；身体与意识的相互作用方式；具身认知、伴身认知、离身认知和"无身认知"的转化动因；具身映射的价值内蕴及认知功能。

4. 阐释意识具身理论的哲学认识论方法论价值。一是探讨该理论对认知观念的坐标转换与视域拓展效应；二是揭示该理论造益人的本体认知范式，进而优化主体认知客观世界的思想范式的认知原理及方法论启示。

5. 拓展意识具身理论的应用领域。包括该理论在传播理性文化、诠释中国的经典思想、塑造审美经验、养成道德情感、建构本体知识、改善教育—学习方法、培养理性思维和发展个性创新精神等方面的操作性原理，身心统合性效能及应用路径。

（四）笔者的基本认识

1. 意识具身认知的基本概念[①]

意识具身认知的基本概念包括：（1）客观知识—主观知识、身体知识—心灵知识、自我知识—世界知识等；（2）自我认知—对象认知、情绪认知—意图认知、价值认知—事实认知；（3）身体表征—符号表征、镜像映射—动作映射、情景预演—思想预演；（4）本体模拟—对象性模拟，身体拟动—理念拟动。

2. 意识具身认知的多元内容

（1）知识内化与转化的多层级形式与内容；（2）自我意识的生成方式，身体表象与身体意象、自我表象与自我意象的相互关系；（3）"自我参照系"影响主体认知范式的深隐路径；（4）身体与意识的相互作用方式；（5）具身认知、伴身认知、离身认知和"无身认知"的转化动因；（6）具身映射的价值内蕴及认知功能。

3. 意识具身认知的原理与范式

具身认知的哲学原理：一是知识内化的具身机制；二是认知发展的身

—————————

[①]　［英］罗姆·哈瑞：《认知科学哲学导论》，魏屹东译，上海科技教育出版社2010年版。

心表征—建构机制；三是观念发生的具身预演机制；四是知识外化的具身映射机制。①

具身认知的思想范式：人类在推进自我与社会相契通的具身认知方法论及其意识融合系统方面，一是采取了心—身—世界三位一体的全息语境立场，主张耦合性、整合性和生成性的"认知语境"观，坚持操作性、互动性和镶嵌式的认知建构观，体现虚实隐喻、交互映射、时空转换和层级叠加的认知表征观；二是坚持"客观认知框架由主观认知框架转换而成"的认知映射立场，采取多层级交互映射的认知模型来表征与解释人的认知范式。

4. 意识具身认知的心理机制

一是高阶决策系统（"元认知系统"和"自我参照系"）；二是信息内化—具身模拟系统；三是思想创生—具身预演系统；四是具身动力—价值内驱系统；五是知识映射系统（包括自我映射、镜像映射、身体映射、符号映射等）。②

5. 意识具身的心脑体系③

由高阶调控系统（"元认知系统"和"自我参照系"）、内源闭环系统（即人脑的"默认系统"，DMN）、信息内化—具身模拟系统（以镜像神经元系统为根基）、思想创生—具身预演系统（由前运动皮层及布罗卡中枢等构成）、价值内驱系统（以大脑的奖赏系统—情感决策系统为根基）、知识映射系统（包括自我映射、镜像映射、身体映射、符号映射等）六大系统进行全息运作。

6. 意识具身认知的思想意义

具身理论高度概括了身体与精神的相互作用方式、个性建构路径及自我与社会协同进化的信息嬗变机制。一是主体通过"自我意识"系统的"自我身体意象"下行调节符号化的"自我身体概象"和感性化的"自我身体表象"，借此将个性化的真理与理性价值转化为个性化的感性真理与与美善真价值；二是主体通过对上述序列的上行加工方式来逐渐催生身体

---

①　丁峻：《艺术教育的认知原理》，科学出版社 2012 年版，第 26—27 页。

②　同上。

③　同上。

意象、自我意象、审美意象、科学意象、道德意象等顶级思想产物。① 总之，身体表象能够为知识的内化赋予生命价值，能够表征与外化主体的精神价值。

通过研究人类之自我与社会实现意识契通的具身体验机制，有助于深刻阐释具身认知的本体认识论与感性实践论价值，系统揭示精神—身体—世界的相互作用方式及价值生成机制；有利于我们认识人类实现身心交互、情理耦合与主客同一境界的认知路径，进而确立主体完善自我精神与实现自我价值的本体中介方式：身体表象能够为知识的内化赋予生命价值，能够表征与外化主体的精神价值。

7. 意识具身—离身表征系统的基本结构

（1）思想框架：包括三大理论、八大范畴、系列概念和方法论的认知科学原创体系。

（2）理论模型：包括具身认知的操作模型、时空转换模型和价值升级模型，等等。

（3）概念范畴：包括若干原创性概念，譬如"镜像映射"、"认知预演"和"本体知识"。

总之，深入研究意识具身与离身问题的根本目的，即在于对"具身认知"理论进行辨析、改造、充实与深化，据此形成用以解释社会认知与自我认知行为，实现内在稳态协同发展的科学机制理论。

第三节　意识活动的神经信息标记体

人的意识活动不但具有深刻具体的心理结构和心理效应，而且也具有大脑结构、神经信息系统及生理功能等方面的物质性基础。

一　感性意识的神经信息标记

感性意识的认知内容，可包括对音位音节、语音和语词声谱等言语信息的听觉表象编码（声学图式），还可包括对字节、词素和字句等文字信息的视觉表象编码，同时包括对身体形态、物体形态等实体对象的感官信

---

① 丁峻：《艺术教育的认知原理》，科学出版社 2012 年版，第 26—27 页。

息的完形化表征。① 在表象系统中，信息呈现为全脑的分布式加工与整合性会聚的特点，以实现对感觉世界的符号性还原。

在表象建构过程中，既存在着自上而下的"理念驱动"（或意向性驱动），又有左右脑横向水平的"程序驱动"（或规则策略之迁移互补性驱动），更有自下而上的经验驱动方式。② 表象生成是全脑分布式的加工过程，即表象的形态感觉特征涌现于各个感觉皮质的初级区，表象的物理内容及其意义则需要联合皮层和前额叶新皮层"返输入"相关信息以全息合成之。③ 可以说，表象系统是人类有关事实、情景和情感的主要资料库，也是个性主体建构其自我意识与社会意识的感性化方式。它对于主体的情感体验、思维辐射和人格行为的发展，都具有深远的奠基性和动力性影响。

二　知性意识的大脑信息表征体——事件相关电位 P300、N400 的变化

P300 又称"联络皮层电位"或"认知诱发电位"，主要反映被试的主观心理状态和对刺激意义的理解，因此它又被称作"内源性事件相关电位"或"意义波"、"理解波"；它与人的识别、发现性活动和感知、记忆过程密切相关，从而反映了颞叶参与记忆再现、顶叶参与空间想象乃至联络皮层的高级功能变化。特别需要指出，动机和情感因素对 P300 的产生有决定性影响；从而它与人的情感需求和音乐体验等行为构成了密切相关的表征关系。④

---

① E. C. Ferstl, M. Rinck, and D. Y. von Cramon: Emotional and Temporal Aspects of Situation Model Processing during Text Comprehension: An Event-Related fMRI Study. J. Cogn. Neurosci. , 2005, 17: 724 - 739.

② ［美］威廉·卡尔文：《大脑如何思维》，杨雄里译，上海科技教育出版社1999 年版，第 182 页。

③ Foo, P. , Warren, W. H. , Duchon, A. , et al. : Do humans integrate routes into a cognitive map? Map versus landmark-based navigation of novel shortcuts. J. Experimental Psychol. , 2005, Vol. 31, p. 198.

④ Friston, K. J. and Price, C. J: Dynamic representations and generative models of brain function. Brain Res. Bull. , 2001, 54 (3): 275.

N400 反映的大脑心理活动内容，比 P300 更丰富、更特异，它主要表征人在语言、言语感知和表象认知（命名）、意义理解过程中的智力特征，同时也反映了被试的记忆能力（速度、容量、准确性）及联想想象能力（表象匹配，整合重组与变形转换等），尤其是右半球的 N400 波幅大于左半球，且均以颞区、顶区和枕区明显，从而与音乐体验活动的大脑优势半球及其特定脑区的变化相耦合，遂成为观测音乐激发大脑心理变化的一个良好指征。①

笔者的脑电实验表明，与同龄的对照组被试相比，实验组的青少年在涉及听觉感知、记忆联想和意义判断等方面的 P300、N400 潜伏期上，均有显著缩短的特征，且 P300、N400 之峰值波幅也显著高于对照组。这提示我们：音乐体验活动有助于明显改善青少年的感受性、认知状况、预见性和判断性，对于强化右半球（包括前额叶及顶颞叶）的神经电生理学反应特性和促进青少年感觉皮层与联络皮层的互动性协同发育，均有积极明显的刺激作用。又如，史密斯成功地在中颞叶记录到与头皮记录相对应的 P300 和 N400，且新奇刺激诱发的 N400 更显著，表明颞叶在近期记忆形成的联想加工过程中具有重要的作用。②

三　理性意识的大脑神经信息标记体

从人脑的进化序列来看，右半球（触觉动觉、视觉听觉）发育在前，左半球次之（伴随语言、文字、符号文化而发展），前脑最后发展成熟（超前预测环境变化、提前规划主体行为、合理预设对象世界的发展规律等）；③ 初级感觉皮层发育在前，二级感觉皮层继之，海马及边缘旁皮质跟进，联合皮层（形成）在后，最后是前额叶新皮质；④ 人脑的结构进化

---

① Friston, K. J. and Price, C. J: Dynamic representations and generative models of brain function. Brain Res. Bull. , 2001, 54 (3): 276.

② Grush, Rick: The Semantic Challenge to Computational Neuroscience. In Peter Machamer, et al. (Eds.), *Theory and Method in the Neurosciences*. Pittsburgh, PA: University of Pittsburgh Press, 2001, p. 92.

③ ［澳］约翰·C. 埃克尔斯：《脑的进化》，潘泓译，上海科技教育出版社2004 年版，第 192 页。

④ 同上书，第 247—248 页。

形态，依次体现为从古皮质（单层到复层）到旧皮质（单层到复层），再到新皮质（六层）的逐步升级和日益复杂化的格局。①

基于以上分析，笔者认为，大脑右半球体现了表象优势，主事经验加工与情感评价；左半球体现了概象优势，主导逻辑加工、符号匹配、语法体用、规则推演和语义分析；前额叶体现出意象优势，统摄理念意识与人格活动、预测未知世界、规划未来行为、为概象表象活动提供策略、阐释价值意义、设定价值目标。简言之，右半球参与情感经验性学习（审美、伦理体验），指向人格道德、审美体验和身体操作等主体知识世界；左半球参与符号语义性和逻辑规则性学习（语法、逻辑、时空运动规则等），指向语言学、自然科学、逻辑学、数学等客体知识世界；前额叶主要负责加工与产出新人格、新理念、新设计、新学说、新行为等个性意识产物，指向哲学、宗教学、宇宙学等形而上的规律世界。

（一）前瞻性意识的脑电标记

沃尔特等人在皮质前额区发现了"期待波"或"预期电位"，后者反映了中枢神经系统对传入刺激的主动性预调整和定向性引导态势，它与运动表象的再现或提前性虚拟呈现相关。笔者通过实验发现，上述的"期待波"与"预期电位"实际上发生于人脑前额叶的眶额皮层；它们表征了人的思想动机、前瞻性意识、预期理论、假定性认识和主体对自我行为的规划框架等系列内容。② 这些内容都需要主体采用本体性的"预期工作记忆"—"目录工作记忆"—"执行工作记忆"等元认知操作方式加以重构，还需要主体在亚认知层面调动本体性的情感记忆、经验记忆、身体记忆和概念记忆等相关内容，以便渐次实现个性意识内容的具身化认知目标、感性化还原目标和对象化转换目标。

（二）审美创造意识—美感灵感—高峰体验的特殊脑电标记

近年来科学家一致认为，大脑的高频同步振荡波是人类大脑高阶功能的信息标志，也是认知复杂事物和创造性思维的神经活动之核心表征。例

---

① ［澳］约翰·C. 埃克尔斯：《脑的进化》，潘泓译，上海科技教育出版社2004年版，第103页。

② 林正范、丁峻：《创造性想象和推理的脑电特征及其在教育中的应用》，《教育研究》2003年第12期。

如音乐认知科学家卓迪普（Joydeep B.）等发现，音乐家和音乐批评家在进入音乐欣赏或音乐演奏的高峰时刻，其外侧前额叶都会出现40—50赫兹的高频同步振荡波，继而该波自上而下广泛扩散至海马、杏仁核、联合皮层和感觉皮层的相应部位。

笔者认为，由于前额叶存在着向上述结构发出下行投射的输出纤维，因而这种高频同步振荡波的形成及下行扩散意味着：一是前额叶形成了全新的审美意象，二是它将这种理念信息送到低位皮层等处，旨在对感觉、记忆、情绪和想象活动进行定向调节。[①]

（三）情感认知与社会意识的神经结构标记体

G. 里佐亚蒂等人率先发现了大脑"镜像神经元"，并对其所体现的认知功能进行了精辟独特的卓越阐释："在人类的大脑中存在着镜像神经元。当人们不论是自己做出动作，还是看到别人做出同样的动作时，镜像神经元都会被激活。也许这就是我们理解他人行为的神经基础。另外当我们看到别人的表情或所经历的情感状态时，我们大脑中的镜像神经元也会被激活，从而使我们得以体验到他人的感受，走进他人的情感世界。"[②]

镜像神经元不但存在于人脑的顶叶，还大量存在于前额叶（譬如在布罗卡区、前运动区等部位）；前额叶与人的理性意识活动密切相关。所以可以认为，镜像神经元不但构成我们认知社会文化的大脑基础，而且成为提升人类智能（特别是意识体验能力）的神经装置。人类借助符号标记和虚拟体验就能掌握复杂的认知技能，理解他人与自然事象的深刻意义。

笔者认为，人脑的镜像神经元系统不但成为个体理解他人情感的大脑物质基础，而且也成为个体理解审美对象，体验艺术美、自然美与生命美的神经机制。更为重要的是，借助这种"大脑魔镜"结构所衍生的心理"镜像时空"，审美主体在观照对象的同时因着移情投射，而能够在此

---

① Joydeep Bhattacharra, Hellmuth Petsche, Ernesto Pereda. Long-range Synchrony in the r Band: role in music Perception. The Journal of Neuroscience, 21 (16): 6329 – 6337.

② 贾科莫·里佐亚蒂等：《镜像神经元：大脑中的魔镜》，载《环球科学》（《科学美国人》中文版）2006年第12期，第16、20页。

"镜像时空"发现、玩味、确证和完善自我的本质力量；这种交互式的价值映射与逆映射过程导致主体的内心廓出了完满如意、合情入理的一系列理想化意象。

譬如，当主体离开了审美的音乐时空之后，其内心依然萦回着那些旋律，依然同这些内在呈现的虚拟对象展开情感交流与意义映射，继而派生出新的音乐表象、音乐概象和音乐意象，由此引变新经验、激发新情感、发见新意义，进而产生对自我和对象的新体验和新理念……在这种永无止境的内在创造、镜观自我和精神完善之演练中，主体不断地以内在方式实现着与时俱新的自我价值，逐步逼迫理想的彼岸和本质的自我；同时又以外在方式在不同的实践领域使"镜像时空"转化为现实时空，使内心的"间体世界"转化为外在的物化形态的"间体世界"，由此实现理想的"镜像自我"之本质价值，将"间体世界"的真善美转化为现实世界的各种文化硕果。上述活动体现了"内审美"的认知特性。

（四）行为意识及工作记忆的神经标记体

麻省理工学院的认知与行为科学家 A. 帕索帕西等报道，在学习与环境认知和行为调节相关的知识时，海马与后顶叶首先产生长时程突触后电位，人脑的基底节纹状体接着产生兴奋性突触后电位，前额叶新皮质最后呈现稳定的慢节律活动——其超前发生的不稳定活动频率幅度得到后顶叶和纹状体的调谐匹配，从而形成了比较规范合理的行为策略和动作程序，并将此结果反馈给顶叶、纹状体和中央运动前区，借此调节后者的相关行为。[①]

我们可以将上述的大脑慢节律称作"Mu"波，它标志着大脑执行特定认知任务的操作程序，调动主客体工作记忆的策略方式，以及信息整合范式等与行为意识有关的高阶心理活动。其原因在于，前额叶新皮层主导发现问题、设计求解策略、提出假设、指导检验猜想并编制正式的行为（反应）模式和动作程序；而感觉皮层则负责整合主客体信息并催生表象，联合皮层从这些"表象集"中发现深层的时空逻辑关系，做出规则并建立认知概象（概念图式或情景场）。因此可以认为，前额叶新皮层是

---

① 顾凡及：《神经动力学：研究大脑信息处理的新领域》，《科学》（上海）2008 年第 3 期，第 11—15 页。

调控人类学习活动的"首席规划师"与"最高执行官"之神经结构所在；设计问题情景或呈现问题线索，则有利于激活这一核心区域的大脑心理超越性创造性功能。

同时需要指出，大脑与心理的每一层结构及功能，都成为更高一层结构及功能的发展基础和操作平台；它们共同指向前额叶新皮层这个顶级目标——其顶级功能便是形成个性主体的理念意识与人格能力、为主体的创造性活动提供内在模板。

由此可见，当代教育与学习的根本目的乃是培育个性主体的本体性知识、自我意识、元认知能力、人格理念；尔后，个性主体方能将本体性知识与人格智慧分别转化为对象性知识与世界智慧，据此创造客体真理，实现自我与对象的全息价值。

认知神经科学家沃尔加—卡黛姆等发现，儿童形成事件情景记忆主要借助海马来实现，语义记忆则基于当前与以往的事件情景记忆之表象连接，以往的语义记忆之概念匹配和工作记忆之意象猜测来进行。[①] 其机制在于，海马是加工事件情景记忆的唯一入口通道，而语义记忆则经由多通道方式来加工信息：经海马通道获得事件情景之特征化表象，经联合皮层、内外嗅皮层和旁海马皮层获得与语义概念匹配的相关认知概象，经前额叶新皮层获得超越个体经验与知识层面的更深广的哲理性语义意象。[②]

其意义在于，进入感性记忆编码程序的事件情景信息与主体的经验记忆、工作记忆与情感记忆发生了结构重组，进而受到来自前额叶的理念信息的高阶调节，以便使大脑所感知的外界信息带着情感色彩和意念动机烙印进入短时记忆，形成初级感觉表象，并以亚成分分别进入二级感觉皮层（形成经验表象），进入杏仁—苍白球—丘脑（形成初级情感表象），进入联合皮层（形成认知概象），进入前额叶新皮层（形成语义意象）。

（五）镜像认知的科学证据

认知神经科学家贝格莱精辟地指出："人脑的镜像神经元是一种对内外信息进行双元编码并将之整合一体的复杂型特殊细胞。我的镜像神经元

①　Michael D. Rugg. Enhanced：memories are made of this. Neurosci. , 1998，281：1151 – 1152.

②　Longstaff, A. Neuroscience. London：BIOS Scientific Pub. Lit. , 2000，178.

是折射我自己和他人的相关动机、判断、行为意图和动作特征的大脑镜面。这些细胞有助于我们在自己内心再造出别人的经验，体会别人的情感，理解别人的意图，使人类的社会交往、情感思想动作交流具有了大脑心理的内在认知基础。"[1]

根据"美国科学促进会"2005年年会上亚克波尼（Iacoboni）教授等的正电子发射术（PET）实验结果，人类大脑的镜像神经元主要分布于跟情感体验、情感认知、行为意识和动作编程等密切相关的感觉皮层、边缘系统、联合皮层、前额叶新皮层和中央运动前区；尤其是在联合皮层，这类细胞改变了感觉皮层的柱条状构筑方式，而代之以体积更大，双向连接更致密，辐射更远的圆球状新式构筑体。[2]

可以认为，镜像神经元便是体现概象与意象（表征体）世界相互作用的重要神经结构元件，是支持这类高级复合型表征产物得以存在的实证依据。

神经心理学认为，智力活动、抽象思维及意识性体验的关键策略与核心内容，都主要由前额叶负责处置。关于复杂智力作业及意识体验的脑电地形图、脑血流图和耗氧—糖代谢曲线研究的实验结果，也显著证实前额叶具有突出的高度活动性特征与调节全脑各区协同工作（激活与抑制）的高动力性、高统摄性功能。[3]

最新的意识研究证明："前额叶损伤患者因缺乏抑制能力和检测新事物之能力，而导致注意力分散……决策自信心下降，缺少计划性，难以产生新思想，对现实和非现实情景的评价障碍。……在神经系统完好无损的人类被试中，这种有见地的有关评价和调节行为的延时能力依赖于前额叶皮层。"[4]

① Evelyne Kohler, et al.: Hearing sounds, understanding actions: action representation in mirror neurons. Science, 2002, 297: 846.

② Thomas M. Jessell, Eva L. Feldman, William A. Catterall. Advances in Brain Research, Dana Press, 2009, 23 – 24.

③ Tagamets, M. A., Horwitz, B: Functional brain imaging and modeling of brain disorders. Prog. Brain Research, 1999, 121: 185 – 200.

④ Frith, C. D., Pery, R., Lumer, E: The neural correlates of conscious experience: an experimental framework. Trends Cognition Sci., 1999, 66: 105 – 106.

　　具体而言，主体所创造的"人格意象"与"世界意象"主要形成于前额叶新皮层；它们成为理性意识的全权代表和理性精神的集中体现。主体的人格意识活动能够以自上而下的方式引导主体的经验重构、情感更新、思维优化、理念融通、情感升华和自我实现，还能够借助自身的内在显影特征和逆向映射装置而推动主体间接观照自我，直观符号世界，由此获得全新的重大发现。

　　不难看出，意识的发生与形成是多元性、多层级、序列化和时空差相化的信息能量重组突现过程；意识的发展与成熟直接制约着主体的心智水平、行为方式和实践效能。所以，我们要从根本上改善自己的行为活动，优化身心健康，增进生殖健康水平，就要正本清源，从建构与调节意识世界的坐标入手。

　　席勒指出："美是我们的一个对象，这是因为：反思是我们感受美的主观条件；但美又是我们人格（自我）的一种状态，这是因为：情感是我们领悟美的观念之心态条件。质言之，美既是我们的状态，又是我们的活动……它最终证明，人所仰仗的物质依赖性在任何时候都不会摧毁他的道德信念。"[①] 从"三位一体"的意识具身理论和人格智慧转化学说来看，人类实现行为与文化彼相沟通的精神纽带乃是人格系统；其价值载体则是意象时空，其存在方式则是人的具身体验，其升华形态便是我们的个性意识。

　　意象形态是人的抽象理念同物的具象形态相互化合的最高样式。进而言之，从自我的"情感意象"、"人格意象"到"思维意象"，它们都是主体经过重组经验和知识，经过想象产生全新的虚拟经验与新颖深刻的情感妙趣，经过审美判断形成用以表征主体价值理想及本质力量的全息自我表征体。它们既体现了主体的精神特征，又涵纳了对象的价值属性，因而使主客观规律获得了对立统一，使主体的情知意力量获得了全新重组，从而有助于主体对内外世界作出创造性的思想认识。

　　康德在《审美判断力批判》一书中认为，审美意象是理性观念同感性形式的完美结合，人的抽象观念在感性形式中获得了生命。经验和理念

――――――――――

　　① ［德］席勒：《审美书简》，徐恒醇译，中国文联出版公司 1984 年版，第 72 页。

都是文化研究的出发点，两者在象征形式——意象的隐喻中获得了有机统一。黑格尔认为："意义就是一种观念或对象……表现是一种感性存在或形象"；而"意象比譬特别出现在这种场合：一是把两种本身各自独立的现象或情况结合成为一体，体现第一个意义，二是使意义成为感知的形象。"① 这便是一种超然的哲理意象境界。

可以说，人的意象世界贯通与整合了感性价值、知性价值与理性价值，它昭示了过去、现在和未来的深层联系，它呈现了情感世界、思想世界、生命世界和物质世界的动力特征、运变规则和演化规律。总之，意象世界是一个价值整合与身心体验的神妙天地：文化与生命在其中得以滋生与化合。"思维意象"的感性基础乃是个体的情感投射与共鸣，后者的大脑结构与功能特征则在于人类大脑中的"镜像神经元"。

进而言之，我们需要深溯人的意象廓出路径与理性塑造机制。具体而言，人的意象世界的生成，乃是基于主体的三大认知积累：一是有关对象世界之形态特征的经验编码与情感评价，二是有关对象世界之运动规则与局部规律的概念表征和思维加工，三是有关对象世界之本质属性与普遍规律的理念表征与意识加工；更为重要的是，上述的三大认知积累仅仅是主体建构意象世界所需的客观材料，它们仍然需要主体进行三级价值转化：一是将对象世界的真善美形态转化为主体的感性力量，二是将对象世界的种类与属性关系转化为主体的知性力量，三是将对象世界的规律性认识转化为主体的理性力量。由此，主体的意象世界得以形成。

然而，主体所形成的三大力量（即感性、知性和理性能力）首先需要用来整合主体自身的情知意和人格内容，打造全息统一——互动互补——协同增益的内在世界。因而，主体需要把自己对象化，站在它者的立场上，对自己的经验、情感、知识结构、思维方式、理念意识和人格境况进行审美观照、伦理反思和科学剖析，以便对它们进行合情合理的重构、融汇、整合与升华。所以笔者认为，意象世界的廓出经由主体对自己的对象化实验及操作性演练，而逐步获得扩展、充实、深化和熟练化，进而引发了主体精神世界的全息性理性化变构。

换言之，理性精神的形成标志，首先在于主体的情知意耦合及人格的

---

① ［德］黑格尔：《美学》下卷，朱光潜译，商务印书馆 1987 年版，第 78 页。

内在统一，其次在于主体的感性活动、知性活动和理性活动分别符合对象
世界的形态规范、运动规则与发展规律，再次是主体成为自己的真正主
人，成为知识世界和生活世界的真正主人。

　　因而可以说，人类意识活动的根本奥秘，就在于主体、客体和间体世
界的多重组合及其复杂的相互作用之过程；而意识活动所激发的审美快乐
之深层妙机，也在于主体的内在创造与对象化发现：既创造了完美的
"间体世界"，又创造了自我的新经验，激发了新情感，练达了新思维，
塑造了新人格，呈现了新理念，诞生了理想；继而，主体方能借助"间
体世界"这个思想客体而展开个性本质力量的对象化投射，包括移情投
射、经验投射、理念投射、符号投射、人格投射。正是主体的这种能动性
的价值投射，才能在"间体世界"之中创造出至关重要和意义非凡的
"镜像时空"，也才能借助观照"镜像时空"而同时发现自我世界、自然
世界、艺术世界、生命世界和间体世界的新颖特征及奇妙意义。

　　可见，人的意象形成与理性塑造属于互动互补的差相过程，人对自己
的意象性改造基于对象化的加工；本体意象的发展与升级乃是人据以认知
对象世界和改造对象世界的心理基础与价值参照系。

　　四　意识进化的神经标记体

　　人类的意识进化不但遵从人的心理发展规律，而且还依托大脑神经系
统的发育规律。因此，结合心脑系统的成熟规律与进化特征来分析意识现
象的神经表征基础，就显得异常重要和迫切了。

　　（一）心脑系统的差相成熟

　　人类的意识进化是一个综合性、渐成性和全息性的复杂过程，其中既
包括意识内容、思维方式、意识时空和意识功能等隐性进化，也包括意识
结构、意识形态或表征形式及意识活动所依托的大脑神经系统等显性进化
序列。

　　1. 意识进化的大脑微观结构与功能基础

　　支撑意识心理进化的大脑微观结构与功能体系包括：（1）树突侧棘
空间结构；（2）膜受体电位时间反应模式；（3）核内的基因表达谱变化
及蛋白合成变化；（4）亚微结构多层级元件相互作用与功能增盈效应等
内容。调控分子世界的上游性高层因素，包括来自顶级的（前额叶）"返

输入式"下行驱动、应激与审美行为的激素介导性调节、物质摄入对细胞基因的直接间接性调节等方式。

例如，在上游神经元（突触前结构）与下游神经元（突触后结构）之间，某个突触通常是单向交流、定向反应的；其他突触则接受或兴奋或抑制，或静息或预备动作的电位化学指令。具有相似功能的神经元倾向于在皮层中排列为垂直的微柱（每个微柱含 100—200 个神经元）；功能互补的 100 个微柱又横向联合为大柱；100 个大柱细胞群又构成超柱或微区。一个皮层区大约有 1 万个大柱，左右半球共有 100 个皮层区。此种结构为大脑产生泛脑的高频同步振荡波奠定了空间网络基础。

2. 脑体"差相成熟"的时空历程

（1）胚胎细胞在 1—8 周处于分裂分化的高峰时期，是大部分重要的器官原基赖以形成的关键阶段。此期内形成的胚胎神经系统器官原基极易受到有害的环境物质和母体神经内分泌系统介导的内环境理化紊乱状态所损伤，处于高度敏感的"临界期"或"致畸敏感期"。

（2）在胎儿 22—25 周期间，其大脑的皮质沟回和神经细胞突起进入生长分化发育高峰期。此期间来自外环境的有害物质或母体内环境的（神经内分泌紊乱或行为心理过度失衡）有害刺激，均会严重阻碍胎儿大脑皮质和神经细胞的发育。

（3）出生后 2—3 岁至 10 岁时，人的大脑皮质经历了又一个"生长迸发期"，表现为神经元数量及突触密集形成，大脑体积达到成人的 1/2，即感觉皮层初步成熟。①

（4）15—18 岁阶段，联合皮层新皮质的神经纤维髓鞘化，标志着该结构趋于生理性功能成熟（也即大脑的生物学成熟），即联合皮层初步成熟，感性能力初步廓出。

（5）25—30 岁期间，此时人脑前额叶新皮层的神经纤维髓鞘化，标志着大脑顶层结构的生物学成熟。人的大脑与机体内的神经递质、神经激素、性激素之分泌释放水平，均达到一生中的峰值状态，大脑之初中级心理功能与结构趋于成熟（经验、知识结构成形，表象体验和概象认知的

---

① John-Dylan Haynes. 2009. Decoding visual consciousness from human brain signals. Trends in Cognitive Sciences, 13 (5)：194 – 202.

能力形成，个性情感特征与思维品质基本建立，意象思维能力及文化意识——美感、理智感、道德感、直觉灵感等理性能力开始形成）。然而，人的个性精神世界至此尚未真正定型。它仍有待于从 30 岁左右继续深入发展，至 35—40 岁阶段进入情知意的高峰水平和个性理性思维基本成熟状态。①

（6）30—40 岁期间，大脑完全成熟，人的高级心理能力与结构、精神个性和意识理念等在 30 岁之后逐步得以深化、系统化和协调统一；人的个性形成（或人格成熟）实际上始于 30 岁左右，因为此时人的前额叶新皮层完成了神经髓鞘化等生物学结构发育，开始建构生物学功能和心理功能。

其后，人的大脑、机体及激素水平逐渐进入功能衰减、结构老化的中老年阶段，但部分心智情感能力（如道德意识、社会情感、认知能力、个性意志见识、经验结构和推理能力等）依旧不断得到深化扩展，生殖细胞的发育质量呈下降趋势（就多数情形而言）。

（二）心脑系统的异速进化特征

心脑系统的进化差异源于生物学因素与文化因素、遗传因素与环境因素、精神因素与物质因素之间的复杂性相互作用。所以，单有基因并不能实现人的身心发展成熟；若是缺少必需的文化刺激，则人的心脑系统就无法获得正常的发育。因此，我们需要结合心脑发育与成熟过程及其与外界的多重联系来认识它们的异速进化方式及其表型特点。

1. 大脑的微观进化（即细胞分子层面的进化）

（1）DNA——基因进化，包括碱基序列构成与置换（出于功能需要和指向遗传满足的非随机性与时间依赖性、频率依赖性正负选择等类型）、蛋白质结构域的 DNA 序列（高层程序）等变化。

（2）染色体进化，包括重排序位和丰度、断裂点（着色粒融合方式）等，如人类异染色质的明显变化、卫星 DNA、常染色体 Q 带和 T 带变化及重复性 DNA、沉默态 DNA 等。

（3）蛋白质进化，包括氨基酸序列（三级结构）及个别替代现象，

---

① Stanislas Dehaene, Jean-Pierre Changeux. 2011. Experimental and Theoretical Approaches to Conscious Processing. Neuron, 70 (2): 200 – 227.

还包括核蛋白、酶蛋白、膜蛋白、激素蛋白、受体蛋白、蛋白因子和某些神经速质的进化与多态性（尤其在大脑结构中更显著）。

（4）单核苷酸多态性/基因多版本变化。大脑基因几占人体总基因的一半，并且其长度大于体细胞与动物细胞，具有更细微丰富的多样化差异性，即一种基因借助微小变化可指导合成多种有细微差别的蛋白分子。即是说，一种基因由于内外环境的变化而发生其内某个单核苷酸的替换与移位，从而变为另一种版本，改变了该基因的若干结构与功能。这种进化在生物界较为常见，尤其是人类的大脑基因具有更多的细微差别和更多的表达版本。由于基因的多样性版本所致，每个人的同一种基因会有不同的变体，从而可以延伸、累积、叠加和放大为不同个性的身心与行为特征。

2. 大脑的中观进化

包括器官、组织和（生理）系统进化，如大脑新皮质增加，大脑应激域上移，相应的酶素及受体增加等精细内容。

3. 宏观进化

一是在发育成熟周期上，大脑新皮质出现分层结构，诸如神经元髓鞘化，突触建构，基因表达谱和蛋白质合成谱，细胞形态构筑，等等；大脑的生物学及心理学之结构成熟与功能塑造的成熟期推迟。

二是大脑新皮质扩展显著，几占总皮质 1/3，人脑容量也逐渐增大（比类人猿多 1300ccm，比能人和直立人多 800—1100ccm，比尼安德特人多 400—600ccm）。

三是中枢神经系统的细胞双向连接比重占人脑 75% 以上，各脑区高度层级化和空间整合化，形成特异性的细胞柱群（微柱、巨柱）体系，前额叶向各脑区增加反馈路线（返输入），以增强其功能性整合牵引及重构合成感知信息等复杂能力。

4. 行为进化

（1）言语交流的符号体系增多（口语、体语，母语、外语，数理语言、文艺语言、哲学宗教语言、技术语言等）。

（2）物质工具系统日益精密复杂，操作技术日益精准熟练，有效提高了人类认识与改造主客观世界的能力。

（3）自我认知能力不断提高，情感与思维活动日益协调，对客观世界的改造能力和制导水平显著提高。

（三）裂脑人的意识与行为特点

裂脑人拥有一种特殊的大脑结构，从而成为我们研究意识现象的最佳样本。正如斯佩里所说："在同一个头颅内安置着两个自由意态，这一问题提醒我们，继意识之后，自由意志也许是人类大脑第二个最宝贵的属性。我们切不要把脑看成是物理、化学力在其中起作用的一个外壳。在大脑里，比较简单的电子、原子、分子和细胞的定律，虽然仍然存在并发挥作用，但已被高级机制的构型力所替代。这些构型力在人脑中达到了顶点，包括知觉、识别、推理、判断等力量。这些力量的动作效果和因果效应在脑的动力学中与内部的化学力相比，具有更大的作用。"[1] 他强调把宇宙的因果价值——过去、现在和未来——所接触的所有信息以适当比例加入大脑模型中，以探索大脑这个最复杂的高级世界。

借助裂脑人这个独特的意识标本，我们即可深入了解意识发生的最低条件和高阶意识的功能上限。

1. 裂脑人的意识特点与行为特征

科学家米歇尔－S－哥兹尼（Michelle-S-Cocini）发现，裂脑人体现了两个半球控制思想与行为的不同方式、内容和侧重点：其左半球支配语言和讲话，负责探究原因，形成条理和解释事物，产生不真实的记忆和幻想、假设，因而容易出现错误；其右半球擅长加工视听觉信息，负责整合声音、图形，匹配词与图，对物体分类，进行拼音和押韵、产生真实和刻板的记忆与现实主义意识。[2] 另外，左半球能够强化积极乐观的情感体验，而右半球则主导消极、被动、惆怅和痛苦的情感体验。[3]

笔者认为，由于右侧前额叶的上部负责人的艺术创作活动，其下部负责控制主体的动作行为和体现道德感与责任感，右侧颞叶负责加工音高，辨别音调和声源，匹配视听觉具象信息等；与之相比，左侧前额叶的上部负责想象、创造性思维、创造新观念、语言写作和哲学认知等高阶心理，

① 章士嵘：《心理学哲学》，社会科学文献出版社1994年版，第176页。

② 米歇尔·S.哥兹尼：《对分裂大脑的重新研究》，载于《脑与意识》，王文清主编，科学技术文献出版社1999年版，第323—333页。

③ 李心天等：《大脑两半球的同活动：当右半球切除十四年后某些高级机能的观察》，《心理学报》2007年第13卷第2期。

其下部负责控制主体的言语，抑制消极情绪和动作行为，维持符号性体验，创造虚拟经验，激发诗意灵感和激情，左侧颞叶负责加工音素，辨别音位，匹配视听觉抽象信息等。所以，当人的大脑左右半球分别受到损伤后，或者先天因素所致的裂脑人，都会出现上述症状。

20 世纪 90 年代，科学家发现：① 大脑的语言优势半球并不依赖于右手或左手，并且人对音乐的知觉主要来自右半球；被试的意识活动与他的语言优势半球发生了紧密的联系，譬如当暂时阻断其两半球的联系时，就会引起被试的情绪变化；两半球对言语和非言语刺激所产生的视、听觉诱发电位存在着差异。例如，在与语言有关的实验中，被试的右半球比左半球呈现出较少的诱发电位（较少的 α 波）；而在与空间有关的实验中则出现了相反的情况。

在裂脑人身上所进行的实验，进一步证实了大脑两半球协同活动的重要性。由于裂脑人的每一侧半球都能独立地对外界刺激起反应，从而使人们对于左右半球的机能，特别是右半球的机能有了更深刻的认识。当裂脑人用右手摸到一个物体时可以叫出它的名字，而左手摸物体时则不能命名，但可以指出写有该物体名字的卡片。当把一个图形呈现于病人的左侧视野（即信息传至右半球）时，裂脑人可以用左手在屏幕下摸出图形上的物体，但叫不出它的名字。对其左手拿过的物体，裂脑人无法借助右手进行再认；反之亦然。当要求病人用左手书写时，就很难实现目的；而其用右手书写则毫无困难。②

科学家的实验结果表明，裂脑人用右手无法复制出所示模型，其左手虽能复制出正方形的结构，但内容却异。结果表明，其大脑每侧半球都能运用一套单独的技术来完成这项任务。③ 这一发现与两半球的各种机能存在专门化区域的证据相一致。同时也说明，无论是哪一侧半球都无法单独地分析模型，它们必须协作、相互补充。

---

① 米歇尔·S. 哥兹尼：《对分裂大脑的重新研究》，载于《脑与意识》，王文清主编，科学技术文献出版社 1999 年版，第 323—333 页。

② 李心天等：《当代中国医学心理学》，科学出版社 2005 年版。

③ Antonino Raffone, Martina Pantani. 2010. A global workspace model for phenomenal and access consciousness. Consciousness and Cognition, 19（2）：580 – 596.

2. 大脑半球的功能代偿与意识行为特点

我国的神经心理学家对裂脑人进行的神经心理学研究表明，大脑顶叶的损害，特别是顶—枕联合区的损害能导致病人丧失图形构筑能力；当病人在顶叶和顶—枕联合区完好无损的情况下被切断其胼胝体时，同样会出现图形构筑障碍，说明完整的图形构筑能力是两半球相关区域协同活动的结果。[①]

通过分析切除一侧半球而存活的半脑人的实验结果，科学家对两半球的相互分工、补充、节制和代偿活动有了更为深刻的认识。从理论上说，大脑半球任何部分的损伤都有可能表现相应的高级机能的丧失。因而似乎可以认为，丧失半个大脑的人必然会表现为深度痴呆。但实际上往往并不是这样，右利手病人在左半球切除后仅有严重的失语症，而无一般的痴呆；其右半球切除后仅产生知觉能力的高度缺陷，其言语机能和抽象思维则相对完整。

例如，国内报道了一例顽固性癫痫人作了右侧大脑半球（包括右侧部分基底节）切除术，术后 20 年间对病人进行了一系列神经心理学测查。结果表明，该病人的左半球代偿了右半球的部分机能，如感知音乐旋律、辨认颜色、认知真实的面孔、对具体环境的空间定向等能力，都得以较好地保存下来，不存在对左侧物体忽视的现象。该病人完全依靠左半球进行工作和生活。由于左半球是语言的优势半球，虽然其对非语言形式的对象认知和空间关系辨识方面出现了一定程度的障碍，但仍然能像正常人那样胜任一般的简单工作，进行简单的日常交往活动，获得了愉快的生活意义，并因工作认真而受到奖励。[②]

史密斯（A. Smith）报道说，当患者的左侧语言优势半球被切除后，鲜有存活两年以上者（C. W. Burklund、A. Smith，2007）。史密斯曾对左半球切除的病人作了数月的连续观察和检查。术后病人立即出现了预期的右侧瘫痪、右侧偏盲和严重失语；但其后病人的言语机能得到了渐进恢复。史密斯认为，由于说、读、写和语言理解继续改善，显然由于右半球

①　李心天等：《当代中国医学心理学》，科学出版社 2005 年版。

②　李心天等：《大脑两半球的协同活动：当右半球切除十四年后某些高级机能的观察》，《心理学报》2007 年第 13 卷第 2 期。

在所有这些机能上起了一份作用，尽管比例不同。

他同时还发现，病人在波蒂厄斯（Porteus）迷津测验中表现出了学习能力，还能解答一些抽象和具体的数学问题，并且在非语言性质的较高级智力机能测验中获得了接近正常人的分数。相反，当患者的右侧非语言优势半球被切除后，其存活的时间较长，且肿瘤较少复发。根据多数作者的报告，病人的智力无明显损害，但存在特殊的非语言缺陷，与视觉空间机能有关的测验分数都明显偏低。[1]

我们综合正常人、半球损害的患者、裂脑人、半脑人所表现的大脑两半球机能不对称的各项研究结果之后，获得的基本结论是：人脑的机能是高度专门化的，左半球具有分析、抽象、时序、理性和探索的特征；右半球具有全息、具体、空间、直观和负面体验的特征。左半球在语言加工和与语言有关的概念、抽象、逻辑分析能力上占优势；右半球则在空间知觉、音乐绘画等整体形象、具象思维能力上占优势。两个半球好像是两套不同类型的信息加工系统，它们相辅相成、相互协作，共同实现人的高度完整和准确的行为。

第四节　植物人的意识状态及唤醒研究

如果说裂脑人是我们观察人的意识活动之组构内容与功能性质的绝好样本，那么植物人便是我们了解人的意识之发生机制与消失原因的天然窗口。21 世纪以来，随着现代医学技术的发展、急诊监护和神经外科对严重颅脑创伤患者救治的进步，使严重颅脑创伤患者得到了更多的存活机会，死亡率以每 10 年 10% 的速度下降。但随之而来的问题是，处于长期昏迷或植物状态的病人数量不断增加，给社会和家庭带来一系列严重问题，同时也造成许多社会伦理和经济问题。

随着社会快速的发展，植物人状态（persistent vegetative state，PVS）病人数量开始不断增加，不仅给社会和家庭带来一系列严重致残问题，同时也造成许多社会伦理和经济问题，因而近年来越来越受到社会各界的高

---

[1]　米歇尔·S. 哥兹尼：《对分裂大脑的重新研究》，王文清主编：《脑与意识》，科学技术文献出版社 1999 年版，第 323—333 页。

度重视。持续性植物状态的病人仍然有恢复的可能。因此，如何通过医学技术的发展和进步，对颅脑创伤后的严重状态有一个科学明确的认识，使颅脑创伤昏迷患者得到最佳的治疗效果，重新回到社会中去，减轻社会和家庭的负担，对于研究意识问题的基础理论科学家和临床科学家来说，仍然是一个极大的挑战。

一 植物人的定义及其与一般昏迷症状的区别

什么是植物人？国际医学界对"植物人"的通行定义是"持续性植物状态"（persistent vegetative status），简称 PVS。[1] 所谓植物生存状态，常常是因颅脑外伤或其他原因（如溺水、中风、窒息等大脑缺血缺氧、神经元退行性改变等）导致的长期意识障碍，表现为病人对环境毫无反应，完全丧失对自身和周围的认知能力；病人虽能吞咽食物、入睡和觉醒，但无黑夜白天之分，不能随意移动肢体，完全失去生活自理能力；能保留躯体生存的基本功能（如新陈代谢、生长发育）。

PVS 与"脑死亡"又有区别，"脑死亡"病人是永远不可能存活的，其主要特征是自主呼吸停止、脑干反射消失。[2] 而 PVS 患者有自主呼吸、脉搏、血压、体温可以正常，但无任何言语、意识、思维能力。他们的这种"植物状态"，其实是一种特殊的昏迷状态。因病人有时能睁眼环视，貌似清醒，故又有"清醒昏迷"之称。

什么样的人能被定义为 PVS，目前国际学术界尚有不同意见。有人认为持续昏迷 3 个月以上，也有人认为要持续昏迷 6 个月以上，但大多数观点坚持认为当持续昏迷超过 12 个月以上，才能被定义为"植物人"。[3]

---

[1] Uzych L. Persistent vegetative state. J Neurol Neurosurg Psychiatry. 1996, 60 (6): 703 – 704.

[2] Choi EK, Fredland V, Zachodni C, Lammers JE, Bledsoe P, Helft PR. Brain death revisited: the case for a national standard. J Law Med Ethics. 2008 Winter; 36 (4): 824 – 836, 611.

[3] Carpentier A, Galanaud D, Puybasset L, Muller JC, Lescot T, Boch AL, Riedl V, Cornu P, Coriat P, Dormont D, van Effenterre R. Early morphologic and spectroscopic magnetic resonance in severe traumatic brain injuries can detect "invisible brain stem damage" and predict "vegetative states". J Neurotrauma. 2006 May; 23 (5): 674 – 685.

　　目前大量报道的苏醒并意识恢复的病人，基本上都不是严格科学定义上的植物人。真正的植物人苏醒的病例还是非常罕见的。那么，现在这些被大量报道的"植物人"，到底该如何准确定义呢？从医学角度看，这些病人其实是属于"长期昏迷"（longterm coma）病人。[①]

　　昏迷在临床上被定义为眼睛闭合的无反应状态。昏迷时间超过 1 个月，则被称为长期昏迷（也有观点认为超过 2 周就属于长期昏迷）。长期昏迷还可以分为昏迷、植物状态、轻微意识状态等。如果一个昏迷患者存活下来，植物状态或轻微清醒状态就开始了。在区分和鉴别植物状态与轻微清醒状态时有诸多不同意见。美国神经病学学院（AAN）提出确定植物状态时要满足所有的 4 个标准和条件：（1）没有按吩咐动作的证据；（2）没有可以被理解的言语反应；（3）没有可辨别的言语和手语来打算交谈和沟通的表示；（4）没有任何定位或自主的运动反应的迹象。而轻微清醒状态则被定义为：（1）出现可重复的但不协调的按吩咐动作；（2）有可被理解的言语；（3）通过可辨别的语言或手语来进行沟通反应；（4）有定位或自主运动反应。如能满足上述 4 个标准中任何一个，那么这个患者可以被分类为轻微觉醒状态。[②]

二　植物人与长期昏迷病人的苏醒机制

　　长期昏迷病人苏醒并不是医学奇迹，长期昏迷患者的苏醒在临床上是很多见的。长期昏迷患者苏醒的确切机制是什么，目前尚无完整的答案。

　　笔者在研究植物人的唤醒技术及其预后状况的认知指标时发现，那些虽然能够感知言语及或音乐刺激，但是无法理解言语及音乐内容的植物人，其初级感觉皮层能够产生比较低下的兴奋性脑电活动，然而其次级感觉皮层和前额叶（背外侧与腹内侧正中区）则没有显示明显的脑电活动。

---

　　① Laureys S，Boly M. The changing spectrum of coma. Nat Clin Pract Neurol. 2008 Oct；4（10）：544 – 546.

　　② Roth F. What is our approach to patients in persistent vegetative state？ Schweiz Med Wochenschr. 1996 Jul 9；126（27 – 28）：1187 – 1190.

　　并且，此类植物人的预后状况甚差，大多会在近期或数月、1—3个月内相继死亡；与此相反，那些同时在初级感觉皮层、次级感觉皮层和前额叶都能对言语刺激、音乐刺激产生哪怕是微弱的脑电反应的植物人，则其预后较好，大多生存时间较长，超过数年甚至 10 年以上，而且部分患者还会逐步恢复意识功能、达到基本生活自理的良好境地。[①]

　　这表明，次级感觉皮层与前额叶之间的双向投射性高阶网络，对于人的言语理解、音乐理解具有决定性的作用。其根本机制在于，一是该网络的畅通保证了感觉信息抵达前额叶，主体能够对感觉信息进行意识加工，二是前额叶可以借此向感觉皮层和联合皮层下行性投射相关的理念信息，有效调制感知觉信息的心理表征格局，选择性抑制和接收来自低位皮层与皮层下结构的有关信息，最终有助于主体维持基本的意识判断和想象概况能力。

　　由此可见，如果人的这个高阶神经网络遭受严重损伤，不论是次级感觉皮层或前额叶任一端的损伤，都会造成感觉信息的上传障碍或理念信息的下传受阻，从而致使患者的这个高阶网络整体解离、功能消失、结构溃变乃至崩塌。

　　国外学者在对 235 例重型颅脑创伤长期昏迷病人（男性 131 例，女性 104 例）进行催醒治疗后，有 110 例恢复意识，其中绝大多数在昏迷 3 个月内苏醒。[②] 进一步资料分析表明：长期昏迷病人能否苏醒，取决于病人是否有原发性脑干伤、脑疝、伤情、年龄等多种因素。有观点认为，颅脑创伤长期昏迷患者苏醒是一个自然恢复的过程，催醒治疗无任何作用。尽管如此，世界各国的医师都没有放弃努力，坚持采用常规康复训练和综合催醒治疗，以期促使长期昏迷患者苏醒。

　　目前采用的积极方法有：运用对脑神经有营养作用的药物、中医药中的针灸和芳香通气的药物、电刺激、高压氧、音乐疗法等。但由于目前临床采用的催醒方法缺乏严格的随机双盲对照研究，因此到目前为止，尚无一种方法或药物被证明或公认对颅脑创伤后长期昏迷或植物状态患者的催

---

　　① 丁峻：《思维进化论》，中国社会科学出版社 2008 年版，第 324—325 页。

　　② Ashwal S. Recovery of consciousness and life expectancy of children in a vegetative state. Neuropsychol Rehabil. 2005 Jul-Sep；15（3-4）：190-197.

醒有确切的疗效。

另外值得指出的是，尽管这些长期昏迷的病人苏醒成功，但仍有超过80%的病人存在严重的脑功能障碍，如瘫痪、语言障碍、记忆功能障碍、情感障碍等。要根本改善长期昏迷病人的生存质量和远期疗效，仍是摆在我们面前的难题。大脑的奥秘有待于进一步探索。

第五节　脑损伤患者的意识状态及神经机制

意识障碍是多种原因引起的一种严重的脑功能紊乱，为临床常见症状之一。意识是指人们对自身和周围环境的感知状态，可通过言语及行动来表达。意识障碍系指人们对自身和环境的感知发生障碍，或人们赖以感知环境的精神活动发生障碍的一种状态。因此，我们通过对脑损伤患者的意识障碍状态的深入了解，可以理解意识活动的正面功能；进而结合对其大脑结构受损区域的定位分析，即可领会意识功能所对应的神经系统相关特性。这对于我们深溯人类意识的发生机制及其活动原理等工作，自然具有特别重要的参考价值。

一　脑损伤患者的意识状态及临床特点

意识的内容包括"觉醒状态"及"心理活动与行为"。觉醒状态有赖于所谓"开关"系统——脑干网状结构上行激活系统的完整，心理活动与行为有赖于大脑皮质的高级神经活动的完整。当脑干网状结构上行激活系统抑制或两侧大脑皮质广泛性损害时，使觉醒状态减弱，意识内容减少或改变，即可造成意识障碍。颅内病变可直接或间接损害大脑皮质及网状结构上行激活系统，如大脑广泛急性炎症、幕上占位性病变造成钩回疝压迫脑干和脑干出血等，均可造成严重意识障碍。颅外疾病主要通过影响神经递质和脑的能量代谢而影响意识。

（一）意识障碍的基本特点

意识障碍的观察：意识障碍的程度是反映病情轻重的最重要的指标之一，与病人的预后密切相关。首先为意识状态：通过交流、呼叫和压眶反射刺激判断患者的意识程度、精神状态、辨别能力、记忆力、计算能力和抽象思维能力，同时要区别冬眠状态和意识障碍，正确评估意识状态。具体的观察与判定方法在于，一是观察病人的表情与姿势，并通过语言刺激，即定时唤醒病人作简单对话；二是病人如无反应则进一步用疼痛刺激法，即压迫眶上神经或用针刺与手捏胸大肌外侧缘等方法来观察病人的反应，同时可观察病人的肢体活动，检查有无角膜反射、吞咽反射、咳嗽反射，有无大小便失禁及其他神经系统改变等。

其次是瞳孔的观察：瞳孔改变是神经外科病人的重要体征，尤其对于意识障碍患者来说显得更为重要。[1] 因为患者有意识障碍，此时对于仅有细微变化的病人不易观察。因此，瞳孔的变化对于我们判断意识障碍的患者来说，是较客观的观察指标，不易受人为因素的影响。

1. 微意识状态

微意识状态是指患者具有微小但非常明确的行为特征——能感知自我和环境的严重意识改变的一种状态，是处于昏迷和意识清醒之间的一种特殊的意识状态。[2] 微意识患者主要来自重型颅脑损伤和自发性脑出血患者长期昏迷后逐渐恢复的患者。

利用情感图片的 fMRI 研究表明：

第一，微意识状态患者的视觉注意和意识状态不稳定和不一致。

第二，微意识患者可保存有完整的视觉神经网络，包括初级视觉皮层枕叶、次级视觉皮层和相关脑区颞叶、梭回、顶叶、眶额回、前额叶和杏仁核，在被动图片呈现刺激下，可被完整地激活。

第三，视觉图片的被动呈现刺激，能触发视觉神经网络的活动。尤其是患者昏迷前最为熟悉的富有情感内容的家庭图片的刺激，更易触发较广、较强的视觉神经网络活动，可能有利于大脑功能连接的重新形成，促进脑功能的恢复。

2. 昏迷状态

昏迷是由于大脑皮层及皮层下网状结构发生高度抑制而造成的最严重

---

① Roth F. What is our approach to patients in persistent vegetative state? Schweiz Med Wochenschr. 1996 Jul 9；126（27 – 28）：1187 – 1190.

② Bekinschtein T, Tiberti C, Niklison J, Tamashiro M, Ron M, Carpintiero S, Villarreal M, Forcato C, Leiguarda R, Manes F. Assessing level of consciousness and cognitive changes from vegetative state to full recovery. Neuropsychol Rehabil. 2005, Jul-Sep；15（3 – 4）：307 – 322.

的意识障碍，即意识持续中断或完全丧失，最高级神经活动的高度抑制表现。临床上将昏迷分为浅昏迷和深昏迷两种。

一是浅昏迷。随意运动丧失，仅有较少的无意识自发动作，对疼痛刺激（如压迫眶上缘），有躲避反应和痛苦表情，但不能回答问题或执行简单的命令。吞咽反射、咳嗽反射、角膜反射及瞳孔对光反射、腱反射仍然存在，生命体征无明显改变。可同时伴有谵妄与躁动。

二是深昏迷。自发性动作完全消失、肌肉松弛、对外界刺激无任何反应，角膜反射、瞳孔反射、咳嗽反射、吞咽反射及腱反射均消失，呼吸不规则，血压下降；病理征继续存在或消失，可有生命体征的改变。昏迷是病情危重的标志，应积极寻找病因，并应积极处理。

由于少见的病理状态与昏迷临床表现类似，极易与昏迷混淆，因此必须加以区别：①

第一，去大脑皮质状态。由于大脑皮质的广泛性病变，皮层功能发生严重功能障碍，引起意识丧失；然而同时由于皮质下功能的保存或部分恢复。特别是皮质下网状结构上行激活系未受损害，四肢肢体出现肌强直或痉挛，这种临床特征称去大脑皮质状态。其临床表现有睁眼凝视，眼睑开闭自如，或双眼无目的地游动，貌似清醒，但无任何自发性言语或言语反应，故觉醒与睡眠的节律仍在。有吞咽动作，无情感反应，偶可出现无意识的哭叫或自发性强笑，缺乏有目的的运动，可无意识的咀嚼。瞳孔对光反应、角膜反射活跃，双侧病理反射阳性，并可出现掌颌反射、吸吮反射等。其体位与姿势为前臂屈曲，内收，腕、手屈曲，双下肢伸直。在强烈刺激下可诱发交感神经功能亢进的现象。脑电图常见弥漫性中到高幅慢波，其病因大多由于广泛性脑缺血、脑缺氧、脑血管疾病、脑外伤、脑炎、皮质—纹状体脊髓变性，等等。

第二，运动不能性缄默症（又称睁眼昏迷）。由于上行网状激活系统部分损害所引起的意识障碍，或脑干上部和丘脑的网状结构有损害，而大

① Luther MS, Krewer C, Müller F, Koenig E. Comparison of orthostatic reactions of patients still unconscious within the first three months of brain injury on a tilt table with and without integrated stepping. A prospective, randomized crossover pilot trial. Clin Rehabil. 2008 Dec；22（12）：1034－41.

脑半球及其传出通路则无病变。其临床表现为缄默，肢体无自发性活动。能吞咽，不会咀嚼。检查见肌肉松弛，无锥体束征。尿便失禁，存在觉醒—睡眠周期。一般来说意识均有障碍，但也有报告意识存在及定向力完好者。脑电图表现为广泛性波却不见低电位快波。病因多为脑血管病、脑炎、肿瘤、肝脏病变、安眠药中毒等。

第三，闭锁综合征。闭锁综合征又称失传出状态、醒状昏迷。患者四肢及脑桥以下脑神经均瘫痪，仅能以眼球运动示意与周围环境建立联系。因大脑半球及脑干被盖部的网状激活系统无损害，故意识保持清醒，但因患者不能表达，不能言语，易被误认为昏迷。脑电图对之常有助于做出与真正的意识障碍的区别。该病见于桥脑基底部病变，如脑血管病、颅脑外伤、脱髓鞘疾病、类症、肿瘤等。

（二）颅脑损伤患者的意识障碍类型

鉴于意识障碍种类繁多，各家的看法也不尽一致，为临床上判断和应用方便起见，可把意识障碍分成轻、中、重三级，以便指导治疗和估计预后。

轻度意识障碍：包括意识模糊、嗜睡状态和朦胧状态。此类患者往往起病较急，持续时间较短，思维内容变化不太大，情感色彩较浓。如果及时处理，可望在较短时间内恢复。

中度意识障碍：包括混浊状态或精神错乱状态、谵妄状态。这组意识障碍较重，持续时间较长，思维内容有明显变化。但症状波动性大，不同的病人表现固然不同，同一病人在不同时间内表现也可明显不同。病情的转归可移行为轻度意识障碍，也可加重陷入昏迷状态。采用适当的处理措施使意识障碍不再进一步恶化是当务之急。

重度意识障碍：包括昏睡状态或浅昏迷状态、昏迷状态、深昏迷状态和木僵状态。都是严重的意识障碍，往往由于病情过重或时间过久未得到适当的处理所致。积极抢救以争取改善预后十分重要。

（三）慢性意识障碍鉴别

由于广泛的脑血管疾病、脑感染、一氧化碳中毒、脑外伤、脑缺氧等所致的昏迷状态，在病人恢复过程中，首先植物神经系统稳定化，继而昏迷程度逐渐变浅，对外界具体刺激开始产生反应，从而可能呈现不同程度的慢性意识障碍，现将常见的两种慢性意识障碍的鉴别方法介绍如下。①

第一，去大脑综合症（acerebral syndrome），亦称睁眼性昏迷。主要由一氧化碳中毒、缺氧性脑病、脑炎、脑外伤、脑血管疾病等所致的呈双侧广泛性大脑皮质与白质萎缩。

其临床特点为：（1）有意识障碍，可出现无目的运动；（2）有睡眠和觉醒相交替，醒觉时视线固定，但眼球不能随物体而移动，瞬目反射缺乏，睡眠较多，但无昼夜变化特点；（3）外界刺激可使其觉醒，强刺激可出现全身性联合运动，多呈扭转性痉挛运动；（4）大小便失禁、肌张力增加，上肢处于屈曲位置。吸吮、吞咽强握等原始反射阳性。

第二，运动不能性缄默症（akineric mutism）。本症临床较少见。主要是由于脑干上部和丘脑的网状激活系统受损所致。常见于局部炎症、肿瘤、血管疾病或缺氧性疾病。

其临床表现为：（1）有不同程度的意识障碍；（2）完全无自发的运动与言语；（3）醒觉时可瞬目，双眼凝视远方与追逐移动的物体；（4）对光反射、角膜反射、咳嗽反射存在；（5）食物入口后可出现吞动作，对疼痛刺激有回避反应；（6）有睡眠周期，睡眠时可因外界刺激而"醒转"，但不能使其真正清醒；（7）四肢被动运动可出现抗拒症，有大小便失禁。

（四）对脑损伤患者之意识状况的评价指标

了解意识障碍病人的神经机能状态是判断有无器质性损害和其严重程度的重要依据。例如对意识障碍的评价：临床评价意识状况及其严重程度的方法很多。传统上把意识状态分为五级——清醒、嗜睡、朦胧、浅昏迷和深昏迷。这种分类简单、容易掌握，但有时不能确切反映临床实际情况或失之笼统，如朦胧状态与嗜睡和浅昏迷之间的界限就很难严格区分。因此又有人进一步根据存在的意识范围和思维内容把朦胧状态分为朦胧、混

---

① Whyte, J; Myers, R（2009）. Incidence of clinically significant responses to zolpidem among patients with disorders of consciousness: a preliminary placebo controlled trial. *Am J Phys Med Rehab* 88（5）：410–418.

浊、睡妄三个阶段。① 虽然评价意识的方法很多，但目前比较常用的是由蒂斯代尔（Teasdale）和捷迈特（Jemmett）制订的"格拉斯哥昏迷评分法"（Glasgow Coma Scale，GCS）（见表1）。

表1　　　　　　　　　　　　格拉斯哥昏迷量表

项目	动作程度	得分
睁眼反应	自发的	4
	呼唤后	3
	刺痛后	2
	无反应	1
语言反应	回答正确	5
	回答错乱	4
	词语不清	3
	只能发音	2
	无反应	1
运动反应	按吩咐动作	6
	刺痛时定位	5
	刺痛时躲避	4
	刺痛时肢体屈曲	3
	刺痛时肢体过伸	2
	无反应	1

"格拉斯哥（Glasgow）昏迷量表"主要依据患者睁眼、对言语刺激的回答及命令动作的情况，对意识障碍的程度进行评估。其检查内容及评估法如表1。最高15分，最低3分。按得分多少，评定其意识障碍程度。13—14分为较度障碍，9—12分为中度障碍，3—8分为重度障碍（多呈昏迷状态）。评估意识障碍程度的方法除"格拉斯哥法"外，还有许多方法，如日本太田倡用的3—3—9度（三类三级九度）法等。"格拉斯哥昏

---

① Snyman, N; et al., JR; London, K; Howman-Giles, R; Gill, D; Gillis, J; Scheinberg, A (2010). "Zolpidem for persistent vegetative state—a placebo-controlled trial in pediatrics". *Neuropediatrics* 41 (5)：223 – 227.

迷评分法"以刺激所引起的反应综合评价意识，方法简单易行，与病情变化的相关性较好，比较实用。应用时将检查眼睛、言语和运动三方面的反应结果分值相加，最高分为 15 分，最低分为 3 分，分值越低说明意识障碍越重，总分小于 8 分常表现为昏迷。

第一，眼部体征。眼睑。发生意识障碍时患者眼睑完全闭合。掰开其眼睑可以与睡眠状态的眼睑闭合症区别，后者可迅速闭合，意识障碍时则闭眼减慢，其减慢程度与昏迷程度相关。瞬目：正常人瞬目每分钟 5—6 次，入睡后消失。有意识障碍者如存在瞬目说明脑干网状结构仍起作用，其运动速度和振幅减慢程度与意识障碍程度相关。眼球位置：正常人睡眠时双眼球稍向上旋。浅昏迷时，双眼球呈水平性浮动，随着昏迷的加深，眼球逐渐固定于正中位，说明脑干功能丧失。双眼呈较快的来回运动（乒乓球眼震）则称作眼激动或不安眼（ocula-ragitation or restless eyes），常见于肝昏迷，麻醉等。当屈曲病人颈部，在睁眼的同时出现双眼球上翻——洋娃娃眼现象（Doll's evesPhenomenon）则是中脑损害的体征。瞳孔：注意观察瞳孔的大小，对称性及对光反射。小脑幕切迹疝时患侧瞳孔散大，光反射消失；桥脑损伤时瞳孔呈针尖样大小（1 毫米）。在观察瞳孔时应注意与直接暴力造成的动眼神经损伤（瞳孔散大）和麻醉药、吗啡（缩小）、阿托品（扩大）等药物所引起的瞳孔变化相区别。

第二，运动与感觉。观察有无自主运动，无自主运动时观察对痛刺激的反应。随着昏迷程度的加深，对疼痛的定位、回避、肢体的屈曲和过伸都可出现不同的异常反应。甚至出现去皮层状态（上肢内收屈曲，下肢过伸内旋）和去大脑强直（四肢过伸，上肢内旋，下肢内收）。前者说明损害在皮层或内囊；后者是中脑损害的特征。深昏迷病人对疼痛可无反应，四肢张力低下，下肢呈外旋位。

第三，反射。意识障碍的病人如无脑局灶性病变，随着意识障碍程度的加深，可表现对称性深、浅反射减弱或消失。不对称或单侧变化意味着脑和脊髓的局灶性病变。病理反射是一种原始性脊髓反应，在新生儿（一岁半以下）可出现双侧对称性病理反射外，随着锥体束的发育与完善而逐渐消失。当休克、昏迷、麻醉以及锥体束损害时，由于脊髓失去了高级中枢对它的抑制作用，病理反射又复出现。常见的病理反射有霍夫曼（Hoffmann）、巴彬斯基（Babinski）、夏多克（Chaddock）、欧本汉姆

（Oppenheim）、戈登（Gordon）征等。此法简单易行，只需要一个笔式手电和一份评价表，最高 15 分，最低 3 分。格拉斯哥评分标准为：自动睁眼记 4 分，呼唤睁眼 3 分，刺痛睁眼 2 分，不睁眼 1 分；正确回答 5 分，错误回答 4 分，语无伦次 3 分，只能发音 2 分，不能言语 1 分；按吩咐动作 6 分，刺痛定位 5 分，刺痛时躲避 4 分、屈膝 3 分、过伸 2 分、肢体不动 1 分。

　　总之，"格拉斯哥昏迷评分量表"是目前最通行和被采用的对神经系统功能评价的方法，它通过计算睁眼、运动、言语三项得分之和来评价颅脑损伤程度。（1）睁眼反应。正常情况下，当医护人员走近病人时，其应自动睁眼，如不能则需确定其对语言及疼痛刺激的反应，如呼吸或给予一定疼痛刺激。（2）言语反应决定意识状态。[1] 有完全定向能力的患者知道自己的名字，在什么地方，意识紊乱的病人也可以进行对话，但对于问题应答往往不正确或不恰当，或者患者发出让人难以理解的声音，如呻吟声等，对环境无感知的病人，需要给予一定的刺激。（3）运动反应。通过向病人发出一些简单的口令来评价其运动反应，如"握手"、"抬腿"、"伸舌"，需注意患者肢体力量，这是观察肌力所必需的。当病人对简单命令不能反应时，则观察对疼痛刺激反应，有三种方法：（1）斜方肌挤压法：用拇指、食指和中指挤压扭曲肌肉。（2）眶上压迫法：用手指沿眶骨缘压迫，面部骨折不用此方法。（3）胸骨摩擦法：握紧拳用指尖关节沿胸骨施压滑动。

二　脑损伤患者的典型认知缺陷及术后恢复状况

　　脑损伤患者因着其大脑的损伤部位、受损程度、此前的健康状况、年龄和文化教育水平等多种因素，致使其出现不同的认知缺陷，并大体决定了患者术后心脑功能与机体行为能力的恢复状况，由此成为评估患者预后情况的重要参照系。

　　（一）脑损伤患者的典型认知缺陷及其高阶神经定位

　　人脑的高阶网络之核心结构主要位于前额叶，因而前额叶的损伤则会

---

　　① Machado, Calixto, et al. A Cuban Perspective on Management of Persistent Vegetative State. MEDICC Review 2012；14（1）：44 – 48.

导致人的相对严重的认知障碍。以下讨论八种典型的认知缺陷症状及其对应的前额叶亚区位置。

（1）情绪淡漠。主要源于前额叶背外侧亚区的广泛病变。

（2）抑郁症。主要由于左侧前额叶下部的功能性严重失调或结构受损所致。

（3）欣快症。主要由于前额叶眶额皮层的器质性或功能性病变所致。

（4）注意障碍。主要源于双侧前额叶眶额皮层及背外侧正中区的广泛受损。

（5）缄默症。主要由于左侧背外侧前额叶下部的病变所致。

（6）妄想虚构和言语过度症。主要源于右侧背外侧前额叶下部及布洛卡区的病变。

（7）高阶记忆障碍，包括用于检索记忆的临时记忆缺失，用于执行程序的预期记忆障碍。主要发生于受损的单侧或双侧的前额叶背外侧区域，致使这些区域丧失了对颞枕联合皮层的记忆表象之兴奋性下行驱动功能。

（8）人格改变。包括自我意识与自我知识分离，人格退缩或情感行为亢进，虽能意识到自己的错误，但是无法控制或纠正情感、言语、意念、行为等方面的错误。主要源于双侧背外侧前额叶（本体抑制能力下降）。

另外，在研究失语症的发生率和程度时，科学家发现其言语智力和记忆也有性别差异（J. MeGlone, 2007）。男人在言语作业中表现右耳和右侧视野占优势，即更多地依靠左半球，在非言语和空间作业中则更多地依靠右半球，而女人的空间机能则更多地依靠左半球（M. G. MeGee, 2006）。当左侧半球损害时，男人患失语症比女性多三倍，言语困难的表现程度也加大；同时，男人呈现出明显的言语智商缺陷，而女人不论左侧或右侧半球损害时仅表现轻度的言语智商下降。男人的言语记忆左侧损害比右侧损害要严重得多，而女人左侧损害时言语记忆障碍不甚明显。这些研究表明，女人两侧半球都有言语代表区，所以发生言语障碍时右利手男人要比右利手女人严重，反之，如果右半球损害，女人发生言语障碍的机会也会比男人多。

（二）脑损伤患者的术后意识恢复状况

据国内学者李天心等介绍，由于脑损伤患者的预后生存状况大多较差，特别是脑损伤严重的患者之预后生存期大多较短，加之相应的追踪性研究之成本较大、频次较高，因而这方面依然缺乏丰富的临床研究数据，从而影响了我们对脑损伤患者的术后意识恢复状况做出整体性的客观评价。以下的资料来自国内学者的相关研究。[1]

患者黄××，男性，30 岁，工人，因顽固性癫痫大发作于 1966 年 3 月 21 日住入昆明医学院附属医院脑系科。其幼时常发烧，3 岁时发现脾气怪，经常癫痫发作。9 岁上小学时发现左脚不灵活，上课时思想紧张就抽动。10 岁以后发作频繁，少则一日 2 次，多则 6—7 次。读书至小学三年级，因智力差和癫痫发作而停学，易发脾气和与人争吵。1964 年至门诊治疗，仍未控制发作（每月十多次）。于当年 5 月 5 日在全麻插管下作右半球全切除术，手术后一直在家休养，未再上学，一年停服癫痫药，癫痫发作明显减少，约 1—2 个月发作一次。到 1973 年（23 岁时）曾在附近小杂货铺做临时工，卖了三个月的东西，账目没有错，后至造纸厂工作，初为裁纸工（机器裁纸），至 1979 年改任仓库保管。因工作表现好，从不迟到、早退和缺勤，假日期间一直值班，先后得过数次奖励。上小学时爱唱歌，术后因感到心里比过去明白多了，心情愉快，更爱唱歌，怪脾气大大减少。每日步行上班，路程约半小时。家居偏僻小巷，从大街至家须绕 9 个小胡同，但病人夜间摸黑回家从未走错过。1980 年 9 月即术后 14 年，对他作了详细的成套神经心理学测验和实验一共进行了 24 个项目。结果显示这位仅有左半球的人具有下列的心理特点：

第一，该患者对线条、几何图形或由线条勾画的实物图形的认知较差。在重叠图形测验中病人的成绩仅为对照组两个半球病人的三分之一强。在图片瞬时记忆中几何图形的成绩很差。在"第四例外"测验中实物图形的成绩与两个半球病人一样得满分，而几何图形的成绩仅为两个半球病人的一半。在画人测验中，一个半球病人仅能画出一个头部（图 1）。

第二，其在右视野中辨认汉字的成绩远远低于两个半球受累的病人，

① 李心天等：《大脑两半球的协同活动：当右半球切除十四年后某些高级机能的观察》，《心理学报》2007 年第 13 卷第 2 期。

且对几何图形的辨认成绩最差。

第三，其左耳对普通话元音和辅音的辨识力远远不如两个半球受累的病人，其右耳的听力成绩较左耳好，特别是右耳对普通话元音辨认比两个半球受累的病人稍好。

第四，其对音乐旋律的辨认，左耳不如两个半球受累的病人，但其右耳的辨别能力比两个半球受累的病人好。

两个半球病人画人   一个半球病人画人

图1   拥有一个半球与两个半球的病人的画人测验

第五，其识别时针的能力较差，分不清时针与分针，不能识读别人的手表，对自己的手表也只能说出时针标度数。

第六，其对颜色的选择和同色归类能力与两个半球受累的病人大体一样好。

第七，其手指叩击之运动速度较两个半球受累的病人略差（87.4：94.05）。在连线测验中，其比两个半球病人需要多花9倍时间完成作业。

第八，其在形色分类测验中表现出了思维的单一感觉固执现象，即无法从形状认知迁移到颜色认知、声音认知。

（三）认知神经科学的机理分析

根据病人所表现的上述特点说明了右半球的主要机能之一——视觉空间结构和抽象图形的认知遭到严重破坏，因此凡涉及与这些能力有关的智力作业，成绩都很差。病人额叶受损的现象，即呈现不能从一个概念转移到另一个概念的思维不灵活性，仍在许多测验中反映出来。但是，从另一方面也可以看到，右半球的另一些主要机能在切除右半球后并没有完全丧失，而是不同程度地保存，有的并不逊于两个半球的。这就是说，左半球代偿了右半球的这些机能。例如病人术前就喜欢唱歌，术后音乐旋律和节奏没有遭到明显破坏。一般来说，对音乐旋律的感受右半球比左半球好，而单有左半球者接受音乐旋律从绝对值来讲比两个半球病人的左半球要好。这说明，大脑某一个专门化机能（例如音乐旋律的感知）虽然是右半球占优势，但是左半球也具有此机能。正常时两半球共同协作完成；当右半球丧失了这一专门化机能后，则完全由左半球代偿。①

三　意识障碍的神经心理学发生机制

植物人和麻醉病人可能无意识。安德鲁·欧文博士是英国哥伦比亚大学的神经科学家，他扫描了持续植物生存状态患者的大脑，这些人的大脑都遭受过严重创伤，尽管他们双眼睁开，面带微笑，但他们不能与人交流，并且直到欧文博士的工作开始之前，人们还不知道他们是否有意识。欧文通过脑部扫描，试图找到某种方法来了解这些患者是否还有意识。他要求一个植物生存状态患者想象打羽毛球，他发现患者的大脑的意识区域变得很活跃，于是，他证实这类患者确实有意识。

欧文博士说，在给麻醉状态下的健康人做实验时发现，尽管他们的脑部活动异常活跃、但仅仅在非意识区域。他说："当我们对麻醉状态下的人说话时，大脑中能识别语音的无意识部分变得活跃，而在意识部分，理解和处理区域保持静止。因此，大脑听到了我们所说的话但并不处理它。"欧文说："20 年前，我们不知道无意识发生的大脑活动的数量，而现在意识大脑的活动仍有很多不为人知，有待我们进一步探索。"

我们知道，意识障碍包括下列四大类型：一是嗜睡。嗜睡能唤醒，唤醒后能勉强配合检查及回答问题，停止刺激后又入睡。二是昏睡。昏睡给较重的痛觉或较响的言语刺激方可唤醒，能作简单、模糊的答话，刺激停止后又进入昏睡。三是合并精神异常的意识障碍，其中包括意识模糊（即除意识清醒水平下降外，对外界感受迟缓，对周围环境的时间、地点、人物的定向有障碍，因而反应不正确，答非所问，可有错觉）、谵妄（即意识清醒水平下降外，精神状态更不正常，不能与周围环境建立正确的接触关系，定向力丧失，有错觉幻觉，常躁动不安）。四是昏迷（属于

---

① 李心天等：《大脑两半球的协同活动：当右半球切除十四年后某些高级机能的观察》，《心理学报》第 13 卷第 2 期。

最严重的意识障碍，表现为持续性意识完全丧失）。根据对周围环境或外界刺激的反应，昏迷可分为三度：浅昏迷（仅对强烈痛觉刺激才能引起肢体作些简单的防御回避反应，眼睑多半开。对语言、声音、强光等刺激均无反应，无自发性语言，自发性动作也极少。脑干的生理反射如瞳孔对光反射、角膜、吞咽、咳嗽及眶上压痛等反射等均正常存在。血压、脉搏、呼吸等生命体征多无明显改变）；中度昏迷（对强烈疼痛刺激的防御反应、角膜与瞳孔对光等反射均减弱，眼球无转动，大小便失禁或潴留，呼吸、脉搏、血压也有改变）；深昏迷（对外界一切刺激包括强烈的痛觉刺激都无反应，各种深、浅反射包括角膜、瞳孔对光等反射均消失，病理反射也多消失。瞳孔散大，大小便多失禁，偶有潴留，四肢肌肉松弛张力低。血压可下降、脉搏细弱、呼吸不规律等不同程度的生命体征障碍）。①

根据临床心理学，对意识障碍程度的分类主要依据患者的心身反应水平，即借助言语和各种刺激，观察患者反应情况加以判断。如呼吸其姓名、推摇其肩臂、压迫眶上切迹、针刺皮肤、与之对话和嘱其执行有目的的动作等。按其深浅程度或特殊表现，可将意识障碍分为三类：

一是轻度意识障碍，包括意识模糊、嗜睡状态和朦胧状态。这组意识障碍往往起病较急，持续时间较短，思维内容变化不太大，情感色彩较浓。如果及时处理，可望在较短时间内恢复。其主要症状表现为嗜睡，这是程度最浅的一种意识障碍。患者经常处于睡眠状态，给予较轻微的刺激即可被唤醒，醒后意识活动接近正常，但对周围环境的鉴别能力较差，反应迟钝，刺激停止又复入睡。

二是中度意识障碍，包括混浊状态或精神错乱状态、谵妄状态。这组意识障碍较重，持续时间较长，思维内容有明显变化。但症状波动性大，不同的病人表现固然不同，同一病人在不同时间内表现也可明显不同。病情的转归可移行为轻度意识障碍，也可加重陷入昏迷状态。采用适当的处理措施使意识障碍不再进一步恶化是当务之急。其主要症状表现为昏睡（混蚀）是较嗜睡更深的意识障碍，表现为意识范围明显缩小，精神活动极迟钝，对较强刺激有反应。不易唤醒，醒时睁眼，但缺乏表情，对反复问话仅作简单回答，回答时含混不清，常答非所问，各种反射活动存在。

---

① 严和浸：《医学心理学概论》，上海科技出版社 2004 年版。

　　三是重度意识障碍，包括昏睡状态或浅昏迷状态、昏迷状态、深昏迷状态和木僵状态。都是严重的意识障碍，往往由于病情过重或时间过久未得到适当的处理所致。所以，对患者的积极抢救以争取改善预后十分重要。它主要表现为昏迷症状（意识活动丧失，对外界各种刺激或自身内部的需要不能感知。可有无意识的活动，任何刺激均不能被唤醒）。又可按刺激反应及反射活动等，将其分为浅、深、极度昏迷等三个级别：第一，浅昏迷。随意活动消失，对疼痛刺激有反应，各种生理反射（吞咽、咳嗽、角膜反射、瞳孔对光反应等）存在，体温、脉搏、呼吸多无明显改变，可伴谵妄或躁动。第二，深昏迷。随意活动完全消失，对各种刺激皆无反应，各种生理反射消失，可有呼吸不规则、血压下降、大小便失禁、全身肌肉松弛、去大脑强直等。第三，极度昏迷。又称脑死亡。病人处于濒死状态，无自主呼吸，各种反射消失，脑电图呈病理性电静息，脑功能丧失持续在 24 小时以上，排除了药物因素的影响。

　　意识昏迷的两种特殊亚型：一是"睁目昏迷"（去大脑皮质状态），一种特殊类型的意识障碍。它与昏迷不同，是大脑皮质受到严重的广泛损害，功能丧失，而大脑皮质下及脑干功能仍然保存在一种特殊状态。有觉醒和睡眠周期。觉醒时睁开眼睛，各种生理反射如瞳孔对光反射、角膜反射、吞咽反射、咳嗽反射存在，喂之能吃，貌似清醒，但缺乏意识活动，故有"睁目昏迷"、"醒状昏迷"之称。患者常可较长期存活。常见于各种急性缺氧、缺血性脑病、癫痫大发作持续状态、各种脑炎、严重颅脑外伤后等。二是谵妄（一种特殊类型的意识障碍）。患者表现为意识模糊的同时，伴有明显的精神运动兴奋，如躁动不安、喃喃自语、抗拒喊叫等。有丰富的视幻觉和错觉。夜间较重，多持续数日。见于感染中毒性脑病、颅脑外伤等。事后可部分回忆而有如梦境，或完全不能回忆。

　　鉴于上述讨论，笔者借助临床观察，根据意识障碍的程度、意识范围的大小、意识障碍的脑区定位、意识内容的深浅和脑干反射水平，把意识障碍的发生机制分成下述几种模式：

　　第一，泛脑电化学传递功能受到猛烈物理性碰撞而致的意识模糊。此类事件往往突然发生，导致患者的意识轻度不清晰，表现为迷惘、茫然，为时短暂。醒后定向力、注意力、思维内容均无变化，但情感反应强烈，如哭泣、躁动等。常见于车祸引起的脑震荡或强烈的精神创伤后。

　　第二，大脑上行激活系统和前额叶眶额皮层受到内外异常物体（如颅内渗出物或占位性器质病变）而致的嗜睡状态。主要症状是患者的意识较不清晰，整天睡，唤醒后定向力仍完整，意识范围不缩小，但注意力不集中，如不继续对答，又重新陷入睡眠状态，思维内容开始减少。

　　第三，因着脑内神经网络爆发了病理性的高频同步振荡波而导致的意识朦胧状态。其主要症状是患者的意识不清晰，主要表现为意识范围的缩小。也就是说，患者可以感知较大范围的事物，但对其中的细节感知模糊，好像在黄昏时看物体，只能看到一个大致的轮廓。定向力常有障碍，思维内容也有变化，可出现片断的错觉、幻觉。情感变化多，可高亢，可深沉，也可缄默不语。此状态往往突然中止，醒后仅保留部分记忆。常见于癔病发作时。

　　第四，由于神经系统受到内外毒性物质或代谢障碍而导致的大脑功能紊乱症状及意识混浊状态。它又被称作精神错乱状态，患者表现为较严重的意识不清晰特点，定向力和自知力均差，思维凌乱，出现幻觉和被害妄想，神情紧张、不安、恐惧，有时尖叫。患者的症状波动较大，时轻时重，持续时间也较长，既可恶化成浅昏迷状态，也可减轻成嗜睡状态。

　　第五，因着严重的高烧、药物中毒或酒精中毒而导致大脑神经系统的功能中度紊乱、意识谵妄状态。患者表现为严重的意识不清晰特点，其定向力差，自知力有时相对较好，注意力涣散，思维内容变化多，常有丰富的错幻觉，而以错视为主，常形象逼真，因此感到恐惧、外逃或伤人。急性谵妄状态多见于高热或中毒，如阿托品类药物中毒。慢性谵妄状态多见于酒精中毒。在美国，未达到昏迷的意识障碍常通称为谵妄状态，很少细分为混浊状态、精神错乱状态或谵妄状态等。

　　第六，因着脑体内外较严重的物理性损伤或化学性损伤而导致的大脑前额叶及脑干生命中枢出现较严重的功能解体与昏睡状态。它又被称作浅昏迷状态，患者表现为严重的意识不清晰，对外界刺激无任何主动反应，仅在疼痛刺激时才有防御反应；有时会发出含混不清的、无目的的喊叫，无任何思维内容，整天闭目似睡眠状，但其本体运动反射能力未受影响，咳嗽、吞咽、喷嚏、角膜等脑干反射均存在。

　　第七，由于异常严重的大脑物理性、化学性和生物性损伤，导致患者的上行网状激活系统、脑干和前额叶等重要结构出现了实质性解离、功能严重闭锁，患者出现了昏迷状态。其主要症状是，患者的意识严重丧失，对外界刺激无反应，疼痛刺激也不能引起防御反应，无思维内容，不喊叫，吞咽和咳嗽反射迟钝，腱反射减弱，往往出现病理反射。

第八，患者的大脑皮层及皮层下结构普遍受累，丧失了基本的生理功能、心理功能，仅存简单的生物代谢功能，患者表现为深度昏迷状态。这是最严重的意识障碍，患者的一切反射包括腱反射和脑干反射均消失，肌张力低下，有时病理反射也消失，个别病人出现去大脑或去皮层发作现象。

第九，患者的大脑皮层及皮层下结构广泛性受到严重损害，丧失了基本的生理功能、心理功能和简单的生物代谢功能，出现了木僵状态。这是一种特殊的意识状态，患者意识不清楚，但整天整夜睁眼不闭，不食、不饮、不排尿、不解便、不睡眠，对外界刺激无反应；其植物神经功能紊乱突出，如多汗、皮脂腺分泌旺盛、心跳不规则、呼吸紊乱、尿便潴留或失禁等。此类患者有时被称为睁眼昏迷、去大脑状态或植物人。常见于弥散性脑病的后遗症。

除了上述几种意识障碍的类型外，还有些特殊的意识障碍，如动作不能性缄默症和闭锁综合征等。两者的临床表现与木僵状态相似，但均保留部分意识或完全清醒，只是不能自动表达情感、思想、肢体行为。

综上所述，人的意识包含了多层级结构和多元化内容，诸如生理性的觉醒意识、生物性的饥渴感、心理性的自主意识，文化性的创造审美意识、道德意识，等等。意识障碍大多体现为高级意识功能丧失、低阶意识能力存在等特点。

第 六 章

意识转型的心脑范式及价值体用

人之身心作为宇宙的一个特殊部件、一个独特的客观世界与自我的对象时空，需要我们每个人首先对自我世界进行认知与建构，即一边建构一边进行体验、认知、想象、推理、充实、提升与改造完善之。只有当每个人据此形成了用以指导与调节自己的内在行为的元认知系统与自我参照系之后，我们方才能够借此展开对客观世界的认知、改造与创新活动。

既然人类需要意识转型，那么获得意识转型的知识基础是什么？笔者认为，人类的知识系统可分为"本体知识"和"对象性知识"；本体知识由自我经验、自我情感、自我概念、自我意识等系列要素构成。主体唯有借助具身认知方式才能真正内化外源知识，进而以审美方式建构本体知识，运用投射方式输出思想成果和行为图式。

进而言之，除了建构本体知识，意识转型还需要动用哪些高阶心理，它们涉及大脑的哪些深层机制？

第一节　主体性知识系统

在现当代人的心目中，所谓的知识主要指客观世界（特别是自然世界）的科技知识，所谓人的认知与创造能力主要指对科技文化的内在转化与操运水平。我们对人的自我体验、自我认知和自我建构等内在过程缺少关注、研究和教育实践。

笔者认为，人类的知识系统可分为"本体知识"和"对象性知识"；本体知识由自我经验、自我情感、自我概念、自我意识等系列要素构成。① 主体唯有借助具身认知方式才能真正内化外源知识，进而以审美方式建构本体知识，运用投射方式输出思想成果和行为图式。其中，校园的知识景观作为辐射创新文化的空间动力站，有助于重塑人的感性世界，提升人的本体知识建构水平。

一　本体知识的价值品格

与对象性知识相对应，本体知识即是主体用以体验、重构、认知、评价、预测和管理自我的本体性记忆、经验、情感、程序、规则、策略等内在的认知资源，② 其中包括元记忆、元体验和元调节等认知操作要素，也包括主体对自我与社会、自我与自然、自我与科学、自我与宗教、自我与艺术、自我与伦理、自我与家庭、现实与理想等相互的价值关系与认知关系和互动关系的认识与行为意识。

第一，指向自我的经验性知识有助于个性主体在历时空层面将客观经验、对象化情感和社会化价值分别转化及还原为主体自身的主观经验、本体情感和个性价值。其所具有的感性化具身体验之价值品格，有助于矫正目前基础教育的感性缺失倾向。

其认知机制在于，元认知系统乃是个性主体认识与改造内外世界的精神框架，它基于"自我参照系"（即个性主体借助自我知识系统认知自我、调节自我、实现自我的思想体系）这个母本而得以渐次成熟、厚积薄发。如果青少年缺少这种元记忆的基本架构及其载体构件，则不得不对间接经验与抽象知识采取囫囵吞枣式的机械记忆方式，从而形成孤立、封闭、沉寂和被动的知识资料库，最终导致其所机械保存的客观知识无法转化为人的个性化的情知意行之本体知识。

第二，指向自我的符号性知识系统既有助于个性主体在共时空层面转化及体用其所摄取的各种对象性符号知识，也有助于主体将本体性知识再次投射到新的对象时空及新的对象目标之上，进而借此实现对外部世界的

---

① 丁峻：《本体知识：教育的认知盲区与操作误区》，《心理研究》2010 年第 6期，第 4—5 页。

② 丁峻：《从本体知识、元认知能力到人格智慧的对象化转型》，《南京理工大学学报》（社会科学版）2012 年第 1 期。

移情体验和换位思考。其根本原因在于，元体验乃是个性主体转化外源性的社会经验和符号知识的精神中继站，它需要人们借助移情和换位思考的方式来将外源信息与内源信息加以全息重构，形成自我知识，借此推进对自己的情知意的完形嬗变、自由弛豫和虚拟实现等内在进程。

个体形成的指向自我的符号性知识，实际上体现了个性主体对自我之身体性、生理性、心理性、病理性、人类性、社会性、历史性、审美性、科学性、伦理性内容与特征的概念表征方式，规则操作能力，关系建构格局，以及行为调节水平等。唯有基于这些本体性的情感体验与科学认知，个性主体方能对自我的潜能特质、个性特征、性格倾向、思维方式、情感气质、知识结构、体能状况、行为范式等形成合情合理的概括性认识。

第三，个体形成的指向自我的理念性知识，实际上折射了主体自身的本质价值与精神理想，体现了主体对自我世界的内在规律、价值真理与发展战略的科学认识，反映了主体高阶转化及能动创用对象世界之多元规律和真理认识的理性精神建构水平；它们集中体现为个性主体的自我意识、元体验—元认知—元调控水平。

二　当代教育的根本危机与致命缺陷

多年来，各界人士对我国的教育问题进行了比较广泛深入的反思与审视，提出了许多相对合理的建设性对策。笔者认为，我们对教育的反思与改革主张缺少人本化的科学依据及理性坐标，因而未能揭析教育的致命缺陷，进而无法设计出有效和针对性极强的"治本"方策。我们的教育、文化及社会充斥着客观理性、客体真理、物性价值，唯独缺少主观理性、本体智慧、人性价值和人文真理。概言之，我们被抽象的、异在的客观知识与规则异化，与主宰了，成为客观知识的工具与仆人，忘却了对自我与人性的深广认知与价值理解，失去了发展提升爱心美感、诗意妙趣、激情想象力、独立判断、人格尊严和自由创造的一系列顶级品格与高级素质能力。

在此，笔者无意否认科学文化对认识与改造客观世界的重大价值，也无意贬低它对人类思维与行为的积极影响。问题在于，科学文化只是人类文化世界的一个部分，它不应也无法取代艺术文化、思想文化、哲学文化、生活文化；人类应当综合地和谐地全息摄取多元文化，以此建构一个合情合理、有情有义、表征体现和作用于主客观世界的完整精神世界。知识不能决定人的情感动机与人格坐标，科学认知与推理也无法取代人的感性体验与激情想象。

（一）当代人类危机的精神根源及教育动因

"现代人虽有能力改变一切，却忽视了自身的发展。一切努力都没法使现代社会从困难的沼泽中挣脱出来，因为现代人一直保留着成为当今危机根源的精神状态，没有考虑过应该怎样改善自己的思想、行为和情感，疏忽了唯一能够不断发挥协调作用的哲学、伦理和信仰，从而使我们的内在世界失去平衡、外在世界失去协调、前途难以预测。"①

总之，片面强调开发智力、重理轻文、忽视情感教育和人格塑造、以书本知识和教育成绩替代人生体验等做法，已经暴露出了很多严重问题，特别是造成青少年精神世界的片面发展与人格行为的刚性极化状态。

教育学家菲舍尔教授深刻地指出：人类的教育目前已经走到了一个十字路口，我们迫切需要深入了解大脑的发育规律和工作机制，弄清楚优秀的学生以及存在学习障碍的学生的大脑原因及其心理动因，然后以此作为参照系，彻底改造与更新我们的教育观念、教学方法和评价标准，进而促进教师与学生的同步发展。②

历史与现实提示我们，我们的教育（尤其是艺术教育）应当回归人的感性、知性、理性世界，应当遵从人的大脑、心理、机体与行为发展的科学规律，应当造益人的主体意向性、认知操作性和行为创造性等本体活动，应当使之超越单纯的知识技能层面，真正成为人性的启示、心灵的向导、创造的智慧、幸福的法门。

（二）教育的认知盲区与操作误区

几千年来，人类在奋力追求"客观真理"，精心建构"客观精神"和顶礼膜拜"客观理性"的对象化实践过程中，渐渐忘却了"自我"，淡远和生疏了对"主观真理"的内向追求，忽视了对"主观精神"的内在建

---

① ［意］奥雷里欧·佩奇：《罗马俱乐部：世界的未来——关于未来问题一百页》，蔡荣生译，中国对外翻译出版公司1985年版，第88页。

② Ernst Fischer. The Necessity of Art. NY：Brooklyn，Verso Books，2010，p. 18.

构和对"主观理性"的本体执守。由之，模拟外部世界运动机制的机械主义认识论及客观理性主义法则，才会逐渐主导人的心智坐标与思想轨道。诸如理性预设主义、决定论、还原论和客观知识论，科学价值中立论与工具理性论，教育上的"知识主导论"与"唯智能论"等实用理性观，便是科学文化对人类思维与行为方式所产生的另一重影响——其变构与塑造人类精神之负面效应的典型体现。对此进行深刻反思，将会有益于科学文化与人类精神的互动互补及人与社会、人与自然、人与文化的全面和谐发展。

1. 客观知识对表象结构与经验模式的偏置性塑造

人的经验是激发情感动机、形成体验情境和塑造个性情感反应模式的感性支柱，而表象则是链接知识、形成概象、表征类型关系、进行判断推理的思维要素（或认知资源）之一。因此，表象建构与经验塑造是人的思维发展所必需的基础性平台，也是个性主体输出行为方式的感性坐标。然而，在科学文化日益成为强势教育文化的今天，学习主体的知识信息资源体系逐步挤压和占据了情感、心灵、人性之体验时空，人的表象来源与经验种类被严格过滤、高度简并、过度单质化变构了。于是，"知识王子"便迫不及待地提前（从幼儿园开始）登堂入室了，"童心女神"便早早从人性发展的基地里谢幕退场了。

一是以间接经验代替直接经验，以符号化、系统化的标准答案和规范内容排斥人的新鲜体验、惊讶发现和自由感知等情感直觉力量；二是有关科学技术的知识表象压倒了艺术、游戏想象和审美等活动的经验表象，导致价值体验的外向性与功利性，体验水平的浅泛性、情趣异在性、准逻辑性，体验对象的批量化形式、模仿性雷同化方式和（表象内容的）单调机械性品质。君不见，外语单词、音乐演奏术、绘画技法、数学计算公式等被动的符号化填塞与刻板的技能性塑造，正在成为异化千百万幼儿童心并桎梏一代又一代中小学生激情想象力与自由创造力的精神枷锁。青少年及大学生哪里有时间和条件来自由建构自己的表象、概象、意象世界，主动塑造情感、认知、意识天地呢？人的心灵正在远离深广的童真世界、诗意体验时空和那些易于使人产生妙趣及惊讶感的境遇，日益被概念化的符号体验、实用化的工具感性和反客为主（且消化不良）的客观知识所主宰。

2. 客观知识对概象建构与认知模式的单向性塑造

基于实用价值和工具理性观，社会强化了"知识万能论"等理念，个体与群体信从"唯智能主义"及"重理轻文、重知识轻情感、重文凭轻能力、重科技素质轻人文修养"之学习观、教育观和成材观。进一步而言，社会对有关科学与技术的知识价值和人才需求日益强劲，而对有关艺术，人文和社会科学的知识与人才需求则显著降低了。于是，人的概象建构和认知发展便演化为以科技知识为中心的概念方法与逻辑程式，过早地进入了壁垒森严、泾渭分明和又窄又深的专业化知识胡同之中。

这样，人的概象世界便充斥着间接经验、符号表征和逻辑法则，缺少能够融通概念并将知识转化为心灵有机力量的情意表象、审美表象、哲理体验与生命感悟，因而使知识反客为主乃至喧宾夺主，成为异化人的自知能力与心灵秩序之统治性力量，进而使青少年和成年人的情感坐标与逻辑轨道相分离，人文经验与科技知识相隔膜，表象体验与概念认知相对立，主观意识与客观意识相脱节，人格行为与伦理规范相分化。

例如，在"知识就是力量"和"科学技术万能论"的近代价值观驱使下，越来越多的人倾向于"重智轻德"、"重理轻文"、"重学历轻能力"、"重知识轻经验"、"重逻辑轻情感"和"重实用发展轻人格升进"等学习目标与行为动机，遂造成对"客观知识"耳熟能详，对"主观知识"知之甚少的境况。

他们缺少对人性美与物性美的诗意体验和妙趣认知，缺少情感与伦理的融通及整合，缺少基于内在激情和旨趣的自由想象与人格意象，唯习惯于冷冰冰的概念操作和机械式的逻辑推理，从而降低了思维效能与心智水平。所谓的"高分低能"、"高学历低素质"和"高知识低水平"现象，正是对上述错位发展的精神境况之生动表征与现实嘲讽。

3. 客观知识对思维结构与思想模式的单极式驱动

不可否认，在科学家那里，由于间接经验的深广扩展和知识表征的多元符号系统日趋规范、丰富与精细，从而使他们的概念建构、判断分析和综合推理能力一路飙升；其思维的逻辑严密性、量化的精微性、通约的深刻性、实证的客观重复性、效能的优化集约性等品格，都大大超过了普通人。

并且，还有不少科学家兼通文理，对审美文化与哲学生活拥有深厚的修养和浓烈的旨趣，从而同时发展出了卓越的直觉想象能力和类比推理能力。诸如牛顿、张衡、爱因斯坦、普里高津、玻尔、杨振宁、钱学森、汤川秀树等人。

然而，对于相当多的社会大众而言，科学知识是一种自己并不熟悉和未能同化的异己力量，① 科学经验则是一种专业性的间接经验。于是，在上述的表象建构与经验模式之偏颇式塑造和概象建构与认知模式之单向性塑造的基础上，不少大众（尤其是情知意素质能力正处于敏感可塑状态和跳跃性发展之关键阶段的青少年学生），便形成了以间接经验与抽象概念为主的思维结构，缺少必需的亲身体验与感性积累，缺乏情感对间接经验和知识元素的活化与融合，于是导致形成以逻辑推理为主的单极式思想模式。

尤其重要的是，由于他们的情感同知识相分离、科学概象与生命表象相隔膜、旨趣特长与知性内容相分化，从而导致他们弱于发挥审美直觉与激情想象力等创造性思维的先导力量，缺乏对事物机制的关系类比和综合领悟。在现实生活中，不少学富五车的高才生、高学历人士等，对科学文化以外的人文、社会科学、艺术等领域，竟然无法表达专业性的理解与见地，甚至难以对追求与探索科学知识本身产生彻然的乐趣和神妙的忘我体验。

4. 客观知识对意象建构和理念操作模式的空心化塑造

面对当代社会生活的巨大变化和科学技术对人类精神生活的正负影响，联合国教科文组织提出了"学会学习、学会思考"和建设"学习型社会"的战略发展观。当代思想家 M. 莫里斯在《开放的自我》一书中深刻指出："观念是人的精神原子弹"，它引爆思想和控制人的行为。②

随着现代社会对"客观精神"、"客观理性"和"客观真理"的趋之若鹜，对科学知识、工具理性、实用价值、外在发展观、物质理想和情感功利化的顶礼膜拜日益强化，人类逐渐忘却和淡远了自己的本质特性、内在需要、本体坐标与本然理想，从而使"主观理性"日渐衰微、"主观精

_____

① 丁峻:《创造性素质建构心理学》，吉林人民出版社 2007 年版，第 33 页。
② ［美］C. W. 莫里斯:《开放的自我》，纪树立译，上海人民出版社 1998 年版，第 43 页。

神"日渐孱弱、"主观真理"日渐稀薄。

（三）当代教育的致命缺陷

第一，以客观经验替代主观经验，以对象化情感排挤本体性情感，导致青少年的感性时空褊狭、本体经验贫乏、自我情感脆弱、表象单一，进而制约了他们的认知发展。这是因为，学习者在内化社会性经验与符号性知识的过程中，需要动用先前形成的各种表象来还原、转化间接经验与抽象知识；如果青少年缺少这种元记忆的基本架构及其载体构件，则他们只能对间接经验与抽象知识采取囫囵吞枣式的机械记忆方式，从而形成孤立、封闭、沉寂和被动的知识资料库，最终导致其所机械保存的客观知识无法转化为人的个性化的情知意行之本体知识。

第二，以客观知识排斥主观知识，以标准化的对象性思维取代个性化的具身思维，遂导致青少年的认知活动出现动力枯竭、意义丧失、思维模式化和缺乏自知之明的境况，进而制约了他们的意识发展与理性成熟。其根本原因在于，元体验乃是个性主体转化外源性的社会经验和符号知识的精神中继站，它需要人们借助移情和换位思考的方式来将外源信息与内源信息加以全息重构，借此实现对自己的情知意的完形嬗变、自由弛豫和虚拟实现等内在完善的精神效能。

第三，以客观真理替代主观真理，以对象性价值排斥本体性价值，以客观理性抑制主观理性，遂导致进入成年期的青年人和中年人出现"空心化"的精神发展境况。

"知识可以帮助我们生存下去，价值观和道德感可以使我们生活得体面而富有责任感；而认识与理解世界的美、生活的美以及艺术创造的美，则可以使我们的生活更丰富、更有情趣和意义。"[1] 无独有偶，这种教育既有助于科学家鉴赏艺术，又有助于艺术家认识科学。它还有助于我们发现舍此无法掌握的不同学科之间的深奥联系，有助于我们作为个人或社区的成员度过更加有趣和更有价值的人生。[2] 换言之，西方国家（尤其是美国）的知识界人士，习惯于把艺术视为自我表现、创造力、自发性和精

---

[1] 沈致隆：《亲历哈佛——美国艺术教育考察纪行》，华中科技大学出版社2002年版，第136页。

[2] 同上书，第135页。

神变革的动力源泉。

令人欣慰的是，2000 年以来，西方的众多一流综合性大学开始重新审视艺术教育的角色、作用和意义，全面规划面向全体师生的艺术教育行动方案，旨在使大学师生借助艺术文化培植创造性经验，重构本体性知识，催化创造性思维，孕育创造性观念。

第二节　智慧转型的认知参照系及思想培育路径

笔者认为，本体知识是学习者转化客体知识的认知中介，据此形成的基于"自我参照系"的元认知框架决定了个体的对象化认知水平和行为方式。因此，教育的核心目标应当聚焦于人的本体知识，以深度体现"以人为本"的教育理念，真正实现人的个性化情知意之自由自主和全面协调的发展。其中，基于本体知识建构主体的元认知能力及自我认知能力，乃是学习者发展心智的根本目标。其原因在于，人的本体性情感发展位于认知发展的首要阶段，自我认知框架决定了人的对象化认知能力。[①]

进而言之，元认知能力能够在高阶层面促进人的自我认知能力的发展，进而协同催化主体的人格智慧；人格智慧又需要进一步转化为世界智慧、客观真理、客体理性和对象性价值。

一　智慧转型的审美之维

理论预设基于经验想象，对象性认知需要人们采用用来认知自我的那套框架（即元认知系统）；本体性想象能够孵化与对象性想象，本体性预设可以提升我们对客观世界的假定性认识之效能。

其根本原因在于，主体的人格意识建构与人格智慧养成，均需要借助审美之镜来认知自我、变造自我。进而言之，审美行为实际上是主体借助对象之镜来观照自我和实现自我的精神内创方式。笔者之所以要把审美建构作为人发展本体知识的首要内容，乃是因为审美建构同时体现了两大核

[①]　丁峻：《从本体知识、元认知能力到人格智慧的对象化转型》，《南京理工大学学报》（社会科学版）2012 年第 1 期。

心作用：一是对人的移情体验能力的强力催化和深广拓展，二是促进创造性想象能力的效价升级与理性化意象生成。

换言之，审美教育的根本目的是培养学习者的内向审美、本体认知与自我意识。通过艺术教育，我们即能使大学生由外在的对象化观照达到移情入性，使心灵进入内在化、本体性的自我观照状态，进而抵达超感性的世界。① "在审美活动中，那种提高到主体自我形式及生命形式的自然形态，具有'从他物中反映自我'、'从他物中享受自我'的拟人化品格，成为人类情感生命的象征及对象化存在。"② 其间，艺术中的自我与世界的关系已经转化为主体与意象的关系，两者完全融通、我中有你、你中有我、彼此难分，成为价值与命运的共同体，遂成为主体重构自我，实现个性理想和精神价值的内在方式。

二　天人一性、物我一体——智慧转型的主客观动因

每个人既是相对独立的身心统一体，也是茫茫宇宙之中的一个细微的分子。可以说，人对自我的认知具有双重意义：一是对独特身心系统的本体性认知，二是对宇宙之生命机体一分子的对象性认知。

中国古代哲学认为，圣人之用心，皆以天地万物为一体。天下万事万物各有分殊，但都不离一心；人类能够借助知识完善德性，依托德性提升格物致知的能力。因而，人类的理性精神能够契通万物万事并发现与概括其深层的客观法则与运变规律。这便是中国古代圣贤之所以提出"天人一性，物我一体"、"天人感应"、"心物和谐"等宇宙论判言的认识论依据。

因此可以说，尽己则尽物，知性则知天。天者，万物之总名，人者，天地之合德。人之所以能尽己尽物、知性知天，是因为天人一性、物我一体；若非一性一物，就不可能实现尽己尽物、知性知天。理是诚，诚则能尽自我之性、他人之性、自然之性，等等。

---

① Barbarra Rice（edited）. Transforming The Art of Teaching：The Role of Higher Education. New York：Dana Press，2009，267－268.

② David H. Freeman. How Science Will Enhance Your Brain，London：Dana Press，2008，104－105.

换言之，人的本体世界与作为人类对象的客观世界都具有本质相通的变化规律、真理与价值特征；因为人类与万物的孕育、生成、发展、壮大、成熟、退化及消亡和转化过程，均基于宇宙创生与湮灭的总体性元规律。人类的本体世界由多元系统综合构成，其中包括生物生理生化物理系统、心理心智精神系统、社会历史文化与种族特质遗传系统、脑体物质系统和分子量子神经信息系统，等等。上述诸种复杂系统的形态、结构、功能及其信息演化过程，无不时时处处精妙映射着对象世界乃至宇宙时空的相关本质特征及其运变规律。

因而笔者据此认为，本体知识是学习者转化客体知识的认知中介，据此形成的基于"自我参照系"的元认知框架决定了个体的对象化认知水平和行为方式。因此，教育的核心目标应当聚焦于人的本体知识，以深度体现"以人为本"的教育理念，真正实现人的个性化情知意之自由自主和全面协调的发展。其中，本体知识的审美建构乃是学习者发展认知能力的先导目标。其原因在于，人的本体性情感发展位于认知发展的首要阶段，自我认知框架决定了人的对象化认知能力。[1]

进而言之，人类的审美行为实际上是主体借助对象之镜来观照自我和实现自我的精神内创方式。笔者之所以要把审美建构作为人发展本体知识的首要内容，乃是因为审美建构同时体现了两大核心作用：一是对人的移情体验能力的强力催化和深广拓展，二是促进创造性想象能力的效价升级与理性化意象生成。

三　科技知识如何转化为人本智慧

中国哲学认为，人心之善端，即是天地之正理。换言之，仁善之心是做人的根本原则及元基；有了仁善之心，才会催生出良知与明知、自信自强之勇，即知、仁、勇"三达德"。

（一）天之理转化为人之道的精神原则

要做到仁善，根本条件则是至诚、恭敬。为何认知自我与客观世界需要主体充满敬意和虔诚之心呢？这是因为，只有充满诚心，人的情知意才

---

① Howell, R. 2006. Self-Knowledge and Self-Reference [J], *Philosophy and Phenomenological Research*, 72：44 – 70.

会达到三位一体的有效统合境地；唯有怀持着由衷的敬意，人的心灵才能触及自我与对象世界的深层内容与本质特征。此即所谓的"两极相通"、心物妙合也。

进而言之，人需要通过摄心摄身来完善自我之人性，进而认知与完善客观世界。所以说，认知自我是认知客观世界的必经之路；体验自我是认知自我的感性基础，认知自我又成为一个人调控自我的理性基础。

同时需要说明，心与物、心与性、心与德、心与理是一以贯之的。中国宋代哲学家认为，即物穷理，就是即自心之物而穷其本具之理。换言之，即穷自心之物的理。心与理不要执著于内外分别，即理即心，心外无理。

换言之，理是形而上的智慧体现。所以我们只要拥有了理性能力，就能够解析自我与世界的根本奥秘。天下原本没有二理、天人一理，其根本原因即在于，心之理与物之理、情之理与象之理、道之理与器之理，皆内外相通、虚实互征。

（二）将科技知识转化为人本智慧的基本原理

第一，将科学技术经验转化为学习者本体经验的具身化体用原理。人的本体知识的来源由三大系列、九种对象所构成：历时空的自我、他人和物象—符号，共时空的自我、他人和物象—符号，超时空的自我、他人和物象—符号；它们分别被主体的镜像神经元系统转运至经验性时空、认知性时空和哲理性时空，进而由大脑前额叶的情感体验中枢进行价值评价，由认知中枢进行机制分析，再由前运动区进行具身预演，由语言活动区进行符号匹配，最终形成个体对客观知识的三大认知转化产物：本体性情感（形态）、本体性认知（规则）、本体性意识（规律）。

需要指出，主体借助自传体经验和本体性情感所重构而成的审美与道德表象，实际上具有"早期发生、先入为主、持续深化、影响终生"的先导性占位效应。这是因为，人的感性塑造必然要经历一个"童年迸发期"：即3—5岁阶段大脑的神经元数量达到峰值水平，在此期间，唯有那些受到外界感觉信息刺激，且引发了主体的情感反应并链接自传体记忆的形成特定回路的神经元方能得以幸运地存活，其感性认知内容进而占据了统治地位。①

第二，将科学技术规则转化为学习者之认知规则与思维策略等本体知识的对象化迁移原理。譬如有意识地运用中英文的词法句法语法规则来展开自我对话，借此建构自己的内部语言系统，提升自己的内在表达水平，进而才能有效提高自己对语言及自我价值的外在表达能力；或者说，借助语言符号来表征自我的情知意价值，借助身体符号来实现自我的文化创新价值。

更有意义的是，人们在认知过程中需要对内心的知觉表象展开二度创造、二次发现和二度体验，以便而将认知结果投射到虚拟性和实体性对象之上，借此实现自我与对象的认知价值。这种虚拟投射的结果，导致主客体本质价值相统一的"间体世界"廓出，继而由此生成了意义深广的价值表征系统。

心理学家伊丽莎白深刻地指出：在科学体验中，主体与对象处于共时空境遇，主体的情感运动特征与对象的感性形式形成了密切的结合体，对象成为主体的心灵标记，主体的心理活动成为对象所表征的意义内容。这既是一个价值共同体，又是一个命运共同体。②

第三，将科技规律、科技真理、客观理性转化为学习者之精神规律、思想真理、主观理性的高阶映射原理。譬如，有意识地将自己内化的语言意识、审美意识、科学意识等进一步转化为主体的自我意识、本体理性意识，从而使自己拥有把握精神发展规律、科学预测自我未来、新颖创制思想学说、合理调控自我行为等本体性智慧。

主体在创建科学知识的系列过程中，首先需要生成感性表象，继而生成知性概象，最后生成理性意象；其实质是将科学的客观形式逐步改造为主客观合一的"间体世界"与"镜像时空"；其间，主体将客观化的科学内容转化为本体性的生命感觉、知觉规则与理性意识，由此实现理性价值的本体建构任务。

---

① Howell, R. 2006. Self-Knowledge and Self-Reference [J], *Philosophy and Phenomenological Research*, 72: 44 - 70.

② Elisabeth, Schellekens. Aesthetics and subjectivity, Brit. J. Aesthetics, 2004, 44: 304 - 307.

第四，镜像映射与主客体整合原理。黑格尔指出，在人的思维过程中，只有以范畴为对象的自我意识才称得上是理性化的意识。① 也就是说，主体的审美建构以其达到情感体验的高峰和理解认同的价值共鸣境界作为内在标志；在主体指向自我的审美意象渐次廓出的过程中，可以引发深广融通的美感爱心、道德感良心、灵感慧心和理智感平心等高级感性力量。它们经过主体的意象整合、对象化映射与价值时空转换之后，遂融通嬗变为指向对象时空的审美意识、伦理意识、创造意识和哲理意识。

进而言之，只有通过反思中介的变化，对象的真实本质才可能呈现于我们的意识面前。② 这个中介的高级形态就是笔者所说的"自我镜像"及其衍生的"间体时空"，其低阶形态则是人的本体知识；它们互补互动、协同增益，共同发挥着"认知转换器"之关键作用。从这个意义上说，那些未能进入人的情感认知系统和自传体记忆库的客观知识，根本无法影响主体的情知意结构与功能，因而事实上成了孤立存放于心中的"死知识"，考过即忘，毕业之后便抛之脑后了。

四　如何认知自我价值、实现自我潜能

审美经验实际上是人对某种虚拟而真如的理想化情景的内在创见与自由体验；审美活动是人对自我的内在创构、对象化观照和具身亲验活动。这是主体生成美感的价值源泉和内在实现自我的心理机关。可以说，正是由于主体发现了自身和对象世界的完满本质与发展规律，他才能够于内心呈现出相应的情感理想、获得真善美兼备和主客观世界相统一的价值理念，进而将这些内在价值逐步转化为相应的独特新颖的知性形式与感性形式，最后将这种感性形式加以对象化的符号呈现和对象化的实体传载。审美心理学家坎达斯精辟地指出："正是借助非凡的想象能力，人类才得以超越经验世界、进入符号世界，才能共享全人类的精神财富，借此把握内外世界的本质特点、理解对象和自我的深层意义！"③

---

① ［德］黑格尔：《精神现象学》，贺麟等译（上下），商务印书馆1997年版。
② ［德］黑格尔：《小逻辑》，张世英译，商务印书馆1982年版，第77、83页。
③ B. Candace, 2000, A cognitive theory of music meanings, J. of Music Theory, Vol. 44（2）.

（一）中国教育问题的根本症结

教育乃是孵化人的创新精神与审美道德素质的决定性因素、基础性环节。长期以来，中国的教育存在着重大弊端。A. 佩奇尖锐地指出："现代人虽有能力改变一切，却忽视了自身的发展。……惊人的科学技术成就迫使人类丧失了某些最重要的观念，从而使我们的内在世界失去平衡、外在世界失去协调、前途难以预测。"① 造成上述种种畸形的精神现象的根本原因，就在于我们所设计的、用以重塑人性的基础教育缺少先进的高阶科学依据，我们的教育价值观和功能目标观背离了人性发展的内在规律。所以，感性塑造是知性建构与理性创造的决定性基础；如果不对基础教育进行彻底改革，则无论高等教育怎样改革都无济于事。

1. 教育的价值坐标倒置

以客观真理替代主观真理，以对象性价值排斥本体性价值，以客观理性抑制主观理性，以功利主义取代审美理想，以实用理性取代认知理性，遂导致青年人和中年人出现"空心化"的理性意识发展境况。

其根本原因在于，几千年来，人类为了获得"客观价值"而奋力追求"客观真理"、精细建构"客观理性"和极力张扬"客观精神"，与此同时，在这种对象化实践的征途中却渐渐忘却了"主观价值"，淡远了"主观真理"，丧失了"主观理性"，弱化了"主观精神"。由之，旨在模拟外部世界运动机制的机械唯物主义认识论及客观理性主义价值观等，才会逐渐喧宾夺主、占据人的心智坐标与思想轨道；客观知识万能论、科学中立论和唯智能论等实用理性才会大行其道，人文贬值、情感无用、艺术娱乐论、审美奢侈论等功利主义观念才会甚嚣尘上！

2. 知识结构残缺

以客观知识排斥主观知识、以标准化的对象性思维取代个性化的具身思维，遂导致青少年的认知活动出现动力枯竭、意义丧失、思维模式化和缺乏自知之明的境况，进而制约了他们的本体知识发展与自我认知能力成熟。由于人们尚未形成以理性为引领、以知性为中介、以感性为动力的自我认知系统，无法由此催生自我参照系，进而无法据此对客观世界展开个

---

① ［意］奥雷里欧·佩西：《罗马俱乐部：世界的未来——关于未来问题一百页》，蔡荣生译，中国对外翻译出版公司 1985 年版，第 88 页。

性化的创造性认知与改造活动。

其社会根源在于，我们对人的自我体验、自我认知和自我建构等内在过程缺少关注、研究和教育实践。在现当代人的心目中，所谓的知识乃主要指客观世界（特别是自然世界）的科技知识，所谓人的认知与创造能力发展，主要指对科技文化的内在转化与操运水平。

3. 人性体验匮乏

以客观经验替代主观经验、以对象化情感排挤本体性情感，导致青少年的感性时空褊狭、本体经验贫乏、自我情感脆弱、表象单一，进而制约了他们的认知发展。如果人们对自我缺乏自明自爱、自尊自信、自主自强、自创自成、自胜自足的本体性理智感、道德感、美感，那么就很难抵御现实生活中的假恶丑攻击、悲剧逆境折磨和艰难困苦的考验，更无法向社会界、自然界、文化世界辐射爱心美感诗意、良心道德感善意、平心理智感创意了。君不见，古今中外，因失恋、疾病、事业失败、破产、人身受辱、抑郁自卑等而导致毁灭自己的人络绎不绝，但是如果他们与贝多芬、爱因斯坦、马克思、柴可夫斯基、康德、司马迁、苏轼、曹雪芹等杰出人物的遭遇及人格意志相比，实在小得可怜。

其社会根源在于，我们对人的情感发展规律和经验转化机制缺少深入研究和理论概括，因而导致社会轻感性教育、重智性训练、轻人文艺术、重科学技术的实用主义文化盛行，致使青少年呈现出经验单调、情感贫乏、人格残缺、意志孱弱、想象力平庸、创造性缺如、知识僵化、理念偏激、行为缺乏和谐定向目标与公共准则。

（二）重建基础教育的核心目标

教育的根本目标不是传授知识，而是指向"三位一体"的情知意世界之本体建构、认知操作与价值外化能质；其中，情感教育是一切教育的根本基础。这是因为，我们的教育只有打动了人的情感，才能激发人的美好想象，形成个性理想，催化创造性精神。为此，我们应当加强对青少年的情感教育；而艺术文化乃是推进情感教育的最佳动力。

笔者认为，以人为本的教育观首先应当遵从人的心理发展规律，据此设计教育目标、教育内容、教学方法和评价标准；其次应当努力寻找与打造最能引发人的情感嬗变的文化利器，借此实现对人的情感塑造、思维创构和人格意识完善等元功能。其中，哲学教育有助于人的情感与认知发展，有利于提升人的"情感管理"及"认知管理"水平，特别是有助于个性主体建构自己的元认知价值理念、元体验价值坐标和元意识价值镜像。

所谓的"情感管理"，即是指人们知道在何时何地、对何人表达合情合理的情感态度，其中包括对自我的情感体验、情感增益、情感调节、情感理想的设定和情感实现（自我交流）等多元内容。① 人的移情能力及情感态度主要形成于儿童时期；其间人脑的三大感觉皮层经历了两次"高速迸发期"，由此形成了特殊的神经结构。因此，从幼儿期到小学阶段，这是一个人形成情感记忆、形成移情体验能力和获得情感定向的关键时期；而初中和高中阶段则是青少年贯通本体经验与对象化经验，整合自我情感与社会化情感，将概念与表象相耦合，使主观知识与客观知识相融通的关键时期。

为此，我们的幼儿教育的核心目标乃是兴趣启蒙，小学教育的核心目标乃是表象扩展，初中教育的核心目标乃是以情趣激发想象，高中教育的核心目标乃是以想象力驱动演绎、归纳性推理能力，将客观知识转化为主观知识。

（三）借助镜像世界认知自我、完善自我，实现自我的内在价值

人学习知识的深层方式主要涉及"知识预演—虚拟映射"这个认知操作序列。据最新的研究，大脑的前运动区在人的学习过程中发挥着异常重要的"知识预演—能力操练"之执行功能。它一面要接受前额叶的目标、策略和图式之引导，一面接受经过前脑加工并来自杏仁核的情感投射，同时还要基于前脑的工作记忆之信息检索、选择性地接受来自三大感觉皮层的表象资源和来自联合皮层的概念范式，以此作为实施"知识预演—能力操练"活动的基本构件。

换言之，我们在内化客观知识时，一方面要依托自己的审美理念来确定认知目标、学习策略和信息加工方式（形成审美意象的理念驱动力），另一方面要听从自己的情感反应，有选择地重组各种感觉信息，以此作为内在模拟客观情景和创造虚拟意象的认知框架，进而将自己的情感体验、

---

① John D. Mayer, Richard D. Roberts, Sigal G. Barsade. 2008. Human abilities: e-motional intelligence [J], Annual Reviews of *Psychology*, 59: 507 – 536.

情感评价、思想假设等创新产物虚拟投射到内心的对象世界及"间体世界"之中；一俟这种内在的知识预演和虚拟的价值映射图式在反复操练之中趋于完善时，主体就会从容地将之投入真实的实践天地。

这提示我们，人所学习的文化内容需经由具身体验而转化为主体自己的心脑与身体之相应的活动状态——即不同层级的个性化的认知表征体系，如此方能真正造益于人的内在创造与价值感悟。

古代哲学家认为，修德须先知德，然后才能成德；学道须先明道，然后才能行道。在心为德，行之为道，内外一也。事亲之道，即事君之道，即事天之道，即治人之道，即立身之道，亦即宇宙之道；人格在内外一致。

笔者认为，唯有竭尽自我之性，才能尽他人与物质之性，即尽天地之性。为了开发自我的潜能，实现自己的社会价值，我们不但需要借助天下尽可能多的所有经验与知识来认知自我特性，把握身心发展规律，遵循情知意之人类共性特征及自我的个性化特征，借此形成本体性经验，建构本体性概念系统，我们还需要学会管理与调节自己的情知意行等方面的本体性方法，借此完善本体性理念，实现自我的精神价值。

总之，能尽人物之性，便可尽天地之性。马一浮先生指出："今人不知有自性，亦即不知有天道，视天地万物皆与自己不相干。"其实，"天人一性，物我一体"，这是中国哲学对人性智慧的独特的形而上表述，是个体完善自我人性的终极境界，也是人性价值的理性化体现方式。

主客观规律、真理、理性意识等都有其发端之源和终归之所，这需要我们在认知自我与世界的过程中注重"知本"（即知其根源）、"知至"（即知其归宿）。表象纷繁、变化万千，本质恒常、稳定有序。本体智慧之所以成为绝对重要的创生系统，就在于它能引领个体从内在完善走向外在实现的自由文明幸福之道。

罗伯特·弗格汉姆说：人们利用一面镜子，就可以把阳光移射到太阳永远无法照射到的那些黑暗角落——深洞、裂缝、拐角、阴面。① 这个发现令我十分着迷，因而成了我长期爱好的一个游戏。直到我成年之后我才

---

① ［美］罗伯特·弗格汉姆：《生命中不可错过的智慧》，百荣译，北方文艺出版社 2005 年版，第 76 页。

渐渐懂得，它更是一种隐喻，告诉我这一生可以做些什么。换言之，我既不是光，也不是光源，仅仅是能够折射精神之光（真理、知识、见识、理解、价值、意义等）的心灵之镜；它们通过我来照亮特殊的黑暗角落。

笔者的观点是：自我是世界的镜像，唯有借助自我参照系，我们才能认知与改善对象世界；建构与认知自我世界，又需要我们对外部世界进行具身认知，进而发动情景预演、意象映射和体象表征，直至实现与外化那自我创生的独一无二的内在价值。

人对于最可靠、最真实、最永久、最难忘、最可贵的人事物象的评价方式与意义传承方式不是外在的呈现，而是内在的悬想、默念、思量、追忆、再现、遥望……所以，我们应当善于借助他人之镜、社会之镜和文学之镜，来发现、品味、认取和提升自己的人生价值，运用审美滤器保存与放大自信自为、自得自足、自胜自成之明快情愫，汰弃一切的不愉快之事之情，借助自我心体来折射内涵独特的哲理之光，依托哲理之光、审美之机、人性之花、宇宙之象和生命之果来体现自己的殊然意义，继续以达观明快、情趣盎然、思锋流转、感悟敏捷、有所发现，表达新我的心境、神情和态度，创造充实、丰富和益发有滋味的未来生活。

1. 借助具象慧之镜观照自我

善于借助对象之镜来观照自我、体验自我、发现自我的独特新质，不断充实与提升自己的本体经验。所谓的本体经验，乃是指人们对自我特征、存在意义、生命价值及内外活动的情感体验。从本质上看，人的指向自我的回忆、联想、想象、推理等内在情景预演，均属于建构自我时空的有机过程，均是本体经验的生动体现方式。

其中，文字表象能引导人们抵达物体表象、身体表象和言语表象之维，后者又能够表征人的自我认知，制导人的身体动作及口头与书面表达行为。

2. 借助符号之镜问答自我

善于运用语言与自己交流，对自我的本质特点展开符号还原、镜像具身、价值体验、意义充实和概念认知。换言之，每个人需要借助外在的语言文化、科技文化、人文哲学文化、社会科学文化等来创制自己独特的内部言语体系，以便进而借此认知自我与对象，发现自我与世界之妙，提升自己的内在创新与外在创造能力，实现自我与世界的真善美价值。

由于言语表象具有先天承传性、自动操作性、便捷快速性、个性创造性和亲切感召性等特点，而文字表象则体现出后天习得性、规则制约性、形式束缚性和意义抽象性等系列特点。所以我们会发现，为何人的内在对话、思想预演、审美体验和创作构思等活动大多采用言语表象，而且是主体高度个性化、深深爱好并擅长的那些民族言语表象、艺术言语表象、人声言语表象、物语表象，等等。

为此，大学的科技教育应当将理念要素、情感要素、认知要素和经验要素渗透于感性化的教学过程中，以便借此满足他们的高阶精神需要。① 这种需要既包括主体在知识内化过程中创造与感受具身预演和虚拟映射之妙境的自我审美动机与个性潜能诉求，也包括其在知识外化过程中实施与体验具身操作和实体投射之神奇效能的智性乐趣和自我实现的愿望。

长期以来，教师习惯于向学生灌输抽象的客观知识与刻板的操作性技能，缺少对教学内容的情感投射和情趣渗透，造成知识传导脱离学生的内在需要，无法使他们借此生成本体知识，从而致使多数学生对艺术文化兴趣索然、对学科知识感到乏味厌倦，大大降低了学习效果。对此，弗里曼深刻地指出，"教书匠"与"教育家"的唯一区别，在于前者仅仅为学生搬运陈旧知识，后者则为学生烹调新鲜可口的知识大餐。

每个人都需要回忆。失去人生意义的危机感犹如饿狼，只有回忆能将之挡在门外。诺贝尔文学奖获得者贝娄如是说。格里高利—曼昆认为：幸福生活的秘诀，就是找到你所喜欢做的事，然后找到愿意雇你来做这件事的人。爱就是信仰，良心就是宗教。

3. 借助具身方式重构自我

所谓的具身方式，即是人们常说的移情体验、换位思考，通过自我审美和本体性想象等方式来重构自我。伯斯纳指出："对大多数青少年学生来说，其学习效能不佳的根本原因并不是他们缺乏学习能力，而是由于他们不知道如何使自己的情感与认知活动相匹配。他们天生缺乏这种科学方

---

① Van De Lagemaat, Richard. Theory of Knowledge. Cambridge：Cambridge UP，2005. 145 – 165. Van De Lagemaat, Richard. Theory of Knowledge. Cambridge：Cambridge UP，2005. 145 – 165.

法的训练；因而教师需要向学生传导有关元认知的操作方法。"① 基于新型的本体知识观，教师应当把学习者体验自我、认知自我和创新自我作为教学的核心内容与主导方式之一，即借助本体映射来体验自我，通过具身认知来理解他人和人类情感、发现自然规律、领悟科学价值，品味艺术美、自然美、道德美、科学美之情韵奥妙。

安迪·鲁尼（Andy Rooney）说过：人生的意境在于：得意、失意，切莫在意；顺境、逆境，切莫止境；如果你独自一人笑了，那是真心的笑。②

笔者认为，一切深情与睿智皆在不言之中、皆在人的永远流转不息的意象体验之中；对自我与世界、完美价值与终极理想的意象体验乃是实现自我价值的主导方式之一。

4. 借助审美意象之镜创新自我

审美教育的根本目的是培养学习者的内向审美、本体认知与自我意识。通过艺术教育，我们即能使大中小学生由外在的对象化观照达到移情入性，使心灵进入内在化、本体性的自我观照状态，进而抵达超感性的世界。③ 其原因在于，"在审美活动中，那种提高到主体自我形式及生命形式的自然形态，具有'从他物中反映自我'、'从他物中享受自我'的拟人化品格，成为人类情感生命的象征及对象化存在"。④ 其间，艺术时空的自我与世界的关系，已经转化为主体与意象的关系、主客体与间体的关系，两者完全融通、我中有你、你中有我，彼此难分、成为价值与命运的共同体，遂成为主体重构自我、实现个性理想和精神价值的内在方式。

今日读到穆旦1947年的诗"我们是20世纪的众生、骚动在它的黑暗里；我们有机器和制度却没有文明，我们有复杂的感情却无处归依，我们

① Carol A. Barnes. 2009 Advances in Brain Research, Dana Press, 2009, pp. 23 – 24.

② 王大骐：《安迪·鲁尼——固执愤怒又可爱的老头》，《南方人物周刊》2011年11月14日。

③ M. I. Posner, M. K. Rothbart. Influencing brain networks: Implications for education. *Trends in Cognitive Science*, 2005, 9: 99 – 103.

④ 谭容培：《论审美对象的感性特征及其构成》，《哲学研究》2004年第11期，第88—89页。

有很多的声音却没有真理，我们来自一个良心却各自藏起"时，深切感到：诗人以其超前的直觉道出了半个世纪之后人类的尴尬之处、困惑之处、无望之处、软弱之处！一言以蔽之，我们离真善美愈来愈远，我们愈来愈会演戏，然而却逐渐失去自我。

5. 双向发现与自我实现

审美经验实际上是人对某种虚拟而真如的理想化情景的内在创见与自由体验；审美活动是人对自我的内在创构、对象化观照和具身亲验活动。这是主体生成美感的价值源泉和内在实现自我的心理机关。"不断发展的情感既从大量的客观媒介中提取原料，也从主体以往的经验中抽取特定的态度、意义和价值，进而使它们得以活化与浓缩、被提炼与组合为思想和情感的意象及灵感。在这种过程中，两者（指主客观世界）都将获得它们不曾具有的形式、特征和活动规律。"①

可以说，正是由于主体发现了自身和对象世界的完满本质与发展规律，他才能够于内心呈现出相应的情感理想，获得真善美兼备和主客观世界相统一的价值理念，进而将这些内在价值逐步转化为相应的独特新颖的知性形式与感性形式，最后将这种感性形式加以对象化的符号呈现和对象化的实体转载。心理学家坎达斯精辟地指出："正是借助非凡的想象能力，人类才得以超越经验世界，进入符号世界，才能共享全人类的精神财富，借此把握内外世界的本质特点，理解对象和自我的深层意义！"②

反之，如果学习者对主客体情感、审美文化与道德文化缺少体验，第一，会造成经验贫乏，情感肤浅且脆弱，表象稀薄，感性世界发育不良，从而导致认知发展的深刻冲突与低效水平：由于缺少情趣动力，使求知活动与情感趣味相分离、个性潜能特质与所学内容相隔膜、抽象的知识概念与生动直观具体的表象相分离，进而导致学习过程枯燥乏味、晦涩难懂、想象力孱弱、推理刻板，更谈不到发展学习策略，提升认知水平和建构意象系统（资作理念创新的平台）。第二，由于缺乏审美文化、道德文化的

---

① 谭容培：《论审美对象的感性特征及其构成》，《哲学研究》2004 年第 11 期，第 88—89 页。

② B. Candace, 2000, A cognitive theory of music meanings, J. of Music Theory, Vol. 44（2）.

感性移变，从而使学习者进行认知学习时产生情感缺席、意向拒斥、表象枯竭、认知刻板化等内在矛盾，并导致审美学习和道德学习的空洞概念化、空心去主体化等认知后果，遂为学习者的人格发展、情知意协调与个性行为发展埋下了内在分裂、内外分离的病根。

总之，以人为本的当代教育理念，应当体现"科学认知性、人文体验性、艺术构想性"等多元功能的全息统一。从本质上说，科学文化与人文艺术文化并非格格不入、水火不容，它们在人的内心深处恰恰可以获得完满的融会贯通、互动互补与协同增益。古今中外，众多杰出人才的成功经历及创造性思维的动因表明，由艺术、哲学、文学、自然科学等构成的立体综合的全息知识结构，能够推动人在科学人文一体化的深广天地提升自我、认知世界、发现真善美、创造思想文化与物质文明新成果。

第三节　元认知意识与人的本体发展

教育心理学认为，决定人的认知发展的主要因素乃是"心理操作与信息转换"的能力。唯有我们形成了对情知意的内在操作能力之后，我们方能依据此种行为蓝图和思想要素应对外部世界、发展实践能力、完善人际交往和实现自我价值。

因此，为了提升学习者的个性化体验与思维创新能力，我们需要树立"自我认知第一"的教育理念，以便借此强化个性主体的"具身—符号"预演系统，进而使我们所传导的教育内容最终转化为个性主体多元一体化的心理表征体系。

一　元认知系统观

为了提升学习者的个性化体验与思维创新能力，我们需要树立以学生的元认知能力为根本目标的能力教育观（即"自我体验"、"本体知识"和"自我调节"先行发展的学生能力教育理念）。① 其根本原因在于，元认知能力决定了学习者对客观世界的认知水平与改造/创造能力；其中包括人对自己的"元记忆"、"元体验"和"元调节"等三大能力。更为重

---

① 丁峻：《艺术教育的认知原理》，科学出版社 2011 年版，第 63 页。

要的是，人的元认知能力的发展，需要学习者依托自己的"本体工作记忆"（包括情绪工作记忆、思维工作记忆、身体工作记忆）、"本体知识"系统和"自我参照系"坐标。换言之，唯有学生形成了认知自己的能力，获得了对自己的情知意力量的内在操控能力之后，方能将之转化为认识与改造客观世界的对象性智慧；也即是说，学生走出校园、走向社会之后，需要仰仗自己在学校所修炼的个性化的本体智慧，据此安身立命、成人立业，据此观照外部世界、设计创新蓝图、实践创新理念、完善自我和实现自我价值。

（一）元认知的基本内容

元认知体验涉及自我表象（本体经验特征图），元认知知识涉及自我概象（本体思维规则图），元认知监控涉及自我意象（本体策略程序图）；[1] 同时，它们均需要相应的加工策略和多级程序，这由工作记忆链接上下层表征文本而有序发布、动态监控和整体调节之。从本质上说，元认知策略即是符合对象世界运动规律的心理表征法则与操作模式，元认知理念是调节其他元认知活动的核心因素。

主体对客观信息的转化、对本体经验—本体知识—本体意识的建构、对自己的情知意的管理与调控、对自己的身体行为的意象性设计与程序性操作等系列活动，都需要遵从陈述性记忆、程序性记忆、元认知记忆和工作记忆等多种基本规则，还需要借助前额叶所体现的理性思维功能来对之进行高度简并和形式化表征。

主体基于元认知系统而发动的知识内化—能力生成—价值转化等意识创新活动，主要包括下列层级性内容：[2] 一是直接经验和技术文化通过人的"感觉—运动系统"的镜像神经元系统和"神经—肌肉"装置而转化为本体经验（包括情景记忆、体象记忆、动作记忆、陈述性记忆、程序性记忆及自传体记忆）；二是抽象的符号知识及间接经验则通过人脑的沃尼克区而转化为人的具身经验与本体性知识，主体借此实现对它们的符号体验与意义理解，进而借助布罗卡区将自己的知觉图式转化为规范性和通约性的符号表达图式（诸如符合词法—句法—语法规则的言语图式，符

---

① 丁峻：《艺术教育的认知原理》，科学出版社 2011 年版，第 63 页。

② 同上书，第 184 页。

合字法—章法—修辞文法的写作图式，符合和声—对位—转调—配器法则的作曲图式与声乐、器乐表演图式，符合点线面体—色彩—肌理—体量—光影造型法则的美术表达图式，等等）；三是理性知识与意识经验则通过主体的前额叶新皮层（主要是背外侧与腹内侧正中区及眶额皮层）而获得意象表征，主体进而借助前运动区、辅助运动区及下顶叶等相关脑区来对此进行行为预演，借此形成与完善自己的理念表达图式与行为操作图式。其中，人的观念性意象发育早而成熟最晚，操作性意象则发育较迟而成熟较早。其原因在于，主体需要借助观念性意象来对人格系统进行高层次的本体创构。

（二）元认知的体用方式

大学生及研究生都需要掌握"情感管理"原则和"认知管理"原则。这些原则或方法论主要涉及学习者对知识（包括科学、艺术、伦理、社会、自然、生命等多元内容）和行为的情感分配、认知分配及思想加工图式。[①] 具体而言，学生只有通过深入学习"认知管理"和"情感管理"的科学方法，方能提升对自我（包括情感特征和思维方式等）的认知水平。而认知自我不但是认知对象世界的内在参照系，更是实现自我之能力与价值的思想基础；认知自我又需要基于人对自己的具身体验、情感理想和认知理想等感性内容与理性预设。

其中，大脑的前运动区和语言中枢在人的学习过程中发挥着异常重要的"知识预演—能力操练"的实践功能。前者是人的身体行为的功能表征体，后者是人的符号行为的功能表征体。它们一方面要接受前额叶（腹内侧正中区）的情感意象驱动和（背外侧正中区）的认知意象调控（目标、策略和图式引导），另一方面还基于前脑的工作记忆而选择性地接受三大感觉皮层的表象资源和联合皮层的知觉范式，以此作为实施"知识预演—能力操练"活动的基本构件。

（三）元认知的信息中介

人脑在将外源信息转化为内源信息之后，仅仅实现了初级资源的个性

---

① M. K. Rothbart, B. E. Sheese. Temperament and emotion regulation. In J. J. Gross (Ed.), *Handbook of Emotion Regulation*. New York: Guilford, 2007, 331–350.

内化之一级目标，而人类学习他人的经验与知识属于建构间接经验和知识的过程，其根本目的乃是借助内源信息来建构自己的个性化知识体系。因此，将内源信息转化为内源知识便成为人脑建构自我意象的重要环节。人脑生成了内源信息之后，再次动用所谓的"认知三元增益环"（即由杏仁核、海马和前额叶新皮层所构成的"知识发生器"（网络），来对内源信息进行共时空的整合增益与超时空的嬗变翻新。①

其二，人脑在产生新的内源知识之后，还需要将其加以妥善保存和即时输出。第一，内源知识的保存犹如人工信息学的代码生成与标记机制，即大脑生成内源知识之后，一方面要借助"源代码标记器"（海马）来分类标记内源知识，继而将之返输入各级"源代码址"（即各级皮层和皮层下结构），以实现全息分布式储存（"源文件"）；另一方面，内源知识的输出路径至少包括三条：一是"执行代码"（即运动输出程序），二是"目标代码"（即前运动指令），三是"外周元代码"（即涉及眼神、面部表情、体态姿势等本体感觉反应或中枢反馈输出的信息）。

为了借助元认知系统实现对自我情知意活动的认知、体验、调节和完善目的，学习主体需要动用工作记忆。工作记忆主要是指人们为了解决某种内在或外在问题，或在实现某种思想目的的过程中，从自己大脑中现有的信息库中选择性提取的与上述目标密切相关的理念性、策略性、概念性、情绪性、程序性、情景性、身体性知识。其中，来自元认知系统的元调节网络，具体负责提供相关的理念性知识，借此来引导与调试个体的工作记忆活动。

在这方面，笔者所开拓建立的"本体工作记忆系统"（其中包括身体工作记忆、情绪工作记忆、书写动作工作记忆、言语动作工作记忆等重要内容），② 对于主体建构自己的本体知识，发展本体能力，创新本体价值，完善本体智慧，体验本体幸福等内部实践活动，具有根本性的支撑意义。

例如，人的本体经验催生并不断丰富着主体的自我表象系统。③ 该系

---

① 丁峻：《创造性素质建构心理学》，吉林人民出版社 2007 年版，第 117 页。

② 丁峻：《艺术教育的认知原理》，科学出版社 2011 年版，第 124 页。

③ Hakwan Lau, David Rosenthal. 2011. Empirical support for higher-order theories of conscious awareness. Trends in Cognitive Sciences, 15 (8): 365 – 373.

统不但能够保存人的多种本体感觉信息（如自然视觉、文字视觉、图形视觉、对象性与本体性言语听觉、对象性与本体性音乐听觉、味觉、嗅觉、触觉、运动觉、书写感觉、手臂演奏感觉等，还能将主体所感知的对象化的客观情景转化为自己的本体感觉状态，因而成为表征个性主体之独特的经验世界与感性特征的心理形式。这些信息的内化过程需要主体动用元体验和元记忆，还需要主体运用具身化方式来建构自我。

具体而言，前额叶新皮层的前内侧（BA 45、47 区）和后背侧（BA11、6 区），乃是客体工作记忆的范畴化加工区，它们指导任务分类、语义检索、策略匹配等高级抽象加工活动。前额叶的本体工作记忆区位于 BA9 和 46 区。[1] 在这方面，前额叶新皮质成为整合信息、调节情感、制定策略和设计行动的核心结构，并自上而下地相继启动工作记忆、陈述性记忆和程序性记忆等内在信源系统，指导策略建构及其匹配问题求解程序等有序活动。

（四）元认知系统的自我认知管理与情感管理功能的神经基础

在自我认知管理方面，人脑前额叶新皮层的背外侧正中区发挥着认知中枢的关键作用。它在自我意识的驱动下，主要执行元认知系统所赋予的管理主体的自我认知活动：[2]

一是对自我与对象世界的具身化意识体验、意象映射；

二是通过元认知活动（元记忆、元体验、元调控）对自我认知活动进行灵活机动的指导与调节；

三是不断充实与完善主体的自我思维参照系；

四是设计、管理与制导三大工作记忆（自我认知目标工作记忆、自我认知总目录工作记忆、自我认知—执行工作记忆），其中涉及未来的价值意象、世界意象、身体意象及其认知操作程序与策略等系列内容。

① Wood, J. N. Social Cognition and the Prefrontal Cortex. Behav Cogn Neurosci Rev., 2003, 2: 97.

② Cul, A. D. Dehaene, S. Reyes, P. Bravo, E. Slachevsky, A. Causal role of prefrontal cortex in the threshold for access to consciousness. *Brain*, 2009, 132 (9): 2531 – 2540.

换言之，"认知管理"主要是指人们知道怎样对某种事物形成并表达合情合理的思想意图与本质性认识这种心智活动的操作性原则。

同样，在自我情绪管理方面，人脑前额叶新皮层的腹内侧正中区发挥着情感调节中枢的关键作用。它在自我意识的驱动下，主要执行元认知系统所赋予的管理主体的自我情绪活动：① 一是对自我与对象世界的具身化情感体验活动；二是借助元认知活动（元记忆、元体验、元调控）对自我情绪进行灵活机动的指导与调节；三是不断充实与完善主体的自我情感参照系；四是设计、管理与制导三大工作记忆（自我情感目标工作记忆、自我情感总目录工作记忆、自我情感—执行工作记忆），其中涉及未来的道德情感意象、审美情感意象、身体审美意象及相应的其认知操作程序、情感决策与情感策略等系列内容。

换言之，"情感管理"主要是指人们知道、规划、调节与实施下列活动：第一，何时何地；第二，以何种方式；第三，向何种对象；第四，表达自己的何种情感内容、思想意图及审美与道德性认识，等等。上述的一系列涉及主体情感的心智活动需要主体遵循内在的操作性原则。②

二　自传体记忆的意识内容

一个人对自我的建构过程，实质上是"主体自我"对"客体自我"、"镜像自我"进行对象化的外在观照与本体性的返身映射的内容充实与符号匹配过程。自传体记忆是一个人建构自我（包括身体自我、物质自我、心理自我、社会自我和符号自我等）的信息基础与认知前提；自我系统还可以包括主体自我、客体自我，历史自我、现实自我、未来自我，审美的自我、认知的自我、道德自我、实践的自我，感性自我、知性自我、理性自我，等等。

在人的自我表象建构过程中，既存在着自上而下的高阶"理念驱动"

---

① Jonathan W. Schooler, Jonathan Smallwood, Kalina Christoff, Todd C. Handy, Erik D. Reichle, Michael A. Sayette. 2011. Meta-awareness, perceptual decoupling and the wandering mind. Trends in Cognitive Sciences, 15 (7): 319 – 326.

② M. K. Rothbart, B. E. Sheese. Temperament and emotion regulation. In J. J. Gross (Ed.), *Handbook of Emotion Regulation*. New York: Guilford, 2007, pp. 331 – 350.

（或意向性驱动）、中阶概念驱动和低阶的经验驱动，还有横向水平的左右脑半球之"时空程序驱动"（即符号—表象之间的形态迁移与内容互补性驱动）。自我表象的生成机制在于，主体有关自我的形态特征涌现于各个感觉皮质的初级区，其有关自我的运动感觉及整体特征则形成于三大感觉皮质的二级区。可以说，自我表象系统是人类有关本体事实、自身情景和自我记忆的主要资料库，且对个性的自我体验、自我反思、自我想象、自我判断、自我设计及自我行为调节等认知操作活动，都发挥着深刻有力的奠基性作用和动力性影响。

自传体记忆包括对具体经验的记忆以及对生活中发生的个人事实的识记，因而它是关于个体生活事件的系统化记忆。由于它在人类认知中建构起与自我、情绪、个人意义及其交互作用的主通道，因而备受心理学家的青睐。同时，更为引人注目的是这方面的近期研究已经成为记忆研究乃至整个认知心理学的新的方法论生长点，将从根本上促进对于人类认知产生本质性的更为深刻周密的理解。

1. 自传体记忆的构成

自传体记忆可以分为两大类：个人语义记忆和个人情景记忆，后者经常被称之为自传体事件记忆；自传体记忆通常被描述为某种情节记忆，大多数自传体记忆都属于情节记忆、但并非所有的情节记忆都属于自传体记忆。这是因为，多数情节记忆不会转化为自传体记忆。自传体记忆初始可能是普通的或日常的情节记忆，但如果得不到进一步加工，这部分记忆将不会成为自传体记忆。

图灵（Tulving）曾将自传体记忆划归为情节记忆（Episodic Memory）。他认为记忆可分为三种：程序记忆（Procedural Memory）、语义记忆（Semantic Memory）和情节记忆。其中，程序记忆一般是指在自动化心理活动中使用的对信息的表征贮存。语义记忆包括关于世界状态的信息且以公告或公理的形式存在。① 情节记忆是指这种情况：人们记取的涉及时空知识内容（如时间与地点等细节）的一个体验过的事件。情节记忆与语义记忆颇为相似，因为它们所表征的都是关于世界的状态信息、且这类信

---

① Endel Tulving. 2000. Memory, consciousness, and the brain: the Tallinn conference. Philadelphia: Psychological Press, Taylor & Francis Group.

息对于意识觉察或意识性操纵而言都是开放的（即可意识性介入以及被操纵和修改）。

其相异之处在于：情节记忆具有情境局限性，与主体对记忆的自我体验紧密相联；语义记忆不拘泥于具体场合，所贮存的知识表征并不典型地与时间和地点相联，同时进入语义记忆通常不涉及记忆的体验。如此看来，自传体记忆似乎属于情节记忆，图灵（Tulving）认为二者是等价的；情节记忆则被看作是自传体记忆的一部分。

2. 自传体记忆的特征

关于自传体记忆的特征这一问题，早期的研究一般致力于建构某种抽象或一般性模型，后由此发展出两种特征分类图式。第一种是由布莱尔（Brewer）提出的，认为自传体记忆因具有"自我参照性"（Self—reference）特征，因而它与其他记忆类型形成区别。[1] 在此基础上，布莱尔（Brewer）又将自传体记忆细分为对重复事件或单独事件的想象性记忆与非想象记忆等四类结构。第二种图式是詹森（Johnson）提出的多通道记忆模块系统（MEM，Multiple—entry modular memory system）。[2] MEM 模型认为，记忆作为心理进化的一个整体，是由相对独立的子系统组合而成的。个体所体验过的事件信息在所有子系统中以不同程度得以编码，这些多重编码的程度与本质可以导致出现不同类型的记忆，尤其是导致不同类型的自传体记忆。这两种理论都推进了心理学对自传体记忆的思考，且对不同记忆类型的重要特征予以注意。

布莱尔认为，自我由一个经验性自我、图式性自我以及与个人记忆和自传性事实相联的集合体组成。经验性自我是指一种意识性经验实体，它是我们利用自传体记忆所设想的对自我经验的记忆。图式性自我是含有自我信息的一个概括化认知结构。至此，自传体记忆便拥有了三个分类标准：经验性自我与图式性自我的包容度、记忆获得途径（是否某事件是重复性体验）以及记忆是否以想象为基础。

---

① Alissa E. Setli. The mood regulatory function of autobiographical recall is moderated by self-esteem. Personality and Individual Differences. 32 (2002), 761–771.

② Levine, L. J. Reconstructing memory for emotions. Journal of Experimental Psychology: General. 1997, 126, 165–177.

　　如此一来，可得到四种自传体记忆：（1）个人记忆是对单独而非重复性事件以想象为基础的心理表征；（2）自传体事实记忆；（3）一般性个人记忆（它是对重复性事件或相似性事件的集合性与抽象性表征形式）；（4）非想象性记忆被划归为自我图式的一部分，且对重复性体验中的个人知识进行着高度抽象化表征。

　　可见，布莱尔的"自我参照系"理论的一大优点是它考虑到有关自我参照的自传体记忆的分类等级，因而据此可以认定：对一个词表的回忆（情节记忆）和对整个实验情节的自传体记忆之间的首要区别在于，是前者较后者极少具有对体验与自我图式的包容。

　　笔者认为，人的自我记忆中有想象成分，亦有真实成分，且存在几种有趣的组合方式。想象表征主要存在于意识性记忆这个高阶系统中，虽然在其他两个子系统中也有；相反，真实的记忆被普遍表征于负责知觉和感觉记忆的子系统中。如此一来，自传体记忆便含有两种不同性质的特征：知觉的或想象的。这样一来，人的记忆便具有了意识映射和意识体验的属性。

　　自传体记忆是一种发展性特征表。换言之，它是人脑对复杂事件的混合性记忆，其中包括高度的自我参照性特征，在特征上感觉、知觉与反映相平行且与其他记忆紧密相关。上述记忆特征可能分别在其他非自传体记忆中均可找到，但在整体上只适用于自传体记忆。虽然自传体记忆主要表征解释而非事实，但至少一些真实信息还保留着。这些信息决定着记忆者对行为、地点、时间以及暂时性信息的恢复形式，但它们仍然是粗糙且易扭曲的。

　　为此，纳赛尔（Neisser，1986）提出了自传体记忆的"网状结构"（nested）观点，主张人们对一个事件会产生（至少是潜在的）多水平描述，并且在自传体记忆的结构和内容中得以反映；它们互为嵌套，因而"回忆一件体验过的事件不是对单一记录的恢复而是在结构的网状水平上做适宜性移动"。[①]

　　综上所述，自传体记忆是各种特征在不同等级或水平上汇合起来的一种复杂的记忆。

----

① 引自张志杰、黄希庭《自传体记忆的研究》，《心理科学》2003年第1期。

3. 解释自传体记忆机制的几种理论

（1）复制理论

福龙（Furlong）认为，有关个体经历的记忆是个体"整个心理状态在过去情境中"的再现。① 这种理论侧重于把人的主观心理状态视作自传体记忆的基本内容。

（2）图式化理论

布鲁尔（Brewer）和中村（Bakamura）认为，图式化（schematization）是一种获得泛化行为结构的过程。图式化理论（schema theory）认为，人们在重复相似的条件下，努力关注周围环境的共同点，这样日常生活中的某些信息就成为心理表征的焦点。对自我相关的信息，图式化过程产生概念化组织和自我参照信息的结构，并通过日常生活中的规则和一致性来加工自我参照信息，进而形成自我图式的认知结构。② 一般来说，组成自我图式的信息是有关个体的或与个体有密切关系的信息。自我图式一经建立，就可以提供有关自我的一致性信息。

（3）结构重建理论

人们在研究中发现，大量的有关个人经历的记忆结果中，人们总是以自己的角度为参照来回忆原始情境。于是图灵在自我图式的基础上提出结构重建和部分重建理论（reconstructive and partial reconstructive theory）。③ 该理论认为，人们对自己近期的经历在一段时间内保持的是大量的细节，随着时间的推移，这些细节在自我图式的作用下被重新构建或部分构建，以形成有关自我经历信息的概括性记忆。

自传体意识记忆与人的自我审美体验密切相关，但并不是所有的体验都能转化为自传体意识记忆。④ 它需要主体基于自己的审美理想，对业已

---

① 引自杨红升《自传体记忆研究的若干新进展》，《北京大学学报》（自然科学版）2004 年第 11 期。

② Howell, R. 2006. Self-Knowledge and Self-Reference [J], *Philosophy and Phenomenological Research*, 72：44 – 70.

③ Endel Tulving. 2000. Memory, consciousness, and the brain：the Tallinn conference. Philadelphia：Psychological Press, Taylor & Francis Group.

④ Endel Tulving. 2000. Memory, consciousness, and the brain：the Tallinn conference. Philadelphia：Psychological Press, Taylor & Francis Group.

形成的意识情景记忆、意识情感记忆和意识语义记忆等客观线索进行精细挑选和片段重组，以便使那些在自我审美体验中具有特殊的思想意义，对主体的情感发展和自我表达至关重要的意识情景参验记忆、意识符号陈述记忆、意识情感具身记忆、意识映射记忆、意识工具操作记忆等本体性的意识经验及时转化成自传体意识记忆，借此实现主体对自我世界的理念建构目的。

　　总之，自传体记忆是主体形成本体经验、发展元记忆能力和充实自我意识的基本方式。本体经验的种类繁多、内容深广，主要包括身体经验、物理感觉经验、艺术经验、政治经验、道德经验、生活经验、技术经验、职业经验、科学经验、性经验、家庭经验、爱情经验、审美经验、思维经验、宗教经验，等等；还可将之划分为现实经验、梦觉体验、内在虚拟经验（想象）、外在虚拟经验（网络游戏）、超现实经验，高峰体验、逆境悲剧体验、濒死体验、人化体验（参禅、打坐、瑜伽等），等等。笔者选择了新的划分类型，即本体感性经验、本体知性经验和本体理性经验。

　　其中，人的本体理性经验（理性化的自我意识）主要依托右侧前额叶新皮层上部（"本体意念中枢"）而发挥高阶调控作用；人的本体感性经验（感性化的自我意识）主要依托大脑的右侧前额叶下部及顶叶（"身体感知中枢）而体现内化外部事物和还原本体概念—理念的功能；而人的本体知性经验则主要依托右侧联合皮层（本体符号中枢）来行使其贯通感性与理性自我、匹配客体符号结构、耦合对象运动规则等系列功能。[①]

　　进而言之，人的感性化自我经验与对象化经验主要由其大脑两半球的枕颞叶负责建构，主体借此感受与内化客观世界的感性特征；人的知性化自我经验与对象化经验、理性化自我经验与客体经验，分别依托大脑左半球的前额叶新皮层和右侧联合皮层而得以形成。上述两大经验系统在"形而下—形而中—形而上"层面和"历时空—共时空—超时空"维度上，持续进行着有序、复杂和微妙的相互作用（包括互动互补、衰减增益、重组嬗变、优化扬弃等过程），从而不断有力提升个性主体的心脑功

---

① Bernard J. Baars, Nicole M. Gage. Cognition, brain and consciousness: Introduction to cognitive neuroscience, New York: Elsevier, Academic Press, 2007.

能（即内在更新与外在创新的能力水平）。

三　本体工作记忆、行为意识及其认知基础

本体知识是学习者在过去经验的基础上，通过具身认知对客观知识的个性化重构而来的知识。而具身认知是如何在心脑系统中运作的呢？在这个过程中，工作记忆扮演着重要的角色，正如第一章所论述的那样，依托目标工作记忆、目录工作记忆、执行工作记忆，主体才能自上而下地对知识进行加工，再将感性化的本体知识、知性化的本体知识、理性化的本体知识自下而上地分别存放于各级记忆系统。

更为重要的是，主体的理念建构与人格意识的形成均需借助意象体验来展开，即主体通过现有的意识内容与特定经验、情感的定向贯通与耦合，来获得对理性认识的感性检验与本体价值判断，从而在创生新意象的同时涌现出新型理念、人格和意识。这种超前性的认识主要源于前额叶新皮层的结构与功能活动，并通过两种输出方式分别指导和优化主体的内外行为：经由再输入投射路线而进入次级感觉皮层和初级联合皮层，借此能动调制主体的感觉和知觉活动，[①] 经由额叶及运动皮层实现对主体表情姿态与行为方式的优化调节，借助思想产品的对象化来造益社会群体的思想与行为，为人类的知识宝库增添新内容。

（一）工作记忆在主体认知与意识活动中的独特作用

工作记忆是英国心理学家巴德莱（Baddeley）等人于 1974 年提出的一个记忆模型，是对信息进行暂时保存和操作的系统。大量研究表明，工作记忆作为人类的认知方式，在表象、思维、学习、推理、问题解决和决策等高级认知活动中起重要作用，是个体在复杂认知行为中表现差异的重要的甚至是核心的因素，成为当前认知心理学、认知神经科学和发展心理学中最活跃的研究领域之一。近年来的研究发现：个体的工作记忆能力可以通过训练得到提高。[②] 因此深入研究工作记忆的结构和发展规律既是一

---

① 赵鑫、周仁来：《工作记忆的训练：一个很有价值的研究方向》，《心理科学进展》2010 年第 5 期。

② Baddley A D. Working Memory: Looking back and looking forward. Nature Reviews, NeuroScience, 2003, 4: 829 - 839.

项基础性的理论工作，也对人类的认知发展具有重要的意义和价值。

1. 工作记忆的内涵、特点与作用

巴德利将工作记忆定义为人脑在执行认知任务的过程中对信息进行暂时储存与加工的有限的资源系统。外界输入的信息要经过工作记忆激活才能进入长时记忆而储存，长时记忆中的信息只有被提取到工作记忆中并活化后才能被再次利用。在信息加工过程中，工作记忆的内容在不断变化，但工作要求又使工作记忆具有连续性和系统性。① 工作记忆是个体认知活动的工作空间，包含从外界接收信息（形成的短时记忆）、从长时记忆中提取的相关信息以及对这些信息进行的认知操作等系列内容。因此，工作记忆是我们进行学习、记忆、思维及问题解决等高级认知活动的前提。

工作记忆涉及人的认知加工的资源配置方式及高阶控制因素。它被形容为人类的认知中枢，目前成为认知神经科学最活跃的研究主题之一。古德曼（Goldman-Rakic）认为，它也许是人类心理进化中最重要的成就。例如，神经教育学家托马斯报道说，在工作记忆的任务负荷中，其任务越复杂、动用的认知能力越高级，则工作记忆的 P300 波之潜伏期越长、波幅越大。②

认知主体还需要为操用工作记忆而动用元调节系统；而前额叶新皮层的前内侧（BA 45、47 区）和后背侧（BA11、6 区），则是客体工作记忆的范畴化加工区，它们指导任务分类、语义检索、策略匹配等高级抽象加工活动。前额叶的本体工作记忆区位于 BA9 和 46 区。在这方面，前额叶新皮质成为整合信息、调节情感、制定策略和设计行动的核心结构，并自上而下地相继启动工作记忆、陈述性记忆和程序性记忆等内在信源系统，指导策略建构及其匹配问题求解程序等有序活动。

科学家发现，儿童的事件情景记忆主要借助海马来实现，语义记忆则需要多层级的认知结构匹配及高阶认知调节：借助工作记忆对当前与以往的事件情景记忆进行表象链接，对语义记忆进行概象匹配，对事件进展和

---

① Baddley A D, Hitch G J. Developments in the concept of working memory. Neuropsychology, 1994, 8: 485 - 298.

② Thomas M. Jessell, Eva L. Feldman, William A. Catterall, Rodolfo A. Llinas, Carol A. Barnes. 2009. Advances in Brain Research, Dana Press, pp. 23 - 24.

自我决策进行意象预演。①

其机制在于，海马是大脑加工事件情景记忆的唯一入口通道，而语义记忆则经由多通道方式来加工信息：经海马通道获得事件情景之特征化表象，经联合皮层、内外嗅皮层和旁海马皮层获得与语义概念匹配的相关认知概象，经前额叶新皮层获得超越个体经验与知识层面的更深广的哲理性语义意象。

其意义在于，进入感性记忆编码程序的事件情景信息，同时牵涉主体的经验记忆、工作记忆与情感记忆；当它经由初级感觉皮层进入海马时，与来自前额叶和杏仁核的投射纤维发生信息汇聚与整合作用，即来自前额叶的工作记忆（信息流）对事件情景信息进行目标扫描和特征剪辑，来自杏仁核的情感记忆（信息流）对事件情景信息进行条件化匹配加工，从而使其带着情感色彩和意念动机烙印进入短时记忆，形成初级感觉表象，并以亚成分分别进入二级感觉皮层（形成经验表象），进入杏仁——苍白球——丘脑（形成初级情感表象）、进入联合皮层（形成认知概象），进入前额叶新皮层（形成语义意象）。

当双侧海马损伤时，新的事件情景信息则经由初级感觉皮层、次级感觉皮层、联合皮层和前额叶新皮层这条内部直通道而得到信息加工，分别形成经验记忆、语义记忆和工作记忆，但缺少相关的情感记忆产物。

2. 客观工作记忆、主观工作记忆

客观工作记忆是对客观对象的机械记忆，上述的三种工作记忆实际上可划入客体工作记忆范畴。比如音乐的客观工作记忆可涉及音高节奏旋律节拍这类的记忆。

人的认知建构，本质上不是对外源知识的机械式复制，而是对其进行个性化模式的泛脑再组织和信息更新过程。

主观工作记忆是指主体对客观对象的内化过程中，动用以前的记忆（自传体记忆）及情感评价内容（涉及前额叶腹内测、背外侧正中区及扣带回前部）等内源性信息的整合体。② 音乐的主观工作记忆涉及协和音、不协和音的处理，和声对位的构成方法及引发的情感性内容。笔者在此论

---

① Endel Tulving. Elements of episodic memory. London：Clarendon Press，1983.
② 丁峻：《艺术教育的认知原理》，科学出版社 2012 年版，第 65 页。

及的工作记忆正是主观工作记忆。

3. 目标工作记忆、目录工作记忆、执行工作记忆

目标工作记忆是人脑形成意向目标的加工场，因为任何信息的加工都离不开一定目标的指导和对加工计划的监督，目标和监督是工作记忆的重要成分。目标工作记忆位于前额叶相关皮层，自上而下地指导和监督大脑其他部位的信息加工。可以说，它是主体的动机理念、情感理想、精神信仰、道德理想、审美理想和人生目标的动态性操作性体现方式之一。

目录工作记忆是指人脑在目标工作记忆的引导下，自上而下地分别检索视觉性、听觉性、动觉性等的具体记忆经验，它们分别位于联合皮层、感觉皮层、杏仁核、海马和小脑等部位。进而言之，目录工作记忆体现了主体对内外认知资源的深度提炼、系统重构和高阶表征方式，因而可以称作"信息意识"的运作方式。

至于执行工作记忆，主要有两种操作：内向操作和外向操作。前者是被加工的信息直接贮存于长时记忆中（分别存储在各级目录工作记忆中），而后者则是指主体动用前运动区引起行为，对环境施加影响。脑的执行区工作记忆系统既要加工来自瞬时记忆系统中的信息，又要从长时记忆中提取已有的知识（包括符号、表象、概念和规则等），以达到理解当前信息的目的。可以说，执行工作记忆体现了主体的身体意象与行为意识。

4. 艺术工作记忆

艺术工作记忆，主要用来指称主体对艺术信息的暂时性提取与重构使用情形。① 它在人的许多复杂的艺术活动、审美活动及行为实践当中都起着非常重要的作用，譬如艺术学习、审美理解、艺术表演、艺术创作、艺术教学、艺术鉴赏、基于审美情景的想象活动、文学写作、自我审美，往事回忆、憧憬未来，等等。

进而言之，艺术工作记忆包括艺术目标工作记忆、艺术资源工作记忆和艺术表达工作记忆；还可以将其划分为艺术本体工作记忆、艺术客体工作记忆；艺术情感工作记忆、艺术思维工作记忆、艺术表达工作记忆。

其中，艺术目标工作记忆是指人对艺术对象所蕴涵的思想主题、审美

---

① 丁峻：《艺术教育的认知原理》，科学出版社 2012 年版，第 65 页。

价值、情感理想的记忆呈现，艺术主体对自己的认知目标、表演曲目等本体性内容的记忆呈现；艺术资源工作记忆则是指人脑在目标工作记忆的引导下，自上而下地分别检索视觉性、听觉性、动觉性等性质的具体的艺术经验，它们位于联合皮层、感觉皮层、杏仁核、海马和小脑等部位。

艺术表达工作记忆，主要是指主体对艺术内容的表达方式和操作规范等程序性记忆的提取与使用情形，具体包括两种操作：内向操作与外向操作。前者呈现为虚拟的演唱、演奏、谱曲、构思美术作品、设计舞蹈与想象戏曲动作及情景美化等方式，后者呈现为真实的演唱、演奏、谱曲、绘画、雕塑、设计、书法创作和身体律动状态等。两者以前运动区为界。

需要指出，笔者所说的艺术工作记忆，主要是用来概括人在所有的艺术活动以及与之相关的其他认知活动中所动用的本体性与客体性的核心经验、核心知识及核心操作程序等系列内容。在现实的艺术活动中，人们经常使用的乃是某一种或几种具体类型的艺术工作记忆，譬如音乐工作记忆、美术工作记忆、舞蹈工作记忆、体操工作记忆、影视工作记忆、戏曲工作记忆，等等。

例如，音乐工作记忆是指个体在执行具体的音乐活动时所动用的有关作品内容及表演操作程序的相关记忆，譬如某一首作品的某个乐句的节奏、节拍、速度、力度、乐谱结构、旋律轮廓、抒情韵味、和弦、指法、踏板技术，等等。

再以身体艺术的动作造型创新为例，分析艺术工作记忆所发挥的重要作用。在2008年的北京奥运会上，中国女运动员何雯娜夺得女子蹦床冠军，成为获得奥运蹦床金牌的中国首位女运动员。何雯娜在谈到自己的训练与表演体会时曾经透露了自己的成功"秘诀"：每当进行到蹦床体育训练或表演的第三个动作时，便在内心重温或预演第七套动作了。

可以说，这种超前性的系统预演包括体象造型、动作表达、力量控制、时空连贯等系列内容，由此体现了她对艺术工作记忆之三大环节的精细加工、反复预演、精确调控和精准表达能力。正是依靠自己对艺术操作图式的精心设计、内在练习、虚拟充实、身心强化等充满美感的意象创制和艰苦乏味的科学训练，何雯娜才最终突破了多年以来屈居第二的自我极限，成功摘取了奥运金牌。

5. 工作记忆的大脑机制

研究证明，前额叶皮层显著地构成数个智慧亚成分（比如情绪调节、决策判定、价值判断），通过自上而下的方式管理边缘系统和纹状体区域。[①] 工作记忆的脑成像研究证明、前额叶在工作记忆中的作用相当复杂，包括对记忆信息的注意和抑制、管理和整合等功能。[②] 前额叶涉及决策制定等高级社会行为，决策制定包括不同阶段（形成倾向——执行动作——评价动作的结果），其中的第一和最后阶段涉及前额叶和边缘区域，而动作的执行则与纹状体的功能相关。[③] 由此可见，目标工作记忆主要定位于前额叶区域，对记忆与情绪起到下行性调节的作用。

（1）目标工作记忆与目录工作记忆的大脑机制

眶额区：位于前脑最前部，产生预期、理念意识，与前脑正中区的背侧和腹侧的机制不同，主要负责加工情感动机、理想、期望、信仰、预见、认知目标等前瞻性的价值内容。其腹内侧和背外侧跟感觉皮层、联合皮层及海马等区域的协同制约关系极为密切。

腹内侧正中区：科学家在一项研究中发现，前额叶腹内侧正中区（VMPFC）的激活数量依赖于被试在聆听自己选择的音乐时，体验自己心灵颤抖的情形。[④]

而另一位科学家詹妮特的实验则表明，被试聆听不熟悉的但是愉快的希腊语歌曲这个动作激活了其大脑的 VMPFC。[⑤] 另有研究对 80 位被试的元分析得出的结论是，前额叶正中区在同情过程中扮演重要的角色。当腹内侧正中区受到损伤时，人的同情行为受到限制和阻碍。

---

① Thomas W. Meeks, Dilip V. Jeste, 2009. Neurobiology of Wisdom. Arch Gen Psychiatry. 66 (4): 355 – 365.

② 郭春彦：《工作记忆训练：一个很有价值的研究方向》，《心理科学进展》2007 年第 15 期（1），第 1—7 页。

③ Thomas W. Meeks, Dilip V. Jeste, 2009. Neurobiology of Wisdom. Arch Gen Psychiatry. 66 (4): 355 – 365.

④ J. Bhattacharra, H. Petsche, E. Pereda. Long-range Synchrony in the Band: role in music Perception. *The Journal of Neuroscience*, 2006, 21 (16): 6329 – 6337.

⑤ Petr Janata. 2009. Music and the self. In R. Haas & V. Brandes (Eds.), Music That Works (pp. 131 – 141). Wien: Springer.

背外侧前额叶：巴德利所说的中央执行系统的两个具体过程是：
（1）注意与抑制——将注意集中在相关信息加工过程上，而对无关信息
及加工过程进行抑制；（2）任务管理——将复杂任务中的具体过程排序，
此间，集中注意将在不同过程间转换。对不恰当刺激的行为反应的抑制是
执行控制的一个重要方面。人和猴执行go/no go识别任务时，在背外侧前
额叶皮层均记录到no go优势脑电位。这提示我们：背外侧前额叶皮层参
与运动发动过程中的积极抑制。

上述结果均表明：背外侧前额叶皮层既参与了对不恰当运动和行为的
积极抑制，也参与了对恰当行为的动力维持过程；这些活动都涉及主体对
身体工作记忆、空间工作记忆的具体操作及动态调节过程。当被试同时执
行两个认知任务时，任务管理是必需的。双任务情景被用于分析工作记忆
加工，尤其是检测中枢执行功能。

例如，科学家用fMRI技术检测双任务情景下被试局部脑血流的变化，
结果提示中枢执行位于前额叶皮层的背外侧部。[1] 由此可见，背外侧区涉
及理性化的信息整合、判断、决策。

荣格和克因斯在研究审美认知和道德认知的大脑机制时借助神经成像
术发现，人脑腹内侧正中区的左侧与道德情感的判断相关，其右侧与审美
情感的判断相关；背外侧正中区的左侧与当事人的道德情感之高峰体验相
关，右侧与审美情感的高峰体验相关。[2] 可见，大脑两半球对情绪的控制
和调节存在一定的差异。

在戴维森（Davidson）和福克斯（Fox）的一系列研究中发现，正情
绪（positive emotion）引起左半球更多的脑电活动，而负情绪（negative
emotion）引起右半球更多的脑电活动。[3] 对此，神经美学家吉米（Kim
SH）的研究也提供了相似的结果："审美情感的激发主要发生在左侧前额
叶，厌恶感、憎恨感、丑陋感、嫉妒感、焦虑感、忧伤感和愤懑感等消极

①　王贵振、李建民：《背侧前额叶在工作记忆中的功能》，《河北医药》2007年
第29卷第1期。

②　Koenigs M，Young L，Adolphs R，Tranel D，Cushman F，Hauser M，Damasio
A. Damage to the prefrontal cortex increases utilitarian moral judgment. *Nature*，2007，446
（7138）：908－911.

③　彭龄：《普通心理学》，北京师范大学出版社2004年版，第366页。

情感的激发，则首先和主要发生于右侧前额叶，继而引发了左侧前额叶的抑制性情感反应。"① 积极词汇的认知涉及左侧背外侧前额叶和 OFC 的增强，而消极情绪的词汇涉及右侧背外侧前额叶。②

神经美学家哈伦斯基（Harenski, C. L.）及海曼（Hamann, S.）在研究人在审美过程中的积极情感与消极情感反应时发现，当被试产生积极的情感体验时，其大脑左侧前额叶新皮层的背外侧正中区与杏仁核的外周部都出现了强烈的兴奋性正电位；而当其获得消极的情感体验时，其右侧前额叶新皮层的背外侧正中区与杏仁核的中心部则出现了显著的抑制性负电位。③ 也许这与左半球的理性化、客观性、逻辑性和时间性加工特点密切相关，而右半球则更多地体现出感性化、主观性、情绪化和空间性等加工特点。

另有研究发现，前额叶的双边侧部位也涉及认知符号的加工。所不同的是，左侧上部是对象化符号认知，右侧上部是本体性的符号认知；左侧下部是对象化的具象认知，右侧下部是本体性的具象认知。这可能与大脑左侧涉及逻辑思维，右侧涉及形象思维有关。

近年来科学家一致认为，大脑的高频同步振荡波是人类大脑高阶功能的信息标志，也是体现人类认知复杂事物和创造性思维的神经活动之核心表征。音乐认知科学家朱迪普（Joydeep B.）等发现，音乐家在进入音乐欣赏或音乐演奏的高峰时刻，其外侧前额叶会出现 40—50 赫兹的高频同步振荡波，继而该波自上而下广泛扩散至海马、杏仁核、联合皮层和感觉皮层的相应部位。④ 因而这种高频低幅同步振荡波的形成及下行扩散意味着：一是前额叶形成了全新的审美意象，二是它将这种理念信息送到低位

---

① 丁峻：《神经美学的心脑原理及情感价值观》，《华中师范大学学报》（社会科学版）2010 年第 2 期，第 109—117 页。

② Pearl H. Chiu, P. Read Montague, Self Responses along Cingulate Cortex Reveal Quantitative Neural Phenotype for High-Functioning Autism. Neuron, 2008, 57: 463 – 473.

③ Harenski, C. L. Hamann, S. Neural correlates of regulating negative emotions related to moral violations. *Neuroimaging*, 2006, 30（1）: 313 – 24.

④ Joydeep Bhattacharra, Hellmuth Petsche, Ernesto Pereda. Long-range Synchrony in the r Band: role in music Perception, The Journal of Neuroscience, 21（16）: 6329 – 6337.

皮层等处，旨在对感觉、记忆、情绪和想象活动进行定向调节。

从腹内侧前额皮层到辅助运动区，体现了人脑的情绪认知、对象认知和行为表达路线。其中，腹内侧前额皮层与情绪评价和动机相联系，前额正中区背侧部分与认知评价、行为选择、计划相联系；前辅助运动区和辅助运动区与即将发生的行为序列计划相联系。

由此可见，背外侧正中区涉及认知性内容的加工；腹内侧正中区涉及情感性内容的加工；眶额皮层则是人的意向意志的调节中枢。而腹内侧正中区作为涉及情感认知的工作记忆的脑区，与边缘系统所涉及的情绪情感不同，前者理性化程度更高。

小脑：主要负责身体工作记忆方面的身体运动记忆与运动协调活动。具体来说，其主要作用是协助大脑维持身体的平衡与协调动作。一些复杂的运动程序，如签名、走路、舞蹈等，一旦学会，似乎就被编入小脑，并能自动进行。小脑损伤会出现痉挛、运动失调，丧失简单的运动能力。因此，小脑似乎在经典的条件反射式记忆中起关键作用，而且对许多一般性认知任务都有贡献，主要负责程序性记忆和习惯性运动记忆。

边缘系统：其功能包括对自主性情感反应的控制、情绪调节、维持有意识的情绪、动机和意志状态，以及对行为后果的评价。边缘系统一般包括丘脑、下丘脑、海马、杏仁核、扣带回等结构；边缘系统的范围需要再修改。它与动物的本能活动有关，例如喂食、攻击、逃避危险、配偶活动等。哺乳动物以下的有机体没有边缘系统。在哺乳动物中，边缘系统能抑制某些本能行为，使机体对环境的变化做出更协调的反应。

海马：客体工作记忆的二级数据库。[①] 大脑对信息的分类开始于海马区，该区主要负责情景记忆和语义记忆，把新加工的记忆信息转移至长时记忆系统；它还负责接收并还原来自前额叶的一级目录工作记忆系统所下达的记忆提取指令。[②]

---

① Daniel L. Schacter, Donna Rose Addis, andy L. Buckner. Remembering the past to imagine the future: the prospective brain. *Nature Reviews Neuroscience* 8, 657 – 661, September 2007.

② Joydeep Bhattacharra, Hellmuth Petsche, Ernesto Pereda. Long-range Synchrony in the r Band: role in music Perception, The Journal of Neuroscience, 21 (16): 6329 – 6337.

　　杏仁核：本体情绪工作记忆的二级动力站。作为情感动机系统，涉及对象化的情绪体验，其外周部负责产生积极情绪，而中心部则负责产生消极情绪。主要负责情绪记忆的杏仁核具有皮层下的动力调节功能。研究显示，音乐家大脑的杏仁核外层（负责抑制消极情绪、引发积极情绪）比正常人增大了约 2/3 的体积，其杏仁核内层（主导愤怒、忧愁、悲伤、焦急等负面情绪）体积则缩小了约 3/4。

　　同时，他们的杏仁核与扣带回和脑岛（负责奖赏反应）的联络纤维增多；前额叶投射到杏仁核的纤维增多、动作电位水平提高，有助于主体更有效地借助审美意识调节情感反应；杏仁核与海马、丘脑、感觉皮层和联络皮层的连通纤维增多，形成更丰富的情感与经验互动映射网络。①

　　笔者认为，主导情感反应的杏仁核与下列结构形成了高度密集的双向联系：一是负责决策和预见的前额叶新皮层，二是负责形成短期记忆的海马，三是负责长期记忆的三大感觉皮层（视觉、听觉和本体感觉区），四是负责知觉综合的联络皮层，五是负责机体反应的运动皮层。杏仁核向上述结构发出的投射纤维远远多于它所接收的上述结构的传出纤维。所以杏仁核所主导的情感反应对人的思维、意志和人格行为具有强大的原动力催化效应。

　　扣带回：本体经验工作记忆的信息库及本体情感激励工作记忆的二级动力站。后部涉及自传体记忆，其作用更多涉及与自我有关的情绪刺激的加工。扣带回前部作为想象性奖赏体验系统，涉及人对自我情感的反应模式。人脑通过扣带回后部这一中介，使扣带回前部和杏仁核实现相互投射，从而使我们能够对他人或艺术性的情感做出体验。

　　（2）执行工作记忆的神经相关物

　　执行工作记忆涉及多个脑区，包含了极为复杂和精细的认知内容与行为方式。

　　前运动区与运动区：前运动区与位于中央沟后面的顶叶的机体感觉区不同，机体感觉区接受由皮肤、肌肉和内脏器官传入的感觉信号，产生触压觉、温度觉、痛觉、运动觉、内脏感觉等。而初级运动区位于中央前回

————————

① Morris JS, Ohman A, Dolan RJ（1998）: Conscious and unconscious emotional learning in the human amygdala. *Nature* 393: 467 – 470.

和旁中央小叶的前部，属于顶叶区域，主要功能是发出动作指令，支配和调节身体在空间的位置、姿势及身体各部分的运动。

以音乐表演为例，人的审美情感的执行工作记忆主要是指两种操作：内向操作与外向操作。前者呈现为虚拟的演唱、演奏、谱曲、情景美化等方式，加工的信息直接贮存于长时记忆中（分别存储在各级目录工作记忆系统中），主要由前运动区负责；后者则继而接受前运动区的运动模式指令、发动真实具体和完满协调的身体运动，呈现为真实的演唱、演奏、谱曲和身体律动状态，主要由运动区和小脑负责。两者以前运动区为界。

布洛卡区（Broca Area）：大脑的布洛卡区除了在语言产生中具有重要作用外，在手势交流等过程中可能也有一定功能。通过正电子发射断层扫描技术（PET）对脑区活动的研究，人们发现观看手势的图片或在脑海里去做一个手势都可以激发 Broca 区神经元的活动。①

同时，前运动区与布洛卡区的相互联系在于：后者为主体的虚拟运动及实体运动提供符号模板和客观标准，前者为后者提供符号内容的身体表征样式及价值转化范式。可以说，它们共同成为人的"执行工作记忆"系统及其操作过程的核心装置与关键结构。

镜像神经元系统：人的大脑皮层各区域都存在不同类型的镜像神经元，尤其是涉及诸如共情这类对情感的模拟体验与对象化认知等活动，如前运动区、下额叶、后顶叶以及枕颞联合皮层等部位。其主要存在于前运动区和布洛卡区，这两个区域作为主体思想的两大操作平台，相互协同、互动互补，共同推进了人的思想，结果的内在反塑水平和外在表达水平。

科学家借助功能性磁共振成像（fMRI）研究发现，厌恶感和看到其他人脸上所作出的厌恶的表情，都使得脑岛中同一组镜像神经元被触发，因此被试者都产生了厌恶的情绪。② 相类似的研究也证明，当儿童观察和模仿面部表情时，镜像神经元被激活，这种激活与移情相关。③ 因此，镜

---

① 袁逖飞、陈巍、丁峻：《镜像神经元研究概况述评》，《生命科学》2007 年第 19 卷第 5 期，第 31—35 页。

② Augustine JR（1996）：Circuitry and functional aspects of the insular lobe in primates including humans. *Brain Res Rev* 22：229 – 244.

③ Daniel Lametti. Mirroring Behavior：How mirror neurons let us interact with others. Scientific American, June 9, 2009, 6：32 – 33.

像神经元系统有助于我们再造出别人的经验、体会别人的情感、理解他人的意图，成为人类审美活动中理解和同情的大脑心理的内在认知基础。

可以说，元认知体验实际上就是"具身认知"的过程。2005 年帕尔玛大学神经科学中心的加莱塞（Gallese）和福加塞（Fogassi）等提出了具身模拟论（embodied simulation theroy）。① 该理论的主要假设是：各种各样的镜像神经元匹配系统在我们所拥有的关于自我和他人身体的经验性知识中起协调作用。换言之，主体正是借助自己的身体、大脑和心理活动状态来模仿对象的特征、动作、意图、情绪，通过感同身受的体验，是我们理解对象的意义。

比如说我们在欣赏一段音乐作品时，不仅需要动用听觉记忆和视觉（情景性或乐谱）记忆，更重要的还需要借助自己内在的"唇读"动作及自己对"唇读"的感觉（包括自我听觉、自我对声带—气管—口腭—唇齿—肌群活动的动觉）对旋律进行把握，另外还需要借助自己有关音乐听觉、音乐表达、视觉情景、乐谱和相关客观对象的回忆、联想、想象与虚拟呈现方式，来系统地模拟音乐片段，使之最终在自己的心脑世界形成相应的新型神经网络、记忆表象和知识节点。

（二）自我对世界的内在表征方式

审美经验与知识在个体大脑中的心理表征方式有两种：一是感性化的客观表象与情感表象，二是知性化的客体概念表象与自我概念表象，三是理性化的客体意象与自我意象。可以说，它们成为自我对世界的内在表征方式。进而言之，这种个性化的内在表征体现了自我与世界的协调水平及其融通形态——理性意识。

杜威指出："理智标志着本性与即时的处境相互作用的方式，意识是自我与世界在经验中的不断再调整；其中，符号乃是使我们避免陷入存在时空的唯一途径。"② 这有助于我们理解自我意识与世界意识（或对象意识）的相互作用及其生成机制，还有助于我们深刻把握人类意识所依托

---

① Gallagher, S. How the Body Shape the Mind. Oxford: Oxford University Press, 2005.

② ［美］J. 杜威：《确定性的寻求》，傅统先译，上海人民出版社 2004 年版，第 160 页。

的本体知识之价值内涵、生成机制与转化范式。

1. 自我意识对世界内容的信息表征

人的自我意识主要基于自己的本体经验、本体知识、本体理念和本体动作而逐步形成；其本体知识的来源由三大系列、九种对象所构成：历时空的自我、他人和物象—符号，共时空的自我、他人和物象—符号，超时空的自我、他人和物象—符号。①

它们分别被主体的镜像神经元系统转运至经验性时空（枕顶颞叶感觉皮层、杏仁核等区）、认知性时空（各级联合皮层）和哲理性时空（前额叶皮层），进而由大脑前额叶的情感评价中枢（主要位于前额叶腹内侧正中）进行价值评价，由认知中枢（主要位于背外侧正中区）进行机制分析，由负责目录工作记忆的眶额皮层对主体所面临的事件情景或特定问题进行目标扫描和特征提取，制定策略和设计行动，形成"目录工作记忆"的靶目标。

随后"目录工作记忆"检索我们大脑感觉皮层、联合皮层、前额叶新皮层的所有相关资源，为我们建构当前的记忆或形成想象性情景而激活相关脑区的特定记忆网络；与此同时，执行工作记忆区的前运动区和辅助运动区进行执行虚拟具身预演，由语言活动区（布罗卡区）进行符号匹配，最终形成个体对客观知识的三大认知转化产物：本体性经验与情感、本体性认知、本体性意识，最终自下而上分别存至各级记忆系统中形成长时记忆。

可见，人的创造性想象性思维既需要依托以往的记忆库，对以往的记忆素材进行选择性激活，也需要将脑海中逐步生成的想象性情景再次放入短时记忆和长时记忆的网络之中，以便形成新的本体记忆资源；其中，表象建构能力的发展起着基础性的作用。

那么本体性观念、意识、情感又如何转化为外在的具体内容呢？正如前文所述，作曲家的创作，就是一种本体观念、意识、情感体验的具身化和符号化过程。作曲家将自己对外在世界的感受以及他人对外在世界的感受综合到自己内心中来，而这种内心所产生的观点、意识、情感体验是抽

---

① 　Gennaro，R. 2004. Consciousness and Self-consciousness：A Defense of the Higher-Order Tnought Theory of Consciousness. Amsterdam and Philadelphia：John Benjamins.

象的，为了将它们传达出去，需要具身转化，其可能的路径是从前额叶腹内侧正中区（情感评价）、背外侧正中区（认知决策）、眶额皮层及感觉皮层、联合皮层、杏仁核、海马和小脑等部位（目标工作记忆）到前运动区和辅助运动区（执行虚拟运动）。①

　　由于具身化的观念属于人的本体性、身体性表达内容，它还需要符号性表达方式以便受众接收其中的抽象内容，所以前运动区和辅助运动区需要将具身化的观念运动模式传递给布洛卡区（右利手者以左半球的布洛卡区为主），后者将该运动模式转换为相应的特殊符号系统——音乐乐谱。

　　进而言之，主体的理念建构与人格意识的涌现之所以具有超时空的性质，其根本原因在于：理念的形成既依据表象所提供的对象的感性特征，以及概象所提供的对象的种类属性与运动规则，又受到前额叶有关的理论认识的引导（假设，猜想和预见等方式），从而使得主体的意识活动能够在把握对象的历时空特征和共时空属性的基础上涌现指向未来时空的新发现、新观点、新理论。

　　（1）本体记忆

　　人的学习涉及对客观世界和主观世界的感性体验、知性建构，以及理性创造等系列内容；其中，学习者实际上是借助自身的各种感觉状态（包括视听觉方面的客观表象和身体器官方面的主观本体表象）、知觉方式（包括对外部世界和自我的言语知觉表象、文字知觉表象、图画知觉表象等符号加工形式）和意识状态（包括自我意识、自然意识、社会意识、审美意识、科学意识、道德意识等理念意象形式）之全息主观特征，来还原或转化其所学习的客观内容的。广义的知识包括经验文化（间接知识）、符号文化（知识系统）和行为文化（即操作与传达主体的体能、技能、智能、情感能力等的综合能力系统）。对客观知识的内化导致本体记忆的形成，本体记忆乃是主体建构本体经验、本体知识和本体意识的主要信息来源。进而言之，人的客观记忆是其内化文化知识的信息中介及输出思想行为的信息模板，本体记忆则是其将知识转化为情知意行诸种本体

① Greco, J., 2009, "Knowledge and Success From Ability," Philosophical Studies, 142: 17-26.

管理能力的信息基础。因而，记忆能力遂成为影响人的学习效果与能力发展的首要因素。

本体记忆包括本体情景记忆、本体符号记忆、本体语义记忆、本体感觉记忆和本体运动记忆等系列内容。①

（2）本体知识

教育仅仅作用于人的客观知识或对象性知识，后者则需要由学习者转化为自己的本体知识；本体知识的升级活化与内在映射导致人的元认知能力廓出。元认知活动基于自我参照系而实现对客观世界的具身认知与对象化映射。

其根本原因在于，本体知识是学习者转化客体知识的认知中介，据此形成的基于"自我参照系"的元认知框架决定了个体的对象化认知水平和行为方式。因此，教育的核心目标应当聚焦于人的本体知识，以深度体现"以人为本"的教育理念，真正实现人的个性化情知意之自由自主和全面协调的发展。其中，本体知识的审美建构乃是学习者发展认知能力的先导目标。其原因在于，人的本体性情感发展位于认知发展的首要阶段，自我认知框架决定了人的对象化认知能力。②

与对象性知识相对应，本体知识即是主体用以体验、重构、认知、评价、预测和管理自我的本体性记忆、经验、情感、程序、规则、策略等内在的认知资源，其中包括元记忆、元体验和元调节等认知操作要素，也包括主体对自我与社会、自我与自然、自我与科学、自我与宗教、自我与艺术、自我与伦理、自我与家庭、现实与理想等相互的价值关系与认知关系和互动关系的认识与行为意识。

认知神经科学认为，本体知识是学习者转化客观知识的内在形式，然而它却成为教育的认知盲区和操作误区。主体基于具身认知机制和镜像神经系统而将客观知识转化为本体知识，进而借助虚拟的对象化映射方式将本体知识逐级还原为本体性的知觉概象和感觉表象，最后以实体

---

①　丁峻：《从本体知识、元认知能力到人格智慧的对象化转型》，《南京理工大学学报》（社会科学版）2012 年第 1 期。

②　Van De Lagemaat, Richard. Theory of Knowledge. Cambridge：Cambridge UP, 2005. 145 – 165.

性、外向性的对象化映射方式，将本体性认知表象转化为体象—工具象—目标象。教师应当将知识传导与内化过程首先落实到自己的认知操作这个先导性的核心环节上，借此引领自己与学生的本体知识更新及本体创新能力发展。

本体知识的文化构成涉及下列基本内容：一是具身化的本体知识，二是符号化的本体知识，三是理性化的本体知识。其中，感性化的本体知识主要涉及指向自我的感性认识或经验性知识。包括自传体记忆、情感经验、自我形象、艺术经验、科学经验、宗教经验、道德经验、游戏经验、自我对话经验、自我幻想、身体经验，等等。其生成方式主要以本体联想、幻想为主，主体借此创造了虚拟而真如的自我新经验与新情感。指向自我的经验性知识有助于个性主体在历时空层面将客观经验、对象化情感和社会化价值分别转化及还原为主体自身的主观经验、本体情感和个性价值。

符号化的本体知识主要涉及指向自我的知性认识或抽象性知识。（1）普遍知识，譬如有关自我、群体、种族与人类的各种知识。（2）个性化知识，譬如自我潜能，自我特长，自我情感特征，自我性格倾向，自己的思维方式，自我想象，自己的人格类型，自己的能力优势及薄弱点，自我的行为方式，等等。其生成方式主要以人的本体性想象、符号性推理、假想性情境为主，主体借此创造合情合理的自我新概念与新规则。

指向自我的符号性知识系统既有助于个性主体在共时空层面转化及体用其所摄取的各种对象性符号知识，也有助于主体将本体性知识再次投射到新的对象时空及新的对象目标之上，进而借此实现对外部世界的移情体验和换位思考。其根本原因在于，元体验乃是个性主体转化外源性的社会经验和符号知识的精神中继站，它需要人们借助移情和换位思考的方式来将外源信息与内源信息加以全息重构，形成自我知识，借此推进对自己的情知意的完形嬗变、自由弛豫和虚拟实现等内在进程。

进而言之，个体形成的指向自我的符号性知识，实际上体现了个性主体对自我之身体性、生理性、心理性、病理性、人类性、社会性、历史性、审美性、科学性、伦理性内容与特征的概念表征方式，规则操作能力，关系建构格局，行为调节水平。唯有基于这些本体性的情感体验与科学认知，个性主体方能对自我的潜能特质、个性特征、性格倾向、思维方式、情感气质、知识结构、体能状况、行为范式等形成合情合理的概括性认识。

理性化的本体知识主要涉及指向自我的理性认识或理念性知识。它包括自我意识、情感理想、认知策略、人格框架、价值观、行为图式与发展战略等内容；其生成方式主要以人的本体性意识体验、理念具身化转换、理想化情境与主客观规律的完形耦合及感性嬗变为主，主体借此创造了个性化的自我意识系统，进而以此解释自我的历史、调节自我的现实图式、设计预测自我的未来进路。

个体形成的指向自我的理念性知识，实际上折射了主体自身的本质价值与精神理想，体现了主体对自我世界的内在规律、价值真理与发展战略的科学认识，反映了主体高阶转化及能动创用对象世界之多元规律和真理认识的理性精神建构水平；它们集中体现为个性主体的自我意识、元体验—元认知—元调控水平。

本体知识的建构既需要学习者诉诸具身体验和移情换思，更需要主体进行内向投射和外向映射。进而言之，人们在认知过程中需要对内心的知觉表象展开二度创造、二次发现和二度体验，进而将认知结果投射到虚拟性和实体性对象之上，借此实现自我与对象的认知价值。譬如，人的艺术性本体符号知识①主要是指其对客观的艺术符号知识的具身转化产物，其主要内容可包括两大部分：一是主体对视听觉艺术的外在情景的身体拟动经验、言语歌声拟动经验、肢体拟动经验、视听觉拟动经验；二是其对艺术作品系列知识内容的具身认知及情感反应。上述活动均属于主体对艺术性本体符号知识记忆系统的运行方式。

这种虚拟投射的结果，导致主客体本质价值相统一的"间体世界"廓出，继而由此生成意义深广的价值表征系统。

（3）本体工作记忆

自传体记忆的提取是自我概念发展、情绪调节和社会问题解决的基础；人的本体工作记忆系统具体负责执行对自传体记忆的要素提取，据此充实自我概念，提升自我意识，促进主体的意识社会化进程。

---

① 丁峻：《艺术教育的认知原理》，科学出版社 2012 年版，第 84 页。

据珍妮塔（Petr Janata，2009）的研究报告，人脑的前额叶正中区涉及对自我意象的认知加工，包括将与自我有关的感觉信息同自我知识加以整合，提取自传体记忆的相关信息；[1] 另据伯特温尼克报道，人脑的扣带回乃是整合个体的自传体记忆并表征自我表象的皮层下执行机构。[2]

同时，认知主体需要为操用工作记忆而动用元调节系统；前额叶新皮层的腹内侧正中区（BA 45、47 区）和背外侧边缘区（BA11、6 区）是工作记忆的范畴化加工区，它们负责分类、语义检索、策略匹配等高级认知活动。

预期工作记忆区位于前额叶的 BA9 和 46 区。执行工作记忆则主要由前额叶的眶额皮层、布洛卡区和辅助运动区等协同实施。[3]

由此可见，前额叶新皮质成为整合信息、调节情感、制定策略和设计行动的核心结构，并自上而下地相继启动工作记忆、陈述性记忆和程序性记忆等内在信源系统，指导策略建构及其匹配问题求解程序等有序活动。

第一，情绪工作记忆对客体工作记忆的影响效应。

20 世纪下半叶以来，神经生理学和神经生物化学的迅猛发展，使得情绪和记忆领域的研究获得了重要的突破。一是神经影像学的研究结果支持情绪效价理论，证实了正性情绪和负性情绪分别具有左半球优势和右半球优势；二是认知神经科学为人们研究情绪与工作记忆的相互作用机制提供了新的技术手段。[4]

艾森克（Eysenck）等提出的"加工能理论"是负性情绪影响工作记忆的重要理论。该理论认为，个体工作记忆系统的资源是有限的，焦虑情绪会占用一部分工作记忆资源，从而使个体用于认知操作的工作记忆资源

① Johnson SC，Baxter LC，Wilder LS，Pipe JG，Heiserman JE，Prigatano GP（2002）：Neural correlates of self-reflection. *Brain* 125：1808 – 1814.

② Botvinick M，Nystrom LE，Fissell K，Carter CS，Cohen JD（1999）：Conflict monitoring versus selection-for-action in anterior cingulate cortex. *Nature* 402：179 – 181.

③ Bechara A，Damasio H，Tranel D，Anderson SW（1998）：Dissociation of working memory from decision making within the human prefrontal cortex. *J Neurosci* 18：428 – 437.

④ Eysenck，Hans. 1998. *Intelligence：A New Look*. New Brunswick（NJ）：Transaction Publishers. pp. 1 – 6.

相应减少，进而导致焦虑个体的认知操作效能下降。① 该理论的信效度在学科知识测验、计算测验、运动测验和艺术测验等方面获得了较好的验证。研究表明，强烈、持久的负性情绪会引发人的心脑系统和机体的应激反应，能够占据工作记忆系统的重要资源，从而会对个体的认知活动产生不同程度的阻碍影响。

罗跃嘉等人对情绪和工作记忆的认知神经科学研究发现，在按照延迟样本匹配任务的实验范式之一系列 ERP 实验中，负性情绪造成了空间工作记忆脑电位的改变，而同样的效应在词语工作记忆的 ERP 中消失。在一项对重度抑郁症患者（MDD）和健康人的比较研究中发现，MDD 患者在完成 "token" 找寻任务时表现出明显少的策略选择和记忆术使用，相对于健康组，MDD 患者的空间工作记忆受损。② 这说明，负性情绪与工作记忆有相同的神经生理基础，并且会对工作记忆的正常工作有抑制作用。进一步而言，情绪状态对词语工作记忆和空间工作记忆的影响又是不同的。总之，来自损伤研究的结果与其他大量相关研究，证实了情绪对工作记忆功能的正常发挥有影响，并且词语工作记忆与空间工作记忆是分离激活的，这与对工作记忆的神经影像学方面的研究结果一致。同时，也证实了同种情绪对两类工作记忆可能造成不同甚至相反的影响，这一点与基于加工效能理论的对普通被试研究的结论吻合。

来自脑损伤病人和其他相关认知神经研究的结果都证实，情绪与工作记忆的相互作用必须以共同的神经机制为基础。许多对情绪异常病人的研究发现，与普通人相比，病人参与调节情绪和与工作记忆功能的关键区域 PFC（前额叶皮质）活动异常。来自普通被试和情绪障碍患者的 fMRI 研究也显示，背侧 PFC 功能的活动情况与负性情绪调节存在关联，情绪障碍患者通常表现出 PFC 活动异常。

随着脑科学的兴起与发展，越来越多的研究者意识到要从本质上揭示

---

① Eysenck, Hans. 1998. *Intelligence：A New Look*. New Brunswick（NJ）：Transaction Publishers. pp. 1 – 6.

② 李雪莹、罗跃嘉：《情绪和记忆的相互作用》，中国科学院（心理学）博士学位论文，2000 年。

情绪与记忆的联系，不可避免地需要进入大脑的生理层面从神经基础上寻找答案。据施密特等研究，借助大脑额叶的不对称脑电图（EEG）能够辨别音乐的情感效价。其中，左侧额叶相对较强的 EEG 与被试的兴奋、快乐等音乐片段所诱发的正向情绪具有显著性正相关；右侧额叶相对较强的 EEG 与被试的焦虑、忧伤等音乐片段所诱发的负向情绪具有显著性正相关。

如图 2 所示，人类的情绪包括大约 12 种积极情绪、4 种双向情绪和 16 种消极情绪。其中，警戒（vigilance）与惊愕（amazement）相对应，其最低效价形式是兴趣关注；愤怒与恐怖（terror）相对应，其最低效价

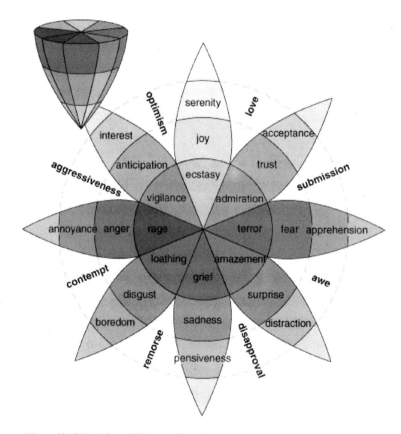

图 2　情感的维度、效价（正负性质）、强度及各自子成分的相互关系

资料来源：Oatley, K. The Communicative Theory of Emotions, University of Toronto Philip N. Johnson-Laird Princeton，2008，pp. 167 – 172.

形式是烦恼、心绪不宁、不悦（annoyance）；憎恶（loathing）与羡慕相对应，其最低效价形式是厌烦、乏味、厌倦感（boredom）；悲伤（grief）与狂喜、醉迷（ecstasy）相对应，其最低效价形式是郁闷（pensiveness）；醉迷（ecstasy）的最低效价形式是宁静、平静和安详（serenity）；羡慕感的最低效价形式是接纳、容忍、同意感；恐怖感（terror）的最低效价形式是担心、挂念、疑虑感（apprehension）；惊愕感的最低效价形式是困惑感、分心、娱乐消遣时的专注情态（distraction）。同时可见，乐观情绪处于宁静和爱好之间，侵略性处于兴趣与烦恼、不悦之间，轻蔑感（contempt）处于烦恼与厌倦感之间，反对或对立的情绪处于厌倦与困惑之间，敬畏感（awe）处于挂念和带有愉悦情绪的困惑感之间，谦卑与服从的情绪位于接纳感和疑虑感之间，喜爱感处于接纳感和宁静、从容、坦然、安详的情态之间。

图 2 共列出了 32 种情绪，就实际的心理活动而言，每个人在某时某刻的情绪可能是一个混合体，至少包含 2—3 种及以上的多种情绪况味。例如，人们常说的美感，就包含了悲欣交集的滋味。关键是我们应当结合对不同个体及其面对的不同情境进行分析。

从把情绪和记忆当作是一个系统整合的统一体的理论设想开始，到获得相关心理生理证据，研究者在该领域已经取得了许多有意义的进展。然而，需要看到的是，这是一个处在发展阶段的研究领域，我们需要对这一领域存在的问题进行深入思考，为未来的研究工作提供思路和方向。纵观近几年来情绪与工作记忆领域的研究，首先，目前多数研究均采用情绪效价维度模式，即从正性和负性两个向度探讨情绪与认知活动的关系的方法；其次，更多的研究从工作记忆的类型出发，比较情绪对工作记忆的不同影响。大量研究结果支持了空间与词语工作记忆的分离，以及情绪对空间与词语工作记忆影响的分离激活。情绪的认知指标包括愉悦度、激活度和优势度。①

罗杰斯等发现，当记忆材料与自我发生联系时，被试的记忆成绩优于以其他方式编码（诸如结构、音素、语义等方式）的记忆成绩。这被称

---

① Iwanaga M, Ito T. (2002): Disturbance effect of music on processing of verbal and spatial memories. Percept Mot Skills 94 (3 Pt 2): 1251 – 1258.

作记忆的自我参照效应。① 刘明新、黄希庭认为，最佳的记忆效果主要来
自记忆的自我参照效应。② 自传体记忆表象的形成、储存、提取和重构过
程，本质上属于一种情感性、经验性和贯通性的个体体验；主体处于不同
情绪状态之时，其有关的自传体记忆表象也会发生相应的变化。其中，新
经验能够借助影响主体的情感状态而间接强化或弱化其对刺激信息的客观
记忆水平。这是因为，"人的经验是感觉与反省、外感与内感、客体感觉
与本体感觉的对立统一体，情感是对经验表象的主体性感性主体评价或态
度反应，因此经验又成为激发情感产生的内部情景"。③

　　第二，情绪工作记忆的神经相关物。

　　前额叶皮层是音乐情感记忆加工的重要区域，而且不同的亚区对音乐
情感记忆加工的作用不同。最常见的划分是将前额叶分为上下两个部分，
分别为背外侧前额叶（DL—PFC）和腹外侧前额叶（VL—PFC，腹外侧，
向下和侧面）。需要说明，术语"腹侧"指的是皮层下的方向。这两个部
分在音乐情感记忆的加工过程中扮演着不同的角色。

　　有个争论是关于前额叶储存信息的方式是根据信息的内容，还是根据
每个区域的功能而进行的。根据信息的内容，背外侧前额叶似乎储存有关
空间定位的信息，而腹外侧前额叶储存非空间类型的信息（如对象，面
孔，字等）。另外，每个地区可能有不同的功能，背外侧前额叶的功能在
于体现大脑的信息操运与调节情形，而腹外侧前额叶则侧重于维系大脑本
体状态的稳定和信息的保存水平。实验表明，如果损伤了特定的背外侧前
额叶，足以损害被试的工作记忆能力，特别是执行任务的能力。

　　边缘系统在情感加工过程中占很重要的位置，其中参与音乐情感记忆
加工的主要有：前扣带回、海马、杏仁核等。艺术家和人文思想家具有异
常灵敏、强烈、深沉和细腻的情感特征，其原因在于：情感意味着一个人
对外在事物或内心图景的一种直观评判，含有价值判断的感性蕴韵。他们

　　① JT, Fiez JA. (2004): Functional dissociations within the inferior parietal cortex
in verbal working memory. Neuroimage 22 (2): 562 – 573.

　　② 张志杰、黄希庭：《自传体记忆的研究》，《心理科学》2003 年第 1 期，第
5—8 页。

　　③ Bernard J. Baars, Nicole M, Gage. Cognition, brain and consciousness: Introduc-
tion to cognitive neuroscience, New York: Elsevier, Academic Press, 2007.

的情感反应服从其内心的审美理想，顺应了自身的经验呼唤与潜能特质，同时也暗含人类的精神规律和对象世界的本质价值。

从心理生物学上来看，音乐家长期倾心专注的审美与音乐创作活动改变了其大脑中的情感模式，深化细化和优化了情感反应。典型的事实在于：他们的杏仁核外层（负责抑制消极情绪，引发积极情绪）比正常人增大了约 2/3 的体积，其杏仁核内层（主导愤怒、忧愁、悲伤、焦急等负面情绪）则缩小了约 3/4 体积。同时，其杏仁核与扣带回和脑岛（负责奖赏反应）的联络纤维增多；前额叶投射到杏仁核输出纤维增多、动作电位水平提高，有助于借助审美意识来调节情感反应；杏仁核与海马、丘脑、感觉皮层和联络皮层的联通纤维增多，形成更丰富的情感与经验之互动映射网络，等等。①

前扣带回主要体现评价、有意识的调整情绪的作用，是情绪控制的重要部分。它与识别和描述自己音乐情绪的能力有关。而杏仁核则被称为"中央情绪器"（Joseph LeDoux），它不但能分析大脑所输入的情感信息，而且还具有连接的功能，能使大脑的各个部分联合起来完成情感的加工。与音乐情感记忆加工关系最为密切的是海马，它可以使我们听到愉快的音乐，让我们回忆起过去愉快的事情。海马可以在音乐情绪信息和过去事件信息之间建立联系，音乐刺激引起海马提取信息，而杏仁核评价其价值，如是悲伤音乐唤起听者悲伤的情绪。② 边缘系统中参与音乐情感记忆的加工还有基底神经节，正常的基底神经节有良好的音乐情境和认知功能。基底神经不但参与积极情绪信息加工，而且对信息的选择和决策等有认知和记忆的功能，所以基底神经节能对音乐中积极内容进行登记加工并有助于回忆和再现令人愉快的事件来产生情绪体验。

海马是大脑加工事件情景记忆的唯一入口，而语义记忆则经由多通道方式来加工信息：经由海马通道获得事件情景的表象，经由联合皮层、内

①　Brodsky, W., Henik, A., Rubinstein, B., & Zorman, M. (2003). Auditory imagery from musical notation in expert musicians. Perception & Psychophysics, 65 (4), 602 – 612.

②　Eschrich, S. Musical memory and its relation to emotions and the limbic system [D]. Hannover: University of Music and Drama Hannover, 1980, p. 63.

外嗅皮层和旁海马皮层获得与语义概念匹配的相关认知概象，经前额叶新皮层获得超越个体经验与知识层面的更深广的哲理性语义意象。其意义在于，进入感性记忆编码程序的事件情景信息，同时牵涉到主体的经验记忆、工作记忆与情感记忆；当它经由初级感觉皮层进入海马时，与来自前额叶和杏仁核的投射纤维发生信息汇聚与整合作用，来自前额叶的工作记忆要对事件情景信息进行目标扫描和特征剪辑，来自杏仁核的情感记忆要对事件情景信息进行条件化动机匹配加工，从而使其带着情感色彩和意念动机烙印进入短时记忆，形成初级感觉表象，并以亚成分分别进入二级感觉皮层（形成经验表象），进入杏仁——苍白球——丘脑（形成初级情感

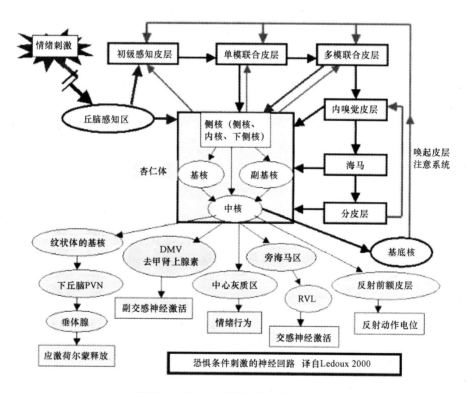

图3　人脑加工恐惧情绪的神经回路

资料来源：Joseph E LeDoux. The emotional brain：the mysterious underpinnings of emotional life. New York：Simon & Schuster, 2009.

表象），进入联合皮层（形成认知概象），进入前额叶新皮层（形成语义表象）。

　　另外，镜像神经元系统在人的情绪工作记忆方面发挥着重要的信息转换作用。认知神经科学家贝格莱（S. Begley）说过："人脑的镜像神经元是一种对内外信息进行双元编码并将之整合一体的复杂型特殊细胞。例如，当我口渴时，对一杯彩色的水做出判断（认为它是可饮的水）并伸手端起它时，我的大脑里相关区域的镜像神经元就会爆发出兴奋性突触后电位；而当我看到他人注视这杯水并伸手去拿它时，我的大脑中的这些镜像神经元同样发放显著的兴奋性突触后电位。因此，我的镜像神经元是折射我自己和他人的相关动机、判断、行为意图和动作特征的大脑镜面。这些细胞有助于我们在自己内心再造出别人的经验，体会别人的情感，理解别人的意图，使人类的社会交往、情感思想动作交流具有了大脑心理的内在认知基础。"①

　　到底镜像神经元在大脑的哪些区呢？对此，科学家指出，包括前额叶46区（负责整合肢体运动模式，形成主体所要模仿的动作程序，以表达主体的意图），前运动皮层（负责向运动皮层传递前额叶的动作程序，并精细设计两侧肢体运动的具体环节），下顶叶（负责感知主体的肢体、肌肉运动状态），颞上沟和视觉皮层（负责主体对目标对象之身体运动、表情姿态的视听觉观察行为），额下回（包括布洛卡区即语言表达区、前额叶下部，负责猜测他人的动作意图，并将之纳入特定的知识范畴中）等等。② 镜像神经元不但构成我们理解他人的动作、情感和意图的大脑基础，而且成为提升人类学习能力的重要方式，人类借此仅凭观看和内在体验就能掌握复杂的认知技能。人脑的镜像神经元系统不但成为个体理解他人和体验他人情感的大脑物质基础，而且也成为个体理解审美对象，体验艺术美和自然美与生命美的神经机制。更重要的是，借助这种"大脑魔镜"结构所衍生的心理"镜像时空"，审美主体在观照对象的同时因着移

---

　　①　Giacomo Rizzlatti, Laila Craighero. The Mirror Neuron System ［J］. Annual Rev. of Neurosci. Vol. 27, 169－192, 2004.

　　②　贾科莫·里佐亚蒂等著：《镜像神经元：大脑中的魔镜》，《环球科学》（《科学美国人》中文版）2006 年 12 期，第 16—20 页。

情投射，而能够在此"镜像时空"发现、玩味、确证和完善自我的本质力量；这种交互式的价值映射与逆映射是回环往复、持续进行的一种奇妙过程，直至主体内心涌现出了完美如意、合情入理的理想化审美意象、创作意象、科学意象、爱情意象、人格意象和行为意象。

上述的镜像神经元系统还需要更多的其他类型的神经元参与活动、协同工作，因为主体的移情体验和虚拟想象活动均涉及主体全脑储存的相关信息加工。并且，大脑据此形成建立镜像时空的系列装置（神经网络）：一是主体感知对象活动的视听信源系统，二是主体内在模拟对象活动的本体动作系统，三是主体猜测与推想对象意图的动机判断系统，四是主体对自身模拟对象动作与表情之活动的本体感受系统，五是主体解释自己的模拟活动和确定自己的反应态度及行为方式与目的的价值投射系统。

认知心理学认为，人类的情绪已经进化到了能够适应内外世界之复杂变化的这种程度。人的文明程度主要取决于情感的水平和智性的效能，以及两者在较高层次上的协调一致程度，精神越是发达或臻于完善的人，其情感与理智也越是和谐自由；反之，没有情绪的认知将是没有方向的，没有认知参与的情绪反应则是简单原始的。笔者认为，人的情感本质上是主体所体现的一种高阶价值态度，一种动力精神特质，情感可以看作是关于意向与目的的主体态度，它既反映对象性质，又折射主体性质，具有定向表现和定位强化的作用，它虽不能直接作用于对象客体，却可以通过激活和强化智能去认识对象，改造对象。一个真正的认知活动，很难分清哪些过程是情感的或理性的，它们交融互补，浑然一体。

笔者在 2012 年冬季实施的艺术认知科学实验表明，音乐主要影响人的情感世界之效价、强度、持久性、记忆唤起水平与认知协同性能力；其中，外在事件（包括音乐）并非直接作用于人的情感系统，而是经由所谓的"自传体记忆"系统的本体性中介：聆听他人演唱或演奏时，镜像神元系统让我们自然而然产生内在哼唱与想象模仿性活动，并通过脑岛等接受来自扣带回后部的自传体记忆，来自扣带回前部的奖赏性冲动，来自前额叶的动作意图，来自杏仁核的情感动机等投射性信息，从而为听觉活动染上情绪的色彩，使之带着多种编码或信息标签而在海马中得到加工，进而转化为牢固深刻持久的长期记忆，对人的情知意活动及行为产生强有力的定向驱动性动力影响。

以上相关脑区均含有情感型镜像神经元，它们具有较特别的长长的轴突，将前额叶、颞叶、边缘系统紧密相连，让它们之间的讯息传递更为快捷、直接，这种神经元又称为纺锤体神经元（spindle neuron）。可见，正是来自自传体记忆（受前额叶之工作记忆的指导）的曲折投射，才使得貌似无情的对象具有了深刻的情感意蕴。

不同情绪对不同内容的自传体记忆的中介影响。人的自我系统包括三个主要部分：实际自我、理想自我和本能自我。这三类自我之间的矛盾及其强弱不同的聚合状态，可以导致或积极，或中性，或消极，或悲欣交集的复杂情绪体验。一个人来自日常生活事件的情景记忆构成了其自传体记忆系统的镜像标志；其大脑的前额叶将这些镜像要素与主体自己的情绪反应模式整合为自我的情感认知图式。在记忆重构过程中，主体的自我认知图式发挥着内隐的关键作用。譬如，当被试面对不同类型与不同情调的音乐刺激时，其体验与评价音乐意义的客观认知行为同时引发了主体对自我情绪与记忆的调试及整合效应。可见，被试实际上是把音乐信息作为映射自我情感与自传体经验的外在象征体。

表征一种情绪的节点与表征情绪得以出现的源头性情景事件，以及有关自我情感认知的命题表征，主体对自我表达行为的体象表征等，构成了综合性的本体性知识系统，它们彼此之间形成了特殊的链接路线。在主体的自我意识及自我情感认知模式的驱动下，这些节点不断吸收、转化，重组外源性或内源性的情感信息，进而经由两条路径来释放之：一是内向性的释放通道，二是外向性的释放通道。同时，一般而言，不同的情绪能够启动不同情态的自传体记忆内容；而特定的自传体记忆内容的激活或节点的开启，又可以反向激活相应的情绪模式。其具体的神经机制在于，大脑左侧颞叶的下部负责积极性、概括化和对象化的情绪记忆，右侧颞叶下部负责消极性、具体性、本体性的情绪记忆；海马的中心部负责发动消极情绪的反应模式，其外周部则负责发动积极情绪的反应模式；这两大情绪中心又向扣带回后部（负责保存自传体记忆）、扣带回前部（负责发动对自我情绪的动机反应或虚拟性的奖惩体验）、脑岛（负责发动对象化的情绪奖惩体验）及前额叶的诸多相关亚区。

第三，音乐工作记忆与情绪工作记忆的交互作用。

艺术工作记忆是笔者在从事硕士研究生的《艺术认知心理学》课程

教学与学术研究过程中所提出的一个新概念,其主要含义是指个性主体(通常是艺术家、艺术专业的学生、具有专业素质的艺术爱好者以及研究者等,后者包括美学家、艺术教师、艺术心理学家等)所形成的有关艺术文化的重要经验、常用信息、核心知识、操作规则、思想理论、审美观念等方面的长时记忆。根据其知觉属性,可分为视觉艺术工作记忆、听觉艺术工作记忆、体觉艺术工作记忆等,体觉艺术包括舞蹈、戏曲、影视艺术,花样滑冰、艺术体操、花样游泳等;根据其操作属性,则可分为创作(艺术)工作记忆、表演(艺术)工作记忆、鉴赏(艺术)工作记忆、(艺术)教学工作记忆、(艺术)研究工作记忆等类型。

有关"艺术工作记忆"的主要观点及相关的科学事据,可参考笔者的著作《艺术教育的认知原理》。① 具体而言,艺术工作记忆的内容,可包括艺术目标工作记忆、艺术资源工作记忆和艺术执行工作记忆等三大部分。其中,艺术目标工作记忆是指人对艺术活动所持有的价值理想、认知目标和最终结果的理念识记;艺术资源工作记忆则是指人脑在目标工作记忆的引导下,自上而下地分别检索视觉性、听觉性、动觉性等性质的具体的艺术记忆经验,它们位于联合皮层、感觉皮层、杏仁核、海马和小脑等部位。

艺术执行工作记忆主要指两种操作:内向操作与外向操作,前者呈现为虚拟的演唱、演奏、谱曲、写作、绘画、跳舞和情景美化等情形,后者呈现为主体真实的演唱、演奏、谱曲、绘画、和身体律动等艺术表达状态。两者以前运动区为界。

首先,由于人在形成艺术工作记忆时以自己的自传体记忆为参照系,进而又将之归入其中,以便使之成为充实个性主体的本体记忆和表征自己的独特知识与能力的一种信息标记,所以主体首先需要借助自传体记忆来建构自己的艺术工作记忆系统;其次,由于人的情绪状态能够直接影响此后的审美认知活动,所以主体还需要动用元认知系统(尤其是元调节)来优化自己的心脑—心身状态、调控情绪反应、活化心脑系统的相关信息资源,以便借此推进高效和具有人本价值的艺术认知活动。

可见,将人的情绪和记忆当作一个共轭系统加以研究,进而深入揭析它们之间互动互补、耦合增益、协调统一的科学机制,这是认知神经科学

① 丁峻:《艺术教育的认知原理》,科学出版社 2012 年版。

的重大进展之一。① 因而，艺术教育心理学应当主动借鉴相关的前沿理论和实证成果，以便借此深刻把握艺术情感与认知行为的内在关系，有效引导学生的情感管理和认知管理活动，为学生实现情知意的审美发展而提供思想路径和操作方法。

在这方面，人的元调节能力到底与艺术工作记忆有什么关系，两者会发生哪些相互作用呢？笔者认为，人的元调节活动主要通过调控主体自身的情绪、情感状态，来提高或降低主体的艺术工作记忆效能。具体而言，人的情绪、情感状态包括效价（即正性与负性情绪）、强度（高中低程度）、唤起度和保持度。人的情绪借助上述方式，对主体的认知行为（特别是工作记忆的能力）施加内隐的强烈影响。

其中，唤起度是指与情绪状态相关的记忆资源和机体能量的激活程度；效价度则标记正负性情绪的分离激活水平，负性情绪通常包括紧张、生气、忧郁、不安、痛苦、悲伤、厌倦、憎恶、仇恨、疲惫等多种情形，正性情绪则包括喜欢、轻松、愉快、欣慰、自豪、恬静、兴奋、激动、热爱、舒畅等，而惆怅感则可依其中的正负性情绪的强弱程度而归入正性或负性情绪之列。

艺术认知科学的研究发现，自传体记忆的涌现水平与音乐同自传体记忆的联想相关性成正比关系，② 提示大脑的一些区域能够将音乐记忆与特定的情感经验整合为一个全息资源库。而基于脑成像的认知神经科学研究也发现，人脑右半球的颞叶中下部（Brodmann area 22）主要负责将主体的情感经验与音乐情景匹配耦合为自传体记忆的感性资源。

当被试感受那些自己最喜欢的音乐（包括轻快的和惆怅的曲调）时，他们所能回忆起来的自我经验具有更生动、丰富和细致的特点，并且他们对此具有更强的自信。③ 其机理在于，积极的情感效价借助腹内侧正中区

① LeDoux, J. E. The neurobiology of emotion, Mind and Brain, New York: Viking Press, 2002, pp. 203 – 205.

② Petr Janata. The Neural Architecture of Music-Evoked Autobiographical Memories, Cerebral Cortex, 2009, 19 (11): 2579 – 2594.

③ SCHMIDT L A. TRA1NOR L J Frontal brain electrical activity (EEG) distinguishes valence and intensity of musical emotions, Cognition and Emotion, 2001, 15 (4): 487 – 500.

的神经投射，对左侧前额叶新皮层的背外侧发挥了高水平的同步性功能激活作用，从而提高了大脑对音乐的结构、情调与音质的多元加工能力，进而将情景性的音乐经验与程序性的音乐法则相互整合。

有资料表明，人脑的前额叶正中区（MPFC，BA 9）负责加工自我信息，包括对感觉信息与自我知识的整合，提取自传体记忆。其中，腹内侧正中区主要负责对自我情感的体验、评价和管理调节，兼事对自我的反思与自我意识的制导；而背外侧正中区负责对主体的对象化情感进行体验、评价和管理调节，同时兼事对象性认知与自我行为控制；扣带回后部负责保存自传体记忆。科学家通过脑成像实验、自传体记忆测验、复合性情感自评测验，证明人脑的前额叶正中区是整合音乐记忆与自传体记忆的高阶脑区及核心结构。具体而言，背外侧正中区同时在被试提取自传体记忆及音乐记忆的过程中体现为高水平的激活状态，而腹内侧正中区则在被试进行情感体验与联想的过程中表现出了高水平的激活状态；同时，扣带回后部、下顶叶和颞下叶也相继出现了高水平的脑电活动。[①]

这些结果提示，前额叶正中区在人们体验熟悉的和具有激发自传体记忆效能的那些音乐作品时，不但其本身获得了高水平的脑电激活与代谢活动，而且由此引发了双侧前额叶外周部分、顶叶及颞下叶的广泛性同步高频低幅振荡行为。例如，自传体记忆在安静状态下获得了更多的激活空间。当人们执行那些与自我评价关系不大的认知任务时，前额叶正中区（尤其是腹内侧）、扣带回后部及颞叶下部的脑电活动下降、血氧代谢率降低，[②] 提示客观认知能够干扰人对自我的认知过程；而表现为中等强度的脑电活动及血氧代谢水平的前额叶正中区（尤其是腹内侧）、扣带回后部及颞叶下部，则是大脑与心理系统处于静息状态的神经标志，表明主体大脑对非自传体记忆的提取与加工行为。

音乐借助激发主体相似的情景记忆来开启自传体记忆的闸门，链接符

---

① Morgan MA, LeDoux JE, Neurobiology of Emotion. 505. BIOL PSYCHIATRY. 2003，54：504 – 514.

② Simpson JR, Drevets WC, Snyder AZ, Gusnard DA, Raichle ME（2001）：Emotion-induced changes in human medial prefrontal cortex：II. During anticipatory anxiety. *Proc Natl Acad Sci USA* 98：688 – 693.

号经验，释放人指向自我的情感理想、情感经验、情感想象、情感评价和情感调节等内在力量。其认知机制在于，前额叶新皮层的腹内侧正中区主导加工自传体工作记忆的总目录、细节提取整合、情感评价和人格态度，其背外侧正中区则主导加工非自传体记忆的总目录、细节提取整合、对象化情感评价、自我行为设计与模式输出。[1]

其大脑加工机制在于，腹内侧正中区通过对音乐信息的情感体验与评价反应，而引发背外侧正中区对音乐线索与相关的情景记忆的整合行为；继而由背外侧正中区向有关的其他皮层及皮层下结构发出二级目录检索指令，致使相关度自传体记忆内容从扣带回后部、右侧下顶叶和左右侧颞下叶得以提取出来，并加以完形化重构，借此形成对音乐情景及本体情感经验的双重认知表征体。主体借此展开对音乐的内化加工，对自我情感的充实强化，对自传体记忆的结构更新等系列活动。

被试所产生的较高水平的情感效价及自传体记忆再现能力表明，轻松的音乐和惆怅的音乐都具有较高的情感激发效应，其所催化的自传体记忆则体现为不同的属性：负性情绪组的被试再现的焦虑性记忆内容多于愉快性内容，正性情绪的被试再现的愉快性内容多于忧伤性内容，中性情绪组的被试所再现的愉快性记忆相对较多。另外，无论在何种情绪状态下，性别因素对自传体记忆的再现都未显示出明显的影响。

通过以上的分析，我们可以初步得出如下结论：

（1）不同类型和不同情调的音乐能够影响人的情绪效价、强度和持久性。

（2）不同的情绪能够影响人的自传体记忆的再现水平，愉快情绪及惆怅情绪有助于提高主体的自传体记忆效能，而中性情绪对自传体记忆的影响则是随机性的和因人而异的。

（3）熟悉性能够同时影响人对音乐、情绪和自传体记忆的认知加工过程。具体而言，它能适度改变人的当下情绪心态，明显提高惆怅组和愉快组被试的自传体记忆再现能力；其中，情绪因素和熟悉性因素之间存在

---

① Alfredo Brancucci, Luca Tommasi. 2011. "Binaural rivalry": Dichotic listening as a tool for the investigation of the neural correlate of consciousness. Brain and Cognition, 76 (2): 218 – 224.

交互作用。对于不熟悉的内容，愉快组和惆怅组的自传体记忆得分均低于平静组。

（4）音乐影响情绪与自传体记忆的性别差异，主要体现在性别对情绪的组间差异和性别对自传体记忆的组内差异上；相对而言，音乐对女性的情绪影响表现为稍高于男性的组间差异，音乐对男性的自传体记忆影响表现为稍高于女性的组内差异。

（5）人脑对音乐、情绪和自传体记忆的加工，主要借助两大神经网络："预置模式系统"（本体参照系统—主动任务系统）和"即时反应系统（客体参照系统—被动任务系统）；它们主要由前额叶正中区、扣带回后部、下顶叶、杏仁核、海马区、颞下叶等部分组成。①

其中，前额叶的腹内侧正中区（VMPFC）主要负责对自我情感的体验、评价和管理调节，兼事对自我的反思与自我意识的制导；而背外侧正中区（DMPFC，即 Brodmann area 8/9）则负责对主体的对象化情感进行体验、评价和管理调节，同时兼事对象性认知与自我行为控制；扣带回后部（BA 39）负责保存自传体记忆。

（6）上述研究结果提示，为了提高人的对象化体验与认知能力，必须首先强化其对自我的情感体验、自传体记忆、自我评价和自我定向调节能力。鉴于音乐能够促进人对语义记忆与情景记忆的匹配，对自传体记忆与对象性记忆的整合、对自我情绪效价—强度—深度的重构、对内在活动与社会行为的范式调节等具有积极效应，我们应当同时加强对音乐专业学生、非音乐专业学生及社会大众的多元化音乐教育，包括音乐认知教育、音乐鉴赏教育、音乐表演教育、音乐审美教育、音乐科研教育和音乐经验教育。

2. 具身预演—意象映射—体象表征的心脑范式

人通过自我表征世界价值的三大过程：一是具身预演，主要是指主体在知识内化过程中虚拟再现与感受自己的内在创造产物及自我情态意绪的过程；二是意象映射，主要是指主体将自我意识、情感理想、人格意象等本体性智慧产物转化为内在的对象化形式，由此获得自我价值的内在实

---

① Stanislas Dehaene, Jean-Pierre Changeux. 2011. Experimental and Theoretical Approaches to Conscious Processing. Neuron，70（2）：200 – 227.

现；三是体象表征，主要是指主体借助身体意象、身体概象、身体表象和物体表象等系列方式转化自己的精神意象，借此实现自我的本体价值与社会价值。

主体唯有借助上述过程才能深切感受自我的情思之妙、审美与创造的智性之妙和价值物化的感性之妙。同时需要指出，主体所习得的知识以本体知识为标志，其认知要素和操作范式被储存在前运动区、布洛卡区、后顶叶、扣带回后部、枕颞联合区等低位皮层。具体而言，来自前额叶前部的"目标性工作记忆"要对我们所学习的事件情景信息或所要想象的特定问题进行目标扫描和特征提取，以便形成"操作性工作记忆"的靶目标，进而由"操作性工作记忆"来检索我们大脑中的所有相关资源，为我们建构当前的记忆或形成想象性情景而激活相关脑区的特定记忆网络。

可见，人的想象性思维既需要依托以往的记忆库，对以往的记忆素材进行选择性激活，也需要将脑海中逐步生成的想象性情景再次放入短时记忆和长时记忆的网络之中，以便形成新的本体记忆资源。当双侧海马损伤时，新的事件情景信息则经由初级感觉皮层、次级感觉皮层、联合皮层和前额叶新皮层这条内部直通道而得到信息加工，分别形成经验记忆、语义记忆和工作记忆，但缺少相关的情感记忆产物。

总之，本体知识是学习者转化客体知识的认知中介，据此形成的基于"自我参照系"的元认知框架决定了个体的对象化认知水平和行为方式。公共知识的内化需要借助人的心理中介；只有通过反思中介的变化，对象的真实本质才可能呈现于我们的意识面前。这个中介的高级形态就是笔者所说的"自我镜像"及其衍生的"间体时空"，[①] 其低阶形态则是人的本体知识；它们互补互动、协同增益，共同发挥着"认知转换器"作用。

从这个意义上说，那些未能进入人的本体情感认知系统和自传体记忆库的客观知识，根本无法影响主体的情知意结构与功能，因而事实上成了孤立存放于主体心中的异在性"死知识"。对此，著名的神经心理学家沙克特（Schacter）指出："人的所有想象性思维，几乎都是借助回忆的方式进行联想和幻想，因而经验成为想象活动的表象之源。进一步来说，我

① 丁峻：《心身关系与进化动力论》，中国科技大学出版社 2003 年版，第 204 页。

们正是通过挑选和重组过去的经验表象、情感表象、概念表象和理念表象，来构造未来的主客观情景的。"①

由此可见，我们的本体工作记忆显得何等重要。它伴随我们终身，并为了满足我们的内在需要而不断地加以改变与更新。也可以说，世界上没有一成不变或铁板一块的记忆，所有的记忆内容都在不断地发生着变化；这种变化的根源则在于我们内心深处那变动不居和日新月异的观念意识、情感动机和思维目标。

具体而言，来自前额叶前部的"目标性工作记忆"要对我们所学习的事件情景信息或所要想象的特定问题进行目标扫描和特征提取，以便形成"操作性工作记忆"的靶目标，进而由"操作性工作记忆"来检索我们大脑中的所有相关资源，为我们建构当前的记忆或形成想象性情景而激活相关脑区先前的特定记忆网络。来自杏仁核的情感记忆（信息流）则要对事件情景信息或所要想象的问题进行条件化匹配加工，从而使其带着情感色彩和意念动机烙印进入短时记忆，形成初级感觉表象，并以亚成分分别进入二级感觉皮层，形成经验表象；进入杏仁——苍白球——丘脑，形成初级情感表象；进入联合皮层，形成认知概象；进入前额叶新皮层，形成语义意象。可见，我们的想象性思维既需要依托以往的记忆库，对以往的记忆素材进行选择性激活，也需要将脑海中逐步生成的想象性情景再次放入短时记忆和长时记忆的网络之中，以便形成新的虚拟记忆资源。当双侧海马损伤时，新的事件情景信息则经由初级感觉皮层、次级感觉皮层、联合皮层和前额叶新皮层这条内部直通道而得到信息加工，分别形成经验记忆、语义记忆和工作记忆，但缺少相关的情感记忆产物。

换言之，我们对未来的预期，对客观事物的假定性猜想，对审美对象与认知对象的想象性体验等创造性思维活动，均需要以我们内心保存的记忆表象作为基本构件，进而对它们进行选择性剪辑、合并、变形与重组，以期借助历时空的经验和共时空的知识元素构筑超时空的思想图式，借此实现对自我与对象世界的理念性虚拟认知。因而，我们应当基于神经教育

① Daniel L. Schacter, Donna Rose Addis, andy L. Buckner. Remembering the past to imagine the future: the prospective brain. *Nature Reviews Neuroscience* 8, 657 – 661, September 2007.

学的上述最新发现，来改善教学方法，优化教学效能，不断提高教学工作的认知操作水平。

总之，前额叶新皮质成为整合信息、调节情感、制定策略和设计行动的核心结构，并自上而下地相继启动工作记忆、陈述性记忆和程序性记忆等内在信源系统，指导策略建构及其匹配问题求解程序等有序活动。进一步来说，大脑的前运动区在人的学习过程中发挥着异常重要的"知识预演—能力操练"之执行功能。它一面要接受前额叶的目标、策略和图式之引导，一面接受经过前脑加工并来自杏仁核的情感投射，同时还要基于前脑的工作记忆之信息检索，选择性地接受来自三大感觉皮层的表象资源和来自联合皮层的概念范式，以此作为实施"知识预演—能力操练"活动的基本构件。

这提示我们，前运动皮层的时空操作表象与真实的感觉知觉运动等效，其生成机制、加工（整合、分解、转换、派生）模式和信息（符号及语义）表征水平均体现了心理活动的本质方式：图式化的时空经验、情感状态、知识结构、思维流程、理念活化与人格动机。总之，人类的心理通过对初级表象（即物态表象）的三级整合，使之与多种相关的高级表象（即符号表象）发生语义链接，从而形成外显知识与内隐知识之间相互转化的心理平台，也使陈述性记忆、程序性记忆、自传体记忆、情感记忆及工作记忆等加工方式获得多元统一的检索端口与相互作用通道。

（三）本体意识体验：具身认知与自我审美

神经美学家拉赫尔（Jonah Lehrer）精辟地指出："神经美学旨在探索我们的大脑是如何解释艺术与美，并将它的加工结果升级转化为我们的内心活动。艺术的根本价值在于为我们昭示虚拟的完美情景，其深隐的最大功能在于激发我们内心的神秘感、自由感、创造感、快乐感和自我实现的情景。"①

换言之，在审美主体的心中，那美妙的音乐、绘画、舞蹈、女性形象和自然万物等，都与主体的情知意水乳交融、合为一体，由此呈现出兼具对象形态之美和主体理想之美的崭新的"形神统合体"：这就是主体的审

---

① Jonah Lehrer. why the mind loves art：A underway to link Art with the Brain. *Psychology Today*，July 21，2009，72（3）：16 – 22.

美创造性杰作，他实际上是被自己的虚拟创造物所感动，继而发现自己与对象相化合的全新颖妙之美，进而借此验证与享受自己的创造硕果。如果我们不能见出这一超出仪器观测范围的人类心灵之深幽独特功能，那我们无异于还原论的信徒，同时继续固执传统的学院式概念游戏，从而无法造益新时代的美学研究之发展与创新。

萨特（Sartre）认为，审美对象是一种非现实的存在物；当人们进入想象的境界时，审美客体才会出现……它伴随着一个非现实的综合体产生；而艺术家的目的是要用实在的色彩构成一个整体，借此使那非现实的意象得以表现。画家根本没有把自己头脑中的意象原封不动地搬到油画上，他只是创造了这个意象的物质模拟物。这种非现实的意象才是画中的真正客体。①

杜夫海纳（Dufrenne）认为，审美对象是一个双重的世界，具有二重存在方式：它连接了呈现出来的对象自身的特点和被意识到的对象自身的存在特点。艺术具有一种特殊的真实品格，当我们观照一个审美对象而进入忘我状态时，对象的那种内在品质和魅力是与我同在、共存共灭的。……美是一种理想化的对象形态，一种想象中的世界。审美活动使人被那些呈现于感性中并得到辉煌的充分肯定的对象所满足。在审美经验中，如果说人类不是必然地完成了他的使命，那么至少也是最充分地体现了他的地位：审美经验揭示了人与世界最深刻和最亲密的关系。……审美对象所暗示的世界，是某种情感性质的辐射，是迫切而短暂的契通体验，是瞬间发现自己命运意义的经验。②

换言之，在审美经验中，观众所体验的是审美对象；审美对象并非是现成的存在物，而是仅仅起源于艺术作品或自然景象的某种外观形式，人们需要借助审美知觉将这种外观的形式结构转化为审美对象，进而由此形成自己的审美感觉和情感意识。只有当审美对象存在于观众的意识之中时，它才是完整的。

因而可以说，感觉作为一种中介，连接了主体和客体这两大世界的深

① 引自〔美〕M. 李普曼《当代美学》，邓鹏译，光明日报出版社 1986 年版，第 137—138 页。

② 转引自朱狄《当代西方美学》，人民出版社 1984 年版，第 86 页。

层结构，导致了这两个世界的相互作用；而情感作为审美知觉的节点，使主体与客体融合为合二而一的审美经验，从而使主客体之间的交流与相互成全变得可能。

进而言之，唯有借助情感映射，主体的价值特征才会呈现于对象之中，从而使审美对象能够折射审美主体的精神世界；同时，被表现的世界的深层特征也会投射到主体的心理世界，亦即审美对象同时造成主体情知意世界的结构重组与功能嬗变，使人的潜能特质和价值理想得以内在实现。

笔者认为，作为主体自我审美与本体认知的多层级"心理表征体"，包括审美表象与主体的自我表象化合而成的主客体之经验时空相统一的感性表象，对象的知觉形式与主体的自我概象化合而成的主客体之知觉时空相统一的知性概象，对象的意识形式与主体的自我意象化合而成的主客体之理念时空相统一的理性意象。审美主体正是通过创造这些主客体信息与价值相统一的全新象征体，来实现对自我心脑系统之信息、结构和功能状态的本体认知、本体审美、情感嬗变、思想更新和意识升级等终极目标。

同时，这些心理表征体既是主体诉诸意识体验的全新对象，也是其用以激发和表征审美情感的虚拟具身形式，更是其创新自我意识、体现自我价值和实现自我理想的内在方式。总之，"审美间体"及其所衍生的"镜像时空"乃是审美主体产生美感、激发审美想象、诉诸审美判断、完善自我世界和实现自我理想的全新时空坐标。

1. 本体审美与自我认知的意识模型

本体审美与自我情感认知的具体内容异常丰富，其中包括主体对自身之道德状况、情感水平、人格范式、认知能力、身体健康、个性形象、生命意义、幸福境况、爱情理想、职业价值、社会价值等方面的多层级建构、审美体验、理性认知和持续更新等复杂深刻的思想内容。其中，主体对自我和对象的审美体验有助于向道德体验迁移，从而使自己的道德经验—道德规则—道德观念—道德行为赢得审美情趣，使美感、道德感和理智感融会贯通，进而催发主体认知、创造和完善主客观世界的直觉灵感、使命感、自主自强信念和自洽意识，等等）。

如同人的自我表象对应于本体情感和自传体经验、自我概象对应于本体规范与自我知识那样，人的自我意象对应于主体的观念意识、人格心态、行为图式及主客观世界的规律与真理等理性价值层面的精神状况。因此，审美的自我意象乃是表征主体的审美观念、创造性人格与审美表达行为特征的心理形式；主体借此而使自己的情感与逻辑、经验与知识、感性与理性、思想与行为等内外活动相互贯通，并有利于主体将主客观世界的规律与个性情意理想加以契通融合，进而以"美感、道德感、理智感、灵感"的"四位一体"方式厚积薄发。可见，审美的自我意象遂成为个性主体还原音乐作品与作曲家之审美创作意象，建构深广全息的自我审美时空，理解主客观世界之审美运动的本质规律，借助艺术行为与生活对象表达自我之审美创造价值的内在参照系和认知操作范式。

自我概象系统乃是本体知识的核心内容。它编码保存主体有关自我的多元知识信息（包括有关自我的言语结构、语法规则、情感特征、思维方式、生理学知识、心理学知识、审美与艺术知识、文字表征、数符表征、生命特征、精神价值、内在需要，等等）。它不但在主体认知自我的过程中发挥着关键作用，而且对于主体理解他人的言语、文字、音乐、美术、情感、思想和行为等文化符号象征体方面具有重要且不可或缺的核心作用；换言之，主体唯有借助具身方式来转化外在的一切信息之后，方能真正实现对文化、自然与社会的理解目的。

自我概象系统主要生成于大脑的多级感觉联合区和中介联合区，包括第一感知觉联合区（以视听觉为例：VA_1、AA_1……属于超越物理形式的符号形式一元感知觉整合）、第二感知觉联合区（以视听觉为例：VA_2、AA_2……属于超越符号形式的符号规则及本体内容的双侧三元感知觉整合）、顶叶联合区（传导本体之符号形式化操作运动感知觉，如书写运动觉、言语运动觉、歌唱或演奏运动觉、绘图计算运动觉等，形成对主客体运动空间的对象化与本体化操作概象或运动图式）、边缘旁联合区（传导整合各感觉联合区、前额叶新皮质、边缘系统包括海马杏仁核等、皮质下系统如丘脑下丘脑汇集的信息，形成条件化的情感概象或反应图式）。它们分别在枕极、颞极和额极汇合成密集性、全息性、抽象性和交互性更强的认知反应枢纽。[1]

---

[1] Van Essen, D. C. et al: *Hierarchical organization and functional streams in the visual cortex, Trends Neurosci*6: 370 – 375 (1983).

卡西尔（Cassirer）认为，美在本质上是一种符号，是那种能够揭示意义的形式结构。在符号中存在着精神意义和作为意义载体的形式这两者之间不可分割的结合体；唯有在这种结合体之中，我们才能把握符号的形式和意义之间的联系。精神的意义也唯有在这种符号的表现中才能得到揭示；并且，观念也仅仅在可感知的符号系统中，通过符号的表现才能成为认识的对象。①

换言之，人的认识对象是由符号所创造出来并加以表征的。符号形式把概念固定了，进而能够形成经验的结构与形式。艺术的符号形式是表现性的，一方面它是某种物质特性的呈现，另一方面它是某种精神特性的具象表征。在艺术形式之中，主体由直观所把握的是一种双重现实：自然的现实和心灵的现实。可以说，审美活动导致了人对自我和对象的双重创造、发现、体验和完善效应。

苏珊·朗格（Susanne langer，卡西尔的学生）指出，艺术符号乃是一种用抽象手段表现人类的情感和观念的表象系统；后者象征一种虚幻的时空，能够有助于人们从一些简单的观念中逐渐越出界线以建立另一种观念；符号是思想的工具，具有概念的作用，因而能指示某种意义，便于主体去发现和认识之。艺术家的观念的全部表现——他的人类情感的概念——全部都是通过对虚幻时空的外观创造和丰富性而加以表现的。②

由此可见，主体实际上借助表象系统来实现对各种感觉特征的形式整合（即视觉味觉的物理特征与听觉、视觉的言语文字之符号特征相互匹配），再借助概象系统来实现对外部世界之知觉对象的规则整合（即语法句法规则和对象情景的时空分布规律对应耦合），进而借助意象系统来实现对主客观世界之规律与真理的理性价值整合。正如理查森所说："我们实际上通过建立一个对事物深层共变结构的内在表述而形成对该物体的概念。当一切都在不断变化时，唯有共变结构保持稳定。在概念形成过程中，社会交流的内容促使概念在巨大的知识网中推广和升级，由此释放了

----

① 转引自朱狄《当代西方美学》，人民出版社1984年版，第123—125页。
② 同上书，第134—135页。

人类巨大的认知力量。"① 可以说，概念是逻辑的坐标、语法的框架要素和知识的核心基元。

笔者认为，意识系统进行自我调节的本质内容，乃是主体对自我理念、自我意象、世界意象等心理模型和本体符号、客体符号与中介符号系统进行认知操作、据此产生新信息的系列过程。

兹以主体对自己的人格美的意识体验为例。人格的统一乃是主体做人和创业的根本坐标，它的自由、自愿、自享、自为境界是离不开人的审美认同与创造性实践的。古往今来所有成就大事业者，几乎都离不开他们高尚的人格思想。因为伟大的事业不单需要杰出的才智，更需要一种深广无私的爱心，来寻求全人类生活的共同价值目标，来克服巨大长久的艰险痛苦，来奉献自己的整个身心而无悔无怨。因而，主体对自身人格的对象化观照既是自我发展的认知手段，又是自我实现的内在方式，主体借此推动自己的个性化完善和社会化成熟：对幸福的价值创造、审美体验与具身享受。

又如工作职业价值观。我们到底是为了金钱、爱心还是理想而苦苦奋斗着？或是为了满足物质需要而活着？这牵涉到每个人对幸福的理解。可见，对工作的价值态度体现出主体的审美理想和个性的意向特征，并成为引发主体产生欣悦感与专注意识的高阶动力。进而言之，包括对工作意义、爱情价值、婚姻生活、生育行为等日常生活的审美观照，乃是主体实现智性腾逸与意气奋发的对象化实践基础。

心理学家鲁麦哈特（G. E. Lumai hart）在其《并行分布处理模型中的图式和序列思维过程》中，设想了一个意识内部的信息流程图式，来表征意识的内反馈和自我调节（原理与过程）："认知系统由大量的认知加工单元的子集所组成，该系统的激活程度决定了意识的内容。这种世界模型一般由符号组成，分布式地贮存于各认知加工单元的联结之中。人类智能的超前反应能力即蕴涵于这种结构模型之中，超前反应是一种心理模拟或心理实践。意识中的解释网络（即自我调节系统），能够对头脑中形成的世界模型进行解释，或者说在现实的东西和想象的东西之间进行对话。这样，解释性网络与世界模型之间就存在一种心理模

---

① K. 理查森:《智力的形成》，三联书店 2004 年版，第 152 页。

拟关系，解释性网络要对世界模型进行解释、评价、说明和反思。世界模型和解释性网络都由许多并行的认知加工单元组成，构成一种意识内部信息的反馈关系。"① 按照他的观点，意识的自我调节正是通过意识内部信息的自反馈来完成的。

根据笔者的大脑"三位一体"认知表征系统，这种解释性网络或解释评价系统主要定位于额前叶，而大脑所形成的世界模型或认知记忆系统则定位于联合皮层，价值体验系统定位于三大感觉皮层及边缘系统，自我意识的输出系统定位于前运动区及运动皮层。

进而言之，人的"内在审美"及镜像自我审美活动，可以说是人脑意识加工内部信息的主要方式。有关自我的理念、意识、人格等高阶内容主要形成于前额叶新皮层；自我意象能够向自我表象"返输入"相关的理念信息，并能对之进行结构、功能和感觉方式进行能动性改造与调控。有关自我的行为图式、身心操作程序和价值体现方式等，主要形成于前运动区—布洛卡区和扣带回等部位。进而言之，自我意象系统主要生成于大脑的前额叶新皮层，涉及元观念、元认识、元情意、元调节、元记忆（包括部分工作记忆、共时空自传记忆及程序性记忆规则，陈述性记忆命题等）。

更重要的是，借助"表象——概象——意象"这个多级统一系统的互动互补方式，意象世界生成了诸如美感、理智感、道德感、直觉灵感、创造动力感等个性意识体验，从而使情知意聚汇于人格坐标，使感性知性理性（能力与认知改造主客观世界的图式）融通协变，使个性主体可以创造性地模拟主客体世界的最佳样式、本质特征、价值品格、隐深规律、理想情景和未来所需所欲的合理化改造蓝图。可以说，文化符号所载荷的人文价值唯有在意象层面才能完整凸现，并内化为个性主体的精神图式（人格意识）与价值力量（创造性能质）。

研究意识现象的认知科学家克里格（Uriah Kriegel）认为："对于意识的看法便包括了体验的观念，而且体验经验是一种把实际进行的事情加以客观化的幻想重现。因而重现作者的整个世界，纵使核实的过程极其复杂困难，但最终证实的原则很简单——论及主体的想象性重建……理解是

---

①　引自章士嵘《心理哲学》，社会科学文献出版社 1996 年版。

无声的，且不是直接性的动作……要想表达一种对客体信息的理解，我们实际是用自己的方式去参与的。"①

2. 本体意识体验的神经机制

心理学家艾琳（Eileen John）深刻地指出：在审美体验中，主体与对象处于共时空境遇，主体的情感运动特征与对象的感性形式形成了密切的结合体，对象成为主体的心灵标记，主体的心理活动成为对象所表征的意义内容。这既是一个价值共同体，又是一个命运共同体。②

因此可以认为，审美理解实际上是主体基于自己的体象世界来具身还原对象世界的符号系统，继而对本体体验的结果进行对象化移情和换位性想象，由此形成对象的感性价值；换言之，审美理解也是一种内在的二度创造行为，是主体借助具身方式、符号体验和理念运动而透视对象本质的一种发现式参与过程，是一种兼有对象化体验和本体性体验，涵纳符号创造和身体创造的交互性价值增益情形。

在审美活动中，主体的心脑结构与功能都发生了深刻而重要的根本变化。在人的自我审美与本体认知过程中，主体首先需要将视觉性或听觉性对象的客观信息转化为自己的本体（身体感觉—运动皮层）性虚拟运动状态，这主要依托后顶叶、扣带回后部和前运动皮层；主体继而由此激发了自己对本体性虚拟运动状态的具身感受与情态，这主要依托杏仁核、丘脑和眶额皮层；第三，主体进而需要依托前额叶背外侧正中区，对自己模拟对象状态的情感状态进行意识体验（或理念匹配、理想观照），同时依托前额叶的腹内侧正中区，对自己的情感和对象的意义进行价值判断，由此催化出三位一体的"情知意"高峰体验，形成指向自我镜像的"美感—道德感—理智感—灵感"，进而导致自己的创造性意象厚积薄发！

（1）自我移情的大脑基础

两位日裔科学家松本（M. Matsumoto）和彦坂（O. Hikosaka）在2009年的《自然》杂志上发表了他们的实验结果。他们发现，在人脑里存在

① Uriah Kriegel. 2007. A cross-order integration hypothesis for the neural correlate of consciousness. Consciousness and Cognition, 16 (4): 897 – 912.

② Eileen John. 2007. Aesthetics, Imagination, and the Unity of Experience. Brit. J. Aesthetics, 47: 215 – 216.

着两类多巴胺神经元：一类传递积极的情感动机，另一类则传递消极的情感动机。前一类神经元主要存在于前额叶的腹侧正中区、左侧前额叶下部、脑岛、扣带回前部和杏仁核外侧部，后一类神经元主要存在于前额叶的背外侧正中区、右侧前额叶下部、脑岛、扣带回后部和杏仁核内侧部。①

笔者认为，人的情感活动实际上是主体对自我或对象的一种价值认知及体象表征方式；其中，涉及自我认知的情感体验主要借助五羟色胺来传递信息，涉及对象认知的情感动机主要借助多巴胺来传递信息。同时，这两种神经递质常常共存于相关的脑区（前额叶、脑岛、扣带回和杏仁核等），彼此拮抗和协同，以便维持心脑系统的协调与行为稳态水平。

那么，个性主体借以体验自我价值和认知自我能力的神经基础又是什么？对此，神经哲学家拉亚德兰深刻地指出："人类的镜像神经元系统是人类理解他人的行为、意图和经历的基础。情感的共享通常是理解他人意图的重要因素之一，移情即是一种发生在个人体验和对象（或他人表达的经历）之间的相似性感觉与情态活动。它是主体与对象之间的一种交互作用，具有相互分享感觉与意义的特殊作用。在一组神经成像研究中，我们向被试呈现了描述情感生活的艺术作品，借此来激发被试的情感，一是观测被试虚拟经历艺术情景的心脑反应，二是观测被试想象他们的母亲面对这些作品会有什么感觉的心脑活动。研究发现，在同情、共情体验中，被试的额极皮层（frontopolar cortex）、前额叶腹中皮层（VMPFC）、右侧下顶叶（right inferior parietal lobule）、前扣带回皮层、顶叶岛盖（parietal operculum）、前运动皮层和前脑岛（anterior insula）等多个脑区，都被激活了。非常有趣的是，上述区域大都含有富集的镜像神经元群体，它们在主体的移情活动中均体现了高水平的兴奋性脑电反应。"② 可见，镜像神经元系统乃是表征人类之审美移情活动的神经对应物，进而成为我们阐释美感发生机制的大脑物质基础、心理信息载体和

---

① Masayuki Matsumoto & Okihide Hikosaka. Two types of dopamine neuron distinctly convey positive and negative motivational signals；*Nature* 459，837 – 841（11 June 2009）．

② Ramachandran，V. S. Rogers-Ramachandran，D.（2007）．It Is All Done with Mirrors. *Scientific American Mind*，18（4）：16 – 18．

客观标志。

目前已知，人类大脑的镜像神经元主要分布于跟情感体验、情感认知、行为意识和动作编程等密切相关的感觉皮层、边缘系统、联合皮层、前额叶新皮层和中央运动前区；尤其是在联合皮层，这类细胞改变了感觉皮层的柱条状构筑方式，而代之以体积更大、双向连接更致密、辐射更远的圆球状新式构筑体。

可以认为，镜像神经元便是我们用以转换外部信息、将学习内容还原为我们的心脑状态的重要神经结构元件。同时笔者认为，镜像神经元尤其是我们借助移情方式体验他人和实现社会认知的核心功能装置，还是我们得以体验自我和认知自我的对象化价值参照系。正是由于镜像神经元的参与，我们方能将或具体或抽象的学习内容转化为自己的具身经验、情知意状态和个性素质潜能。

（2）本体想象所涉及的神经机制

进而言之，主体在自我审美与本体认知过程中所必然经历的本体想象活动，又能够激活其脑内的一些特定脑区：

一是主体整合直观对象（作品形象）、虚观对象（母亲）和自我经验的过去、现在与未来（下一步）的情景时，需要视听觉联合皮层的 V4、V6 区之"多感觉型神经元"的激活，还需要激活左右侧颞叶之局部联合皮层的"情感记忆"亚区和"面孔记忆"亚区。①

二是主体进行审美想象时，需要激活其脑内的前运动区、前额叶新皮层的预期工作记忆区、目录工作记忆区、自传体记忆区，以便借此提取与重组特定的经验资源，展开多方位的自由能动的道德想象活动。②

三是主体对道德情景及本体反应进行情感评价时，需要借助脑内的奖赏—惩罚系统（即扣带回前部—杏仁核—纹状体系统）来感受对象与自我的活动意义，依据它们对自己脑内的奖赏—惩罚系统之激活水平与反应

① Fuster, J. M. (2007) . *Cortex and Mind*. London：Oxford University Press，p. 225.

② Daselaar, S. M. Fleck, M. S. Prince, S. E. Cabeza, R. (2006) . The Medial Temporal Lobe Distinguishes Old from New Independently of Consciousness. *Neuroscience*, 26 (21)：5835 – 5836.

性质来做出直觉性的情感评价。①

具体来说，杏仁核外周部负责驱动兴奋性的情感反应，其中心部则负责驱动抑制性的消极情感反应；扣带回前部的上层结构负责驱动兴奋性的情感反应，其下层结构则负责驱动抑制性的情感活动；纹状体的前外侧主要执行恐惧、退缩、焦虑性情感反应，其后内侧部分主要执行愉快、幸福、激动等积极性情感反应。② 左半球主要负责维系与调节积极的情感反应，大脑右半球则主要发动与调控执行消极的情感反应。③

（3）本体高峰体验与自我共鸣所涉及的神经结构

第一，共鸣与美感发生的高阶脑区定位。

神经美学家塞拉—孔德（Cela-Conde）以前额叶新皮层为例，深刻地分析了前额叶新皮层的进化特征及其预见性功能。他指出，随着该区域在人类进化过程中逐渐增大体积，其成熟期甚至延长至人的青年早期（该区的心理成熟期则始于 26 岁），人类的艺术创造能力也同步增强；相反，这个区域的机能障碍将导致人对意义和情感内容的理解困难与体验无能，进而使其对所经历的事情或未来的状况作出支离破碎的冲动性判断。他在实验中发现：当被试产生了美感体验时，其右侧背外侧前额皮层（PDC）被激活，同时伴随着左侧前额叶之腹内侧正中区的显著性抑制活动。④ 这表明，主体产生美感、共鸣情态时，均体现为前额叶（所谓的理念—意识皮层）两大亚区的正负协调的高峰脑电活动。

第二，伴随共鸣与美感发生的泛脑高频同步振荡波。

---

① Moutoussis, K. Zeki, S. （2006）. Seeing Invisible Motion: A Human FMRI Study. *Current Biology*, 16 （6）: 577 – 578.

② Heimer, L. Van Hoesen, G. W. （2006）. The Limbic Lobe and Its Output Channels: Implications for Emotional Functions and Adaptive Behavior. *Neuroscience Bio-behavioral Reviews*, 30 （2）: 134 – 135.

③ Tommasi, L. （2009）. Mechanisms & Functions of Brain and Behavioral Asymmetries. *Philosophical Transactions of the Royal Society B*, *Biological Sciences*, Vol. 364, 857 – 858.

④ Cela-Conde, C. J. et al. （2004）. Activation of the Prefrontal Cortex in the Human Visual Aesthetic Perception, *Proceedings of The National Academy of Sciences of the United States of America*, 101 （16）: 6321 – 6325.

　　高频同步振荡波是人类大脑高阶功能的信息标志，也是表征创造性智慧活动的核心形式。认知科学家卓迪普（Joydeep B.）等发现，人们在进入音乐欣赏或音乐演奏的高峰时刻，其外侧前额叶都会出现 40—50 赫兹的高频同步振荡波，继而该波自上而下广泛扩散至海马、杏仁核、联合皮层和感觉皮层的相应部位。[①] 这种高频同步振荡波的形成及下行扩散意味着：前额叶形成的全新人格意象（理念信息）送到低位皮层等处，旨在对感觉、记忆、情绪和想象活动进行定向调节，由此推动主体重组经验，产生全新体验，形成自我认知和廓出更完满的创造性人格意象。

　　科学家还发现，音乐家在进入音乐欣赏或演奏的高峰时刻，其大脑的外侧前额叶会出现 40—50 赫兹的高频同步振荡波，而缺乏音乐经验的人，其大脑则缺少大脑前额叶的这种高频同步振荡波。[②]

　　笔者认为，由于前额叶存在着向低位皮层的下行投射纤维，因而这种高频同步振荡波的形成及下行扩散意味着：一是前额叶形成了全新的审美意象，二是它将这种理念信息送到低位皮层等处，旨在对感觉、记忆、情绪和想象活动进行定向调节。可见，这种特殊的脑电波能够表征审美主体的大脑高峰反应状态。

　　总之，前额叶的背外侧正中区主要负责借助神经活动来表征主体的美感状态和共鸣意识，而前额叶的腹内侧正中区则主要负责表征主体的道德情感体验与审美判断等充满理智感的认知活动。只有当审美主体的审美判断与审美体验高度匹配之时，才会导致美感—理智感—道德感—灵感的四位一体式厚积薄发、奔涌而出。换言之，只有当主体内心创造的意象世界完全吻合他的审美理想，彻底契通他的审美理念圆心时，其大脑中的情感体验区才能与审美判断区发生同步化的高频低幅脑电共振，其内心的情感律动才能与理性范式合拍。

　　第三，大脑皮层与皮层下结构的信息—功能同步化连锁反应。

　　据泽基（zeki, S.）教授研究，与美感经验密切相关的浪漫之爱和母

①　贾科莫·里佐亚蒂等：《镜像神经元：大脑中的魔镜》，《环球科学》2007 年第 7 期，第 63—64 页。

②　Bhattacharra, J. Petsche, H. Pereda, E.（2006）. Long-range Synchrony in the r Band：Role in Music Perception. *The Journal of Neuroscience*, 21（16）: 6329 – 6337.

爱体验，会引发主体的大脑之多个脑区和皮层下结构的高频低幅同步化脑电反应，其中包括前额叶新皮层的背外侧（审美情感体验系统）与腹内侧正中区（审美价值判断系统）、皮层下的杏仁核（情感动机系统）与海马区、旁边缘皮层的扣带回前部（中介奖赏体验系统）、前运动区（审美想象执行系统）、后顶叶和枕颞叶联合区（审美想象的具身感受系统），等等。①

在探讨审美主体感受美的事物并形成美感所对应的相关神经基础时，泽基教授发现，被试的眶额皮层、前运动区、视觉与听觉联合皮层、杏仁核与扣带回等区域首先被激活，继而引发了前额叶新皮层正中区的审美判断与价值体验。② 神经美学家哈伦斯基（Harenski, C. L.）及海曼（Hamann, S.）在研究人在审美过程中的积极情感与消极情感时发现，当被试产生了积极的情感体验时，其左侧前额叶新皮层的背外侧正中区与杏仁核的外周部都出现了强烈的兴奋性正电位；而当其获得消极的情感体验时，其右侧前额叶新皮层的背外侧正中区与杏仁核的中心部则出现了显著的抑制性负电位。③

神经伦理学和认知科学家戴尔（Del cul, A.）及德哈尼（Dehaene, S.）等在实验研究中发现，人的审美意识活动主要与前额叶新皮层的背外侧正中区之激活过程密切相关，而道德判断、宗教信仰体验等社会认知活动则与前额叶新皮层的腹内侧正中区之激活过程密切相关；人们在酝酿科学假设、形成理论模型的过程中，前期伴随着前额叶新皮层之背外侧正中区的兴奋性活动，后期则伴随着前额叶新皮层之腹内侧正中区的兴奋性活动。④

---

① Zeki, S. (2007). The Neurobiology of Love. *The Federation of European Biochemical Societies Letters*, 581 (14): 2575 – 2579.

② Kawabata, H. Zeki, S. (2004). Neural Correlates of Beauty. *Journal of Neurophysiology*, 91 (4): 1699 – 1705.

③ Harenski, C. L. Hamann, S. (2006). Neural Correlates of Regulating Negative Emotions Related to Moral Violations. *Neuroimaging*, 30 (1): 313 – 324.

④ Del Cul, A. Dehaene, S. Reyes, P. Bravo, E. Slachevsky, A. (2009). Causal Role of Prefrontal Cortex in the Threshold for Access to Consciousness. *Brain*, 132 (9): 2531 – 2540.

　　这表明，前额叶新皮层的背外侧正中区对人的美感产生及审美活动中的意识体验具有重要的动力催化作用，而前额叶新皮层的腹内侧正中区则与人的道德感、诚信态度的产生密切相关；至于科学活动中的理性思维或科学意识、理智感的产生，大约同时需要前额叶新皮层的背外侧与腹内侧正中区之合乎比例的互动、互补与协同反应。

　　笔者据此认为，人脑的左半球主要负责积极的情感反应，而右半球则主事消极的情感反应，这一点在左右侧前额叶新皮层的背外侧正中区表现得尤为明显。也许这与左半球的理性化、客观性、逻辑性和时间性加工特点密切相关，而右半球则更多地体现出感性化、主观性、情绪化和空间性等加工特点。对此，神经美学家吉米（Kim SH）的研究也提供了相似的结果：审美情感的激发主要发生在左侧前额叶，厌恶感、憎恨感、丑陋感、嫉妒感、焦虑感、忧伤感和愤懑感等消极情感的激发，则首先和主要发生于右侧前额叶，继而引发了左侧前额叶的抑制性情感反应。[1]

　　第四，主事审美认知的高阶脑区及信息创新功能。

　　神经美学家荣格（Young）和克因斯（Koenigs）在研究审美认知和道德认知的大脑机制时借助神经成像术实验发现，左侧前额叶的腹内侧正中区与道德情感判断密切相关；右侧前额叶的腹内侧正中区与审美情感的判断密切相关；同时，右侧前额叶的背外侧正中区主事审美情感的高峰体验，而左侧前额叶的背外侧正中区却主事人的道德情感之高峰体验。[2]

　　依笔者之见，审美意识的心理表征体之核心形态即是"意象"形式，辅之以概念性表象（概象）、身体性表象、物体性表象、符合性表象。其中，"间体世界"即是主体分别在感性层面、知性层面和理性层面所创构的分立统合式之意识心理模型；它们同时在历时空、共时空和超时空维度涵纳感性、知性和理性内容，表征形而下、形而中和形而上的价值境遇；

　　① Kim, S. H. Hamann, S. (2007). Neural Correlates of Positive and Negative Emotion Regulation. *Journal of Cognitive Neuroscience*, 19 (5): 776–798.

　　② Koenigs, M. Young, L. Adolphs, R. Tranel, D. Cushman, F. Hauser, M. Damasio, A. (2007). Damage to the Prefrontal Cortex Increases Utilitarian Moral Judgment. *Nature*, 446 (7138): 908–911.

其所衍生的"镜像时空",则能有效映射主观世界、间体世界、自然世界和艺术世界的多重信息。因此可以说,主体所创造的"间体世界"既不同于主体的自我时空,也有别于对象(人或物)的客观时空和人类的现实时空,并且具有镜像映射的价值功能。

3. 本体意识体验的心理范式

美学家米歇尔(Michelle)深刻地发问:"一般的人如何在审美过程中形成关于对象的意义呢?这个问题迄今缺少深入探讨,人们只对艺术家的审美行为及意义建构感兴趣。然而我要特别指出,孕育于意识层面的审美意义,在常人主要涉及其所热爱的事物、他对世界的情感态度、他的最高理想、他把握主客观的思维方式、他的情感命运。总之,常人所建构的审美意义主要与他认知自我、体验自我、完善自我和实现自我的未来活动密切相关。"①

人的本体审美与自我情感认知活动需要依托元认知坐标,参照自己的"目标工作记忆"内容,借助主体的"自传体记忆",动用"具身—抽象预演"模式和"离身内外映射"机制。

第一,人的自我认知与本体审美活动存在着"中介间体",它与主客体处于共时空境遇,生成于主体的想象性体验与虚拟创构过程中,它是审美主体与客体相互融通、互补增益和协同孕生的第三时空——一个更为完美、全息、涵纳了主客体价值特征与本质属性的审美象征统一体。可见,唯有主体在内心形成或创造了这种不同于主体及客体时空的"间体世界",他方能借此观照自我,并与客体展开互动投射。

第二,主体的自我审美体验与本体认知境遇,可用"镜像时空场"模型及其价值映射原理来表征之。其中的"间体"是表征审美主客体之共时空全息关系的异质同构物态象,能够同时吸收与折射对象化的主体特征与客体属性,且能与主体自身及镜内外的客体发生互动映射而妙不可言。

第三,主体自我审美与本体认知的心理表征体乃是内在时空虚拟呈现的镜像自我;后者是一个多元内容的集合体内心的感性表象,其中包括本

---

① M. Parsons. Aesthetic experience and the construction of meaning. *The J. of Aesthetic Education*, Vol 36, 2: 37 - 38, 2002.

我、自我与超我，感性自我、知性自我与理性自我，道德自我、审美自我、科学自我、技术自我、爱情自我，等等。

第四，主体自我审美与本体认知所经历的移情体验—想象判断—理解共鸣等过程，均需借助系列心理表征体来实现之，即历时空和形而下的表象重构—共时空和形而中的概象耦合—超时空和形而上的意象契通。上述的三级时空跃迁、三重形态嬗变和三种表征体的互动—叠加—变换—协同过程，不但蕴涵了主体自身感性力量的美的动态特征及美妙价值，也间接体现了主体的理性意识与人格智慧的深幽之美与自由之妙。

总之，前额叶主要加工主客观世界的意象内容（以哲理性、诗意化、圣洁性的文化境界与生命悟识为精华），枕顶颞叶主要加工主客观世界的表象内容（以情感化、经验性和形象化的客观事物与主观知觉内容为精华），联合皮层主要加工主客观世界的概象内容（以逻辑与直觉、经验与知识、情感体验与认知想象和概念与表象的复合性互动互补性活动为主）。

但是，国内的艺术教育忽略了对青少年的感性具身塑造与自我表象建构等本体发展的根本基础，以超越感性和表象的知性内容与逻辑加工内容排挤了人的体验与直觉过程，注重传导标准化的客观知识和刻板的技能训练，从而导致青少年的情知意活动失去了自己内在的元认知坐标（其中包括元记忆的自传体内容、元体验的自我情感内容、元调节的自我意识内容），进而严重抑制了他们的内在创造能力的形成、发展、完善与行为表达活动。

4. 自我意识活动的"间体预演"及"镜像映射"模型

人的审美情感发展需要借助创造性的对象化与本体性体验，以便借此建构直接—间接经验、表征本体—对象意义、实现主体—客体的情感价值。其中，情感的认知的顶级形态乃是意象重构——即想象性推理所孕生的直觉灵感式统觉悟识之"新天地"，其心理特征则呈现为高级感性（美感、灵感、道德感和理智感）、高级知性（主体知性、客体知性、宇宙知性、文化知性）和高级理性（哲学理性、科学理性、生命理性、艺术理性）的三位一体交融与耦合过程。

同时，主体对自我情感的"审美创造"过程需要借助艺术美、自然美、生命美等外在对象，以此作为营造自我经验、情感表象和虚拟经验的感性材料，进而将其加工成用以观照自我情感意向的客观镜像。可以说，人对自我情感的"审美创造"过程最先展开，并自始至终地伴随着他的所有的对象化创造活动。它基于意识活动的"间体预演"及"镜像映射"模型而次第展开、循序渐进、拾级而上、日臻完善。

那么，意识活动的"间体预演"及"镜像映射"模型又具有哪些特点呢？

第一，"间体世界"涵纳了主客观世界的真理要素，从而有助于主体借此表征与探索万物奥妙，揭示天地人生规律，确立完善的发展模式。

第二，"间体世界"昭示了主客体的深层价值、存在意义和最高理想，从而有助于主体借此不断超越感性和知性阈限，逼近合情合理的完美境界。

第三，"镜像时空"有助于主体、客体和间体等多元世界彼此展开信息吸收、价值摄取、特征映现、力量投射，有助于主体从历时空走向共时空和超时空的价值王国，从形而下天地走向形而中和形而上的宏阔境界，从感性表象和知性概念走向理性化的意象新大陆。

第四，"间体世界"是孕育自我的母体，催化主体之全息意识的"奇异吸引子"，建构人格的蓝图和内外行为发展的向导；我们的美感爱心、道德感良心、理智感慧心皆源于斯、归于斯，我们的人格信念、情感理想、思想智慧和文明行为皆由此造化而成、内熟而外现。

总之，人的自我意识与世界意识的生成、发展、深化、升进与完善的历程，包括感性化的自我与对象形成、知性化的自我与对象建构、理性化的自我与对象廓出等三大阶段。它们其实是我们借助外在之镜和内在之像不断对主客观世界做出发现、创构、体验、完善和内在实现的永恒之旅；其中，"间体世界"乃是个性意识的"灵魂"，"镜像时空"则是个性心灵自由弛豫的内在王国。

顺便补充一点，"植物人"失去的身体意识、感性意识、本能意识等还有可能复还，但其所失去的审美意识、道德意识、科学意识、创新意识等高阶精神功能，恐难复原如初（假定他原先是艺术家、科学家、思想家、工程师）；可见，人的自我意识具有多层级结构，且成为其形成对象意识的镜像坐标。

5. 元认知——自我意识的价值功能

人的认知包括对象化认知和元认知（即对自我思维心理的认识与调节）这两大内容。其中，元认知通常被广泛地定义为任何以认知过程和结果为对象的知识或是任何调节认知过程的认知活动。它的核心意义是对认知的认知。[①] 元认知的结构包括三个方面：一是元认知知识（或元知识），即个体关于自己或他人的认识活动、过程、结果以及与之有关的知识;[②] 二是元认知体验，即伴随着认知活动而产生的认知体验或情感体验；三是元认知监控，即个体在认知活动过程中对自己的认知进行积极监控和灵活调节，以达到预定的目标。元认知知识、元认知体验和元认知监控三者是相互联系、相互影响和相互制约的。元认知的体验模板即是自我表象（包括自我的情感表象和经验表象）。元认知知识则基于自我概象所形成的关于自我的时空结构和思维功能等特性认知。元认知监控或调节乃是以自我意象为坐标和未来时空为参照系的内在优化与外在活动重整过程。

可见，元认知中的自我意识和自我调节在优化人们的学习、心理、动机和行为等方面具有十分重要的意义。特别是借助对象化发现来塑造自我的情感表象，通过对象化认知来建构自我的概念时空，基于对象化规律来提升自我意象的理性品格，尤为重要。而主体的对象化认知乃是基于元认知框架而展开的对具体的主客观事物的合理想象、定向判断与推理过程。

所谓人的自我意识，是指人能意识到自己的存在及活动（诸如感知、思考和体验），自己的动机、意向和目的，自己的优长、缺点和劣势，自己的发展目标、计划和行为策略，以及自我检点、自我批评、权衡利弊、预演行动、比较后果、优化决策，等等。自我意识的结构包括情、知、意三方面，即自我的情感意识、认知意识和行为意识；其功能包括自我体验、自我认识和自我调节。每个人的自我意识不是先天就有的，而是在其发展过程中逐步形成和发展成熟的。人首先获得关于外部世界和他人的认

① Zimmerman，A. 2008. Self-Knowledge：Rationalism vs. Empiricism ［J］，*Philosophy Compass*，3（2）：325 – 352.

② Zahavi，D. 2005. Subjectivity and selfhood ［M］，Massachusetts：The MIT press.

识，然后将这些客观体验、客观认知和客观意识逐步转化为自己的主观体验、主观认知和主观意识。①

自我意识本质上是人对自己身心状态及自己同客观世界的关系的理念，具体包括三个层次：对自己及其状态的认识；对自己肢体活动状态的认识；对自己思维、情感、意志等心理活动的认识。自我意识是人的意识的核心内容和最高形式之一，自我意识的成熟是人具备理性意识的本质特征。人可以通过自我意识有效地调节自己的情感、思维和行为。

总之，元认知系统主要负责提供人的观念运动的具身化和符号化路径。因为观念是抽象的、难以直接付诸行动的，因而需要具身转化，其可能的路径是从前额叶腹内侧正中区（情感评价）、背外侧正中区（认知决策）、眶额皮层（目标工作记忆）、前运动区和辅助运动区（执行虚拟运动）；由于具身化的观念属于人的本体性、身体性表达内容，它还需要符号性表达方式，以便于受众接收其中的抽象内容，所以前运动区和辅助运动区需要将具身化的观念运动模式传递给布洛卡区（右利手者以左半球的布洛卡区为主），后者将该运动模式转换为相应的特殊符号系统（言语系列、中文系列、英文系列、音乐乐谱、美术视觉造型、数理系列，等等）。因此，可将"元认知"的教育内容称作"认知管理"和"情感管理"，这样便于教师进行教学操作，也有利于学生的切身体用。

自我意识的发生、发展和成熟，大体经历以下三个阶段：第一，生理性自我意识（即个体对自己躯体的认识）；第二，社会性自我意识（即个体通过学校教育接受社会文化的塑造，初步形成有关情感、思维、意向和行为方面的社会意识，使自己的内外活动符合社会规范）；第三，心理性自我意识（即从 16 岁到 30 岁左右，人的前额叶新皮层完成了神经髓鞘化过程，其大脑的顶级结构实现了生物学成熟、大脑的顶级功能进入理性思维发展阶段，开始形成心理自我，建构自我意象、自我意识、人格结构）。②

---

① Maslow. A. H. Motivation and personality. （12th Ed.）New York：Harper & Row, 2004，p. 185.

② Gennaro, R. 2004. Consciousness and Self-consciousness：A Defense of the Higher-Order Tnought Theory of Consciousness. Amsterdam and Philadelphia：John Benjamins.

　　在自我意识发展的第三个阶段，个体逐渐脱离了对成人的社会依赖、对现成知识的思维依赖，逐步体现出鲜明的自我意识：具有主动性与独立性，强调自我价值与情感理想。

　　具体来说，人对自我情感的意识认知包括其对自我情感的三级体验（意识体验、符号体验和形象体验）、特性分析、功能评价、理念定位和行为调节等系列内容，并需要对相关的心理表征形式进行认知转换：

　　第一，对感性层面的本体情感表象进行形态观照和对象化认知，借此发见自我情感经验的优势与不足。譬如，自爱、自我赏识、自怜、自我形象等本体情感表现，不但是主体认知感性自我的重要内容，而且成为主体培植自知品格、自信意识和自强精神的内在基础。这个过程具有历时空、形而下、感性化和具身象征性等认知特点。

　　第二，对知性层面的本体情感概象进行符号观照和对象化的属性与关系认知，借此判断自我情感的知识结构、语义内容、社会意义和本体价值；其中包括自我的移情能力、自我情感的审美品质和道德水平、情感想象能力、自我情感的社会化程度和自我情感的直觉推理效能等丰富内容等。这个过程具有共时空、形而中、知性化和符号象征性等认知特点。

　　第三，对理性层面的本体情感意象进行理念观照和对象化的运动规律与价值效能等理性内容的全息认知，其中包括主体情感世界的个性特征、形式范型、结构规则、运动模式、价值内容、表达规范、发展规律等陈述性内容，还包括主体的情感坐标、情感意识体验水平、情感理想、情感期待、情感调控策略等程序性内容。该过程具有超时空、形而上、理性化和规律象征性等认知特点。

　　人的自我意识的价值功能大体包括双元效应和三级效应：其双元效应包括具身预演和对象化映射；其三级效应则包括：理性自我的意象建构及本体理念体验（借助图式迁移）；理性自我的知性转换和本体符号表征（借助规则迁移）；知性自我的感性还原和本体具身体验（借助范式迁移）；感性自我的特征投射和情感映射（借助情态迁移）。

　　进而言之，主体在形成完美的自我情感意象、完满的自我认知意象和统一的自我人格意象之后，还要将其逐级转化为符号层面的自我概象及感觉层面的自我表象，以便借此消除不完美的本体经验内容、自我情感特征、自我认知方式和自我意识形态，由此形成更为合情合理的自我人格意象，进入对自我人格的情知意高峰体验状态和理性认知阶段，不断更新关涉自我的美感、道德感、理智感、自我悦纳感（自爱）、自尊感和自信心，持续提升主体对自我意识的审美建构、道德重塑、理性认知、科学调控和行为表达水平。

同时，主体对自我情感的体验、认知和评价过程又与其对外部世界的情感体验、认知理解和价值判断密不可分；它们动用了主体大脑与心理世界的同样的感知系统、认知系统和意识系统，使得主体能够同时借助客观信息来建构主观经验，借助客观知识建构主观知识，借助对象性情感形成自我情感，借助对客观规律的创造性体验和思维来返身感受自己的美妙情思和建构理性意识（主观真理）。

（1）扩展本体知识，提升自我想象能力

新颖的情感有助于激发主体更深刻美妙的想象活动：形成新的自我概念，开拓自我认知的新视域，提升本体想象和元体验能力，继而经由自我概象的投射和理性整合，形成自我的情感意象、人格意象和自我意识。

自我认知是自我意识的首要成分，也是自我调节、控制情感的心理基础。单凭人对自我的表象体验和感性认识，尚不足以完成对自我的客观认知、内在完善，更难以实现主体的本质力量与价值理想。因此，主体需要对处于历时空经验、形而下境遇和感性层面的自我表象进行认知加工：共时空体验、形而中抽象、符号性推理，由此生成全新的自我概象。换言之，主体对自我情感的认知是其认知自我本质力量的核心内容之一。

（2）重构本体经验，引发自我情感的审美嬗变

主体对情感的自我体验包括三级内容：情景体验—符号体验—意识体验。自我体验是自我意识在情感方面的表现。自我欣赏、自我悦纳、自爱自尊、自信自强等心理状态，都是自我体验的具体内容。自爱自尊是指个体在社会比较过程中所获得的有关自我价值的积极的评价与体验；自信心是对自己是否有能力实现自我价值而产生的自我判断。自信心与自尊心都是和自我评价紧密联系在一起的。

因而，主体所创造的虚拟的想象性表象能够引起主体的经验重构：添加新的经验，形成新表象，进而借助感受新经验来引发新颖的情感反应、审美的情态嬗变，进而通过自我情感的符号投射与理念投射而充实自我意识、虚拟实现自我理想。

（3）锐化感受能力，发现内外世界的新象妙机

主体借助本体性意识体验，对诸种有关自我的经验表象和符号表象进行择优汰劣、全息重组，由此可以增强自己对内外时空之感性对象的特征发现能力。

这是因为，意识是人脑对客观现实的反映。它可以分为自我意识和对外部世界的多种意识。马克思曾经指出："意识在任何时候都只能是被意识到了的存在。"① 因此，人的意识内容包括自身的存在、客观世界的存在、自身同客观世界的复杂关系，还可包括虚拟的自我情景、假定的自我与外部世界的关系、预期出现的客观事物等特殊内容。一个人的意识系统之中的自我意识与主体的元认知能力、自我参照系及本体知识等重要模块密切相关。

元认知的结构包括三个方面：一是元认知知识；二是元认知体验；三是元认知调节。这三者是相互联系、相互影响和相互制约的。元认知的体验模板包括自我表象、自我概象和自我意象等三级构件。元认知知识则基于自我表征体展开对自我的时空结构和思维功能等特性认知。元认知监控或调节乃是以自我意象为坐标和未来时空为参照系的内在优化与外在活动重整过程。

人对自我的情感认知需要借助自我意识这个最高中枢。其中，主体的元认知系统在引领与调节自我意识的发展，优化自己的学习、思维、动机和行为等方面具有十分重要的意义。特别是借助对象化发现来塑造自我的情感表象，通过对象化认知来建构自我的概念时空，基于对象化规律来提升自我意象的理性品格，尤为重要。

（4）提高表达能力，实现自我价值

兹以艺术及审美活动为例。笔者认为，表现情感并不是人们从事艺术与审美活动的首要目的；其首要目的是主体能够借助呈现的对象化情感状态来发现自我的本质力量，体验自我的创造性价值，完善自我和实现自我理想。对于这一点，我们应当给予特别的重视，因为它以"镜观自我"的全新价值功能超越了以往所说的"表现情感"这类笼统含糊的审美

---

① 《马克思恩格斯全集》第三卷，中共中央编译局译，人民出版社 1960 年版，第 36 页。

意义。

其中，一是主体所欲表达的情感意向同时受到对象的刺激形式和自身的情感目标之双重制约；二是主体实际上是将自己产生的新颖情感投射到对象形式及"间体世界"之中，并借助"间体世界"所衍生的"镜像时空"来直观自己的颖妙情感；三是由此引发主体的激情想象，并将此种虚拟情景投射到对象的主观形式及"间体世界"之中，进而借助"间体世界"所衍生的"镜像时空"来反观自己的创造性思维特征，由此产生主体的理想化观念、审美意象等最终产物；四是再次将理念投射到主观形式与二级"间体世界"，由此形成高阶的三级"间体世界"及其衍生的"镜像时空"，主体进而从中发现、体验和完善自己的本质力量，内在实现自己的价值理想与生命意义。

由此可见，审美主体、创作主体和表演主体实际上旨在借助自然形式、生命形式和艺术形式来投射和体验自己的情感，或者说呈现并观照自己的情感及其所引发的创造性想象与超前性预见等个性本质力量的系列特征。

特别重要的是，人的想象活动既能够激发主体对自身创造的虚拟经验及其引发的神妙情感的双重体验，还有助于主体对审美形式进行完美的创造性构思、运动性直观和符号性体验，从而同时实现对审美世界的内容创新和形式创新，以"间体世界"和"镜像时空"作为最高的体现方式。其中，主体最初产生的有关审美的客观形式之印象经验成为第一驱动力，激发主体的感官经验或联想性的历时空经验；后者作为第二驱动力，进而引发主体的情感重构和虚拟的想象性经验。

从细致的层面上看，主体对经验的重构、对情感的嬗变、对思维理念的创新等复杂过程，实际上分别经历了以下的范畴演变和模式进化阶段：一是借助对历时空的感性经验的重构组合而形成共时空的符号性经验和超时空的理想化经验；二是借助对形而下的情感变造与提升，而形成形而中的知性情感和形而上的理性情感（包括美感、道德感、理智感等）；三是借助对表象化的主客观事物的特征（即主客观形式）的全息重组与提炼升华，形成概象化的主客观世界之结构图式与运动规则，继而再形成意象化的主客观世界之完满本质与发展规律。

正是由于主体发现了自身和对象世界的完满本质与发展规律，他才能够于内心呈现出相应的情感理想，获得真善美兼备和主客观世界相统一的价值理念，进而将这些内在价值逐步转化为相应的独特新颖的知性形式与感性形式，最后将这种感性形式加以对象化的符号呈现和对象化的实体传载。因而可以认为，正是主客观世界的合而为一，才使得人的精神时空获得了内蕴的充实增益，使得人的本质力量实现了完美呈现，使得主体能够镜观自我和享受创造的神奇花果。

在这方面，神经教育学家格里高利（Georgia G. Gregoriou）等提供了脑电图和神经成像方面的实验证据：当中学生对其所感兴趣的问题情景进行体验、猜想和推理时，其前额叶的腹内侧正中区和背外侧正中区表现出同步化的中高电位的兴奋性，同时其前脑、中脑（包括联合皮层）、后脑（包括三大感觉皮层）和相关的皮层下结构（如海马、杏仁核等）都出现了泛脑化的高频低幅同步振荡波（即频率为50—80赫兹的 β_2 或 γ 波）。而泛脑化的高频低幅同步振荡波则是大脑进行高水平的认知活动的功能性标志。[①]

由此可见，前额叶新皮层正中区的外侧部分主导发现问题、设计求解策略、提出假设、指导检验猜想并编制正式的行为（反应）模式和动作程序；其正中区内侧部分主要负责整合人的情感表象、情感体验、情感想象、情感评价，进而据此形成主体当下的情感态度和情感反应的具体方式。左侧前额叶上部主事抽象性的客观内容创造（诸如数学和物理学等）；左侧前额叶下部负责抽象性的自我创造（诸如自我对话、自我反思、自我设计等）；右侧前额叶上部主事形象性的客观内容创作（诸如音乐、文学、舞蹈、绘画等）；右侧前额叶下部负责具象性的自我创造，诸如自我体验、身体运动调控、自我形象认知、自我语音认知、自我表情认知、自我技术动作预演、自我情景想象、自我情感调节，等等。[②] 由此可见，前额叶新皮层是人类学习活动的"首席规划师"与"最高执行官"之神经结构所在。

---

① Georgia G. Gregoriou, Stephen J. Gotts, Huihui Zhou, Robert Desimone. High-Frequency, Long-Range Coupling Between Prefrontal and Visual Cortex During Attention. Science, 2009, 324（5931）: 1207 - 1210.

② 丁峻：《艺术教育的认知原理》，科学出版社 2012 年版。

（5）提升人格品质、完善自我意识

自我意识是创新意识的核心基础，自我意象是创造性思维的镜像模板；同时，自我意识也是人的情感理想和人格框架得以成熟的高阶动力。

人格系统具有极为丰富的多层级结构、多元时空坐标、综合的发生学因素和动态变构的深广容量。个体的人格特征具体体现为他的自我意识、自我认知和自我体验等心理活动，由此形成了相应的自我表象、自我概象和自我意象。从本质上说，元认知策略即是符合自我与对象世界运动规律的心理表征法则与操作模式，元认知理念是调节元认知活动的核心因素。

同时需要说明，所有的人都具备人格的全息结构与多种发展潜能。随着个体的心理发展与扩展升级，以及个体不断面临的环境挑战和家庭—社会—文化系统的新型角色期待，一个人的人格会发生某种渐变、局部突变甚至整体嬗变。其中，人对自我的体验、认知、预期和能动调节在人格重组与更新建构等方面发挥着决定性的作用。人格的重组基于个体对自我的符号认知与时空整合，由此抵达意象层面的理想化人格建构之境界。

从自我的"情感表象"、"认知概象"到"人格意象"，它们都是主体经过重组经验和知识、经过想象而产生全新的虚拟经验与新颖深刻的情感妙趣、经过审美判断而形成用以表征主体价值理想及本质力量的自我表征体。它们既融合了主体的情感力量，又体现了对象的感性特征、知性规范和理性价值，因而能够使主客观世界的情感价值获得内在统一，并有助于主体不断提升人格坐标，深刻把握情感规律，持续完善情感理想和高阶优化情感行为。同时，主体所创造的自我情感意象也成为其不断更新自己的理念意识与元认知系统的核心内容及主导方式。

概要而论，主体对人格的意象建构具有如下特性：一是全息价值象征性。二是时空聚合重构性。三是本质力量贯通性。四是嬗变跃迁超越性。五是聚焦映射的特异性。六是主客体的双向互动性："只有通过反思中介的变化，对象的真实本质才可能呈现于意识面前。"① 可见，"人格意象"作为一个"双面折射镜"，既能呈现情感对象的本质特征，也能反射主体自身的本质力量。七是价值信息的创造性。八是多级生成与突现性。主体对自我情感的审美观照和认知评价需要经历一系列环环相扣和次第展开的

① ［德］黑格尔：《小逻辑》，贺麟译，商务印书馆1980年版，第76页。

精神变构活动。

可见，大脑自上而下的映射模式成为主体塑造自我表象、生成自我概象和突现人格意象的核心机制。其中，"人格意象"的感性基础乃是个体的情感投射与共鸣，后者的大脑结构与功能特征则在于"人类大脑中的镜像神经元。当人们不论是自己做出动作、还是看到别人做出同样的动作时，镜像神经元都会被激活。也许这就是我们理解他人行为的神经基础。另外当我们看到别人的表情或所经历的情感状态时，我们大脑中的镜像神经元也会被激活，从而使我们得以体验到他人的感受、走进他人的情感世界。"①

在"美国科学促进会"2002年的年会上，认知科学家詹森（Johnson）领导的小组报道了他们的PET实验研究。他们指出，人类大脑的镜像神经元主要分布于跟情感体验、情感认知、行为意识和动作编程等密切相关的感觉皮层、边缘系统、联合皮层、前额叶新皮层和中央运动前区；尤其是在联合皮层，这类细胞改变了感觉皮层的柱条状构筑方式，而代之以体积更大、双向连接更致密、辐射更远的圆球状新式构筑体。② 可以认为，镜像神经元乃是链接体象—概象—意象（表征体）的重要神经元件。同时，上述的"情感镜像系统"又受到大脑的高频同步振荡波之强力统摄。

"人格意象"这个内在之镜和自我意识的具身代表，在主体重组经验、激发情感体验、实现自我认知、完善人格行为等方面具有奠定性和决定性作用。特别是在人的自我调节与自我实现过程中，人格意象扮演了首席指挥官的头等重要的角色：第一，"人格意象"是主体实现自我的内在模板。第二，"人格意象"和自我意识决定了现实在个人心目中的存在方式。罗杰斯指出，人不是单纯地、直接地、照像式地反映外部现实环境，而是以一种复杂的主观机制形成不同于客观现实的一种"主观现实"。③

---

① 贾科莫·里佐亚蒂等著：《镜像神经元：大脑中的魔镜》，《环球科学》2007年第7期，第63—64页。

② Johnson SC, Baxter LC, Wilder LS, Pipe JG, Heiserman JE, Prigatano GP (2002): Neural correlates of self-reflection. *Brain* 125: 1808 - 1814.

③ 转引自［美］M. 李普曼《当代美学》，邓鹏译，光明日报出版社1986年版，第302—303页。

换句话说，不同的人拥有不同的"主观现实"感。因此，要理解人的行为及人格，关键在于理解人的自我意识中的主观现实图景。第三，人的经验能否进入意识，根本上取决于它们能否被自我的人格意象符号化。第四，"人格意象"是实现自我评价、自我调节和自我完善的理性坐标。

人生的烦恼、痛苦和矛盾，多半源于主体对自己、对他人和现实的不满意、不认可、不欣赏、不珍惜。可见，自我体验、自我认知和自我评价实际上成为体验世界与他人、认知世界与他人、评价世界与他人的内在模板；它们对人的情感发展具有根本性的影响。现代工业文明和现代教育的最大问题，即在于人的自主性和自足感普遍丧失，人格的发展存在缺陷。笔者认为，今天高度关注并认真探究人的情感发展规律和人格建构原理，将会对改善人类群体的情感状况、人格行为和幸福品质起到独特、积极和有效的建设性作用。

（6）优化行为意识，提高实践能力

"认知管理"主要涉及人对自我经验、本体知识（包括科学、艺术、伦理、社会、自然、生命等多元内容）和身体行为进行资源分配、思维加工及图式设计的思想路径、操作策略和调节方式等系列内容。学生只有通过深入学习"认知管理"和"情感管理"的科学方法，方能提升对自我（包括情感特征和思维方式等）的认知水平。

进而言之，认知自我不但是人们认知对象世界的内在参照系，更是主体实现自我能力与价值的思想基础；认知自我又需要主体基于其对自己的具身体验、具身想象、具身判断、具身预演、具身映射等一系列的认知操作过程。

主体所创造的多元化的自我理念系统既接受主体的情知意投射，又可向主体的客观感觉、客体知觉和客观意识系统等进行逆向投射，从而显著改善主体认识客观世界的能力与水平，推动主体逐步从内在实现走向外在实现的完满境界。同时，指向未来的自我意象又能够深化主体对客观世界的体验水平、认知水平和实践水平，进而从中汲取并转化对象的感性特征、知性规则和理性规律，借此充实和完善主体指向未来的自我意象、人格意识、情感理想、元认知能力。总之，人的本体理念能够引发主体对自己本质力量的持续性观照、纵深性体验、全息认知和高效的对象化实现境况，体现了内源驱动、本体调节和自我完善等根本价值，推动人们逐步从内在实现走向外在实现的自由天地,借此达致完满的价值理想境界。

具体来说,我们应当在以下几个方面切实推进本体理念的建构水平和操用能力:

第一,建构自我认知的思想范式。一是建构自我意识的逻辑起点乃是自我表象,从自我表象着手建构情感表征体;二是自我表象的形成遵循主体对象化的原理,即借助审美与认知的移情体验,达到从对象时空发现自我的目的;三是对象的感性特征和运动方式被内化、转化为主体自身的感性素质,因而需要我们强化对观察力、记忆力、联想力和透视力的培养;四是在对象化体验过程中诉诸自己的理解与价值评价,即认知坐标移位到对象方面,同时折射自己的概念时空、想象经验和推理规则,从而以对象为焦点形成自己的情感概象特征;五是善于根据对特定认知对象的感性—知性—理性之综合认识与记忆来复现(演奏、复述、书面呈现、动作再现等)对象的内容,同时借此充实与完善对自我表象—概象—意象系统的内容建构,以此作为实施个性化创造活动的情知意坐标和练达能力的心理平台。

人对自我情感体验进行对象化映射的过程需要经历两个环节:一是由前额叶的腹内侧正中区分别向联合皮层、杏仁核及感觉皮层(颞叶前下部)进行主体自我情感的对象化意图—动机—人格投射,借此实现自我情感的客观价值;二是由前运动区向布罗卡区进行主体自我情感的对象化—符号性映射,以便主体的本体情感世界得以链接多元化的文化象征体、进而衍生规范的符号表达体;三是分别由左右侧前额叶新皮层的下部向上部区域进行主体自我情感的对象化—具象性投射及对象化—理念性投射,以便主体的本体情感分别获得可观察、可品味、可调控的感性镜像及理性镜像。

其中,来自前额叶前部的"目标性工作记忆"主要对主体所学习的事件情景信息或所要想象的特定问题进行目标扫描和特征提取,以便形成"操作性工作记忆"的靶目标,进而由"操作性工作记忆"来检索其脑中的所有相关资源,为主体建构当前的记忆或形成想象性情景而激活相关脑区先前的特定记忆网络;来自杏仁核的情感记忆(信息流)则要对事件情景信息或所要想象的问题进行条件化匹配加工,从而使其带着情感色彩和意念动机烙印进入短时记忆,形成初级感觉表象,并以亚成分分别进入二级感觉皮层，形成经验表象；进入杏仁——苍白球——丘脑，形成初级情感表象；进入联合皮层，形成认知概象，进入前额叶新皮层，形成语义意象。

可以说，自我理念得以发生的神经基础乃是镜像神经元。镜像神经元系统主要存在于人脑前额叶多个亚区及顶叶等处，它不但构成我们理解他人的动作、情感和意图的大脑基础，而且成为人类提升学习能力和创造能力的重要方式：人类仅凭观看对象的动作行为及或感知对方的言语文字音乐美术信号，就能体验对方的情绪、猜测对方的意图；人类还能借此对自我行为进行内在预演（比如对自我理念进行具身体验），从而掌握复杂的自我认知能力、社会认知能力、科学认知能力、艺术认知能力，等等。

进而言之，自我理念发生的心理机制乃是具身模拟—镜像映射。具体而言，其发生机制包括感性化、知性化和理性化的自我意象廓出及具身价值体验；其运作方式在于主体实施以本体工作记忆为核心内容的具身映射—镜像投射活动。可以说，前述三种行为（即社会认知、符号认知与自我认知活动）都属于具身认知的范畴：前两者可称之为"对象化的具身认知"，后者可称之为"本体性的具身认知"行为。总之，人脑的镜像神经元系统不但成为个体理解他人和体验他人情感的大脑物质基础，而且也成为个体理解审美对象、体验艺术美和自然美与生命美的神经机制。

第二，建构自我认知的本体经验与本体知识系统。杜威指出："主体只有从过去的经验里抽析出某种意义，并将之渗入当下的经验之中，才能使之成为有意识的经验和真正的感性对象。例如，音乐即能唤起人的以往经验，并使之与当下的经验发生结构重组，从而催生出新的经验和新的情感意味。"[①] 譬如，人对艺术对象的情感想象发挥着还原对象意义、充实自我经验、完善对象品格、实现自我价值的重要作用。

美是人之智慧意象的对象化符号显现，美感是人之智慧意象的本体性符号体验。可以说，人的情感活动本质上是一种镜像体验，它成为主体折射自己的本质特征与个性理想、虚拟实现自我价值的本体方式。镜像体验或镜像认知，实际上是一种虚拟体验。它是指主体通过创造虚拟的客观情

---

① 　［美］约翰·杜威：《艺术的经验观》高建平译，商务印书馆2005年版，第34页。

景来形成新的感觉经验，进而借此激发指向自我的新颖情感体验，并将之进行虚拟的对象化投射和本体性复观，由此实现自我情感的更新价值。人的每一次新鲜体验都会导致大脑建立新的突触，催生新的细胞及形成新的回路，进而有助于主体扩展一种新的认知模式，增加一种新的幸福价值，体现一个新的自我时空。

进而言之，单有认知客观规律的理性智慧远远不够，我们还需要发展用于认知自我的情感意识（或者说情感智慧），以便借此来转化理性智慧、修炼具身品质、实现自我价值。换言之，人类需要不断提升以美感为标志、以爱心为依归、为诗意为灿花、以情愫为妙果、以体验为平台、以想象为经纬、以激情为动力、以道德感为境界的本体情感品质。

对此，杜威指出："只有借助想象这个门径，我们从以往的经验里所获得的意义才能同当前的经验发生耦合，进而映射出新的意蕴。以往的美学往往从人的精神因素之某一个环节出发，企图用单一的因素来解释审美经验，譬如感觉、情感、理智、判断等等。研究者没有把想象作为融合一切心理因素的聚焦性过程，仅仅把它视为一种特殊的心理能力。"① 可以说，人对自我情感的审美想象乃是主体用以进行自我认知、自我完善和实现自我价值的核心环节。

可见，正是在想象的世界中，主体才能与内心的虚拟对象进行深广自由的交互式价值投射和无限颖妙的意义映射；其间，主体的移情达到高峰状态，主体的直觉判断导致对自我世界、间体世界、艺术世界和自然现象界的全新的诗意理解与全息完形的价值认同，由此引发了主体的彻然快乐和满足感。这是主体生成美感的价值源泉和内在实现自我的心理机关。

卢梭认为："问题不在于教给人各种知识，而在于培养人爱好学问的兴趣。"② 心理学历来注重对客观知识和经验性知识之记忆机制和思维加工过程的研究与应用，然而疏漏对主观知识、想象性知识之形成方式、记忆机制和思维加工过程的探索性与实践性研究。所谓的客观知识，可包括青少年在大中学校所学的数理化公理定律和公式变换法则，中外语文的语

---

① ［美］约翰·杜威：《艺术的经验观》，高建平译，商务印书馆 2005 年版，第 34 页。

② 卢梭：《爱弥儿论教育》（上），李平沤译，人民出版社 2005 年版，第 86 页。

法句法修辞体例，视觉艺术的"空间透视"原则和色彩混成经验，哲学中的形式逻辑、符号逻辑和辩证逻辑，数学中的模态逻辑、数理逻辑与统计分析原理，信息技术中的"与非门"逻辑，音乐中的音素组合与和声对位原则，等等；广义观之，还有社会生活中的各种外在呈现的思想行为规范，诸如法律规则、道德准则、情感规范、行为方式、情态思维逻辑，等等，皆可视为客观化的主体性知识，它们都需要主体将之转化为自己的个性化的本体性经验、本体性知识、本体性意识、本体性行为。

笔者认为，人的本体知识作为主体之内在活动与外在活动的情感基础与思想参照系，通过人的元认知系统而发挥强大、深刻、持续的高阶调控作用。遗憾的是，当今的青少年能够应对书面上的客观知识，并被这些缺少情感体验的异在力量和教条桎梏束缚了自己的直觉灵感与激情想象，却无力摄取那些客观化的主体性知识，更未能形成自己的个性化的本体经验、本体知识和本体意识，进而无法借此调节与优化自己的本体行为。长此以往，这种客观化而非"人本位"的知识习得活动便会造成人格异化、心智僵化和情感硬化。

具体而言，这种反客为主、喧宾夺主的教育导致了人的身心行为的深重隔膜，个性主体缺乏认识自我的具身经验、本体知识和理念框架，其情感活动、行为方式、伦理操守、审美认知、人际交往与爱情婚姻、对职业活动的价值认知与精神创造等系列活动便失去了自我坐标、调节标准、本体价值和内在动力，逐渐导致人的内在发展受阻（心胸郁滞、眼界狭浅、动机浅近、行为浮躁，受不了痛苦、寂寞、失败、困境、误解、阻力，耐不得冷板凳、精品、诚信、清苦和纯学术研究），缺乏诗意美感爱心与创意灵感慧心。

第三，提高自我管理的意识能力。自我管理包括自我评价、自我肯定、自我纠错、自我调节等诸多内容。其中，自我评价是主体进行自我认知的高阶过程，其目的在于使主体形成对自己的本体经验、本体知识、自我情感、返身思维、自我意识、自我理想、人格特点、认知调节能力及行为表达能力、发展目标和预期结果等系列内容的合乎情理的判断，以便资作今后发展自我的内在依据。

可见，自我评价包含了诸多内容，而主体的意识观念在其中发挥着"纲举目张"的元调控作用。此处侧重讨论的是人的自我情感评价问题，因而主体的情感意识就成为决定这种评价的核心因素了。进而言之，作为自我调节的内在依据，人的自我评价行为基于本体性坐标、指向可能性维度。

进而言之，人的自我管理需要借助主体的元认知系统。杜威在《艺术感受》中写道："理智标志着本性与即时的处境相互作用的方式，意识是自我与世界在经验中的不断再调整。"① 可以认为，既然人的意识的主要作用是对自我与世界的关系进行持续性的调整与完善，那么自我评价就理所当然地成为意识活动的出发点和参照系了。

那么，人的自我评价之操作机制又是什么呢？笔者认为，它主要涉及人的元认知系统，与大脑前额叶多个重要区域的功能活动具有密切关系。其中，元记忆涉及自我表象（本体经验特征图），元体验涉及自我概象（本体思维规则图），元调节涉及自我意象（本体策略程序图）；同时，它们均需要相应的加工策略和多级程序，这由工作记忆链接上下层表征文本而有序发布、动态监控和整体调节之。从本质上说，元认知策略即是符合对象世界运动规律的心理表征法则与操作模式，元认知理念是调节其他元认知活动的核心因素。② 因此，笔者将"元认知"的教育内容称作"认知管理"和"情感管理"，以便教师具体把握元认知类型、有效实施教学操作，也有利于学生的切身体用。因而，学生只有通过深入学习"认知管理"和"情感管理"的科学方法，方能提升对自我（包括情感特征和思维方式等）的认知水平。

人的自我管理包括情绪管理、认知管理、信息管理、身体管理等多重内容。其中，处于源头始基地位，具有原动力效应的内容则是情绪管理。具体而言，人的"情感管理"主要涉及对自我情感知识（包括科学、艺术、伦理、社会、自然、生命等多元内容）的对象化表征，对自我情感的认知调节和对情感表达行为的图式设计等多重内容。因而，学生只有通

---

① ［美］约翰·杜威：《艺术的经验观》，高建平译，商务印书馆 2005 年版，第 34 页。

② Kevin N. Ochsner, Brent Hughes, Elaine R. Robertson, at al. Neural Systems Supporting the Control of Affective and Cognitive Conflicts, J. of Cognitive Neuroscience, 2009, 21（9）: 1842 - 1855.

过深入学习"认知管理"和"情感管理"的科学方法，方能提升对自我（包括情感特征和思维方式等）的认知水平。而认知自我不但是认知对象世界的内在参照系，更是实现自我之能力与价值的思想基础；认知自我又需要基于人对自己的具身体验、情感理想和认知理想等感性内容与理性预设。

基于章士嵘先生和鲁麦哈特等人的观点，主体借助情感意识实现自我调节（意识活动）的效能，主要体现于其对自我信念、心理现实和行为图式的内在预演与认知操作方面。[①] 具体来说，参与自我评价及自我调节活动的高阶脑区包括下列结构：

自我管理活动的核心内容是主体的意象映射，其根本原理基于意识体验的具身—对象预演机制，其相应的神经结构具有综合复杂的内容。进而言之，人的情感表象大多选择性地再现单一的某个对象、相关的邻位对象及背景形象则由大脑分别表征，而立体性与综合性的表象则基本属于心理概象的范畴，虚实相映和动态模糊的前瞻性意象之形态结构则更为复杂，因而同时需要前额叶新皮层的局部意象、联合皮层的概象和感觉皮层的表象协同组构而成，因而才会导致产生与情感有关的"意识体验"、"美感"、"灵感"、和"道德感"等内在状态。[②] 其中，主体的情感想象发挥着多时空弛豫和核心价值聚焦等特殊功能。

具体而言，具身预演—意象映射的心脑机制在于，一是情境表象与动作表象形成综合的视—听—体觉表象（或复合性概念表象）；二是动作表象：形成于额叶及额顶联合区等处；[③] 三是符号性的情感记忆以颞上回为主，兼及运动前区；四是人对抽象的情感主题的编码位于左半球的枕颞联合区，其中普通名词由其后部加工、专有名词由其前部加工；五是大脑对情感的本体价值和对象化价值的判断，主要由前额叶新皮层的背外侧正中区和腹内侧正中区分别执行。

神经伦理学和认知科学家戴尔及德哈尼等在实验研究中发现，人对自

---

① 章士嵘：《心理学哲学》，社会科学文献出版社 1996 年版，第 62 页。

② S. J. Richard. *Human Brain Function*. Amsterdam：Elsevier Inc. 2004.

③ 丁峻：《语言认知的心理表征模型与价值映射结构》，《杭州师范大学学报》（社会科学版）2007 年第 6 期，第 123 页。

我情感的形象评价及身体性情感表达活动主要受到右侧前额叶新皮层下部的影响，人对自我情感的抽象评价及符号性情感表达活动主要受到左侧前额叶新皮层下部的影响；同时，主体进行审美创作、哲学思考、艺术构思等具象性的创造活动时，主要与其右侧前额叶新皮层上部的兴奋性电位活动密切相关，当主体进行自然科学构思、数学运算和社会科学研究等抽象性的创造活动时，主要与其左侧前额叶新皮层上部的兴奋性电位活动密切相关。①

那么，涉及自我评价的大脑皮层下结构及其与皮层的信息—功能同步化连锁反应又有哪些内容呢？据泽基教授研究，主体指向自我的审美评价活动能够引发其大脑的多个脑区和皮层下结构的高频低幅同步化脑电反应，其中包括前额叶新皮层的背外侧（审美情感体验系统）与腹内侧正中区（审美价值判断系统）、皮层下的杏仁核（情感动机系统）与海马区、旁边缘皮层的扣带回前部（中介奖赏体验系统）、前运动区（审美想象执行系统）、后顶叶和枕颞叶联合区（审美想象的具身感受系统），等等。② 同时他发现，人的眶额皮层、前运动区、视觉与听觉联合皮层、杏仁核与扣带回等区域首先被激活，继而引发了前额叶新皮层正中区的审美判断与价值体验。③

笔者认为，人类的情感想象分别指向实体性、符号性和理念性的对象与本体世界，实际上是主体对未来情景的虚拟方式；在想象过程中，主体需要合理预测未来并形成规律性认识。更为重要的是，人在想象过程中主要动用以往的视听觉经验和本体感觉经验的情景素材来巧妙编织超时空的虚拟景象，形成共时空的全息体验、对象化观照。"在观照的同时，我们与面前的审美对象拉开距离，这时我们才可以宣布自己的价值判断，做出

① A. Del Cul, S. Dehaene, P. Reyes, E. Bravo and A. Slachevsky. Causal role of prefrontal cortex in the threshold for access to consciousness. Brain 2009 132（9）：2531 – 2540.

② Zeki S. The neurobiology of love. FEBS Lett. 2007 Jun 12；581（14）：2575 – 2579.

③ Neural correlates of beauty. Kawabata H，Zeki S. J Neurophysiol. 2004，Apr；91（4）：1699 – 1705.

比较和评价。"① 而后，我们才能进入自我认知的纵深层面，创造相应的意义结构与价值特征。

这是因为，"当我们把某种心理主体与物理主体的特征结合为一体时，我们不仅把该主体投射到观照的对象上，而且把这个主体特有的心理状态投射到观照的对象上；这种心理状态借助外部表现把它呈现于我们面前。如果我们怀着同感去知觉它，那么它也会把快乐或快乐的激情投射到主体身上"。② 因而，借助情感映射，主体的价值特征就会呈现于对象之中，从而使情感对象能够折射人的自我之光；对象世界的深层特征也会投射到主体的自我世界，导致主体情知意世界的结构重组与功能嬗变，使人的潜能特质和价值理想得以内在实现。

人的情感体验和情感表达活动皆需要以情感评价和态度意向抉择为基础，以意象映射和对象化的价值实践为指归。神经科学家汪云九指出："意识对象既可以是一种虚拟的内在图像，也可以是一种真实的外部对象；前者源于语境自涌现结构，不能被还原为神经状态，具有非定域性或并行分布式特点，且无法直接进行测量。"③

由此看来，如果人不善于进行自我反思，拒绝内视、内听、内动、内感知，放弃内在审美、情感体验、对象化映射、认知预演和思想实验等内部实践活动，则势必会造成其想象力退化、失却同情—共情能力、诗意美感荡然无存，既无法借助具身方式来模拟外部世界，也无法通过符号映射结构表征客观规律。这样的心灵绝对难以孵化出超时空的创造性智能和审美情操。

第四，强化认知自我的心脑动力，优化自我的情感决策能力。人的情感决策是指主体在自我认知及对象化认知的过程中，基于对自我的情感评价与认知评价结果，结合对自己所面对的现实境遇、认知任务、内心萌发的情感需要、呈现于外部环境的社会要求、自我情感发

---

① ［美］M. 李普曼：《当代美学》，邓鹏译，光明日报出版社 1986 年版，第289—299 页。

② ［德］黑格尔（Hegel）：《小逻辑》，贺麟译，商务印书馆 1980 年版，第76页。

③ 汪云九等：《神经信息学》，高等教育出版社 2006 年版，第 458—460 页。

展的理想目标等综合性诉求，对自己的情感动机、情感意向、情感反应方式、情感表达内容、情感调控策略、情感价值蕴涵等系列操作性内容进行图式筛选、意象设计、虚拟预演、动态优化和预案配套的思想加工过程。

主体之所以需要进行情感决策，有多种理由：一是旨在营造合适的认知动力；二是旨在满足主体认知对象的本体需要；三是旨在形成合情合理的行为方式；四是旨在提升主体的元认知能力、完善本体知识、实现自我的情感价值。这是因为，人的元认知系统一方面对人的情知意活动发挥着高阶调控和全息统摄的决定性作用，另一方面，人的情感决策行为又能对元认知调节系统进行能动的反馈性充实；其相互作用的认知环节乃是元体验，后者以人脑的"情感回路"为物质基础。

人脑的"情感回路"具有复杂的结构，其中包括前额叶新皮层的腹内侧正中区（情感体验的意识中枢）、扣带回前部（负责前瞻性的本体情感体验）、脑岛（负责回溯本体性的情感经验）、杏仁核（表征对象化的情感动机）、左侧颞叶前下部（表征符号性情感记忆及对象化情感特征）、右侧颞叶前下部（表征形象性情感记忆及自我情感特征）、海马区（形成短时情感记忆、借此加工长时情感记忆），等等。

具体而言，经由多重双向连接的神经通道，人的情感决策行为能够自下而上地影响其大脑"情感回路"之中的系列高位结构及其功能活动，强化或弱化它们的神经生理效应及神经心理作用，进而对个体的元体验过程施加有效的反式塑造性影响。人的情感决策并不是直接在感觉皮层进行的，人脑先将感觉信息送到皮层下的海马区、杏仁核（作为体验记忆内容和建立新的情感模式的感性动力）、前运动区（作为记忆预演和巩固的基本副本）、相关的感觉皮层与联合皮层（形成相应的客观记忆、转化与保存本体性的长时记忆信息）、扣带回（前后部）及前额叶新皮层；其间，人的上行性的情感反应能够分别影响上述大脑结构的信息加工活动。继而，上述的"情感回路"之系列结构对其所接受的上行性情感信息分别进行重构整合，据此输出下行性的情感编码指令和情感调节策略，进而导致人的元记忆发生部分嬗变、元体验转型和元调节效能强化等系列高阶能力的优化效应。

拉亚德兰教授指出："我们需要探索美、美感和移情体验、共鸣状态的神经相关物，以便借此确定人的心脑系统在审美过程中所发生的深刻而显著的客观变化；并且唯有明确了这些客观的变化，我们才有可能进一步揭析人类在审美过程中的精神心理变化。"①

　　进而言之，在审美意象廓出的过程中，主体的审美理念对其知觉和感觉活动发挥着自上而下的超前能动性调制作用。其机制在于，人脑的感觉皮层、联合皮层与前额叶新皮层之间，存在着密集的交互式投射结构。②具体说来，从大脑高位结构和高层感觉部位向低层感觉皮层的反馈式投射，不但能够激活更多的脑区，实现信息捆绑和价值整合功能，而且这种自上而下的映射模式成为建构心理表象并使之获得层级跃迁的核心机制。③因此，这提示了审美意识对主体感知觉的深刻影响。上述过程也正是主体创构审美表象和孕生审美概象的核心环节，审美意象的形成与廓出同样以此为基础。

　　总之，在审美活动中，对象因着全新的情境感受而导致新颖的审美经验形成，进而借此引发主体的多层级情感反应，进而导致情感世界的多级组构与深广扩展，促使主体产生诸如欣悦感和关注意识、命运感和认同意识、神妙感和超越意识、悲壮感和创新意识等内在的创新产物。其典型事实在于，他们的杏仁核外层（主导积极情绪）比正常人增大了约2/3的体积，其杏仁核内层（主导负面情绪）则缩小了约3/4体积。④更为重要的是，审美活动引发了主体想象活动的多时空辐射活动和核心价值聚焦效应。想象是一种内在知觉，通过虚拟的经验引起真如的感觉。在有意识的智性思维和直觉灵感经验中，想象均发挥着关键的概括和预测功能。据科斯林（Kosslyn）研究，人的想象活动及演绎推理由左半球发动，接受前额叶的目标引导和策略调节，经由下顶叶实现空间表象转换，回归到右半

---

① Ramachandran, VS, Rogers-Ramachandran, D (2006). The Neurology of Aesthetics. Scientific American Mind, 12: 38 – 40.

② M. S. Gazzaniga. (Ed). *Cognitive neuroscience*, Cambridge, Mass.: MIT Press, 2005, pp. 729 – 730.

③ 多纳德·霍杰斯：《音乐心理学手册》，刘沛等译，湖南文艺出版社2006年版，第254—255页。

④ J. M. Fuster, 2003, *Cortex and Mind*, London: Oxford University Press, p. 144.

球，由此产生丰富生动的视听觉新颖表象。①

　　主体发展情感意识和情感认知能力的内在程序是：一是将情感对象的客观形式转化为自我经验表象；二是借助新的自我经验表象促使自我的情感表象嬗变；三是借助新颖的情感体验激发美妙的想象；四是情感投射与想象性情景投射：主体将自己的相似性情感及虚拟情景投射到对象化的感性表象上，据此形成自己的理想化经验表象和完美的情感表象；五是基于主客体情感表象的比较与分析，形成自我的认知表象；六是经由知觉投射和理性整合，形成相应的情感意象、人格意象、自我意识等高阶产物。

　　需要指出，主体所创造的多元化的内在自我既能接受主体的情知意投射，又可向主体的客观感觉、客体知觉和客观意识系统等进行逆向投射，从而有助于显著改善主体认识客观世界的能力与水平。同时，主体又可借助指向未来的自我意象汲取并转化对象的感性特征、知性规则和理性规律，进而借此充实和完善主体的自我意象、人格意识、情感理想、元认知能力，引发主体对自己本质力量的持续性观照、纵深性体验、全息认知和高效发挥等动力性效应，逐步从内在实现走向形成与外在实现更完满的理想观念（情感意象）之境界。

　　那么，主体实施情感决策的操作方式又是什么呢？具体来说，主体的情感想象—决策行为具有下列操作特点或认知程序，需要依托相关脑区的特定功能：

　　第一，整合直观对象（作品形象）、虚观对象（母亲）和自我经验的过去、现在与未来（下一步）的情景时，需要视听觉联合皮层的 V4、V6 区之"多感觉型神经元"的激活，还需要激活左右侧颞叶之局部联合皮层的"情感记忆"亚区和"面孔记忆"亚区。② 第二，主体在进行指向自我的道德想象时，需要激活其脑内的前运动区、前额叶新皮层的预期工作记忆区、目录工作记忆区、自传体记忆区等相关神经网络，以便从中提取与重组特定的认知资源，进而据此展开完形化的意象重构和全息性的自

---

① S. M. Kosslyn. *Image and Brain: the Resolution of the Image Debate*, Cambridge, Mass: MIT Press, 1994, pp. 384 – 385.

② Joaquin M. Fuster. Cortex and Mind. London: Oxford University Press, 2007, p. 225.

由能动的道德想象活动。① 第三，主体对道德情景及本体反应进行情感评价时，需要借助脑内的奖赏—惩罚系统（即扣带回前部—杏仁核—纹状体系统）来感受对象与自我的活动意义，依据它们对自己脑内的奖赏—惩罚系统之激活水平与反应性质来做出直觉性的情感评价。② 其中，杏仁核外周部负责驱动兴奋性的情感反应，其中心部则负责驱动抑制性的消极情感反应；在扣带回前部，其上层结构负责驱动兴奋性的情感反应，其下层结构则负责驱动抑制性的情感活动；在纹状体，其前外侧部分主要执行恐惧、退缩、焦虑性情感反应，其后内侧部分主要执行愉快、幸福、激动等积极性情感反应。③

同时需要指出，就左右脑而言，前者主要负责维系与调节积极的情感反应，后者则主要发动与调控执行消极的情感反应。对此，临床精神病学、情绪心理学和社会认知神经科学已经提供了很多支持性的实证样例。

据泽基（Zeki）教授研究，与美感经验密切相关的浪漫之爱和母爱体验，会引发主体的大脑之多个脑区和皮层下结构的高频低幅同步化脑电反应，其中包括前额叶新皮层的腹内侧正中区（审美情感体验系统）与背外侧正中区（审美价值判断系统）、皮层下的杏仁核（情感动机系统）与海马区、旁边缘皮层的扣带回前部（中介奖赏体验系统）、前运动区（审美想象执行系统）、后顶叶和枕颞叶联合区（审美想象的具身感受系统），等等。④ 在探讨审美主体感受美的事物并形成美感所对应的相关神经基础时，泽基教授发现，被试的眶额皮层、前运动区、视觉与听觉联合皮层、杏仁核与扣带回等区域首先被激活，继而引发了前额叶新皮层正中区的审

① Daselaar, S. M. Fleck, M. S. Prince, S. E. Cabeza, R. 2006. The medial temporal lobe distinguishes old one from new one independently of consciousness. J. Neuroscience. , 26 (21)：5835 – 5836.

② Moutoussis, K. , Zeki, S. （2006）Seeing invisible motion：a human fMRI study. Curr. Biol. , 16（6）：577 – 578.

③ Heimer, L. , Van Hoesen, G. , W. （2006）The limbic lobe and its output channels：implications for emotional functions and adaptive behavior. Neurosci. Biobehav. Rev, 30（2）：134 – 135.

④ S. Zeki, 2007, The neurobiology of love. *FEBS Lett.* , 581（14）：2575 – 2579.

美判断与价值体验。①

进而言之，情感刷新和激情汹涌等心理状态，乃是触发主体的审美想象的催化剂和"导航仪"。其原因在于：审美主体的情感反应绝对要服从其内心的审美理想，由此牵引着主体的情知意"三驾马车"逐步驰往美感—道德感—理智感—灵感的四位一体高峰体验境界，主体借此感悟与征现人类的精神理想和对象世界的本质价值。

总之，主体在审美过程中所创造的心理实体——间体世界，实际上成为审美价值得以生发转化的思想载体，而由间体世界所衍生的镜像时空则成为主体实现自由理想的精神平台。借此二种新颖、全息、完美和内在呈现的个性创造产物，主体方能切实、具体地实现下列自由境遇：发现、体验、创造、实现三重世界（主观世界、客观世界和间体世界）的多元价值。

并且，主体在审美过程中所引发的情感体验、自由想象和理念孕育等信息创造与功能状态翻转情形，同时也使其内心世界的心理结构发生了日新月异的定向嬗变。特别需要说明，恰恰是我们自己所创造的那些虚拟的完美意象，才带给我们无限的自由、无穷的希望、永恒的快乐、至妙的美感。

第四节　意识转型范式与自我实现之道

美国教育思想家爱德华—波尔深刻地指出："知识可以帮助我们生存下去，价值观和道德感可以使我们生活得体面而富有责任感；而认识与理解世界的美、生活的美以及艺术创造的美，则可以使我们的生活更丰富、更有情趣和意义。"② 前任哈佛大学校长陆登廷也多次强调说，大学教育应当激发我们的好奇心，使我们对新思想、新经验保持开放的心态；它应当鼓励我们去思考那些未曾检验的假设，思考我们的信仰和价值观。因

---

① H. Kawabata, S. Zeki, 2004, Neural correlates of beauty. *J. Neurophysiol.*, 91 (4): 1699 – 1705.

② 沈致隆：《亲历哈佛：美国艺术教育考察纪行》，华中科技大学出版社2002年版，第18页。

而，最好的教育不但有助于人们在事业上获得成功，还应当使学生更善于思考，具有更强的好奇心、洞察力和创新精神，成为人格更加健全和心理更加完美的人。

一　意识转型的基本内容

意识是人脑对客观世界本质规律的能动反映。它可以分为自我意识和对外部世界的多种意识。具体而言，人的意识内容包括自身的存在、客观世界的存在、自身同客观世界的复杂关系，还可包括虚拟的自我情景、假定的自我与外部世界的关系、预期出现的客观事物等特殊内容。其中，审美的情感意识的形成有赖于主体对审美对象的具身体验、情感表征，还有赖于其对自我表象的情感映射、情感想象、情感评价和意象化建构等系列活动。

既然个体的意识世界具有多元化的构成内容，所以主体需要借助下列方式来逐步发展、体认和实现多元化的自我价值：一是经验与情感的创变：从历时空、共时空到超时空情景；二是意义发现与价值享受的深广挺进：形而下、形而中到形而上的境遇；三是价值判断和理念显现的跃迁：从感性特征、知性范式到理性规律。为了实现主体的情感价值、认知价值和人格价值，我们就必须在内外活动中有意识地实施下列的定向性情感实践，通过长期刻苦的身心磨炼来塑造真善美的情感素质，提升自我认知能力，设计合情合理的理想人格，进而逐步从自我的内在实现走向外在实现。

那么，意识转型的基本内容又是什么呢？笔者认为，意识转型包括四大内容：一是将人格化的智慧意象转化为理性化的客体—身体意象（范式）；二是将客体—身体意象转化为知性化的客体—身体概象（图式）；三是将客体—身体概象图式转化为感性化的客体—身体表象（感觉—运动范式）；四是将客体—身体表象转化为对象性与物化形态的知识增值体（即主体价值与人格智慧的客体表征形式）。

其根本原因在于，人在自我审美和对象性审美过程中所创造的对象化"自我表象"、"自我概象"和"自我意象"具有双重映射功能：其一是它们与主体心灵之间展开的交互性情感映射，包括主体的对象化情感投射，还包括它们对主体心灵的"逆向映射"（即主体的经验结构和情感样式因着它们的价值反射而发生嬗变；主体从它们的变化运动中发现了自己所投射的情感影像，从而导致知觉变构和体验的深化与拓展）；其二是它们还能象征性呈现主体的情感理想、自由想象的本质力量和合乎主客观规律的价值创造理念。

二 意识转型的心脑路径

为了实现意识转型或主体性智慧的客体性映射，我们需要掌握并操运主体性能力的生成路径：一是借助元知识—元体验—元调节活动形成元认知能力；二是借助自我知识—自我体验—自我管理（情感与思维管理）形成自我认知能力；三是运用元认知与自我认知能力，基于自我参照系来整合自我意识与世界意识，形成人格智慧能力。

为了实现上述中阶目标，我们进而需要认识、掌握并操运主体性知识的建构程序。每个人的主体性知识不是自发形成的；它需要主体的自觉建构，还需要他人的方法示范与策略引导。具体来说，主体性知识的建构程序包括下列环节：（1）以寓身方式内化客体知识，形成自我情感知识与经验知识；（2）借助客体概念建构自我—世界概念；（3）运用客观规则建构主客体认知策略；（4）运用程序性知识建构身体知识与技能知识；（5）借助客观规律建构元知识、自我知识及个性化的世界知识。①

既然知道了主体性知识的建构程序，那么我们会自然而然地考虑主体性知识的建构内容。依笔者之见，人的主体性知识属于一种新范畴，既体现了个性主体对公共知识、共性知识、客体性知识或既有知识的合理传承与重组的人类共性智慧品格，又体现了个性主体基于客体性知识与自我经验而开发建构新型知识的独特性智慧品格。

主体性知识主要包括个性化的元知识、自我知识以及个体化的客体性知识；它涵纳了"个人知识"（即主体对科学知识、人文知识、社会知识、技术知识与艺术知识等公共知识的个性内化与集合性内容），但"个人知识"却无法涵纳元知识及自我知识等个性主体创建的新内容。② 可

① 丁峻：《从本体知识、元认知能力到人格智慧的对象化转型》，《南京理工大学学报》（社会科学版）2012 年第 1 期。

② 同上。

见，主体性知识是对人的主体性价值特征与认知能力的独特表征方式。它深刻体现了个性主体对公共知识的内化、重组与转化方式，进而成为支撑个性主体建构自我、认知自我、管理自我和实现自我价值的人格智慧基础。它的基本构成包括六大方面：（1）主体性经验知识；（2）主体性概念知识；（3）主体性情感知识；（4）主体性身体知识与技能知识；（5）主体性策略知识；（6）主体性理念知识。

其间，主体经历了建构自我系统的四大阶段：

第一，经验变构。主体借助丰富多样和生动具体的感性活动实现自我情感多级组构与深广扩展，借此充实自我的基本结构，优化情感体验能力，提高对自我的情感认知水平。

第二，情感映射。借助情感映射，主体的价值特征就会呈现于对象之中，从而使审美对象能够揭示人的精神世界；同时，被表现的世界的深层特征也会投射到主体的心理世界，亦即审美对象同时造成主体情知意世界的结构重组与功能嬗变，使人的潜能特质和价值理想得以内在实现。可以说，人类情感活动的根本奥秘，就在于主体、客体和间体世界的多重组合及其复杂的相互作用之过程；而情感审美之所以快乐的深层妙机，也在于主体的内在创造与对象化发现。

第三，想象性体验。想象活动的多时空弛豫和核心价值聚焦：人类的想象活动实际上是对未来情景的虚拟方式，其间受到前额叶所作出的合理预测及规律性认识之高阶调节。更为重要的是，人在想象过程中主要动用以往的视听觉经验和本体感觉经验，利用历时空的情景素材来巧妙编织超时空的虚拟景象，形成共时空的全息体验。同时，主体在创造出完美的情感对象之后，才能更深刻观照之。尔后，我们才能借此进入自我情感和自我认知的纵深层面，创造相应的意义结构与价值特征。

主体指向自我的情感想象具有头等重要的认知价值。正是在想象的世界中，主体才能与主客观时空的情感表象进行深广自由的交互式价值投射和无限颖妙的意义映射行为；其间，主体的移情逐步达到高峰状态（共鸣），由此引发直觉判断导致对内外世界的全新的诗意理解与全息的价值认同。因而，主体借助想象活动不但创造了全新的自由经验和诗意情感，而且借助对象化移情体验发现、确认和欣赏自我的美妙经验和诗意情感。借助这种双重直观，主体得以真正发现、确证、体验和享受自己的本质力量、核心价值与生命意义。

第四，意象建构。主体在内心形成的思维意象不同于"感觉表象"和"知觉概象"，而是一种不同于前两者的全新的理性化产物。理念意象乃是主体经过重组经验和知识，经过想象而产生全新的虚拟经验与新颖深刻的情感妙趣，经过审美判断而形成的用以表征主体价值理想及对象本质规律的理性认识。

人对自我意识的建构过程可包括下列内容：

一是建构自我意识所依托的自我情感表象，主体唯有借此方能建构情感表征体；二是自我表象的形成遵循认知的对象化的原理（即借助移情体验达到从对象时空发现自我的目的）；三是对象的感性特征和运动方式被内化、转化为主体自身的感觉能力；四是主体需要在对象化体验过程中诉诸自己的理解与价值评价，以对象为焦点形成自己的情感概象特征；五是主体需要根据认知对象的感性—知性—理性特征来充实与完善自我表象—概象—意象系统。其中，主体的移情体验对人的社会认知和自我重构发挥着决定性的作用。而"镜像神经元"即是移情体验的大脑结构基础之所在。

具体来说，镜像神经元位于人的大脑皮层的运动前区（F5 区）、下额叶、后顶叶以及枕颞联合皮层等部位，也即是说，大脑皮层各区都存在不同类型的镜像神经元，它们涉及诸如共情这类对情感的模拟体验与对象化认知等活动。镜像神经元具有一些非常典型的特征，比如其最令人惊讶的独特之处在于镜像神经元只有在被试看到有意图的行为时才被触发，可见的目标似乎是镜像神经元活动的重要组成部分。[①] 这些发现促使神经科学家进行推测：在大脑中存在一个广泛的镜像神经元网络系统。因而，主体自身的活动及观察他人有目的的相似性身体活动，都可以触发镜像神经元的特征反应。

总之，体验他人的相似经验需要特殊的认知模型（同感、共情、共行、共愿），我们是基于知、情、意、行的幻象，并以他人的视角而扫描这些心理表象的。我们对一种幻觉的感知与感知真实的情景"非常相

---

① J. Rizzolatti, D. Dobbs, et al. The Mirror Neuron System. *Annual Review of Neuroscience*, 2004, p. 239.

似",它们具有共同的感知通道和等价的认知信息效应。有证据表明,幻象可能是我们与他人产生共同体验的思想媒介。①

原始人类已经体现了类比思维的特质,以后逐步从经验表象的形态类比发展到符号表象的规则类比,再到精神意象的模型类比。其间,我们所虚构的幻象尤其值得关注:第一,我们旨在借助幻象来模拟他人的复杂感知觉、行为与情感;第二,模拟的目的一是学习和内化那些有价值和规范性的行为方式与技术方法,二是旨在引发自身的相似体验,以便能够理解他人;第三,理解事物不是人类精神活动的最终目的,人类精神活动的根本目的是借助理解来做出更真实更合理的客观判断,进而基于判断来决定下一步的行为方式。可见,人类的幻象体验同时具有承担意义和实现意义的功能;借助幻想的帮助,我们可以以一种非常精确的方式把握客体及其属性。进而言之,人类在认知不同的外部对象甚至内在对象时,能够灵活地选择最佳的心理表征方式来卓有成效地实现目的。

可见,镜像神经元对人类的审美活动、艺术创作和鉴赏、艺术表演等活动具有非常重要的影响,因为它们是我们得以产生、强化和交流移情经验并获得情感思想共鸣和美感诗意及价值认同感、命运归属感的物质载体与信息执行官。

三　对意识功能及其神经网络的全新定位

康德认为:"作为思维之存在的我和作为感性存在的我虽然是同一个主体,但是作为内部经验的直观对象,我永远以自我所显现的那种方式来观照它(对象化的内在自我),进而观照对象化的身体自我;感性的创造力有三种不同的类型:一是直观的空间构成型式,二是直观的时间联想型式,三是虚观的理念融合型式。其中,对身体形式的自我观照,体现了人的情知意借助本体符号——手段而转化为客体对象的价值传递的中介方式。"②

---

① A. H. Maslow. *Motivation and Personality.* (12 th Ed.) New York: Harper & Row, 2004, pp. 184 – 185.

② [德]康德:《实用人类学》,邓晓芒译,上海人民出版社 2005 年版,第 19、57 页。

笔者认为，主体的意识系统不但负责对外源性感觉、知觉信息进行整合与重组，而且还负责对内源性乃至内外合一的综合性感知觉进行全息重构和完形加工。由此可见，我们需要重新认识人类的意识功能及其神经标志。

（一）对意识功能的全新界定

著名的神经哲学家科赫指出："神经科学家托诺尼提出的有关意识问题的'信息整合'理论，可以说是比较符合正常人、病人和超常人的一种解释模型。换言之，我们的意识主要是用来借助重新组织心脑信息而创造新信息的一种奇妙装置。"①

更确切地说，意识系统的根本作用不在于"重新组织信息"，而在于"创造新信息"，前者只是意识系统达致最终目标的一种手段或工具；"推陈出新"、"见已知未"、"知己知彼"、"集成突现"，均是意识系统的根本特点。简言之，意识系统充当了我们的"模型决策者"这个角色，即通过建构主客观世界的深层模型来供我们解释万物、设计自我、实现自我、造福社会。

如同表象对应于情感经验、概象对应于逻辑知识那样，意象对应于人的观念意识及对主客观世界的统觉通感状态与人格精神境界。因此，情感意象作为个性情感观念与人格意识的心理表征形式，主体对它的内在映射活动有助于其实现自我情感价值的对象性物化形态或感性直观形态。

数学家亨利·鲍安卡认为：多数人都忽略了数学的美感经验、数学的和谐端丽与几何的优雅俊逸。大多数真正的数学家都明白，地地道道的数学风貌魅力，是属于感性。富丽堂皇的数学原理是什么呢？我们怎样发展出美感的情操呢？那些原理整齐而有序、和谐而自然，这种和谐满足了我们的美感需要，指导了我们心灵的透视，使我们预见了数学的规律。"就是这种特别的美感能力才成为一种精确的滤器。这足以说明，缺乏美感经验的人，将永不能成为真正的创造者。"② J. 杜威在《艺术感受》中写

① Christof Koch. A "Complex" Theory of Consciousness. Scientific American Mind-August 18, 2009, pp. 13 - 14.
② 亨利·鲍安卡：《世界伟人的创造术》，杨克锦译，中国卓越出版公司1989年版，第8页。

道："理智标志着本性与即时的处境相互作用的方式，意识是自我与世界在经验中的不断再调整。"①

上述观点说明了什么？笔者认为，第一，它们表明，人的对象化美感（譬如对数学的美感）产生于人对数学原理的具身认知和自我意识体验，因而有助于触发人的灵感，提高创造性思维的科学水平；第二，意象映射实际上是人对情感意识的具身体验和对象化观照过程，它有助于主体调整自己与对象的情感关系，设计更为完满高效的用以表达情感的行为方式（包括体态动作、表情姿态、言语形态、声乐形态、美术形态、舞蹈—戏剧—影视形态、文字符号形态、物质产品形态等多重形式）。其机制在于，人的情感学习及情感理解行为都基于心象的转换，特别是作为高级心理表征体的意象映射过程。譬如，儿童的动作性、形象感知性、具象模拟性、概象匹配性和意象耦合性之心理逻辑路线，实际上是逐步经由外在形式的简单真实性向内在形式的复杂虚拟性方向发展的。对此尼斯贝特（Nisbett）认为，儿童对自然现象与心理现象的理解过程，源于想象及其心象的转换形式。②

主体以意象映射为核心内容的内部审美活动往往导致内部创造和外部实践，在这种有序转化过程中，主体的个性特征和人格意向也因着对象世界的深化与创新而趋于深刻和独特。人的价值与特性，总是通过其创造的产物对象而体现出来的。人对自我人格与情感价值的认知实践包括四大序列：一是从对象化的物象到内在表象的感性认知，二是将情感表象重整为情感概象的符号认知，三是将情感概象嬗变为情感意象的理念认知，四是将理念化的情感（理想图式）转化为本体表象（体象运动）及或虚或实的物象形式。

因而可以说，自我的情感镜像及其衍生的间体时空的根本意义，即在于主体能够借此将内在的情感状态转化为物化的各种对象形式，进而对其展开对象化的具象观照和返身性的具身认知：于镜像中发现自我之妙，体验自我之美，补足自我之缺，完善自我之本，实现自我之义。

---

① ［美］杜威：《艺术即经验》，高建平译，商务印书馆 2005 年版，第 34 页。

② Nisbett, R. , Peng, K. , Choi, I. , et al. : Culture and system of thought: analytic and holistic cognition. Psychol. Rev. , 2001, Vol. 108, pp. 291 – 310.

总之，内部审美与创思活动实际上是人对万物表象的本体性内化、概象转化和意象创构过程，由此催生了人的思想语言和内部对象形式，激发了主体对现存秩序的创新观念，引发了主体情感与性格、思维与认知、意识与行为的深刻嬗变。

（二）　划分神经网络的高阶维度

根据认知神经科学家的最新实验可知，人脑拥有富集于中线界域的"默认系统"和广布于边侧区域的"认知荷载系统"。前者主要在人们进行自我反思、修炼瑜伽、审美感悟等活动时得以高度激活，且表现出低耗能、高效认知的显著特征；与之相反，后者主要在人们认知客观对象、解决外部问题等情形中被激活，体现了认知低效、能量耗费多的特点。

总之，大脑的意识网络为主体转换符号信息、认识自我与对象的文化价值、把握情感世界的整体特征、活化自由灵动的情感想象、扩展深化情感判断与推理能力等提供了内在整合的中介桥梁，从而促使个性主体的情感体验与想象判断活动能够与他人发生情景融合与意义映射，并有利于主体将指向自我的情感审美活动与情感创造能力向文化领域迁移，进而使主体自身所形成的新型情感价值得以转化为相应的社会价值。

思维的建构过程也是人的个性化心理模型的形成过程。对此，语言心理学家莱尔德（F. N. Laird）认为："知觉可以产生关于周围世界的丰富的心理模型，推理依赖于对心理模型的运用；而理解的过程即是构成心理模型的过程。一个意象抵得上一千个语词和一百个命题。心理模型是临时多变的，主体能够根据新的信息修改与发展自己的各种心理模型。心理学家的真正任务是揭示语言如何以意识为媒介来与客观世界相联系的认知机制，包括对原型和缺省值的合理假设、对语义模型真值条件的考量、关于以抽象言语表征心理模型的原理探究。"[①] 同时，心理模型的建构又需要主体参照自己的本体知识（包括自我经验、本体情感、自我概念、自我知识、本体程序性记忆、本体陈述性记忆等系列内容）；后者乃是主体建构心理模型和进行符号思维所需的思想构件、信息资源。

---

① 菲尔·N. 约翰逊—莱尔德：《意义的心理表征》，《国际社会科学》（认知科学卷）1989 年第 6 卷第 1 期，第 62 页。

（三）元知识与认知坐标

元知识（或笔者所说的本体认知操作知识），主要是指个体所形成的指向自我认知与思维操作的身体经验、自我概念、自我情感、思维规则、想象方式、推理方式、认知理念、自我价值、人格意识及行为图式等系统内容。其价值目标定位于三个方面：（1）情感关系；（2）认知关系；（3）行为关系；（4）物质利益关系。

人脑生成了内源信息（即本体经验、自传体记忆等相关内容）之后，需要再次动用所谓的"认知三元增益环"（即由杏仁核、海马和前额叶新皮层所构成的"知识发生器"）（网络），来对内源信息进行共时空的整合增益与超时空的嬗变翻新。

人脑在产生新的本体知识之后，还需要借助符号思维加以妥善保存和即时输出：

第一，新的本体知识的保存方式采用人工信息学的代码生成与标记机制，即大脑一方面要借助"源代码标记器"（海马）来分类标记这些新的本体知识，继而将之返输入各级"源代码址"（即各级皮层和皮层下结构），以实现全息分布式储存（"源文件"）；另一方面，人的本体知识的输出路径至少包括三条：一是"执行代码"（即运动输出程序），二是"目标代码"（即前运动指令），三是"外周元代码"（即涉及眼神、面部表情、体态姿势等本体感觉反应或中枢反馈输出的信息）。

第二，左右脑半球在内源知识生成的过程中，各自发挥了独特的动力学功能。一是在超时空的新表象形成过程中，左侧下颞叶体现了驱动作用、右侧下顶叶扮演了本体空间经验还原的角色、右侧颞中叶及视觉第二级联合皮层发挥了客体空间经验的解码功能，右侧前额叶赋予新表象以个性化情感意义及价值理想的匹配内容，左侧前额叶则提供相应的加工策略和对新表象进行概括与命名；这是与语言、文学、科学、艺术、爱情等想象活动与演绎性推理过程密切相关的左右脑互补协同模式。

主体所习得的知识以本体知识为标志，其认知要素和操作范式被储存在前运动区、布罗卡区、后顶叶、扣带回后部、枕颞联合区等低位皮层。那么，我们建构本体知识、形成自传体记忆和发展自我意识之根本目的又是什么呢？笔者认为，一是指实用或外在之用，二是指"虚用"或内在之用，即用于发展人的管理情感与认知管理等自我调节能力，提升主体的创造性思维与行为水平。

譬如，主体对声乐运动表象的操作原理在于，人对声乐表演的意象设计、意识体验、内在演练、理念调控和身体传达过程，分别涉及其大脑的前额叶新皮层（其功能在于执行人对作品和自我表演活动的情感体验、认知评价和创作意象，据此形成表演意象、规划表演图式、调节表演行为）、辅助运动区（转换表演意象、形成表演的初步程序）、运动前区（向身体器官分配运动任务、发布精准敏捷的运动指令）、布罗卡区（负责人对作品的符号内容理解、对主体内外表演活动进行音乐符号匹配与形式法则监控）、左侧运动区（执行运动指令，具体调控双侧发声器官、呼吸器官和肢体运动模式）和顶叶（其上部与身体表象的虚拟运动相关，下部与歌唱经验的迁移和成熟模式保存有关）。

进而言之，人对外部声乐运动表象的具身转化、心理表征、本体建构、情感体验、思维操作与意识调节等系列过程，都基于主体对本体动作设计之操作性知识的思维加工；后者涉及音乐移情的神经机制和声乐艺术的共鸣原理：（1）初级感性表象建构（音素—音节—乐音表象）；（2）二级感性表象建构（情景表象和情态表象）；（3）知性表象建构（乐音符号表象、音乐概念表象、结构规则表象等）；（4）理性表象建构（想象性表象、理念性表象、声乐意象）；（5）虚拟运动表象建构（身体运动图式表象、声音运动图式表象、言语运动图式表象、表情姿态运动图式表象）；（6）本体运动表象建构（理念运动表象、气声运动表象、器官运动表象、字声运动表象）。

主体借助技术思维调节声乐表象的心理机制：（1）具身性识记加工，借此创建个体的本体性声乐经验；（2）对新的本体性声乐经验进行自我感知，由此激发自己的激情联想、催生自己的新颖情感；（3）新生成的情感元素引发主体的本体性—对象化审美想象，借此创造新的虚拟经验，并将之注入声乐表象的形式之中，由此生成新的情景记忆和符号经验；（4）对新的符号经验进行多元编码加工，借此更新自传体记忆、程序性记忆和陈述性记忆；（5）对新的符号经验进行元体验、元记忆和元调节，进而将之转化为新的音乐工作记忆；（6）借助音乐工作记忆检索与生成新的本体程序性音乐记忆、本体陈述性音乐记忆等认知操作内容；（7）基于审美意识、情感理想、主体动机和需要而构思声乐表达的操作性意象；（8）对新生成的操作性意象进行虚拟预演、本体感知、内容充实、动作调节、力度控制、效果强化，进而将之输送至运动系统；（9）将经过充实调整的声乐表达意象性转化为主体的身体运动程序，在真实的外在表达过程中对之进行本体感知和综合调适；（10）对新形成的声乐表演模式进行具身体验、认知加工、想象性映射和意象性完善，借此增益情感意识、优化技术思维能力。

主体提高声乐学习的技术思维能力和艺术创新理念的基本方法，可包括下列内容：

（1）提高主体对作品和自己的表达意象进行二度创作的个性化演绎水平。即是说，学习者需要创制内心的"审美镜像"这种思想模型——同时折射自我与作品的情知意特征和审美认知价值，使之成为二度创作的体验平台和思想坐标。

（2）对自己的身体活动、肢体运动、表情姿态、言语活动、歌唱活动进行精心设计、反复预演、不断调适，从而使之转化为精细、准确、敏捷、圆润的本体程序性运动记忆，再将本体程序性运动记忆转化为本体程序性思维操作范式。

（3）借助元认知系统调控自己的动情体验—激情表现的心身效果。即是说，学习者需要借助审美理念来调节自己的情感意象，使之与自己的表演意象、作品的审美特征和自己的审美理想互相匹配、相互协调，借此创造完美的个性化声乐行为。

那么，如何镜观自己的心灵呢？黑格尔在《小逻辑》中指出："只有通过反思中介的变化，对象的真实本质才可能呈现于我们的意识面前。"[①]这个中介就是笔者所说的"意识间体"及其所在的"镜像时空"。

第一，"意识间体"作为心灵创造的内在产物，同时折射了主客观世界的本质特征，因而有助于我们借此审视自己的精神价值和客观世界的规律品相。它犹如显微镜或反射镜这类科学工具，有助于我们的感官突破生理与心理的局限性，认识无形无声、深幽繁复和变化无穷的思想世界。

第二，"镜像时空"又指什么？笔者认为，它好比一个"时空大熔

[①]　黑格尔：《小逻辑》，贺麟译，商务印书馆1980年版，第76页。

炉"，主体借此将自己、他人和人类的历时空经验，共时空知识和超时空理念有选择地荟萃于其内，将生命世界、自然世界、社会世界和文化世界的形而下特征—形而中属性—形而上规律有机巧妙地融汇于其内，以感性表象、知性概象和理性意象之多层级表征体来重构与再现上述复杂内容，遂从中生成主体的"思维间体"。前者成为我们镜观心灵的"第四时空"，后者成为我们镜观心灵之对象化精神本质的价值载体。

第三，意识间体包括多种类型，譬如审美意识间体、认知意识间体、伦理意识间体、科学意识间体、技术意识间体、艺术意识间体、情爱意识间体、自我意识间体、宇宙意识间体，等等。更有意义的是，主体可以对某种间体进行二度创造，以期改变、充实、优化和重构存在性间体原先所涵纳与表征的主客体世界之双重价值特征，进而使之更加契合主体的个性化需要，更加适于主体表现自己的独特价值力量。所以说，存在性间体是孵化新的思维间体的文化母体，也是催化个性主体的内在创造性素质的有效工具。

第四，主客体与思维间体之间可以展开互动映射，从而借助时空叠合、价值基因杂交与信息重构实现三者的互补协同和结构功能进化。

人类创造音乐文化的过程引发了自我意识世界、思维心理及行为方式的结构嬗变和功能升级。具体来说，主体用以表达本体动作的操作性知识主要涉及人的运动性声乐表象之心理与生理调节程序；后者包括对象性和本体性等多种形式。例如，对象性的运动性声乐表象是指学习者在感受声乐教学及声乐表演活动时，其内心形成的教师示范演唱及歌唱家表演时的一系列声乐动作表象，包括呼吸运动表象，言语运动表象，唇、齿、舌等器官运动表象，演唱姿势及表演动作的运动表象，等等。这些运动表象乃是学生学习声乐表演方法的身体操作之体象记忆与感性表达基础。本体性的声乐运动表象，则是指学习者所形成的自己表达声乐思想的身体表象、动作表象、言语表象、乐音表象、表情姿态表象、情感表象、情景体验表象，等等。

只有经过长期的技术训练，音乐学习者才能使自己的视觉声乐表象、听觉声乐表象、审美表达意象和身体运动表象协调一致、趋于完美，进而据此形成相对规范、稳定和个性化的本体动作操作性知识与体现程序性链式反应效能的技术思维方式。

四　自我实现之道——对象化呈现的意象映射方式

泰戈尔指出："人类永久的幸福不在于获得任何东西，而在于把自己奉献给比自我更伟大的事物。……心灵也一样，它不能永远生活在自己内在的感觉和想象中，而是需要外在的对象。这不仅是为了哺育内在的意识，而且为了将自我意识付诸行动；即不单要接受价值，而且还要回报价值。……譬如，艺术家的艺术理念成熟时，内心涌现了无上的欢乐：他迫切需要将之具体化和对象化，以便实现自我价值。并且由于主体与那种具体的对象保持了距离，从而能更充分地观照它。这即是我们的自我价值与我们的身心相互分离之时而产生快乐的动因。为了使它比我们自己更完美，我们于是在充满爱意的创造过程中赋予它感性的对象化形式。"[1]

（一）自我实现的心智方式

在自我实现方面，人不是单纯地、直接地、照像式地反映外部现实环境；相反，在人的自我世界中有一种复杂的主观机制对人的所有经验进行筛选和重组，最终在每个人的意识中形成不同于客观现实的一种"主观现实"。对此，我们应当把握三点相关的原则：（1）不同的人，其自我心目中的所谓客观现实是各不相同的，这不仅与自我所处环境及经验相关，而且最主要的是同个人的自我状态相关。换句话说，"人格意象"和自我意识属于自我对待现实的根本方式，它们决定了现实在个人心目中的存在方式。（2）个人的"主观现实"与真实的对象之间具有何种关系，完全取决于不同的个人。（3）对人的行为及人格的理解，关键不在于理解客观现实，而在于理解人的自我意识中的主观现实。

从某种意义上说，意象映射导致人的自我情感进入对象化呈现的价值实现境遇的机制在于，主体所面对的客观形式能够刺激主体的感觉系统，使其原有的内在经验获得全新连接和结构重组，从而有助于主体对这种全新的经验产生全新的情感体验。其中，主体对历时空经验的逆向检索（回忆）和共时空的横向扫描（联想）成为重构经验和发现自身情感新意义的认知契机。正是这种自我发现带给主体以深切的慰藉和内在的愉悦，

---

① ［印度］泰戈尔：《人生的亲证》，宫静译，商务印书馆1992年版，第45、71、86页。

并且因着情感与符号成为相互表里的价值联袂体与情感同盟，而使得主体同时对感性表象中相应的有意味的形式运动产生了惊讶（它怎么会酷似我的情感状态，将我的内心活动呈现得惟妙惟肖、淋漓尽致？），继而主体向思维间体投射自己的情感，借助移情反应实现情感认同，将思维的客观形式及感性表象视为自己的"心灵之镜"（同时映射主体和对象世界的价值特征）。

笔者认为，人的意象映射行为之所以具有重要的价值转化与物化实践效应，一是在于主体能够借此创造全新、美妙和理想的虚拟经验，由此引发对自我和对象世界的结构全新嬗变效应；二是此种新奇的虚拟经验能够激发主体产生更自由、更强烈、更纯正、更优雅和更深邃的情感体验，由此引发主体对自我和对象世界之意义场的深广拓展与价值跃迁效应；三是主体由此创生了共时空、形而中和知觉统合的情感概象，进而实现了情感对象从感性时空和知性时空的意义升级与结构创新；四是人的情感概象不但体现了主体与对象的情感特征、变化规则和价值关系，而且映亮了主体与对象通往理想高地（即情感理想、审美理念、人格情操和诗意境界、美感极致）的内在之路，进而有助于催生人的情感创新图式、情感表达方式和行为操作范式。

正是在意象映射的过程中，主体才能与内心的虚拟表象进行深广自由的交互式价值投射和无限颖妙的意义映射行为；其间，主体的移情达到高峰状态（共鸣），主体的直觉判断导致对自我世界、间体世界、艺术世界和自然现象界全新的诗意理解与全息完形的价值认同。因而，主体借助想象活动不但创造了全新的自由经验和诗意情感，而且借助对象化移情体验从间体世界发现、确认和欣赏自我的美妙经验和诗意情感；间体世界与自我精神同步升级、联袂攀升、互为表征、协同完善，由此引发主体的彻然快乐和满足感：主体既痛快淋漓地享受着自己的自由创造产物，也以万分激动和惊讶新奇之感体验着自己从镜像世界所发现的自我之本质力量、存在价值与情感理想。这是主体生成美感的价值源泉和内在实现自我的心理机关。

譬如，对于进行审美创造活动的主体而言，其创建审美对象的系列过程（即感性表象、知性概象和理性意象），实质上是将审美的客观形式（如自然景象和艺术形式）逐步改造为主客观合一的"间体"形态（即与视听表象融为一体的经验表象和情感表象，与自然景象和艺术形象融为一体的个性理想化意象、命运意象、价值意象）；其最终结果不是像艺术家那样将艺术意象转化为对象化、感性化的艺术形式，而是旨在将内心的审美意象转化为本体性和操作性的审美感受能力、审美经验素质、审美知觉能力、审美想象能力、优雅纯正深刻细腻和清新活泼的情感表现能力、完善人格与实现理想的生活行为能力，等等。

又如所谓本体性的工具思维，是指主体借助自我意象来设计、发动、调节、完善和实现体象活动（身体符号、本体符号系统）的认知操作过程，其中既包括对主体的身体、动作、言语、歌唱、演奏、表情、姿态的本体性操作，也涉及主体对各种工具对象（包括乐器、文具、生产工具、餐具、厨具、科学仪器、画具、道具、配乐器材、模型、实验用品等）的对象性操作。所谓本体性的符号思维，是指主体依托自我意象并借助符号规则来设计、发动、调节、完善和表达抽象价值的认知操作过程。这个过程涉及人类通用的文化符号系统，其中既包括主体借助自己的身体表演、言语、歌唱、绘画、演奏，以及写作等本体性的符号表达活动的认知操作情形，也涉及主体对各种符号表达产物（包括声乐、器乐、舞蹈、体操、文字、乐谱、数理公式、图表、图像、影视、戏曲、画作、书法、行为艺术、摄影、雕塑、广告作品、工艺、模型等）的对象性形式操作。

可见，人的工具思维需要动用主体的元记忆素材、元体验情景和元调节方式，还需要借助工作记忆来调动相应的本体性与对象性程序性记忆、陈述性记忆，以便使之成为主体重构情景经验、动作系统、情感价值、思维路线、创作意象和表达图式的操作性规范。可见，前额叶体现了其对各级感觉皮层、联合皮层和边缘皮层的下行性反馈调节作用，以及高层功能对低层功能与结构的能动性反作用，遂成为人的精神活动的深层信息来源与高阶动力平台。

（二）审美与科学创造的大脑结构范式

第一，右侧前额叶上部专事哲学和文学思维，左前额上部负责科学想象性理念构思；右前额下部负责自我监督与评价调节，包括对自己所欲做的事情的有害性之预期分析和抑制性决策等；左前额下部负责具象化对象认知。运动前区基于前额叶理念进行机体运动编码或言语运动编码。

第二，枕叶、颞叶、顶叶先后进化出初级感觉皮层（1—2层）、次级感觉皮层（1—2 层），且初级区逐渐变小，次级区逐渐变得很大。其中，左侧颞叶前部负责情绪和语言记忆，上颞叶中部负责言语及音乐的频率记忆，中后部负责语音及字词记忆，后部负责视觉文字信息与听觉言语信息的字词匹配，包括有关色彩的言语和文字性词汇概念的记忆等；左侧顶叶下部负责言语及文字的语法加工；上部负责空间符号如数学图形及符号的关系排列；左侧枕叶后部负责线条加工，中部负责字母、文字单元的形态辨认，后部负责字词匹配与句子生成等语义认知；右侧枕叶后部负责线条和角度的辨认，中部负责距离—运动状态—形状—轮廓的加工，前部负责总体目标的认知；右侧颞叶前部负责感受害怕—幽默等情景，中部的初级皮层负责音高的辨识，中后部负责音乐节奏和乐句的加工，后部负责音乐和声的加工和有关色彩的类型与形态记忆，中下部负责面孔记忆；右侧顶叶负责空间对象的立体特征及运动情景记忆，以及左侧肢体的运动感知。

第三，右侧前额叶下部负责对或错的本体行为判断及相应的抑制作用；其上部负责构思创造性的行为方式，如音乐、美术；右侧前运动区负责如何学习做事、操运体育器材和演奏乐器等技术规则。另外，前额叶还负责工作记忆；海马负责情景记忆和语义记忆；小脑负责程序记忆和本体运动模式记忆；其他感觉皮层及联合皮层负责短时—长时记忆；前额叶上部设计期望和满足感的形成，下部主事人格和爱好行为，下内侧负责情感控制；中颞叶负责历时性的本体记忆与对象情景记忆；枕叶负责身体语言理解，乐谱辨认及视唱活动，面部表情及舞蹈形象认知；顶叶负责所有的本体运动，如歌唱、言语、舞蹈、演奏、统觉/联感、立体动感等。

需要特别指出，人脑的初级感觉皮层发育的关键时期，乃是出生后的第 3—5 年；一旦错过这个关键的可塑期，则我们很难弥补或重塑相关的语言经验、味觉经验（包括对特定饮食的口味嗜好）、音乐经验、美术经验、舞蹈经验、体育经验、书写经验，等等。

由此可见，实体世界乃是塑造人的感觉器官的有形模具，从而决定了人类的初级教育的价值目标：注重儿童的经验扩展、情感濡染，训练他们的敏感品质、敏锐感觉、细腻的观察性和活泼的联想—想象—体验—游戏—模仿能力，以便为他们其后的认知发展和思维品质提升奠定深厚的感性基础。

意识是人脑对客观现实的反映。它可以分为自我意识和对外部世界的多种意识。具体而言，人的意识内容包括自身的存在、客观世界的存在、自身同客观世界的复杂关系，还可包括虚拟的自我情景、假定的自我与外部世界的关系、预期出现的客观事物等特殊内容。其中，人对自我的认知称作元认知，人对其他一切客观对象的认知称作对象性认知。

人的自我认知与对象性认知都需要借助符号系统、遵循符号规则、运用符号思维、建构符号意识。符号思维创造了符号世界，表征了主客观世界的规则属性、价值关系、结构规范、形式法则和人本意义。因而，它成为主体建构自我意识的核心内容之一、主体认知与实现自我的符号价值的基本方式，同时还是主体进行对象化的符号映射，进而借此实现对象的符号价值的主导方式。

其中，人的想象性经验成为新颖的创造性信息之记忆内容和产生源泉，是知识和经验转化为智能的主要门径。想象的原始素材涉及左半球的颞（枕）叶——加工语言、音乐等时间性信息，还涉及右半球的顶叶和枕叶——加工身体性表象、情感表象和视觉艺术表象等本体性空间信息；想象的概念产生，则分别由左半球前额叶——听觉性概念和右半球前额叶——视觉/文字性概念执行①。由此观之，想象涉及大脑的所有皮质，包括意念表象中枢（指前额叶）、身体表象中枢（指顶叶）和客体表象中枢（指颞枕叶）。想象可以在有意识思维、梦觉经验、直觉灵感和学习、记忆、回忆等过程中出现，并且能够进入记忆系统，因而它体现了人的意识心理对自我机体行为的深刻影响。

对此，黑格尔进行了透彻的阐释：艺术家善于"在艺术作品里以这种样式完善自我、并使之获得完美的感性显现：在外在事物中进行自我创造（即创造自我与对象）"。②

其内在机制在于，审美主体经由形而下、形而中和形而上三种升级过程而创造了审美的三种间体对象（表象化间体、概象化间体和意象化间体），继而引发了相应的三种新颖的情感体验（表象体验、符号体验和意象体验）；进而借助感性想象、知性想象和理性想象的过程，主体分别获得了对审美间体、客观对象和自我世界的三重意义发现与多层级价值

①　丁峻：《认知表象的神经机制》，《心理科学》1996 年第 5 期，第 46 页。
②　黑格尔：《美学》第 1 卷，朱光潜译，商务印书馆 1979 年版，第 39 页。

享受。

继而，主体才能发动针对价值判断和审美理念的具身预演、对象化映射和时空跃迁：从感性特征、知性范式到理性规律。理念是情感的灵魂。唯有将主客观世界的感性规律、知性规律和理性规律羼入自己的情感网络之中，我们才能形成审美的情感意识与人格气韵。

（三）　自我实现所依托的身体智慧与行为意识

人的意识不但能够客观地反映现实，还可根据其内在信息而充实、调整、虚拟和预示外部时空的未来真实情境（过去、现在、未来；自我、他人、自然等体系）。关系高于本质。哲学家齐美尔指出：真理昭示了关系而不是本质，是某种协调的原则或规范。① 可见，真理是关于主客观规律的思想加工、符号表达与精神认同方式，因而主客观世界的规律也主要体现为某种时空之事物运动的相互作用方式与特征效应，包括互动互补、增益衰减、相生相克、协同进化等范式特征与综合效果。

因而可以认为，人的意识的根本作用乃是理解主体自身或外部世界的根本境遇，解释自然—社会—人生—文化的存在法则与发展机制，超前设计主体未来的战略蓝图和行为框架，其对象和目标都带有更多的形而上色彩和超时空特点。人的意识活动以理念作为核心内容、以意象形式作为表征方式。

进而言之，人的本质力量的对象化（例如创造"间体世界"、形成"镜像时空"），既能导致对象世界的审美变构与价值完善，也能引起主体本质力量的充实发展与价值理想的内在实现。其根本原因在于，主体能够将创造性想象之全新景象及其所激发的全新情感状态投射到对象世界（"间体世界"），同时直观镜像时空所呈现的自己的本质力量（创造性想象力与自由弛豫的理想化情感）及其产物（全新的虚拟景象、情感的新颖形式及其运动情景）；从这种直观中，主体方能真正发现自己的内在创造（新对象与新自我），方能亲身确证、体验和享受自己的本质力量、核心价值与生命意义。

总之，主体借助内在的"意象之镜"直观自我与对象的全新特征、

---

① ［德］齐美尔：《社会是如何可能的：齐美尔社会学文选》，林荣远译，广西师范大学出版社 2002 年版，第 182 页。

顶级价值和运动规律，进而借此实现艺术的人本价值和自我的对象化价值。更重要的是，我们在审美对象上所发现和虚拟直观的乃是自己的情感状态，而不是我们对审美对象或他人他物的情感。① 因而，我们实际上是借助审美镜像来发现其所折射的那最深刻、最强烈、最持久、最别致、最刻骨铭心和最富诗意的理想性情感的。它们体现了个性主体的本质力量、价值观念、生命意义。所以，我们尤其需要从形而下、形而中和形而上层面对自己的情感意识进行价值判断和意义诠释。归根到底，决定我们自身情感命运的乃是深藏不露的人格理念，决定其价值意义的乃是高高在上的审美观念，决定我们精神理想的乃是我们那厚积薄发的审美创造力。

谢莱金斯（Schellekens）指出，在审美体验中，主体与对象处于共时空境遇，主体的情感运动特征与对象的感性形式形成了密切的结合体，对象成为主体的心灵标记，主体的心理活动成为对象所表征的意义内容。这既是一个价值共同体，又是一个命运共同体。② 换言之，主体内心形成的多层级审美表征体，实际上同时涵纳了主客观世界的双元价值特征；它们在重组、变形与时空整合的过程中涌现了全新的系统化价值情境。

具体而言，主体用以实现自我价值、转化创新意识和操作身体意象的技术原理在于，以前额叶新皮层为主的顶级调节性元结构，能够借助工作记忆来表征人的审美表达意识：目标工作记忆（形成表达目的：表达自我/表达原作者的特定情感与思想），目录工作记忆（检索、提取自己的所有相关的心理资源），输出工作记忆（对提取的内源信息进行重组、变形、整合，经由前运动区—布洛卡区的相互作用，使之形成新的虚拟情境并加以内在预演，借此的真实的表达行为提供最佳的身体运动图式）。其中，目标工作记忆与人脑的眶额皮层（前额叶的结构之一）的活动具有密切关系；目录工作记忆与左右侧前额叶上部的功能活动密切相关；输出工作记忆则与左右侧前额叶下部的功能活动具有密切关系。同时，前额叶的腹内侧正中区在主体从事情感性、审美性意识体验的过程中发挥着关键

---

① ［美］斯蒂芬·戴维斯：《音乐的意义与表现》，宋瑾等译，湖南文艺出版社2007年版，第152—154页。

② E. Schellekens. Aesthetics and subjectivity，*Brit. J. Aesthetics*，2004，44：304 - 307.

作用，前额叶的背外侧正中区在主体从事认知性、创造性和操作性的意识体验过程中发挥着主导功能。它们共同反映了人的元认知系统的基本特点，并为我们深入解读技术思维的理性内容（即本体认知操作系统与审美行为世界的活动规律）提供了理性化基础与规律性启示。

进而言之，人的观念创新不但需要知性层面的符号驱动，而且还需要感性层面的经验驱动。这是因为，第一，主体只有在感觉新的表象时，才会引起主体的经验重构（经验表象），所以观念更新需要主体不断接触新事物；第二，唯有新经验才能激发相应的特殊情感或新颖的体验，所以人的观念更新同时还需要主体不断刷新情感，不断充实、扩展和深化自己的情感表象；第三，只有新颖而强烈的情感才能激发起人的自由美妙与合情合理的想象，所以更新观念又需要主体有意识地提升自己的想象能力、不断优化自己的想象性表象；第四，人的情感投射与想象性情景投射对于萌发新观念异常重要。原因在于，主体只有将自己的相似性情感及虚拟情景投射到感性表象上，才能由此形成相对独立于主客观世界的理想化经验表象和完美的情感表象，才会借助合乎情感理想及对象特征的表象体验来展开表象思维，深入把握对象的内在属性与本质特征。因此，更新观念又需要主体不断深化对实在经验与虚拟经验的体验能力，从而有力提升自己对主客观事物的感性认知水平。可见，经验与情感成为主体实现观念创新的两大感性动力。

由此可见，最好的教育不但有助于人们在事业上获得成功，还应当使学生更善于思考，具有更强的好奇心、洞察力和创新精神，成为人格更加健全和心理更加完美的人。进而言之，哲学文化乃是激发人的自我表现力、本体创造力、自足性价值体验和自我意识变革的动力源泉，它同时有助于使人的本体性元认知能力向道德时空、科学世界和社会天地迁移，由此引发个体对自我与天地万物之真善美的创造性体验、认知与改造活动。

（四）理念预演与内在完善

意识现象可能是人类所面对的最为复杂的认知目标之一。其中，人的情感意识构成了自我意识的核心内容，而自我意识又是个性主体据以建构和操作客观意识和世界意识的认知基础。进而言之，人的情感意识之展开过程需要主体诉诸自己的具身体验、情感评价、意象映射和表达预演等系列操作性环节。

2004年，诺贝尔生理学奖得主埃德尔曼在《意识的宇宙》一文中深刻指出："神经达尔文原则适用于我们对意识世界的研究。意识犹如一架探照灯，它照亮了我们未曾发现的深幽世界，扫过了我们异常熟悉然而缺少本体意义的现象世界，进而为我们个人、群体和人类的未来发展昭示了更有价值和成本更低的思想之路。"① 另一位神经科学家巴斯（B. Baars, J.）在2007年出版的《认知，大脑与意识》一书中深化了其原先提出的有关意识的"剧场模型"："人类的意识是一个统一体，自我意识在其中发挥着导演作用，从而使个体、群体和人类的经验与知识，使过去、现在和有关将来的认识都能在个体心中得到象征性的呈现、重组、变形与理想化预演，由此生成了全新的意义和价值观。"②

1. 理念预演的基本原理

所谓"理念预演"，乃是指人类借助理性思维深刻把握主客观世界的本质属性、运动法则、发展规律等复杂内容的一种虚拟体验；同时，它也是主体用以完善自我能力、实现自我价值的一种本体性认知创新活动。

它发端于主体内心的具体表象和对象化形态，借此形成理想化的认知意象，尔后通过主体的具身体验方式转化为生动具体、可操作和虚拟性的身体意象—物体意象之思想耦合体。因而，它是一种对象化的价值体验。同时，作为最高形式的主客体规律判断、机制建构、理论假设、真理阐释方式，理念预演活动也是面向人类、深入主体自身本质属性的抽象性、本体性的价值体验，指向人应当具有的理想化状态。这两者都是指向未来的超越性体验，是人对主体价值力量和客体本质规律的超越性认识方式与完满的虚拟实现方式。

具体而言，个性主体在自我情感意识的驱动和自我认知意识引导下，由形而下的经验世界逐步进入形而中的知识世界和形而上的真理世界，体现了从历时空的特征发现与表象建构、共时空的规则发现与概象加工、超

① Edelman, G. (2004) Wider than the sky: the phenomenal gift of consciousness. Yale University Press, pp. 234 – 236.

② Bernard J. Baars, Nicole M. Gage. Cognition, Brain, and Consciousness. Elsevier, 2007. pp. 246 – 247.

时空的规律发现与意象输出之三位一体的多层级进化与创新历程，进而以此虚观万物、化变内外世界。它集中体现为指向自我世界、映射客观世界、超前预见对象时空的运变情景、虚拟演练和调整自我的思想与行为图式等系列意识创新的特点，具有对主客观世界的深广定位效应和精妙洞察效应。

同时，人的理念预演能力作为一种超越性、创造性和理性化的意识体验能力，需要依托人的主体性知识、自我参照系、元认知系统和人格坐标；它所体现的人的深广灵妙的想象力与精锐新颖的判断力，主要发源于主体的"自我—世界"模型系统。可以说，判断力是人的创造的出发点，也是主体运用逻辑方式尝试释说新理念的一种理性思维方式；而想象力则是人的判断力得以形成的感性根据，并体现了主体运用具身体验方式预演和直观检验自己的新理念的审美智慧。只有通过想象和理思相互交融的身心体验，我们方能发现主客观真理。

审美的彼岸是理性王国，理性的彼岸是审美境界，两者分别由美感抵达灵感，又各自返回现实中的对象世界与主体世界，并由理想目标激发强化出战胜现实、实现理想的精神动力。

2. 理念预演的本体效能

"对人的思维活动发挥重要作用的是想象力……这种活动可以说是感情和思想的一种净化，人们因而能够拥有那些最美妙、最高尚的乐趣：对艺术创造和思维的逻辑秩序之美的乐趣……我们认识到有某种为我们所不能洞察的东西，感觉到那种只能以其最原始的形式被我们所感受到最深奥的理性和最灿烂的美……因此，我非常真诚地相信：提高一个人的思想境界并且丰富其本性的，不是科学研究的成果，而是求理解的热情，是创造性或领悟性的脑力劳动。"[1] 进而言之，只有在审美情感的强力催化之下，人的想象力才能得以自由腾飞，人的理性思维才会释放出更加美妙、新颖深刻的智慧之光与创新之果。

那么，人的创造性灵感到底是从何而来的？对此，我们不妨听一听美学思想家杜夫海纳的深刻见地："只有当各种能力的运用好似被升华了之时，它们才能自由协调，在我们身上产生美的体验……既需要有人格的全

---

① 《爱因斯坦文集》第 3 卷，许良英等译，科学出版社 1986 年版，第 96 页。

部参与，又需要有超越真实之物走向理想化的非真实之物的能力……是什么东西给创造以灵感呢？是美的理想……因此，美是'理想'的表现；理想并不是抽象的，它是在理想化了的对象中出现的透明理念。艺术并不模仿，它仅仅理想化，在特殊中表现一般。作品的精神内容愈有深刻的真理，它就愈美……它实现了自身的命运，在完满的感情中获得了自己完满的存在和价值本原……审美对象所暗示的世界，是某种情感性质的辐射，是迫切而短暂的经验，是人们完全进入这一感受时，一瞬间发现自己命运和意义的经验。"①

可见，艺术并非是对现实或理想的虚构形式，而是对人格真理的具象表征与虚拟映射方式；同理，科学则是对物性规律与客体真理的具象表征及符号映射方式。进而言之，审美主体自己在内心通过感知对象的形式之美而发现了对象的情意之美，进而据此体验自我与对象的意象之美，建构与创造出"间体世界"的镜像之美。由此可见，正是我们内心的美感催化了自己的创造性灵感；发现对象的本质之美，乃是揭示对象的内在规律的先决条件。

第一，主体以未来时空作为思想坐标、以客观真理与主观理论作为价值目标，由此发动对个性主体乃至人类群体的历史性反思、现实性批判和未来性完善之内部设计和外部行为；由此发动对自身、人类、自然、社会、知识世界和精神世界的全息认知及改造完善活动。其中，精神世界由于体现了主观真理、主体理性和本体规律，因而具有的真理品格。

第二，人的精神世界由于能够发现与整理客观世界的发展规律，预测自然、社会、文化世界的演进趋势，因而具有镜像化的映射客观真理的价值品格。

第三，人的精神世界还能够通过学习与转化对象世界的运动规律，使之成为主体自身不断充实和完善的思想规律或主观真理，因而它具有不断增进主客观世界真理品质、经相对真理持续逼近绝对真理之建设性与可持续发展真理体系的创造性品格。

第四，人类的精神世界借助脑体活动的两极调节方式和双元进化模式

---

① ［法］米·杜夫海纳：《审美经验现象学》（上、下），韩树站译，文化艺术出版社 1996 年版，第 237 页。

而体现出心脑结构与功能之科学发展规律，同时显示了其善于自组织和不断调节自身活动的本体理性化品格。

人的精神世界能够通过理念而作用于物质世界：在广义的客观实践中，人的理念借助大脑的运动输出—身体活动这个本体中介作用于有关工具、仪器等客体中介，最后转化为物质世界的对象化价值；人的理念还可借助布罗卡区—言语、声乐表达系统及文字书写系统等而输出符号形式的对象化产物，主体借此来影响他人的感觉、知觉、意识和行为，从而实现创造性思想的社会效能与精神教化价值。在狭义的内部实践中，人的理念经由前额叶的神经网络而向全脑定向扩散、同皮质下结构及皮质其他区域的认知信息发生相互作用，遂能有效调节后者的心理学生物学之功能状态与结构活性，由此实现对主体的大脑与机体之内外活动的系统调节和超前引导这个根本目标。

3. 理念预演活动的神经机制

人的情感评价和行为抉择等意识体验过程，是主体得以产生美感经验，进而形成审美的价值理念并诉诸行为表达环节的认知基础。它们主要通过前额叶协同引导 PLRB 系统及镜像神经元系统来完成之。

具体而言，前额叶与枕颞联合区、顶叶的活动呈现强相关，且它超前发动（预期电位、准备电位、动作前电位和动作电位），强度相对显著，且活动持久。据此，笔者提出了皮层（情感认知）"三位一体"表象环这个学说，即前额叶作为"意念表象（中枢）"，能动作用于枕颞叶的"客体表象（中枢）"和顶叶的"身体表象（中枢）"，为后二者赋予哲理、诗意和名义，将之整合为立体全息的心理意象，来充任体验、认知、想象、评价和决策等高级复杂功能。同时，广义的皮层"三位一体"表象环，则由前额叶的"意念表象（中枢）"、枕颞顶叶的"感觉—概念复合表象（中枢）"和中央前区的"运动表象（中枢）"组成，由前者整合分析感觉信息和指导运动反应。

可见，前额叶不但有助于主体为认知和行动制定方略和目标，整合信息与命名赋义，而且也有助于主体借助情感活动创造诗意、美感、哲理、旨趣、理念、意向等深邃隽永的文化价值。前额叶扩展最巨、成熟最晚，以富涵文化符号（概念、法则、符号）和文化内容（哲理、诗意、观念）著称，乃是一种"文化叶"，并借其想象力、创造力与逻辑推演力而主宰大脑、身体和人生。

同时，人脑的镜像神经元系统也在人的理念活动中发挥着重要的信息转换作用：一是位于布罗卡区的镜像神经元能够将主体的具身表象转化为符号表象，将符号表象还原为具身表象（并发送到前额叶负责本体认知和对象化认知的相关亚区，包括用于意识性情感体验的腹内侧正中区，用于意识性认知决策的背外侧正中区，用于构思创作及规划实施自我和对象的具象活动内容的右侧前额叶上下部，用于构思创作及规划实施自我和对象的抽象内容与符号活动的左侧前额叶上下部、用于形成目标工作记忆的眶额皮层）；二是位于前运动区的镜像神经元能够将主体的理念表象转化为动作表象，将体象运动模式细化为左右侧肢体与器官的精致动作程序；三是位于顶叶的镜像神经元能够将主体所形成的对象化空间运动模式转化为本体性的空间感觉—运动模式，以便于主体对客观情景进行具身体验和反馈调节。

可以说，大脑据此形成了用于建立镜像时空的系列装置（神经网络）：一是主体感知对象活动的视听信源系统，二是主体内在模拟对象活动的本体动作系统，三是主体猜测与推想对象意图的动机判断系统，四是主体对自身模拟对象动作与表情之活动的本体感受系统，五是主体解释自己的模拟活动和确定自己的反应态度及行为方式与目的的价值投射系统。

进而言之，人的理念活动的脑电特征又是什么？笔者认为，其根本特征便是 21 世纪以来科学家所发现的大脑的 40 赫兹高频同步振荡波（即 λ 节律，40 赫兹以上，主要发生并出现于前额叶的前部中线系统之内。

其发生机制在于，前额叶新皮层对来自低位皮层及皮层下结构的上行激活系统所传递的信息进行广泛抑制，从而使前额叶的兴奋灶聚焦于少数几个动力部位，继而向低位皮层及皮层下结构进行定向扩散，由此导致大脑时空节律的重整变化，进而引发自上而下的 40 赫兹高频低幅同步振荡波之远程定向性多层级扩散现象，借此体现了主体高强度的注意效应、泛脑协同效应和意象映射效应。[①] 特别需要指出，λ 节律出现于人的紧张思考、复杂的意识活动和审美创造的心理高峰期间，并且体现为自下而上的

① 顾凡及：《神经动力学：研究大脑信息处理的新领域》，《科学》（上海）2008 年第 3 期，第 11—15 页。

逐层递增规律（从感觉皮层 15 赫兹以下的低频非同步振荡波、联合皮层 16—28 赫兹的中频低同步振荡波到前额叶新皮层的 29—40 赫兹的高频同步振荡波）。①

由此可见，40 赫兹的高频同步振荡波即是人类心理活动高阶过程的功能标志，也是大脑顶级功能的生物电峰值状态。人脑借助此种高频低幅同步振荡波的界内峰值效应和跨界性的功能共轭作用，有效实现了对神经电生理信息与认知心理学信息的时空匹配与完形整合，从而有助于标记主体的理念发生过程、意识体验路径和意象映射目标，更有利于主体提升对艺术创造产物的内在预演水平和对象化表达—物化实现水平。

4. 理念预演行为的认知作用、人格意识完善功用及自我实现的意义

人的观念或理念主要是指个性主体对自然世界、生命世界、文化世界、社会生活和自我世界的关系认知、意义理解、评价态度、理想图式和行为范式，它们可以借助多种意象体现于内在世界、对象化为外在形式，包括审美意象、科学意象、哲学意象等类型；而心理意象乃是对主客观规律的内在体现，包括主体的价值理想、道德观念、审美意识、科学真理和人格情操，也包括客体的运动规则、时空特征、本质属性和发展规律等内容。审美理念唯有通过审美意象才能获得内在显现，而后者又是对审美表象和审美概象的统摄、合取与重构整合方式，借此将对象的感性特征与知性规则及时空关系加以全息表征。

第一，人的理念预演行为具有认知创新作用。换言之，它具有主体对自我与对象价值的内在开发与具身体验效能。在意象审美过程中，人的眼前耳旁没有真实存在的对象（如自然景象和音乐声响），主体通过对自己内在的直接经验和间接经验进行变构重组和审美嬗变，进而创造出全新的审美经验，激发了全新的情感体验和激情想象，催生了全新的理念意象；其间，主体需要将上述的本体性理念与意象进行对象化虚拟投射，以便借此形成自我的价值镜像、虚观自我、虚拟实现自我价值。可见，该过程具有很强的自我价值对象化、对象时空内在性、主客体完善同步化及多元象

---

① ［德］沃尔特·弗利曼：《神经动力学——对介观脑动力学的探索》，顾凡及等译，浙江大学出版社 2004 年版，第 324—325 页。

征具身化等系列特点。

第二，人的理念预演行为还具有完善主体的人格意识、内在实现自我价值的本体性功用。其根本原因在于，人的这种理性思维活动具有意象映射的时空超越性功能。这种超越性一方面表现为主体心灵对客体时空的超越性认知，通过象征形式探观对象世界那深微宏阔的本真秩序，以及未来具备的完满状态。例如哲学、艺术理论家、科学思想家对人类意义、文艺活动和宇宙万物的深邃虚构和推验。这种超越性的第二方面则在于，人通过内部审美而获得自我净化，提升情感思维能力，完善自我人格意识，臻于大智大仁大勇境界；换言之，它有助于主体以内在方式促进其实现自我（或称之为自我价值的内在实现方式）。

（五）自我实现的思想智慧——主体—客体—间体世界的互动映射意识

可以说，进入物化状态的"间体世界"是一种"第二自然"；存在于主体内心的"间体世界"则是一种"第二精神王国"：它不同于个体自在和千差万别的主观世界，因为它同时涵纳了全人类的精神特征、本质力量、价值理想以及关于主客观规律的理性认识。所以说，它是一种全息聚合的价值结晶体，一种虚拟缩微的世界图式和真理范本。

审美的"镜像时空"同时摄取与涵纳了主客观世界的本质特征，因此能够表征主客体的核心价值，暗示自我与万物的存在意义；它的上述价值内容需要审美主体作出创造性的赋予（移情投射和想象性情景投射），进而主体才能进行对象化观照，并将观照的结果转化为变构和完善自我心灵的内在动力及精神构件。

那么，审美创造的认知方法论与思维操作原理究竟是什么呢？扼要而论，认知方法论包括三层内容：一是感性体验与具身认知，二是知性体验和符号认知，三是理性体验和意念认知。思维操作原理包括三个序列：一是表象思维与体象操作，其中包括主体对物象信息的本体转换，对自我体象经验（言语、表情、姿态、步态、肢体动作等）的重塑，对自我的情感记忆与自传体经验的更新等系列内容；二是概象思维与符号操作，其中包括主体对自我与对象之形态、情景、机理、结构、意义的多元想象，本体知觉的符号性建构与对象性知觉的符号性转换，涉及元体验、程序性记忆、语义记忆等抽象性规则；三是意象思维与理念操作，其中包括主体的意识性体验、理念性预演、意象性映射、体象性转换、动作性编码等系列内容。

其根本原因在于，人对世界的价值理解基于规律认知，这两者都是人实施创造性活动的核心内容。它们主要生成于人的意象建构与符号表达过程之中。对这些内容与过程的个性化操作程序、标准和媒介，便构成了人类审美创造的认知方法论和思维操作原理。

世界上万物变化和无穷运动的根本原因，就在于事物之间的相互作用。可以说，主体、客体和间体世界在"镜像时空"的多重复杂性交互作用，实际上体现了审美与创造活动的核心价值、本质属性和精神机制，并成为滋育美感、理想、科学观念、创作灵感和崇高人格的价值源泉。思想家齐美尔有言："真理存在于相互关系中，舍此便无法见出事物的本质。因此，真理作为关系的总和，是人们协调关系和把握关系的准则。"①由此可见，主体、客体和间体世界之间的多向互动品格，体现了审美活动乃至精神活动的本质规律。

具体来说，人类审美活动的根本奥秘，主要体现于主体、客体和间体世界的多重组合及其复杂的相互作用过程之中；而审美快乐的深层妙机，也在于主体的内在创造与对象化发现：既创造了完美的"间体世界"，又创造了自我的新经验，激发了新情感，练达了新思维，塑造了新人格，呈现了新理念，诞生了理想；继而，主体方能借助"间体世界"这个思想客体而展开个性本质力量的对象化投射，包括移情投射、经验投射、理念投射、符号投射、人格投射。

可以认为，正是主体的这种能动性的价值投射，才能在"间体世界"之中创造出至关重要和意义非凡的"镜像时空"，也才能借助观照"镜像时空"而同时发现自我世界、自然世界、艺术世界、生命世界和间体世界的新颖特征及奇妙意义。

1. "虚拟体验"的意识驱动原理及理性内容

虚拟体验具有与真实的运动体验等价的心身效应。例如，科斯林所做的"心理表象旋转"实验证实，那些经过与航空内容有关的自我训练

---

① S. L. Feagin. Global theories of the arts and aesthetics. *The J. of Aesthetic and Art Criticism*, 65: 27 – 28, 2007.

（内在演练、想象性情境）的飞行员学生，比未经此种训练者拥有更好的标准空间判断能力，并且其"想象性操移物体"的训练导致了实际上相应肢体的功能性改善：握持力增加、灵敏熟练性增强。① 这说明，人的意识预演活动对机体行为具有深刻的超前性能动影响，表象运动具有行为效应。意识转型的根本基础在于，主体能够运用理性之道对客观世界展开虚拟的意识体验，尔后需要将这种本体性体验情景转化为对象性的虚拟情景及实体情景。

更有意义的是，虚拟表象乃是理性意识表征外部世界与内部世界的特殊方式之一。例如，想象是一种内在知觉，通过虚拟的经验引起真如的感觉，并发挥关键的抽象概括和推理预测功能。卡巴纳克指出："对物体或事件的想象本身，可以被编码进入记忆，促进记忆材料的保存。想象运用了中枢的感知机制。"② 这说明，想象可以成为新颖的创造性信息之记忆内容和产生源泉，是知识和经验获得内化、活化并升华为智能的主要门径。

在人脑中，"物体的各部分是分别储存的，并且在意象形成过程中是被分别激活的。大脑定位实验证明，产生想象的能力在左半球特别发达，右半球顶叶在想象的转变和审视方面扮演着重要角色"。③ 因此，意识性体验即是指人借助理性观念来深刻感受自我与对象的某些本质特征；换言之，用意象形式呈现对象的感性特征、知性规则和理性价值。这涉及"我们的主观体验所对应的大脑神经基础"④。有相当多的证据表明，在神经过程和意识体验之间存在着密切然而并非一一对应的特殊关系。

艾克尔斯指出："没有现成的支配意识性精神事件和脑事件之关系的

---

① Suppe, Frederick: *The Structure of Scientific Theories*. Urbana: University of Illinois Press, 1974, pp. 76 – 77.

② Anderson J. R. Pylyshyn Z. W. Arguments concerning representations for Mental imagery: In search of a theory. Behavioral and Brain Science, 2002 (25): 157 – 238.

③ Tye, Michael: the Mystery of Consciousness. In C. Hookway (ed.), *Philosophy and the Cognitive Sciences*. Cambridge: Cambridge University Press, 1993, p. 230.

④ Van Fraassen, Bas C: *The Scientific Image*. Oxford University Press, 1980, p. 328.

规则，但必须找出这种规则。"① 立贝特指出："梦能代表那些和记忆相关的意识性体验。"② 由于意识性体验涉及前额叶等脑区，所以前额叶的意识中枢之角色是无可争议的。

一个饶有兴趣的现象是，刺激脑组织能引起许多神经元的反应，但并不产生任何意识性体验。为了引发意识性体验，特殊序列、频度、背景反应、预期电位和适当的持续期等神经元反应看来是必需的。这说明，一切有意识的体验均需要来自前额叶的理念的自主驱动。

总之，在人的虚拟体验等创造性意识活动中，前额叶在创造性体验、创造性想象和创造性推理方面发挥着关键的主导作用。人的精神活动——三位一体的意象体验与操作，乃是意识活动和元认知行为的核心内容。其中，元认知在人的意识建构与意识体验过程中发挥着主导作用。

所谓的元体验，即是特定意识指导下的主体对自身认知行为的返身感受；所谓的元知识，即是主体在特定意识指导下所集成的有关认知自身思维特征的知识综合体；所谓的元策略，即是主体出于特定动机与目的意识而设计形成并由次级心理结构所操运的认知方法或对策。由此可见，思维观念深蕴于主体的意识核心层面，并兼有认识论和方法论功能，从而成为元认知的主要表征体。

2. 意识系统的上下行运作结构

人类的一切外在行为均源于内在创造，意识进化乃是人类社会不断发展的内在动力。因而，揭示意识结构与功能的进化机制，这对于我们深刻理解人类的心智现象具有重大价值。历史上的唯心主义思想家把意识解释为纯粹的"内部状态"，将所谓的灵魂作为意识之源，意识活动仿佛是主体那深奥隐秘的大脑世界"与世隔绝"的自发过程或遗传结果。著名的精神科学家谢切诺夫一针见血地指出："十分明显，在'人的精神'内部寻找意识来源的所有这些提法都是没有前途的。"③ 因而，对意识发生或

① Von Eckardt Klein, Barbara: Some Consequences of Knowing Everything (Essential) There is to Know About one's Mental States. *Review of Metaphysics*, 1975, 2: 37 – 38.

② Woodward, James: *Making Things Happen: A Theory of Causal Explanation*. Oxford: Oxford University Press, 2003, p. 65.

③ John Heil: Philosophy of Mind: A Contemporary Introduction. Routledge, 2004, p. 461.

来源的考察，应当结合人的文化经验、个性行为以及人类心理系统的进化历程等密切相关的深广内容之辩证分析来进行，进而形成系统化的科学结论。

人脑的信息加工体现了上行与下行、前脑与后脑、左半球与右半球的互动互补与协同整合特点。本小节拟深入探讨心脑系统的上行结构与下行结构，以便为相关的多层级功能辨识奠定物质基础。

（1）上行性结构观

大脑的上行结构包括上行网状特异性激活系统和非特异性激活系统，前者包括特定的外部感觉和本体感觉之精细内容，后者包括各种散在的、下意识或无意识的本能性冲动；与之相应，人类心理系统的上行性结构主要包括本体经验、客体经验、自我情感、对象化情感等认知组织形式。

第一，上行性初级结构：表象化合平台。

从广义观之，表象可分为自然表象、文化表象、社会表象、人工表象；又可依其形态属性而分为形象性表象（如视觉物象、听觉声象、言语表象、文字表象、音乐表象、美术表象等）、抽象性表象（如语言表象、逻辑表象、符号表象、科学表象、模型表象、意义表象、人格表象、概念表象等）；依认知性质，人类心理系统的上行性初级结构又可分为本体经验表象、客体经验表象、自我情感表象、对象化情感表象等多元认知组织形式。

具体而言，心脑系统的上行性初级结构发挥着下列多元功能：一是内在生理功能（管理与调节机体与大脑之生物学代谢活动的自组织稳态效应），二是外在生理功能（以第一信号系统反射外部刺激），三是初级心理功能（保存与使用表象形态的经验信息和本体性的情感资源）等复合内容。其组构形式体现了多元形态，譬如，枕颞交界处的 V 4 区对色彩辨别有特殊作用，颞叶视皮层参与复杂图像识别和形状分析，顶叶视皮层与空间关系和视觉注意有关，额叶视皮层对视觉运动、深度知觉和命名分析定义活动均有重要作用；在三大感觉皮层的初级皮层之中，分别存在着"空间线条频率柱"、"言语时间频率柱"、"音乐时间频率柱"、"文字构件频率柱"、"体象动作空间频率柱"等特化的神经细胞群体结构；在颞叶等处，还存在着诸如"祖母细胞"、"他人面孔细胞"、"自我面孔细胞"等特殊优化的人像视觉认知神经结构。另外，科学家们还发现了皮质巨柱所包含的空间频率柱、颜色柱、深度柱、朝向柱和眼优势柱，以及片层状组织、交互性对称性的连接方式等精微的超复杂结构。

人的各种心理表象，皆生成于上述的大脑感觉皮层之中的初级皮层以及相关的皮层下结构之中，进而才会对主体的情知意活动发挥源头性和奠基性的感性信息驱动功能。尤其对于初入文化世界的小学生而言，他们的感性皮质处于快速发展时期，而作为知性载体的联络皮质和作为理性载体的前额叶新皮质尚未成熟。因此，他们迫切需要创建自己富于情感体验的表象平台，对过多的知识及理性内容则缺乏理解力和内化同构能力。如果执意跳过感性平台而一步登天，直入知识平台与理性平台，则会造成机械学习、知识奴性、情知意分家、人格行为解离等众多消极结果，严重影响青少年的身心发展和个性行为成熟水平。因此，以审美体验来深广激发与定向引导青少年的情感活动，建构丰富的表象天地，这对于他们形成爱好，培养学习兴趣和求知欲，以及建立以情趣美感为坐标的个人情感行为调节动力，都具有至关重要的源头基础性定向作用和动力价值。我们的素质教育和应试教育千万不能在青少年的心灵起飞时用"黄金"（知识）绳系束缚了他们自由翱翔的生机活力。

第二，上行性中级结构：概象生成平台。

概象活动是理性认识与感性认识的结合平台和上下行联系的桥梁。概象的生成方式以想象和推理为主，兼有偶然的直觉灵感（即左右脑的信息短路）等情形。其中，想象是体验、认知与思维活动的"火箭推进器"，推理活动则是"内宇宙轨道"和动力控制台。想象与推理之文化杂交、阴阳结合，便孕生了高于万物的独特思想产物——概象。

按形态种类划分，想象包括科学想象、艺术想象、爱情想象、宗教想象、历史想象、文学想象、哲学想象、技术想象、军事想象、政治想象等；按性质划分，又可分为形态想象、结构想象、功能想象、模型想象、语符想象、情境想象、机理想象；按时空特点，还可分为历时空、共时空、顺时空、逆时空、超时空性想象，宇观性、宏观性、中观性、微观性想象，解析式和聚合式想象。

推理包括演绎性、归纳性、情境式、符号式、直觉式等种类，又有形式推理、语义推理、机理推理、表象推理、综合推理、发散推理、结构推理等之分。如果想象是一种表象实验，则推理便是一种逻辑实验。

对于我们来说，推理教育有章可循，逻辑能力素来发达；想象力却来无影去无踪，无法可施、无章可循，但是有门可入：从表象→概象→意象；情感→逻辑→理性；经验→知识→智慧；爱美→求真→尚善；学习→建构→创造；……这是大脑心理演进的文化轨道，亦是生物人向社会人和文化人升进的智慧阶梯。

那么，概象生成过程遵从大脑心理世界的哪些规律与特征呢？笔者认为，枕颞叶构成客体表象中枢，顶叶构成本体表象中枢，前额叶构成意念表象（意象）中枢；其中，右半球负责以情感组织表象经验，左半球负责以逻辑自组织知识概念语义符号，前脑负责认知规则、命名赋义、机理性和共时空探索。想象活动是由右到左的"表象革命"，将表象经验活化和情感化，放射至更深广的时空天地；推理活动是由左到右的"概念革命"，即把知识、语符加以逻辑化和意义化，以揭示更普遍更本质的时空规律。想象与推理左右互动、名实互补；它们又与前脑的规则指导和判析解释活动上下呼应、相互优化制导和重组，从而引发了概象世界的灿烂廓出。

对于青少年（尤其是中学生）来说，培养演绎推理与归纳推理能力固然重要，但是首先需要强化本体性、中介性和对象性的想象类比、关系推理与直觉加工等概象生发能力的训练；教师要创设情境，拓展思维时空，激发青少年自由灵动的丰富想象，并使之与逻辑思维有机互动互补，形成情理交融的概象思维品质。

第三，上行性高级结构：观念（意象）发射平台。

历史上，有学者对人类的意象思维产生过疑问与否定，认为表象（或意象）难以被实证测量到，人类的意识活动属于"无表象思维"。①但是，现代认知神经科学业已证实，意象思维的确是合乎情理的实在心理过程。我们的任何思维都要指向某种特定的对象，该对象在内心的历时空表征方式便是表象，其共时空表征方式则是概象，其超时空的价值表征方式就是意象；我们无法设象在不直面某物时，能够对它进行空洞无物（没有形状、声音、色彩、动作、轮廓等记忆特征或联想原型）的思维。

---

① Searle, J: The rediscovery of the mind. Cambridge, MA: MIT Press, 1992, p. 451.

　　人类表达思想、情感和意向内容的最高形式，即是笔者所说的理念性表象或"意象"形式。① 在高级功能乃至高级结构方面，人类的大脑进化出了高阶心理世界（经验结构、知识结构；意象思维、理性意识；体现了人格行为的时空超越性和物化创造性），而动物仅有简单或初步的心理活动（从结构到功能）。譬如"意象"体验，是指客观事物未呈现于人面前时，人脑依据经验、推理、回忆、想象、联想、梦幻或直觉顿悟等因素，在脑海（心理世界）形成的关于某种事物的虚拟特征（如形状、声音、动作、色彩、字符、图像、面貌、轮廓等）。

　　概要说来，意象既是人脑对感性表象、知性概象的完形重整形式，也是对主体的情知意等心境动机与价值理念的全息融合结果，从而产生对主客观本质力量的全新表征图式与超时空性的内部世界模型，体现了人类对表象世界、经验世界、知识世界和精神世界的本质性把握与创造性认识水平。可以认为，绝妙的意象思维能力是人类所特有的高阶品格，理性意识和高级感性（如美感、道德感、理智感和灵感）构成了人类精神世界的顶级内容。

　　（2）下行性结构观

　　人类的创造性意识之心理内容及其进化方式包括情感化的表象体验，认知性的概象推理和综合性的意象思维。表象体验属于枕顶颞叶之感性建构阶段，概象推理属于联络皮层之知性建构阶段，意象思维属于前额叶新皮层之理性建构阶段。其中，人脑源于前额叶新皮层的意识活动对低位皮层和皮层下结构具有超前能动的下行性调制作用。据脑成像观测，在诸如紧张、应激、深度体验、奇妙想象和复杂思维等过程中，人脑的前额叶新皮质之能量代谢水平和生物电反应水平，都位居全脑之首。

　　第一，美感—道德感—理智感—灵感的前脑聚汇与泛脑下行性投射。

　　什么是心智进化的新动力呢？笔者认为，以人脑前额叶新皮质为核心结构的意象思维能力乃是最佳候选者。这是因为，第一，它成为基因活动及其表达产物与环境刺激因素相互作用的顶级平台和核心（信息）转换站；第二，它同时成为主体认识与改造内外环境的高阶动力，即以下行性

———————————

　　① 丁峻：《认知的双元解码与意象形式》，宁夏人民出版社 1994 年版，第 106 页。

方式体现功能对结构、高层系统对低层系统和文化对生物学内容之能动性、超前性引导调节作用——直至基因表达谱；以运动意象、行为意图等方式向外输出主体的情感智慧、人格文化及其观念知识产品，从而逐步提升了主体对社会环境、工具制度、自然事物的情感体验水平、思维智慧、人格境界及观念知识产品的创新品质，最终导致人类对社会环境、工具制度、自然事物和自我身心的种种改造与优化结果。

例如，前额叶的 40 赫兹高频同步振荡波的下行性扩散之神经动力学，引发了包括 V4 区及颞中区在内的立体知觉（同时加工视—听—体感觉信息）、执行模仿、理解与推测功能的镜像神经元等特殊结构的功能响应，进而扩散至三大感觉皮层的相关亚区，引发了人的经验变构和情感更新，体现了大脑生物化学信息、生物电信息与心理信息相互作用的中介机制及相互转化与整合的结构基础。这些进化特征有助于我们理解意识产物的第二输出通道（下行性内向返输入结构）及其重大作用的发生机制。

第二，以意识体验激发自由的激情想象：经由联合皮层第一层。

以人的知觉建构、虚拟经验创制和概念表征为例，青少年的概念发展能力大体分为定义性、关系性、表征性、机理性、意义性等五种形态，其演进特征依从体象动作性、形象感知性、具象模拟性、概象置换性和意象生成性等系列路线，由外在性、简单化向内在性、复杂化方向生长。人的这些关键的动力性情感经验、知识基础和想象力品格，均源自对音乐的意识体验和审美想象等高阶认知活动的下行性驱动与调制——后者具有早期的奠基性、动力性和定向性作用。

以人对音乐的意识体验为例，由初级听皮层（A1）—次级听皮层（A2）—第一听觉联合区（AAI）—第二听觉联合区（AAII）所组成的感觉皮层结构，为主体感知音乐的二级物理信息（包括音素—音位—音节等最小功能单元的声学特征，乐句—乐段—乐章的时空结构等），建构相应的本体经验和产生新颖的情感状态提供了大脑生物学载体基础。据理查德（Richard, S. J.）等研究，一是 A2 区不接受 A1 区的神经投射，而是接受来自 AAI 区的较为高级的听觉联合投射并向 A1 区反馈输入高阶信息。这提示我们，听觉感知皮层形成二级音乐表象（即关于音素—音位—音节的精细结构之物理声学心理表象）时要接受主体业已形成的三级音乐表象（乐句—乐段—乐章之宏观表象）的文本背景和框架关系的自上而下的调节，从而使得主体的情感动机与特定经验能够加入二级音乐表象乃至更高层级的心理表征体之中；二是前额叶新皮层向 AAII 区发出密集的定向投射，从而使得主体的音乐审美理念及理论知识与人格理想等形而上力量能够对音乐表象（及其所表征的当下经验和情感状态）的形成过程与内容风格施加积极超前的能动性影响。

其中，音乐体验对儿童和青少年的经验性时间空间概念、逻辑性时间空间概念、自然与生命概念、科学概念和哲学概念的建构形成过程，发挥着深刻久远的模式化作用。因为，音乐世界蕴涵了运动的时间和空间、变化的表象与心境以及超时空的形而上意义和物质运动的神妙法则。同时，音乐体验、知识基础还因着牵动了深广的体验和超时空的想象，遂使个体能够更深刻地建构和体验自我意识、宇宙意识、精神运动妙象和时空变化规律，从而对拓展人的创造性概念世界及其判断能力，推理直觉水平具有更高的动力平台支撑作用。心理学家布莱瑟顿认为，儿童对心理现象和自然现象的认知与概念加工，源于早期的想象性游戏和其后的艺术想象等活动；① 主体可以通过内心的表象转换过程来探索对象的意义、模拟对象的活动机制。

这些现象说明，深广丰富的表象资源和深厚浓烈的情趣意向，乃是催发人的自由想象、直觉灵感和哲理洞察力的决定性心理动力与精神基础。它们之间具有互动互补与整合优化的奇妙关系。唯有借助哲理意识的下行性还原，我们方能建构深广丰富的经验平台和完形严谨的知识平台，进而借此生成全息体验和自由想象，次第催化爱心美感、良心道德感、慧心灵感和平心理智感，引致主体释放直觉灵感、际会诗意意象。

第三，以新颖的概象催化特殊经验与情趣爱心：经由镜像神经元系统的中介。

心理学的"爱克森—多德斯定律"表明，在最佳区间，人的情感意向和旨趣动机越强烈，则其所获得的认知效果越显著。青少年的动机转移，其重要条件包括家庭教育、审美经验、成就经验、知识素养和情趣性格意志品格等内外因素；其中，审美动机对于青少年从直接性、物质性兴

① Bretherton, I., & Page, T. (2004). Shared or conflicting working models? *Development and Psychopathology*. 16, 551－575.

趣向间接性、精神性兴趣过渡，使乐趣上升为情趣和志趣、使动机向内在需要和文化世界迁移，具有重要的奠定作用和定向功能。其中，镜像神经元系统对人的移情体验发挥着关键作用。

譬如，由意大利帕尔马大学里佐拉蒂（Rizzolatti）等人所发现的镜像神经元（mirror neuron），就存在于人类大脑前额叶皮层的 Broca 区、腹外侧运动前皮质、顶下小叶、额下回和脑岛等区域。① 这些奇妙的"镜像神经元之于心理学，犹如 DNA 之于生物学；它们将提供一种统一的架构，并有助于解释许多至今仍不可捉摸并且难以给出实验检验的心智问题"。② 加莱塞（Gallese）的研究也证实，人类的镜像神经元系统具有推测他人行为意图的奇特功能。因而，镜像神经元系统构成了主体理解他人动作意图的核心神经回路。③ 就人类的社会化行为而言，与其他个体的联系和分工合作尤为重要，因此镜像神经元提供了人们同其他个体社会交流中的快速通道，被进化选择所保留并增强。

近十年来，国外有关镜像神经元系统的研究已涉及动作识别、意图理解、行为模仿、语言进化以及共情等多个心理学领域，构成了神经生物学与认知神经科学成果最丰富的领域之一。伊利基（Iriki）发现，人类与灵长类动物的镜像神经元功能存在明显差别，主要体现在人类镜像神经元具有"额外模仿"功能：人类不仅能够抽取高水平的目标（做某事），还能抽取更精细的辅助目标（以某种方式做某事）。④ 这说明，人类的模仿能力不只在于复制大脑所观察到的行为的总结果，而且还在于复制他人用来获得某物的特殊行为方式。这种模仿能力上的差异也许正是人类行为具有创造性的原因之一。

更为重要和更有意义的是，无论是在社会性的直接交往还是文化性的

① Rizzolatti G, Fadiga L, Gallese V, Fogassi L. Premotor cortex and the recognition of motor actions. Cogn Brain Res. 1996, 3: 131 – 141.

② Dobbs D. Why human are imitative. Scientific American (Chinese Edition), 2006, 8: 24 – 26.

③ Gallese V, Goldman A. Mirror neurons and the simulation theory of mind-reading. Trends Cogn Sci 1998, 2: 493 – 501.

④ Iriki. A. The neural origins and implications of imitation, mirror neurons and tool use. Current Opinion in Neurobiology, 2006, 16: 660 – 667.

符号交流过程中，我们理解他人或符号作品中的情感显得异常重要。这是因为，情感的共享通常是理解他人意图的重要因素，也是主体借以发现自我特点、体验自我价值、完善自我效能和实现自我理想的心理表征体之一。借此，人类才能拥有思想共鸣的能力，也可以身临其境地体验他人所体验的情感，甚至将类似的动作或情思表达出来（即所谓的"感同身受"）。对此，镜像神经元的发现很好地解释了这个问题。① 例如，维克（Wicker）等人借助功能核磁共振（fMRI）研究发现，主体产生厌恶感及或看到他人的厌恶表情时，都激发了脑岛中的同一组镜像神经元。也就是说，主体之类似脑区的活动引起了直接感受他人活动的体验方式。② 上述结果表明，在观察者与被观察者之间存在共享的某种神经机制，使得他们能够进行直接的经验交流。③ 另外，前脑岛和前扣带回皮质中的镜像神经元激活，可以表征主体对痛觉产生的移情体验状态。④

辛格（Singer, T.）等发现，镜像神经元还能表征人的某些复杂情绪，如嫉妒、骄傲、尴尬和内疚等。⑤ 布拉克摩尔（Blakemore）等发现，这些复杂的表情往往能够暗示他人对我们的态度以及我们和他人的关系，这种关系通过人们处理社会情绪的具身认知系统加以表征。⑥

例如，具有创造性动机的主体善于在其青少年阶段的"文化敏感期"和大脑心理的"生长迸发期"进行积极有效的"情感经验"与"知识结构"建设，从而为他们的知性发展和理性创造奠定了深厚耐久和自愿自

---

① Wolf N, Gales M, Shane E et al. The developmental trajectory from amodal perception to empathy and communication: The role of Mirror Neurons in this process. Psychoanalytic Inquiry, 2001, 21: 94 – 112.

② Wicker B, Keysers C, Plailly J, et al. Both of Us Disgusted in My Insula: The Common Neural Basis of Seeing and Feeling Disgust. Neuron, 2003, 40: 655 – 664.

③ Gallese V, Keysers C, Rizzolatti G. A Unifying View of the Basis of Social Cognition. Trends in Cognitive Sciences, 2004, 8: 396 – 403.

④ Singer T, Seymour B, O'Doherty J, et al. Empathy for Pain Involves the Affective but not Sensory Components of Pain. Science, 2004, 303: 1157 – 1162.

⑤ Singer T, Frith C. The painful side of empathy. Nature Neuroscience, 2006. 8: 845 – 846.

⑥ Blakemore S, Winston J, Frith U. Social cognitive neuroscience: where are we heading? Trends in cognitive science, 2004, 8: 216 – 221.

觉、自主自由的感性原动力。其中，对自然现象、文化事物或人类行为发生浓厚的兴趣，以及由兴趣爱好产生好奇感、求知欲和探索精神，乃是这种感性原动力的核心内容。这种感性原动力常常来自青少年对音乐、文学以及智力游戏的情景体验、移情想象和认知转换等过程。其中，镜像神经元发挥着特别重要的主客体信息转化作用。

3. 内向统摄作用与外向制导功能

人类可以在有意识的状态下从事有价值的主观体验与文化创造活动。这些活动具有改造现实、指向理想目标的显著特征，因而需要主体的意识系统发挥内向统摄作用与外向制导功能。其中，人的自我意识主要包括主体对自我与社会、自我与自然、自我与科学、自我与宗教、自我与艺术、自我与伦理、自我与家庭、现实与理想等价值关系的认知和行为图式。自我意识之所以能够制约人的社会意识的建构与发展水平，其根本机制则在于自我意识率先发生，且成为主体建构社会意识的内在参照系。

本杰明·丽贝特认为，人类的思维体现了复杂的认知性和有目的的创造性，这源于人的前瞻性意识。[①] 进而言之，人对自我和世界的意识体验，主要产生于出生之后，主要形成于其对外部文化之信息刺激的多层级内化—建构—表征—映射等复杂过程中。据艾克尔斯研究，人类的大脑前额叶、额叶和颞下回，在青少年时期才陆续发生髓鞘化。其中，前额叶新皮层的髓鞘化最晚，在22—26岁左右才逐步发生髓鞘化。[②] 这与人的心理发展水平密相匹配。

由此可见，人对自我和世界之理念模型的建构及其解释性和预测性意识的形成，均需要依托前额叶新皮层的生物学结构与功能之成熟状况。因而在讨论上述问题时，笔者认为应当借助考察音乐对人脑的重塑效应，来透视主体在音乐时空所建构的自我—世界之模型结构以及相应的意识解释与预测功能。

---

① 转引自［美］德加里斯·H.《智能简史》，胡静译，清华大学出版社2006年版，第238页。

② ［澳］约翰·C. 埃克尔斯：《脑的进化——自我意识的创生》，上海科技教育出版社2004年版，第138页。

（1）音乐镜像中的自我与世界

人类的自我意识和对象意识经历了漫长而复杂的发展过程。2003 年崛起的音乐认知神经科学，基于艺术—人文—神经科学一体化的宏阔坐标来深广精细地辨识音乐文化对人类大脑及意识的复杂影响，进而以神经系统的客观变化来印证并阐释人类借助音乐镜像来观照、充实、完善和实现自我价值与对象价值的心理机制及其表征方式，借此打破了以往研究意识的单一视域，机械方法与抽象论述等局面，有助于增强意识研究的可观测性，精确定量性，可重复性和系统整体性品格，有助于我们深刻理解音乐重塑人类意识世界的重大作用机制。

第一，音乐信息的主体性内化方式，包括感性层面的乐音—经验—情感表象建构，知性层面的和弦和声规则—旋律判断方法—想象与推理程式之概象（模式）建构，以及理性层面的乐音运动规律—情感思想规律—主客观世界深幽规律之意象（图式）建构等三大形态。

第二，音乐认知的时空映射结构，体现为感性表象的形而下和历时空体验，知性概象的形而中与共时空聚会，理性意象的形而上与超时空创制。

第三，上述认知机制建立于人脑长期进化而逐步形成的独特的多层级交互式神经网络结构之上：一是特异性与非特异性的上下行激活系统，二是后脑（以感觉皮层为主）形成的三级信息加工结构（即信息输入之投射层，特征提取之局部整合层和多元信息特征之全息整合层），三是前脑（以前额叶新皮层为主）形成的三级时空信息表征符合体（包括历时空意象—共时空意象—超时空意象）——或者说人脑所形成的最高状态与最终产物：有关客体世界发展规律与深幽价值之审美猜测和科学假说，以及有关主体自身的情知意之理想境界与未来行为的战略蓝图。由此，音乐牵动了人的深广体验与浑妙想象，遂使个体能够拓展优化情感境界、强化想象与推理能质、建构提升全息意识并集成辐射创新精神。

人类的音乐认知活动与审美意识，体现了人类认识自我，发展自我和完善自我（或回归理想与本质之自我）的本体观照与价值重建过程。① 结

---

① 洛秦：《世界音乐研究的学术价值和文化意义》，《中国音乐学》2006 年第 3 期，第 116 页。

构是功能的物质基础。认知过程中的心理结构体现为主体的心理要素（诸如感知觉，情感，思维，意志等）对外部刺激信息的同化方式；换言之，它体现了音乐文化内化—转化为主体新型心理活动的载体形态。

具体而言，人的初级听皮层（A1）—次级听皮层（A2）—第一听觉联合区（AAI）—第二听觉联合区（AAII）所组成的感觉皮层结构，为主体感知音乐的二级物理信息（包括音素—音位—音节等最小功能单元的声学特征，乐句—乐段—乐章的时空结构等）、建构相应的本体经验和产生新颖的情感状态提供大脑生物学载体基础。据理查德等研究，一是 A2 区不接受 A1 区的神经投射，而是接受来自 AAI 区的较为高级的听觉联合投射并向 A1 区反馈输入高阶信息。[①]

这提示我们，听觉感知皮层形成二级音乐表象（即关于音素—音位—音节的精细结构之物理声学心理表象）时要接受主体业已形成的三级音乐表象（乐句—乐段—乐章之宏观表象）的文本背景和框架关系的自上而下的调节，从而使得主体的情感动机与特定经验能够加入二级音乐表象乃至更高层级的心理表征体之中；二是前额叶新皮层向 AAII 区发出密集的定向投射，从而使得主体的音乐审美理念及理论知识与人格理想等形而上力量能够对音乐表象（及其所表征的当下经验和情感状态）的形成过程与内容风格施加积极超前的能动性影响。

以前额叶新皮层为主的顶级调节性元结构，为主体深入解读音乐作品的理性内容（即音乐世界的运动规律），把握客观世界与精神世界的规律，投射自我的美感—理智感—灵感与理念意识等活动，提供了最为复杂的神经载体。

可以说，一个意象之所以胜过千言万语，就因为它能够同时在历时空、共时空和超时空维度，在感性、知性和理性层面，在形而下、形而中和形而上境遇中传征主观世界、自然世界和艺术世界的多重信息。

概言之，审美活动的实质即在于主体借助客观形式来沟通精神世界与客观世界、意识与存在的深层价值。审美意象正是主体所构建的意识体验模型；主体借此理解自然形象或艺术符号的审美意蕴。因此可以说，审美意象表征了一个独特的间体时空，并且具有镜像映射的价值功能。

① Richard S. J. ：Human Brain Function. Amsterdam：Elsevier Inc. 2004，p. 63.

（2）人的音乐意识所体现的自我—世界之镜像映射的心理结构

人的自我意识和对象意识并非是抽象笼统的空洞概念，而是具有异常丰富和具体的文化内容。音乐文化作为对人的情感、理想、人格、思维和意识行为影响最大的精神催化剂，它在主体建构自我意识和对象意识的过程中发挥着强烈深刻和持久的信息重塑作用。

杜威在《我们怎样思维》中写道："音乐使人的哪些感觉受到影响、它以什么方式影响感觉？音乐是否表达了熟悉的东西并唤起新的感觉，从而改变人的情态与性格？说到底，音乐对人的影响贯穿于性情深处，尤其是改变了人的经验世界：旧的、熟悉的事物在经验中构成新的事物、唤起新的经验，这种新旧相遇的直觉及其贯通融合，则有赖于想象性的体验方式。"①

音乐作为"时间型"艺术，"能够把自身的音响性时空进展同客观事件的时空发展变化相联系，与人类对持续时间的经验相联系，与意识的未来和历史情境相联系"；② 笛卡尔认为，人的复杂情感可以循着内在的因果必然性规律，从经验的组合、情思的运动中派生出来。

由此可见，音乐的感性价值与内在意味来自于事实象征，并导向知性价值和内在规律之体认与表现活动，从而深刻地影响与改建了人的知识结构、概念世界及逻辑推理能力。对音乐而言，节拍就是其空间运动的秩序原则和时间造型原则，并借助实际时间与直观时间的互动耦合来取得主客观经验与规律的统一情景。因为节奏的快慢可以表征生命力的强弱与情态心境的涨落，节奏的强弱可以传达空间的远近感与时间的张力感。当节奏与旋律、和声结合后，不但能够表现主体情感思想活动的复杂内容，而且可以借助类比或比拟的方式来象征主客观世界之时空运动的同构关系，间接表现人的情感心理表象与外界事物的客观表象之运动特性和规律境态。

总之，唯有通过认识意识功能之所以发生与进化的来龙去脉和神经机

① ［美］约翰·杜威：《我们怎样思维》，姜文闵译，人民教育出版社 2005 年版，第 54 页。

② 崔宁：《音乐美育的情感思维功能及人格行为效应》，《杭州师范学院学报》（社科版）2003 年第 5 期，第 112—117 页。

制，我们才有可能变造自身的内在世界，并借此而对外部世界作出创新的认识与改造。

4. 元认知与自我意识的镜像时空

"观念是精神原子弹"。因为观念是思想的网结、理论的坐标和意识活动的经纬；意象即主体意念与概象有机结合的产物，具核心影响力的意象即是观念。人高于动物之处，就在于能够借助观念或意象形式来超前地、合乎规律地反映自我本质和对象世界的本质特征，就在于能够通过意象体验和意象思维来表征主客观世界的新价值、新特征、新规律，从而能够在观念世界中超越现实并实现自由。因而，观念创新乃是理性思维的根本内容，观念的变革与创新便成为意识创新的第一平台。那么，新观念又是从何而来的？

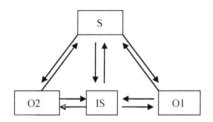

图 4　观念认知的共时空镜像模型及主体、客体与间体互动映射的价值关系场

（笔者绘制）

说明：S——代表理念主体（处于当下的现实时空）；O1——代表镜中的理念客体（处于对形而下—形而中—形而上世界的动态化、变构性、重组性与整合性的感性表征境遇）；O2——代表镜外的关联客体（处于历时空和共时空的联想境遇）；IS——代表理念认知所生成的中介间体（形象），处于双重表征与折射主客体价值特征的过去式—现在式—将来式之全息转换境遇。

根据心理学家奥立夫的定义，元认知是指主体调节其认知活动时所动用的相关知识、经验及策略；因而，元认知的结构自然包括元体验、元知识和元策略。[1] 显然，元认知与人的思维活动密切相关。但是，心理学家迄今尚未在元认知与自我认知、对象性认知等心智活动之间建立合理的对

---

[1]　J. N. Wood（2003）. Social Cognition and the Prefrontal Cortex. Behav Cogn Neurosci Rev 2：97 – 114.

应关系，从而使这个概念处于高度抽象和缺乏操作属性的境地。

（1）镜像时空的意识显影

笔者认为，我们可以围绕元认知与人的意识功能来讨论相关问题。人类的观念活动实际上衍生了一个虚拟的镜像时空：即由观念主体、主体间性/间位主体和观念客体所构成，彼此能够进行交互性的对象表征与价值映射，且与镜外的现实世界发生坐标转换与兼容混成。凭借镜像平台，主体可以从容展开历时空、共时空和超时空的价值体验，能够摄取形而下、形而中和形而上的妙象奥理，还能借此创构感性化的审美表象、知性化的范畴概象和理性化的观念意象。

按照理念认知—意识体验的镜像时空场这个全新的思想模型来分析观念运变之妙，即可逐步深化并层层剥析其迷人之处与惑人之处。笔者认为，人对内外世界运动规律的意识体验与理念认知，均发生并统一于个性化的"镜像时空场"。其中的"镜体"是涵纳主客体之规律性价值及互动关系的共时空表征体；"镜"中的主体体现了"主体间性"特点，既能折射对象化的主体特征与客体属性，又能与主体自身及镜内外的客体发生互动映射而妙不可言。（参见图4）

具体而言，意识体验主要是主体在观念层面亲历的一种生活经验，其价值在于主体借助创新的观念来获得全新的发现，使自己产生心灵的领悟、情感的满足和快乐。然而，主体创造新意象的活动又具有激发自由想象，提升表象判断能力和探索意义世界的深刻影响，它还在不知不觉中塑造了人的注意力或意志品格，对人的爱好旨趣和文化接受模式进行了早期定向，对人的深广爱心和道德情感进行了奠基性的坐标定位与建构。

也即是说，这种"可能性"通过主体体验"镜像时空场"中的音乐律动而得以实现心灵相通，此情此景中的"主体间性"又使作曲家、演奏家与听者之间的情感交流有了一个共时空平台；它又通过音乐想象而实现了表象转换或角色移情，遂使听者或作者进入音乐表象和音乐意象的运动前沿及核心层面，成为它们的"主心骨"。① 这样，听者就能借助音

---

① Elisabeth Schellekens：Aesthetics and subjectivity：from Kant to Nietzsche. Brit. J. Aesthetics，2004，44：304 – 307.

乐表象来还原作者的精神世界了，并深入其中成为自我表现、自我行动和自我创造的全新主体，在音乐表象基础上创造自己快乐自由的理想化精神世界之意象情境。对于欣赏文学、美术或自然风景的主体来说，这种角色替换或移情同化效应则相对有限而隐微，并且此间的表象及心灵的运动时空和情感象征深度也不及音乐那般丰富自由、跌宕起伏了。

（2）元认知与自我意识的中介间体

现有的哲学、心理学、美学及认知科学等理论研究，惯于按"主客"二分法这个经典坐标来标定意识主体与客体的时空关系。然而，由于主客体之间的相互作用比较复杂，通常需要借助一系列的中介体来渐进实现主体的价值目标。就人类的理念活动而言，也不可能直接在主体与客体之间传导价值信息、生成价值关系。因此，将具有主客体中介属性的"意识间性"概念引入元认知和自我意识的研究领域，便于人们借助其兼具的（主客体）双重特征和能够互动映射（主客体）的价值属性来间接透视理念运变的双元价值特征。

笔者建立的"意识间性"这个概念源于"主体间性"。"主体间性"的观念萌芽始于英国数学家和逻辑学家 A. N. 怀特海，他在《过程与实在》一书中最早阐述了主客体活动过程中的价值显现方式与条件。后来，经过现象学大师胡塞尔、梅洛—庞蒂，存在论哲学家海德格尔，古典解释学创始人狄尔泰和海德格尔的弟子伽达默尔等人的演绎发挥，逐渐使"主体间性"这个概念从方法论和认识论领域进入了本体论视域。

例如，梅洛—庞蒂认为："现象学的世界不属于纯粹的存在，而是通过我的体验的相互作用，通过我的体验和他人的体验的相互作用，通过体验对体验的相互作用显现的意义。因此，主体性和主体间性是不可分离的，它们通过我过去的体验在我现在的体验中的再现，他人的体验在我的体验中的再现形成它们的统一性。"①

认知心理学家坎达斯认为，审美文化不仅仅蕴涵着情感价值，更为重

---

① ［法］梅洛—庞蒂：《知觉现象学》，姜志辉译，商务印书馆 2001 年版，第66 页。

要的是还体现了不同个体对艺术、人生、知识和自然世界的认知模式与实现自我价值的独特方式。① 至于主要涉及主客体世界之变化规则与运动规律的科学文化，人类的认知必然要经历"客体主体化"（即知识内化）、"主体创生化"和"主体对象化"这三个逻辑加工阶段。

总之，人类的意识活动中存在着"价值—真理间体"，它不同于哲学、美学及文学、社会学领域的"主体间性"概念。它与主客体处于共时空境遇，能够同时表征主客体世界的某些价值属性，同时又能分别与主体或客体对象展开交互性的价值映射。可见，这种"价值间体"实乃一种真正意义的价值中介体、一个独特的"第三世界"；主体借此方能观照自我，并与客体展开形式与价值的互动映射。同时，人的理性思维、意识体验与意象认知均发生并统一于个性化的"镜像时空场"。其中的"镜体"是涵纳主客体思维价值及互动关系的共时空表征体；"镜"中的主体体现了"主体间性"特点，既能折射对象化的主体特征与客体属性，又能与主体自身及镜内外的客体发生互动映射而妙不可言。

总之，心理意象乃是人脑对主客观规律的内在表征方式，包括主体的价值理想、道德观念、审美意识、科学真理和人格情操，也包括客体的运动规则、时空特征、本质属性和发展规律等内容。审美理念唯有通过审美意象才能获得内在显现，而后者又是对审美表象和审美概象的统摄、合取与重构整合方式；主体借此将对象的感性特征与知性规则及时空关系加以全息表征。

康德认为，判断力行为所体现的人的审美趣味，其最高范本只是一种观念或意象。② 审美意象来自创造性的想象力，主体还要依托理性原则，借形象显现理性观念，如此才能超越经验和自然，创造出"第二自然"。所以，审美意象是表征理性观念的顶级心理形式，因为一般的理念可以借助无穷个感性形象来表征之，但是却没有任何一个足以充分地显现之。审美意象与理性观念都有助于揭示事物的本质和规律，因而都带有普遍性，

① Brower, Candace: A cognitive theory of musical meaning. J. of Music Theory, 2000, Vol. 44, 2: 132.

② 转引自朱光潜《西方美学史》下卷，人民文学出版社1983年版，第387页。

并能引发无数个相关或类似的意象与观念。①

　　笔者注意到，在主体对象化和对象主体化的审美认知考察中，德国思想家发挥了首要作用和核心力量。德国心理学家和美学家立普斯深入解释了审美移情的身心动因：审美过程中的"人格化"的移情在于以人度物、设身处地、把物看作人："我们总是按照我们自己身上发生的事件去类比，即按照我们的切身经验去类比，去看待我们身外发生的事件"，从而"使事物更接近我们，更亲切，因而显得更易于理解"。②

　　同时，他强调说，人的审美对象并不是实体特征，仅仅是外观形式的特征；后者进入人的感官形成感觉表象，再与主体的情感理念相结合，遂形成了全新的审美意象。于是，"在对美的对象进行审美观照时，我感到的不是面对对象或与对象对立的情景，而是自己就在对象里面……所以审美的欣赏并非是对某个对象的欣赏，而是对自我的欣赏。它是一种存在于主体身上的直接的价值感受。审美欣赏的特征在于：在其中，主体所感受的愉快的自我和使主体感到愉快的对象并不是分立的两回事，这两方面都是同一个自我，即直接经验到的自我"。③

　　换言之，审美欣赏所面对的乃是对象与自我的感性统一体。笔者据此建立了"审美间体"（这个特殊的主客观统一体）及其"镜像时空"模型，旨在为揭析人类的审美奥秘奠定认知框架基础。立普斯揭示了主体借助经验的整合而形成审美意象的内在规律，此类规律作为共同体或整体而对人的审美移情与共鸣发挥动力作用；它们实际上是主体的"自我"、情感、人格及理念的体现。因而他概括说，美感就是主体"在一个感性对象中所感受到的自我价值"；"一切艺术和一般的审美欣赏，都是对某种含有伦理价值的事象的欣赏"。④ 从这个意义上说，美与善密切相连；所谓的美感、道德感、理智感、自豪感、自尊意识、创新精神，实际上是主体人格理念的对象化投射与本体性回射汇合而成的聚焦体验。

---

　　① 转引自朱光潜《西方美学史》下卷，人民文学出版社 1983 年版，第 387、388、395、481 页。

　　② 朱光潜：《西方美学史》下卷，人民文学出版社 1983 年版，第 600 页。

　　③ 同上书，第 606 页。

　　④ 转引自朱狄《当代西方美学》，人民出版社 1984 年版，第 86、87—90 页。

　　杜夫海纳认为，审美对象是一个双重的世界，具有二重存在方式：
"它连接了呈现出来的对象自身的特点和被意识到的对象自身的存在
特点。"①

　　可见，审美对象和审美经验成为杜夫海纳着力解析的思想焦点。他认
为："在审美经验中，观众所体验的是审美对象；而审美对象起源于艺术
作品或自然景象的某种外观形式，人们借助审美知觉而将这种外观的形式
结构转化为审美对象。……只有当审美对象存在于观众的意识之中时，它
才是完整的。"② 为此，"我们必须提及主体被客体所异化的情景"；他特
别强调说，感觉作为一种中介，连接了主体和客体这两种世界的深层结
构，导致了这两种世界的相互作用；而情感作为审美知觉的节点，使主体
与客体融合为合二而一的审美经验，从而使主客体之间的交流与相互成全
变得可能。

　　换言之，借助情感映射，主体的价值特征才会呈现于对象之中，从而
使审美对象能够揭示人的精神世界；同时，被表现的世界的深层特征也会
投射到主体的心理世界，亦即审美对象同时造成主体情知意世界的结构重
组与功能嬗变，使人的潜能特质和价值理想得以内在实现。在对象改变主
体这个问题上，杜夫海纳没有加以深入展开，但是，他所强调的主客体世
界在深层价值上的相互作用，审美对象逐步凸现于审美知觉和审美意识之
中的观点，无疑具有重要的独创性。

　　同时需要指出，单有艺术符号尚不足以表现或再现有意义的世界，艺
术符号必须经过主体心理世界的多层级还原、转译、添加、发掘、创造和
灌注，借助主体内心的经验表象、情感表象、知识表象、理念意象、想象
性表象、人格表象等创生产物，方才能够获得彻然的表现或再现效应。在
此，主体对艺术的世界审美加工或二度创造能够同时表现、再现、创造、
体验和完善两大世界：自我与对象时空。这个"对象时空"不单包括符
号形式，更重要的是造成了血肉丰满、内蕴与形式水乳交融的崭新的意象
世界（主体所内化创生及对象化、形式化的主客体审美意象）。

　　"情之所钟，金石为开"，即是说，人的情感所钟意的目标体现了主

---

　　① 转引自朱狄《当代西方美学》，人民出版社 1984 年版，第 91 页。

　　② 同上书，第 92 页。

体的某种深刻而强烈持久的内在动机，标志着主体的某种价值理想。情感对人的思维、意志和人格行为的巨大影响，体现于对想象活动的动力激发、对个性意志和毅力的凝聚强化、对人格行为的有效调控和定向引导等方面。

总之，人的意识活动中存在的"中介间体"，实质上是表征意识主客体之共时空全息关系的异质同构物态象，能够同时吸收与折射对象化的主体特征与客体属性，且能与主体自身及镜内外的客体发生互动映射而妙不可言。它与主客体处于共时空境遇，生成于主体的想象性体验与虚拟创构过程中。主体借此方能观照自我，并与客体展开互动投射。主体据此形成"间体预演—镜像映射"的意识表征体。

主体的移情体验—想象判断—理解共鸣等意识活动，均借助系列心理表征体来实现之，即历时空和形而下的表象重构—共时空和形而中的概象耦合—超时空和形而上的意象契通；这三级时空跃迁、三重形态嬗变和三种表征体的互动—叠加—变换—协同过程，即蕴涵了意识活动的动态本质和意识认知的深幽奥妙，并为镜像时空的"间体预演"、价值映射及主客体意象的全息嬗变情形所聚焦映射。

兴趣是个性主体获得情感发展与认知进阶的根本原动力。为此，我们应当借助经验重塑和情感强化来提升自己创造"间体意识"之多元价值的内在能力。进而言之，教育推动人的发展的根本目标在于，一是引导主体在审美镜像体验中发现对象之美和自身价值，在主客体与间体互动映射的奇妙过程中激发内在的价值意识；二是借此促进主体的本体经验形成、本体知识建构、本体情感塑造、自我意识养成、元认知能力廓出和自我参照系形成，以此为主体的智慧能力转化和思想产物的社会化奠定认知范式转换所需的中继站基础。

5. 道德理念升华与情感意识完善的本体价值

青年是国家的希望之所在和人类的未来之象征。为了促进他们的道德理念升华和伦理人格完善，我们需要强化青少年的审美体验活动，弱化有关艺术知识与技能的机械式训练；减少知识传授量和被动的作业时间，增加丰富多彩的活动体验及思考讨论场景（如游戏娱乐、观察欣赏大自然、聆听音乐、观赏美术与舞蹈、科技小制作、社会采访对话、查阅文献解决小问题等）。要保证青少年自由快活地选择闲暇生活，借此激发陶冶他们的爱趣、求知欲和探索精神，形成一种为人格和学习而定向的情感动力与经验印记，从而为今后更长期更复杂的学习、人生和工作奠定深厚扎实的情感动力，打好潜能特长所赖以发展升进的经验结构与知识基础。这些素质是滋育想象力和推理力的最佳精神温床。

米妮博士发现，经常被母鼠舔舐和爱抚的小鼠，在长大后将变得更加健壮和勇敢，同时也会对自己的孩子以同样的关爱。因为当幼鼠被舔舐和爱抚时，其大脑中海马体内指导合成肾上腺皮质激素受体（应激激素的受体之一）的基因表达活动增强，同时引发了诸如神经递质、神经肽及其受体合成水平的相应变化（增加或下降），由此形成了大脑调节应激压力的一种积极有效的动力学模式，从而有助于幼鼠长大以后更好地控制对压力的反应、引起大脑机体相关基因的长期性协调性变化。可见，双亲为子代提供的行为养育环境对后代的大脑发育和永久形成大脑控制压力反应的基因模式，都有很重要的奠基性塑造影响。

2001 年 11 月 25 日，《芝加哥论坛》报发表了加州大学圣地亚哥分校盐湖城研究所 H. V. 布拉格教授的研究成果。这位细心的女科学家发现，那些经常在跑步机上运动的成年鼠比久坐不动的成年鼠更健康、更机灵，因为前者的脑细胞增加数量和速度显著大于后者。为此，她风趣地说："我要用双脚驱动大脑，用跑鞋激发神经细胞的青春活力！"

更重要的是，布拉格和吉尔德博士同时发现，持续的身心压力以及懒得运动、沉默寡言，不但会引起抑郁烦恼等精神疾病，而且会导致神经细胞再生停止，使现有的脑细胞开始萎缩。这是为什么？洛克菲勒大学的布鲁斯·麦克艾温教授精辟地指出，长期应激会导致应激激素的高水平分泌，从而引起对神经细胞和免疫细胞的杀伤效应。因而，积极的机体运动和心智活动能够使人们摆脱抑郁、促进脑细胞新生、增强现有脑细胞与免疫细胞的活力，从而有助于提高学习记忆效率和思维创造水平、保护身心大脑健康。与之同时，他们还惊异地意外发现，身体运动可以引起动物生殖细胞的数量增长、受体增加和结构功能的良好发育。

据粗略的保守估计，一个人每天跑步半小时，可使脑细胞增加数千个以上。经验也证实，一个人长期处于令人心烦的环境中，会逐渐变得反应迟钝、麻木、情绪低落、活力委顿、失眠和记忆力下降。在睡梦中，新生的脑细胞忙于同大脑中的现有细胞网络建立突触联系，从而对于记忆的巩固与整理、对于人恢复脑体活力和维系身心健康至关重要，尤其是在人类，随着中年以后年事增加而开始了缓慢的脑衰老或退化过程。随着年龄增加的应激激素（肾上腺）分泌水平，在其中发挥了主导性的消极作用：它尤其对海马区和新皮质中的现有神经细胞具有毒害性，并且能抑制脑细胞的再生过程、降低免疫细胞的活性。

为什么老年女性不容易患老年痴呆症呢？因为她们在家务中永不退休、是"终身工作者"、对家人的关爱有增无减，她们需要经常诉说、交流和表达态度，要去购物、洗涤、烹饪和擦拭器具，与邻居、亲友免不了亲近坦率的唠叨絮语。所有这些言语活动、体力活动和情感思想活动，均大大有益于脑细胞再生，有利于其大脑增强神经细胞和免疫细胞的活力，纾缓心理压力，改善身心健康与脑体功能。

相形之下，老年男性从社会职业上退下来，若不能积极转换角色、分担家务活动和调整人际交流对象，便很容易产生失落感、无聊感，懒得说话、懒得做事、懒得运动，从而对大脑的老化和心理消极化、体力退化进程推波助澜。所以，老年人要多多开动大脑和双脚，活动手肢与感官，走出家门，到自然中寻找快乐与健康，从艺术欣赏和阅读书写、从肌体运动中寻求生机活力与诗意乐趣。

从这个意义上讲，一方面，大脑控制与塑造人的行为；另一方面，人的身心活动也在反向塑造和控制着大脑的生理变化与结构状态。生命在于运动，永葆活力需要身心的健康运动。对此，任何外在的"灵丹妙药"都远不能济事，健康与智慧的钥匙就在人的身心运动中。

总之，每个人都需要精心呵护前额叶。男性的左脑优势比较突出，女性的右脑优势相对显著。而前额叶的细胞数量与结构发育，则既受遗传因素的影响，又受到后天早期经验与行为的塑造和引导。尤其是在日常计算、遣词造句、揣摩别人、学习技能、感受人文自然艺术、形成责任感与关爱意识、调节自我行为和适应人际环境方面，都需要更多地动用前脑和右半球。因而，女性在经验积累、行为引导、情感激发、动机目的协调和应变性思考等方面，比男性有着更多的使用（右侧）前额叶和右半球的机会，进而造成其前脑拥有更密集的神经细胞。中年之后，男性的认知天地在进一步扩展、社会活动圈在进一步扩大，而女性多以家庭为中心、以工作作为一种生存补充的手段，继续重复以往的经验活动和认知模式，从而使其左侧前脑失去了富有新意与深度的信息刺激，由此引起左前脑的较早较快的结构退化。为此，我们希望中老年女性适当增加认知活动、维持巩固审美爱好，以便借此延缓大脑衰老，促进身心健康和生活幸福。

富于美感和灵感的性爱能够显著提高子代的心智大脑发育水平，因此每个青少年都要注重身心发育和精神成长，以便为最佳年龄和最优身心条件下的精神创造与生命创造打好生殖健康与心身健康基础。这牵涉到人的身心最佳创造期问题，也涉及人的情感在何种年龄与文化体验下能够激发活化概象思维、提升认知能力等心身科学之动力学机制。认知科学证实，（1）能激发体内性激素和其他激素最佳释放（黄金脉冲律）的东西，叫做神经激素。（2）神经激素位于脑垂体，有多种，且同时具有神经递质和激素两大效应。（3）神经激素受去甲肾上腺素、肾上腺素、五羟色胺等重要神经递质的激发与调节。（4）这些神经递质，在下丘脑、丘脑、海马、杏仁核、边缘旁回及大脑皮质分布，强力受到前额叶和枕颞叶的双向激发与驱动（上行驱动与下行驱动，感知激发与意念激发）。（5）以质的信息容量和功能水平，深深受到人的艺术修养、知识素质和理性观念的制约。所以，高质量的性爱由大脑调控；美感、灵感和胆气活力则是大脑的高级力量、关键机枢。

笔者的最新科学实验也证实，音乐教育能够显著缩短大脑的"事件相关电位"（P300）和"认知电位"（P400）之潜伏期，并能显著提高两者的峰值波幅；音乐心理生物学家 Rong X. W. 发现，长时期的音乐体验能够提升人体中的多种与生殖活动密切相关的激素、递质、神经肽和生长因子，还能促使大脑的垂体后叶加压素 AVP（4—8）分泌增加，使"即刻早期基因"c-fos 的转录水平提高 600 倍，使皮层与海马的神经生长因子（NGF）之基因转录水平提高 2 倍，使联络皮层的神经元数量与突触数量增加 1/5—1/3。而 NGF 是长期记忆的重要分子元件之一，是工作记忆与内隐记忆的微观动力学调节因子；c-fos 对突触分化、学习记忆和情感认知发展等精神建构心理塑造活动，具有至关重要的影响；联络皮层则是人类大脑与心理加工知识概念、认知抽象事物和形成概象思维能力的核心结构区域；AVP（4—8）还对脑源性营养因子（BDNF）之基因表达有明显强化作用。在想象性思维过程中，音乐概象之体验可以提高自右向左（脑）的"表象革命"水平，其概象认知则能够促进由左到右（脑）的

"符号革命"，使相关的逻辑概念获得最深广的表象还原与感性形态。

进而言之，从细胞水平、器官组织到脑体系统，人的身心系统发生发育和成熟的规律是：（1）从上到下；（2）从简单到复杂；（3）从粗浅轮廓到精细深层；（4）从生物学、生理学到心理学水平；（5）从结构到功能；（6）从局部到整体；（7）生理功能成熟后的环境教育可以正向影响该系统的多级功能发展；反之则为负面影响；（8）结构功能成熟前的干预调节显著优于成熟于特定水平之后的干预调节；（9）从初级性层面、系统，到高级水平的有序调节，应利用"生长迸发期"同时亦是"致畸敏感期"这一特点，抓住感觉发育（从结构到功能）在前、运动发育在后（从结构到功能）和大脑突触重建的关键性可塑期（从3岁—17岁为主）等规律，努力用优质的文化经验和知识内容来建构青少年的感性、知性能力，杜绝环境方面的物质性、精神性有害刺激，加强多维物质营养和文化刺激，为个体后天的身心发育和意识发展提供良好的外部条件。

6. 社会意识内化与自我意识创新的严峻挑战与时代契机

人的社会意识需要借助社会行为加以体现，其自我意识则与社会意识构成了一种相互映射的价值镜像联袂体，从而使得主体能够分别借助对象认知自我、借助具身体验来认知对象，进而获得主观与客观、自我与他人、情感与理智、思想与行为的协调统一。因而，一个人的社会意识之内化和自我意识之创新，都离不开他对内外行为的合情合理的设计、建构、修整、操练、体验、完善、内在实现和对象化实现等根本环节。

由于情感动机乃至审美动机是现代文明人的行为之原动力，感性需求与爱美之心是人的首要需求，所以培养文明行为应当从情感启蒙、审美教育入手；抽象的道德说教、单纯的纪律规则约束与监督、批评、惩罚等方式，可以作为塑造青少年行为之补充手段，但不应成为主要方式。

这是因为，青少年的心理发展尚未结束，其理性意识、道德感、理智感尚未成熟，缺乏意象层面的情知意整合与人格行为的有力自控能力；他们感性敏锐、审美潜能发达而强烈，习惯于从表象体验与概象联会中来生发情致、孕育梦想和表达情意；他们的人格坐标正在隐约廓出，自尊心很强，格外敏感、任性而脆弱，缺少基于理想与意识判断所形成的坚强意志，经不起社会各种事物的诱惑。所以，青少年既是独特的个性之人，又是个性意识尚未成熟的人。对于其行为发展与塑造，要由家长和教师等进行正面引导，创设情境体验与审美空间，使他们接触健康优雅美好的知识与生活，激发其爱美之心与审美之情，培养起内在的行为动机——高尚而文明的行为原动力。

7. 提升青少年的自我意识，借此强化其社会意识

自我意识之所以会制约人的社会意识的建构与发展，其根本机制则在于自我意识率先发生，且成为主体建构社会意识的内在参照系；其中，主体的自我经验记忆、情感体验、认知判断、想象设计和理念标定等，均对他的社会意识之建构发生着深刻持久的重要影响，从而决定其心身修养、情感品质和人格意识的基本特质。可以说人格意识及其对社会文化的具身体验和镜像认知，是个性主体建构社会经验、操练社会认知、培育社会情感、养成社会意识的核心环节与关键的心理平台。

哈佛大学校长福斯特于 2009 年 3 月发布《关于哈佛大学实施艺术教育核心战略的陈述报告》。她借鉴该项目所聘请的全球 200 多位著名的艺术家、科学家、教育家、政治家、管理家和实业家的观点，认为艺术教育具有四大独特功能，且体现了其他文化所无法取代的强大作用：一是有助于人们创造新经验；二是有助于人们激发新情感；三是有助于人们产生新观念；四是有助于人们创造新型实践方式。因而，艺术教育对于哈佛大学在 21 世纪继续保持世界一流的思想领袖之主导地位，提升全校师生的教学科研创造力，推动艺术社会化和创意产业发展，促进学校内外公民的情知意行之全面自由和谐挺进，都具有重大和深远的战略意义。

2000 年 1 月 1 日，在法国巴黎的联合国教科文组织总部大厅，当时的该组织总干事鲁尔发表"新年献辞"。他尖锐深刻地指出：纵观人类 20 世纪的教育事业，至少欧洲的教育是失败的——因为它只为少数人服务，旨在造就精英人才，从而疏远和冷落了大多数青少年的正常全面发展。

为此，他倡导重新认识艺术教育对青少年精神生活的奠基性建构作用和身心行为调节功能，大力强化对所有中小学生的这种感性启蒙工作，以真正造益于绝大多数青少年情知意世界的健全自由正常和谐性发展。可见，教育的主体性坐标缺席与人性的异化乃是世界性的普遍问题。因此，让教育真正回归青少年的感性世界并带动知性和理性的动力性发展，是当代教育的根本目标和主导责任所在。

特别需要指出，青少年体现于学习、求知、思索、人生和事业中的这

种坚定意志，完全建立于志趣体验、智性想象、价值世界虚拟发见和伴生美感诗意、爱心妙趣、灵感直觉与自由自在之精神基础之上——它是自觉自愿、自主自动的感性之果、知性之矢和理性之态，不是违反人的心脑发展规律、拂逆主体内在情趣、愿望动机的外部强加物，不是在家长、教师、学习成绩、高考和求职等功利性目标压迫驱使下的被动性痛苦性行为取向。所以，从培养青少年健康完整的个性精神世界出发，更重要的是要激发引导他们的情感动力和方向，使之建构起耐久深广和动力性的感性素质，由此推动知性和理性的层级性发展，整合练达美感、灵感、道德感、理智感及相应的意志力品格状态，从而形成"大体验—大意象—大人格"的高阶精神世界，在情知意的深广活化、整合辐射与协同互动中走向内在创造和外在创造的新天地。

对于身心处于发育阶段和塑造状态的青少年来说，其更为重要的精神建构内容不在于复制书本上的客观知识，而是在于将前者转化为自己的主观知识（即认知自我、发展感性、了解与自我身心有关的生命科学新知识），积极深化与拓展相关的直接经验，以便更好地和更有效地洞察人生与自然、把握社会关系和事业方向。因此，那些体现新知性、人文性、科学性和超越性品格的哲学文化教育，便成为提升青少年创造性意象思维的高阶文化平台，审美教育则是激发其情感体验素质的基础性源头动力，而想象推理之思维教育又是开发其概象融通素质与知性能力之中介加工平台。

在此需要指出，一是创造性思维不单需要智力支撑，更需要情感体验和意向动机等非智力因素驱动，它们交融一体、有机互动，任何人为的分离式解析都是不妥当的。特别是，想象力只是在形成某些高质量的东西时才对智力有所贡献。二是想象力也不尽然纯属智力，而是包括了人的情感体验和知识经验内容，以及在多元概念空间建立新关系和预定中长期战略的直觉虚拟能力。三是意识与智力的关系。人的意识包括自我意识、自然意识、社会意识、文化意识，还可分为情感意识（审美与伦理）、认知意识和人格行为意识等组分。所以，有关时空的超越性认知与未知世界的假定性意识是意识中的核心部分，创造性是智力的本质内容，也是意识活动的核心标志。

所谓"最好的医生是自己，最好的药物是时间，最好的心情是宁静，最好的运动是步行"；其实都渗透了伦理爱心之乐、认知通达之乐、诗意自淘之乐。这些深广开放的达观与自得，本质上是源于审美与道德体验的美与自尊自足之乐，源于认知与理性思维的真妙与永恒之悟。冰心摘诗："世事沧桑心事定，胸中海岳梦中飞"，即是讲意象品格决定心态行为之情境；而马寅初的"宠辱不惊闲看庭前花开花落，去留无意漫观天外云展云舒"之名句，则道出了以不变应万变，以真理探索之乐笑对世事纷扰命运变迁的大人格大气量之动机；李政道同样有"细推物理须行乐，何为浮名绊此身"的高远志向与超达情怀。

那么，什么东西才是造成我们持久乐趣的基础呢？笔者在美国俄勒冈州和纽约期间，结识了几位成功的华裔科学家和企业家。他们的亲身体验耐人寻味，富有启示性。任职于波特兰大学的生物学家 F 先生已经退休。他对笔者这样说："无任你取得了多么重要的成就和荣誉，实际上都并不重要。当我面对这些东西时，内心反而不安起来。唯有全神贯注地投入思索和实验过程时，自己的爱心和智慧被生命奥秘牢牢吸引住时，才会有一种激动和狂喜入迷的满足感……"

第一，改变自我，调适压力，转化释放更大的身心效能。我们无法按自己的意愿改变社会和他人，更无法逃离和超脱这个世界，又不能忍气吞声地苟且消沉下去。唯一的办法，便是改变自己和适应社会，以求得自我平衡与发展。

从心理学上看，调适天性的主要内容是选取适宜的欲望目标和享受观念，在生存欲望、发展欲望、享受欲望和表现性欲望中确立适合自己的一种统一方式。重要的一点经验是，应当区分自己真正的需要和人为的需要，建立源于自我内心的真实动机，使自己的需求目标被旨趣能力所胜任，在适度的奋斗和紧张生活中享受到精神乐趣与生活利益。

在调适压力方面，要注意人的心理紧张对行为和机体的张力扩散问题。就常识而论，身体性的艰苦劳动远不如精神心境的紧张状态对人有害。乡村民夫虽然在体力劳动上比都市居民更繁重更辛苦，但他们的精神心态单纯诚朴，没有很多的杂念，活得踏实自在。所以，健康长寿与快乐幸福的妙诀，首先在于健康的脑体和达观的精神，如此方能借此体会到自己长久生存的意趣。心境安详，对于人生的幸福而言，的确是一个基本条件。这样的心境，有助于我们实现情知意力量的统一和谐与平衡，没有杂念分心，真诚坦率透明。安详之心灵，可以增加体格上的健美程度，有助于释放人的内在潜力；使人摆脱物性价值的诱惑和官能享受的主宰，生活在合理合情的欲望与追求过程中。

所以，我们不要在应付眼花眼花缭乱的外部世界时忘却了对内部世界的清理与改进。这是人生一切意义和动力的本体寄托。这种内在的改进旨在提高我们自身的身心效能与行为水平，它不是对个性自我的本质性重构或抛弃本真的自我，而是一种充实、整合与提升过程，特别是对我们自身的意象世界之观念变革、概象世界之思维坐标转换和表象世界之经验知识的结构优化重组。其根本意义便在于对身心资源的优化配置，以提高个性生命的内外效能。

说到生命的效能，它并不是指我们实现的外在效益或社会性客观价值，而是指我们对内在力量和资质的优化组合、充实更新，减少内耗性阻力和获得最大生命能量的过程。此过程需要我们克服内在阻力。西方人讲："人的最大敌人，便是人自身。"

第二，如何提高生命的效能？根据笔者的研讨和体会，有必要考虑以下五个问题：

一是做到"情"、"知"、"意"的三位一体统一和谐之精神状态，让生命发挥出"1＋1＋1＞3"的最佳系统效应。也即是说，一个人要懂得自己真正喜爱什么、真正通晓什么和真正投身于什么领域，方能把三者连通整合到自己的最佳能质发射台上，去追求、体验、创造和享受之。这种战略性调整旨在节约大脑心理的宝贵物质、能量与信息，使其获得有机融通与优化聚汇，从而发挥精神能量的凸透镜聚焦高能效应。换言之，大取大舍的识见与抉择。

二是做透明之人、行光明之事。心中不藏隐私杂念，做人才会踏实真实和轻松怡达，抛弃做作和违心之举，内外一致，高度自洽。这对于消除现代生活中的紧张压力和忧虑具有源头性的清理、简化和强化固本效应。听从内心的本真召唤，依据内在的真实情感、清晰的认知和合理的意向去行动，这将会大大减少我们内心的冲突情境、杂乱不居感、内疚情绪、不平衡状态、空虚无聊感、深隐的自卑情结等有害的情形。

三是用审美方式调节行为、优化心态、提升个性精神应变力与创造力。审美活动可以适度降低人们内心的情感起伏水平，使心灵保持一种适度活跃而澄明宁静的自足状态，有助于调控激烈粗放的性情和冲动性行为。正如笔者在《幸福心理学》一书中所言："幸福是一位狡黠调皮的女神。当你占有她之后，你会感到索然无味；当你失去了她或尚未接近她时，她会焕发出百倍的美丽风韵。"

四是借助精神交流化解心身压力。我们应当保持与亲人、朋友、同事、师长、近邻等的联系，一个人在遇到内外困难或遭遇各种应激事件之时，要养成外向性减压的习惯，善于向他们进行诉说与咨询，以此释放部分压力，并使之转化为积极的信心与行动思路；他们会提供更丰富的经验，使你领略更深广的人生内容和更重要的事情，由此转移你的心境、排遣你的烦恼焦虑、摆脱应激表象。

成熟的行为源于成熟的心理。更为重要的是，人的道德感的形成和道德自觉意识的建立与巩固，美感向爱心善意转化并浸染出道德操守的审美风韵，理智感的生成及其理性思维坐标的廓出，直觉灵感的厚积薄发并辐射契通天地人心等内在活动，均依赖于意象世界对表象、概象天地的升华整合，以及它对感性、知性力量的统摄强化过程。

有一篇散文写得很精彩："幸福总是肤浅的。唯有苦难让人刻骨铭心。神圣是对苦难的最高礼赞。"现代文明已经解放了人的感性世界，然而，我们似乎被外在的价值所征服，正在用放弃内心的自由来换取外在的满足。于是，心灵所需要的旨趣、智慧和美德在逐渐减少；感性的利益日渐封闭了人性的光辉，越发感到迷茫、贪得无厌、占有后的无聊和寂寞焦虑。人类生命的悲剧，就在于妄图占有一切，到头来又厌倦一切。所以，我们虽然拥有了更多的外部标志，但失去了更多的内在标志。我们应当学会舍弃和躲避，应当认识到人的永久幸福不在于获得很多，而在于给予和共享比自己更持久更深广的东西。

五是节制外在目标，回复内在自由与宁静。现代生活充满了种种诱惑，但是我们的内在力量则是有限而且有所选择的。不然，则会引来内心的大混乱与烦恼。思想家尼采有言："你可以想一切之物，但不能要一切之物。"

简朴的生活有助于滋润人的道德责任感；过度奢侈的物质生活则会削弱人的伦理情感及内在节制力。在这方面，艺术美与自然美是我们开化感性、升华灵性的最好对象；审美的静观虚征体验与悲欣交集品韵，乃是我们练达情知意和塑造人格行为的"内部实验"或"精神操练"。

首先，对衣食住行的审美处理，是我们调节日常生活、化解身心痛苦、激发生活情趣和提高生命质量的主要途径。只要不刻意追求华贵富丽，适度的审美处理都会给单调沉闷的生活节奏带来清爽快活之气息。

其次，审美不是奢侈的代名词，而是重在心灵的放达弛豫、意象的逼真体验、观念的灵动飞跃、情感的真诚燃烧。

具体而言，主体的审美创造性品格具体体现为以下内容：

一是建构感性化、知性化和理性化的多层级"间体世界"。

二是形成形而下、形而中和形而上的"镜像时空"，借此使审美对象与主体产生相互作用的心理平台。

三是借助"间体世界"来重构经验、刷新情感，依托"镜像时空"展开想象、融通理念、升华人格、具现理想。

四是主体能动和有意识地将自我的新颖特征、本质力量、深幽价值、奇妙意义等，虚拟而真如地投射到"间体世界"，由此创造了更完美的自我意象。

五是主体借助"间体世界"的显影特征和逆向映射装置（即"镜像时空"）而间接观照自我世界、直观符号形态的对象世界，由此获得全新的重大发现。

六是主体对自己的多重发现进行情感体验、智性体验和理性体验，据此获得审美的妙机、诗意和自由的快乐感，借此赢得对自我的对象化感性确证、充实完善和内在实现。

七是主体借助理性观念和审美意识而创用自己的创造性发现与对象化体验之成果，即将它们转化为强劲、深刻、持久和高效的精神原动力，借此超越现实世界、战胜内心的矛盾，进入称心如意的"间体世界"和灵犀相通的"镜像时空"。

八是在意象世界所呈现的完美理念之启示下，以"间体世界"的形式结构、要素内容和运变模式作为理想参照系，据此构思与创制艺术图片、科学模型、思想假说和行为蓝图，继而借此对相关的艺术形式、科学符号、哲学概念和行为范式展开创造性的筛选、重组、变形和整合，最终实现对"间体世界"和自我世界的对象化价值转换与感性化实体呈现。

艺术美学家认为，艺术作品唯有从审美的客观形式转化为主客观相融通的"间体世界",才能同时对人的精神世界和物质世界发挥变造作用。其原因在于,"音乐的基本任务不在于反映客观事物、而在于反映最内在的自我,并按照自我的深刻特征和观念展开形式运动"。① 这种"最内在的自我",即是他在别处所称谓的"心灵运动的内在发源地"。

依笔者所见,"间体世界"及其衍生的"镜像时空"之所以要经历多级生成和整体突现的复杂命运,其根本原因在于,审美价值的形成、呈现与对象化转换,以及主体进行的价值观照和意义体验等过程,都遵从人类审美认知心理活动的一条规律(或精神世界运动的逻辑规则):意象具身耦合—主体客体间体契通—情知意嬗变—知识创新与智慧价值实现。从中可见,寓身化与对象化是主体认知主客观对象的充分条件,它们同时需要主体建构个性化的认知操作方式。

对此,符号论思想家卡西尔深刻地阐释道:"正是通过美,人类心智的崭新功能才被揭示出来,从而使人类的心智可以超越个体性经验的范围,去追寻一种普遍的人性理想……艺术活动总是浸润着主体的人格和生命之整体。言语的节奏和分寸、声调、抑扬、节律,皆为这种人格生命的不可避免和清楚明白的暗示——均是我们的情感、想象、旨趣的暗示";他认为:审美经验导致我们心智框架的突然转变并形成内在的"画面"风景,它是我们创造性地建构心理世界和生命行为的自由方式,是情感和智慧的新发现、新发展、新享悦和新自现之综合过程。② 换言之,艺术创造与科学创造的认知框架来自主体的人格意识系统;而促使人格智慧转化为艺术创造性智慧、审美智慧、科学智慧等系列对象化价值体的根本动因,则是个性主体所自主建构的元认知系统、自我参照系、元知识和自我知识等构成自我意识—世界意识的核心模块。

然而在学术界,有人曾把人的音乐创作心理概括为"音乐形象→心灵组合→作品(音乐新形象)"。这种观点把艺术家的审美创造性智慧简单地等同于"心灵对音乐表象的组合"这种机械的建构行为。这岂不是降低了艺术家的人格智慧、审美意识与艺术观念等智性创造性品格?因

---

① 转引自汪流《艺术特征论》,文化艺术出版社1984年版,第239页。
② 卡西尔:《符号·神话·文化》,李小兵译,东方出版社1988年版,第32页。

而，这种认识未免过于简单化、表浅化了。笔者认为，音乐家主要是依托其内在的"音乐意象"（作为思想蓝本）而构思音乐情景的，进而以音乐体象和音乐声象的有机形式来还原审美意象、表达自己的音乐情感与思想内容；同理，美术家凭其"美术意象"，舞蹈家凭其"舞蹈意象"、文学家凭其"文学意象"来从事原型设计和生命意象对象化创造的。

譬如，贝多芬所说的"内部旋律"、屠格涅夫所指的"内部形象"，邓肯所称道的"内部造型"，李可染、郑板桥、苏轼所体验的"内部画象"等，都是对特定的艺术创作心态和感应、表现力量的"意象世界"之揭示和肯定；对这种"意象世界"的不同形态（声、色、体态、动姿等）和不同方式之体验、操练和传达，正构成了各类艺术家的感性优势和创作体裁、个性风格……

进而言之，只有在想象的境界中，审美对象才会被创生出来。萨特认为：艺术品是艺术家对其意象的征拟，美的东西便是这些非现实性本质的表现。所以，它最适于体现生命的最高向度、最深活力和最佳境态……在虚真的想象性体验里，一切形式的对象及其运动，都牵引着人性的内部力量，有助于主体展开精神的弛豫活动，新的意义出现了。审美便是主体用内在的生命之光来映照对象化的生命（人及物的世界），既认出了自身，又发现了新质。

总之，艺术家在构思一部作品时，首先需要借助特定的主题来体现一种思想观念及情感态度，还要通过自己所设计的人物性格、命运境遇、言行活动来具现上述主题的感性特征及其价值意义，最后还需要创造性地运用艺术符号来将他的艺术意象加以形式化；在更充分和深广的意义上来说，艺术创作家尤其需要相应的表演艺术家以生命方式来演绎自己的文本作品，诸如文学作品、影视剧本、戏曲与戏剧剧本、音乐作品，等等。总之，他的意象世界来自于对表象世界的审美性创造，他的新的艺术表象产品又需要将这种意象事物转译、还原为感情形态的事物。因而，艺术家在生成和转化他的意象世界之全过程中，必须采取价值化的体验、思考、操作与传达方式，以实现艺术精神的重构与物化之目的。

可以说，人的生命价值及或自我实现方式，皆根植于主体对别人、对自然、对人类、对历史、对现实、对未来、对自身、对文化事物的全息性理解。理解的基础是人的具身性体验和意象性映射（移情体验、意识还原、理念预演、意象映射等认知操作程序）。理解的本质内容，乃是主体进行虚拟真如的整体参与、境遇体验、价值选构、意象创造和行为表达等内在建构过程。对于不同层次和领域的文化主体而言，其内在的价值体验、符号还原、力量整合、意象建构和价值输出方式均各不同。例如在音乐的世界，就有音乐意象、舞蹈意象、演奏意象、指挥意象和歌唱意象等动作化、音响化的复合体验方式和内容。这一特殊品质，构成了艺术家独特的表现方式和个性风韵。

进而言之，人对意象世界的操作过程，集中体现为化变新人格、磨砺新情操、锐炼新智慧和锻击新意志等方面。首先用优合互补的各层新意象来建筑自身的观念理想、情智活力和胆志性格；其次，以各种符号意象（如爱情意象、科学意象、艺术意象、宗教意象、生活意象、生产意象、哲学意象等）来构思文化产品；再次，以自己的身体意象来传达内在的符号意象，借此实现自己的审美创造价值，同时也实现自我的人格价值和生命价值。文化的人格化，通过意象构思与传示而得以完成，并进而获得文化与生命的"社会化"。

（六）自我实现的身体之道

人的所有内在活动及外在活动均离不开形象；这些形象可包括人的身体表象、自然世界的物体表象、文化世界的符号表象、精神世界的理念表象，等等。其中，人的身体乃是心灵的"感性符号"、体象语言。人的精神创造活动的实质内容，主要体现为主体的情、知、意、体在意象世界的虚拟运动情景及其价值特征。所谓"身体语言"，便是指人通过自身的形体动作、表情资态和眼神话语来表达内心的东西。最典型的例子便是舞蹈、体操和体育活动，还有歌唱性艺术、演奏、美术、戏剧、曲艺、杂技、文学、军事、政治及生产生活（如两性生活及日常活动）。

人的"身体语言"力图使主客体相合交融，通过"符号系统"的结合而逼近心灵世界的"身体意象"、"人格意象"、"艺术意象"和"科学意象"等意识间体的深层内容。因此可以认为，人的身体系统实际上是精神世界的"本体符号"，一种独特的体象"语言"，同时也是主体实现自我价值的本体方式、感性中介与社会化门户。譬如，歌剧以人的本体符号系统"发声—言语器官"及"表情动作"来演绎个性化的自由律动品格，而芭蕾则主要以人的本体符号系统"肢体运动器官"来传示个性化的自由律动品格。

　　同时需要辨析人的自我世界及其在科学与艺术创作活动中的独特作用。每当论及艺术创造与科学创造的区别时，人们常常会说，前者具有主观预定性、后者具有客观规定性。换言之，艺术创造追求对完美理念的符号表现，而科学创造活动则旨在揭示客观世界的完满规律。对此，考夫卡（Kurt Koffka）在《艺术心理学中的问题》中指出，我们应当对"属于自我的主客观世界和不属于自我的主客观世界做出区别……自我在我们最终获得的知识模式或结构中是没有地位的。……艺术家创造的世界，以某种方式包容了他的自我，描述和表现他的自我世界之一隅。……自我与世界的关系变化无穷，其中一端是包括了自我的世界，另一端是被世界所包围了的自我。……从这种关系中，我们就能推出艺术的内在规律：划出自我的界限、结构规则和排列秩序，与世界构成对立统一体"。①

　　也即是说，一是艺术家心中的自我与对象世界都处于不断被创生、逐步臻于完善的动态过程中，领会和阐释它们的生成机制、内外形态、审美意义和相互作用方式，乃是艺术认知科学家的根本职责；二是我们的自我（意识）在审美认知、艺术创作、科学创造等活动中的根本作用在于，它成为个性主体构筑自己的本体经验、本体知识、自我意识和元认知系统的核心要素，并通过人格方式来表征个性主体的精神管理性智慧，进而为主体将人格智慧转化为世界智慧的艰巨伟大工程提供自我参照系。

　　埃伦茨韦格（Ehrenzweig）指出："在创造性的头脑中，无意识的散漫意象以及梦幻似的弥散目光被用于构制高度技术性的内容，协助形成艺术形式的复杂秩序。……对手法的探索与对自我的探索成为同一个过程，外在与内在合二为一。……为了将现实世界融入理想世界的形式系统之中，我们必须借助想象打破两者的分明界线，以使其产生相互作用，在无数复杂的相互关系中形成变形与重构的完美形式。"②

　　他所说的艺术家对"手法"和"自我"的探索，其实就是指艺术形

---

　　①　引自［美］M. 李普曼《当代美学》，邓鹏译，光明日报出版社 1986 年版，第 414—418 页。

　　②　Posner, M. I. & Rothbart, M. K. *Educating the Human Brain*. Washington DC: APA Books, 2007, 64–65.

式及其所旨在传征的艺术理念、个性情感、价值理想和独特经验。换言之，正是借助"间体世界"这个有机统一的内在对象，主体才能实现形式与内容的完美耦合；正是借助对"间体世界"所衍生的"镜像时空"的对象化观照，主体才能对形容与内容、对象与自我、过去—现在—未来进行价值发现、意义体验、思想评价和修正完善。

当科学家用字母或图形符号来表征其揭示的自然规律时，哲学家用概念这种文字符号来传达其所理解的世界模式，文学家用文字创造的视觉形象来再现其内心的真实世界情景，艺术家则使用各种感性化的造型符号来传征其内心的理想世界，工程师、工艺师和生产者们，主要借助所创造的实体对象来体现自己的本质力量。

尤其值得注意的是，"艺术家那种满足自己想象性境界之要求的能力，使他有别于其他人。为了不被技巧上的贫乏所困，艺术家在技艺上总是精益求精。可是技巧还不是艺术的核心内容。有时候我们在歌舞晚会上能听到这样的钢琴演奏者的演奏，他的指法之娴熟程度堪与最伟大的表演艺术家匹敌，但这位先生只不过是个钢琴匠而已。技巧只是艺术家演奏活动的一个方面，而且也许是次要的方面，更重要的是艺术家对艺术作品内在要求的严格遵从。"①

也即是说，作曲家旨在以书面的乐音符号来传征其理想世界与本质力量，而演奏家则需要通过乐器运动的实体方式来直接传达音乐作品、间接表达自己的本质力量与理想世界。于是，演奏家的技艺和作曲家的写作技术就仅仅是一种将内在价值加以对象化和符号化转换的感性手段；这种手段同时用来传征对象世界和自我的核心价值及本质力量。在此，自我世界与艺术世界借助"间体世界"而实现了内在统一与外在具现，又借助"镜像时空"而得以进行相互交流和价值增益活动。当科学家运用科学符号指称物性规律之时，艺术家则在运用艺术符号言说人性真理。

例如对于歌唱家、舞蹈家和指挥家而言，他们分别需要把自己对舞蹈动作的"内在体验"和"意象设计"（内部造型）同"音乐意象"

---

① 考夫卡：《艺术与要求》，引自［美］M.李普曼《当代美学》，邓鹏译，光明日报出版社1986年版，第414页。

相互交融，形成旋律化的"舞蹈意象"和"动作体验"，通过这些过程来熟练规定动作或创造新动作；指挥家则要把乐谱内容和指挥动作同乐队结构有机结合，形成一种"内视"（观照乐队和忆识乐谱）和"内听"（音响记忆性体验和意象活化）相协助的（指挥性）"肢体动作意象"，在此意象体验和内部操练之下达到娴熟明快、干净利落的指挥水平。

故而可以认为，人们在学习体用某种共性知识之时，均需要先将之转化为自己的一种具身性的意象形式，然后再将此转化为自己的行为操作方式。其根本原因在于，人的身体是生命存在的物质形式，是主体用以传达其精神意象的本体符号系统，又是主体借以转化外部信息并形成自我知识的具身模拟装置。

同时需要指出，一个人在实现自我价值的过程中既需要采用内在预演的虚拟方式，也需要追加外在实证的物化方式，既需要以镜像自我为对象，也需要以客体事体为对象，还需要以生命体象和符号表象为对象。其间，"当我们把一种针对性的心理内容与物质形式结合起来时，就催生了这种结合体的某种崭新特质。这时，我们不仅把自身的特征及心理姿态投射到所观照的对象上，而且对象也会把相似的被投射过来的快乐经验与激情状态再投射到主体身上，借此实现了主体与对象的特殊交流目的"。（英加登语）[1]

尤其是当对象的客观存在是人时（例如在对美女的审美观照、对情人的爱情体验中），主客观之间、主体与心中的理想化对象之间，都会产生相互移情、设身处地的想象和虚拟情景体验、情感共鸣与意向投合等神妙情形。另外，在人于内心观照、体验和欣赏自我的过程中，在艺术创造过程中，也会发生主体与自我、主体与虚构的对象之间的对话、对视、相互倾听、相互琢磨、相互审视与欣赏的互动交流情形。

例如，"我们的情感意象可能来自若干动觉、内脏感觉、视听觉和语言表象的综合统一性全息结合状态；……如果我们要探究审美效应的动因和源头机制，那么就应当建立某种关于情感投射的理论，以便揭示审美形

---

[1]　引自［美］M. 李普曼《当代美学》，邓鹏译，光明日报出版社1986年版，第299页。

式得以唤起情感体验、审美对象与主体产生相互作用的深层原理。"①

换言之，审美主体与客观形式的相互作用，导致审美的主观形式从主体内心世界廓出；主观形式与主体的既成经验相互作用，从而致使经验重构；经验重构情景与主体的知性力量相互作用，又引发了主体的情感嬗变和想象性的经验问世；新颖的情感和奇妙的想象被主体投射到不断生成与完善的审美对象上，主体借助这个"间体世界"及其所衍生的"镜像时空"来发现、体验和评价自我本质和核心价值，来完善和内在实现自己的审美理想；同时，主体与"间体世界"及"镜像时空"的相互作用，还导致了主体的价值理念与审美意象的完满廓出，导致"间体世界"与"镜像时空"的符号链接、形式完善、对象化呈现、象征性和感性化的实体具现等审美创造的实践产物形成。

又如在面对自然景象时，审美主体也能创造性地投射自我、反观自我和表现自我的精神特征，并对自然景象的感性形态及意义品格展开创造性的虚拟完善和深广演绎："在这些东西上面，主体似乎能够见出自己所熟悉的思想方法，自己的意识活动类型，自己那根深蒂固的因果观念和终极观念，自己的几何观念、智慧、对秩序的需要以及突发的创造性直觉情景。当他在一件自然的造化物中发现了一种适应性的变化、一种规律性的活动、一些可描述的形式或某种次序时，便会不由自主地设法去理解它；……因为在艺术中，再没有其它什么东西比变化的形式或状态、比精细的调节更令人着迷了。在这一点上，我们可与自然'平分秋色'……我们能够设想这些事物的结构，也正是这类结构引起我们的兴趣和关注。"②

在这方面，音乐活动即是体现人的自我价值与人性真理的最佳样本。可以说，音乐作为一种美妙新颖的"人工表象"，一种理想化和对象化的心灵镜像，其本质特征在于节律和力度；前者体现了某种运动规律、存在真理和价值规范，后者体现了某种情态理想、行为意向和潜能特质。可以

① 赫伯思（Hepburn）：《情感特质》，引自［美］M. 李普曼《当代美学》，邓鹏译，光明日报出版社 1986 年版，第 312、314 页。

② 引自［美］M. 李普曼《当代美学》，邓鹏译，光明日报出版社 1986 年版，第 347 页。

说，音乐既体现了"他律性"，也体现了"自律性"，还体现了内外统一的"合律性"品格；其中，"他律性"反映了客观真理、客体理性和对象性本质，"自律性"则折射了主观真理、主体理性和人的本体价值属性。进而言之，融审美、道德、理智和创造为一体的"意象世界"，便是体现音乐"合律性"品格的价值载体；人的大脑中所出现的泛脑高频低幅同步振荡波，便是标记音乐"合律性"品格的生物电形式。它们是人的生理活动和心理活动发生整合性、同步性运动的必然结果与高阶产物。

　　因而，如果人在自己早期的现实生活中对悲剧性艺术进行超前体验和精神预演，即有助于培植、塑造与强化自己对现实性悲剧境遇的"精神抵抗力"，进而借此应对现实挑战、战胜悲剧命运、创造思想精品、实现自我价值。例如，多次欲自杀而最终从艺术中获得解脱的贝多芬，面对耳聋、贫困、社会对抗和疾病债务、爱情受挫等大逆境，毅然挺过难关，从逆境中煅造出大人格、实现了大体验、创造了大作品。

　　可见，对人生的观照需要依托主体的价值体验。体验的坐标定位于人的元认知系统之中。立于此种坚实的支架上，我们即可以不变应万变。世间的任何成败得失与荣辱祸福，都不足以扰乱内心的恬静，任何名利色欲、邪恶诱惑、艰难痛苦和权贵空门不足以打动其内心的坚贞。如此，则其心灵可以获致永久的自由，从任意一条道上抵达自由之境。这种发见人生之妙的路径，从艺术之妙到人生之味，须全靠每个人自己精心亲验。别人的经验无论多么完满神妙，都无法替代我们自己的感受。

　　人的自我实现活动需要体现个性化的创新内容：情感体验创新、知识结构创新、审美意象创新、行为表达创新、符号造型创新，等等。以音乐演奏为例，钢琴家霍洛维兹和安东·鲁宾斯坦在谈到演奏钢琴作品面临的"忠实性"和"创造性"的矛盾时指出，化解这种矛盾的唯一途径，就是演奏者要以全身心进入作品世界，在富涵情感的体验过程中同时展开自由活跃的深广想象，借助创造独特的意象模型来深化理解，对原作的主题蕴涵和抒情风格进行个性化的"演绎"与拓展。否则，便会成为拘谨、机械、缺乏情智个性的"演奏匠"，而不是具有创新精神的艺术家。他们各人拥有各自的"贝多芬"、"肖邦"和"莫扎特"，在主要方面求同，在具体的技法操作和细节处理上形成了各具特色的表现风格和思想特征。

　　进而可以认为，意象形式作为主体连接自我与外部世界的价值关节点，实际上来自主体内心所创造的"间体世界"与"镜像时空"；其中，"间体世界"为人的意象行为提供价值内容，而"镜像时空"则能为人的意象行为提供操作方式。毫无疑问，意象世界在人的内部活动和外部活动中充当"双面镜"之作用，主体据此来超前推知万物、深刻认知自我、摄取对象精华、充实自我特质、调适自我意识、预演自我行为、完善自我能力、实现自我价值。

论及人的自我意识及其与审美意识的交集映射关系时，席勒深刻地指出："美是我们的一个对象，这是因为：反思是我们感受美的主观条件；但美又是我们人格（自我）的一种状态，这是因为：情感是我们领悟美的观念之心态条件。质言之，美既是我们的状态，又是我们的活动……"① 由此可见，"意象预演"方法是一把梳理心灵繁杂之象的妙器。唯有如此，我们在观照与体用诸如人格建构、知识内化、精神创造、理性价值、意识体验，对人的内在统一、内外协调和外在实现、人与社会和自然的全息和谐等系列文化价值时，才会形成清晰的思想经纬线。

正如马克思所说："人的感觉、感觉的人性，都只是由于它的对象的存在，由于人化的自然界，才产生出来的。"② 这是人的精神的对象化再现方式，即是说，"我在我的生产过程中就会把我的个性和它的特点加以对象化，因此，在活动过程本身中，我就会欣赏此时对自我的生活显现，而且在观照对象之中，就会感到个人的喜悦。……我们的产品就会同时是一些镜子，对着我们光辉灿烂地放射着我们的本质。"③ 可以说，人将自己的本质特征加以对象化再现，将自己的本质力量加以对象性表达，这是人的审美能力和认知能力的创造性体现方式。

譬如，爱便是主体发现美与创造美的过程化体验及对象化映射情形，便是主体从万物中认出"自身"理想和本质特征的行为。这是价值的认同和强化，一种超越时空和自我的双向审美体验。人和人，人和万物之心心相印，就在于以默默无语的晶泪和心颤魂抖的潜能闪辉来互相理解、相

---

① ［德］席勒：《审美书简》，徐恒醇译，中国文联出版公司1984年版，第72页。

② 马克思：《1844年经济学—哲学手稿》，刘丕坤译，人民出版社1979年版。

③ 同上。

互契通的。在这神圣的一刹那间，人与世界以最高的灵性和美蕴而实现了真、善、美的绝对和谐、奇特统一。它生动地揭示出了人和世界最原初的亲和性血缘关系，也委婉昭示了心智得以闪光、创造之花得以绽放的内在契机。所谓的"自由幸福"，实际上是人对自身状态的审美体验，主体向他自己的内在世界投射爱辉，涌现诗意美感，触发妙悟灵智，燃烧那聚焦性的意志之光。从自我创造的这一力量和境界中，主体领略到了那神妙高远、深幽广袤的无限时空及其永真快乐……

又如，怀念过去和憧憬未来，皆因为人与对象拉开了深远的距离，我们才不得不用种种臆造和想象来美化与完善对象，使之平添了未曾有过的理想化的审美特质。其中，人对对象的审美想象、对象化移情、理想化造型、具身性体验、理念预演和意象映射等创造性的认知操作环节，都发挥了超常的精神嬗变与价值突现作用。

由此可见，审美的本质价值乃在于主体借此激发、品味和实现自己的生命潜能与精神理想，由此发挥、体验并完善自己的创造性力量：美感、灵感和力感。哲学、诗歌、音乐、美术乃至科学等，都是人类通过一个超时空的理想世界而克服自身的短暂性、有限性之本体化"实现"方式。它们表达了人类存在的真实意义，敞开了一个理解与创造生命世界的普泛天地和超时空境界。

进而言之，我们转化客观知识的根本方式乃是由外在的对象化观照达到移情入性，使心灵进入内在化、本体性的自我认知状态、进而据此形成个性意识。其中，主体将对象化的审美表象改造为本体性的审美表象，进而重构为本体性的审美概象乃至审美意象等信息转换与价值变焦过程，乃是我们由外在审美进入内在审美的智性法门。

中英文主要参考文献

〔美〕杰拉尔德·M. 埃德尔曼、朱利欧·托诺尼：《意识的宇宙》，顾凡及译，上海科学技术出版社 2004 年版。

〔澳〕约翰·C. 埃克尔斯：《脑的进化——自我意识的创生》，上海科技教育出版社 2004 年版。

〔美〕Buss, D. M.：《进化心理学》，熊哲宏译，华东师范大学出版社 2007 年版。

〔法〕亨利·柏格森：《创造进化论》，姜志辉译，商务印书馆 2004 年版。

〔英〕波兰尼：《个人知识》，许泽民译，贵州人民出版社 2000 年版。

〔美〕Blackmore, S.：《人的意识》，耿海燕、李奇等译，中国轻工业出版社 2008 年版。

崔宁：《思维世界探幽》，科学技术文献出版社 2005 年版。

丁峻：《意识活动机制的神经现象学解释》，《自然辩证法通讯》2009 年第 6 期。

丁峻：《思维进化论》，中国社会科学出版社 2008 年版。

〔美〕约翰·杜威：《我们怎样思维》，姜文闵译，人民教育出版社 2005 年版。

〔德〕弗里曼，W. J.：《神经动力学——对介观脑动力学的探索》，顾凡及（等）译，浙江大学出版社 2004 年版。

〔德〕黑格尔：《精神现象学》（上卷），贺麟等译，商务印书馆 1997 年版。

霍涌泉：《意识心理学》，上海教育出版社 2006 年版。

［美］威廉·卡尔文：《大脑如何思维》，杨雄里译，上海科技教育出版社 1999 年版。

［美］欧文·拉兹洛：《意识革命》，闵家胤译，社会科学文献出版社 2001 年版。

［英］吉尔伯特·赖尔：《心的概念》，徐大建译，商务印书馆 1997 年版。

［英］肯·理查森：《智力的形成》，赵菊峰译，生活·读书·新知三联书店 2004 年版。

［法］莫里斯·梅洛—庞蒂：《知觉的首要地位及其哲学结论》，生活·读书·新知三联书店 2002 年版。

［英］罗杰·彭罗斯：《皇帝新脑》，许明贤、吴忠超译，湖南科技出版社 2007 年版。

［瑞士］皮亚杰：《发生认识论原理》，王宪钿译，商务印书馆 1997 年版。

［法］让·萨特：《影象论》，魏金声译，中国人民大学出版社 1986 年版。

［法］让-保罗·萨特：《想象心理学》，褚朔望译，光明日报出版社 1988 年版。

［美］塞尔：《自由与神经生物学》，刘敏译，中国人民大学出版社 2005 年版。

［美］塞尔：《心、脑与科学》，杨音莱译，上海译文出版社 2006 年版。

［英］A. G. 史密斯：《心智的进化》，孙岳译，中国对外翻译出版公司 2000 年版。

王涞鳝：《本体思维论：从意识到实践的飞跃》，中国矿业大学出版社 2005 年版。

王文清：《脑与意识》，科学技术文献出版社 1999 年版。

汪云久、杨玉芳：《意识与大脑——多学科研究及其意义》，人民出版社 2003 年版。

汪玲、郭德俊：《元认知的本质和要素》，《心理学报》2000 年第 32

卷第 4 期。

徐向东:《"我思"和自我知识的本质》,《哲学研究》2003 年第 3 期。

张明仓:《虚拟实践论》,云南人民出版社 2005 年版。

Brancucci, Alfredo. Tommasi, Luca. "Binaural rivalry": Dichotic listening as a tool for the investigation of the neural correlate of consciousness. Brain and Cognition, 2011, 76 (2): 218 – 224.

ArneDietrich. Functional neuroanatomy of altered states of consciousness. The transient hypofrontality hypothesis. Conscious Cogn. 2003 Jun; 12 (2): 231 – 256.

BernardJ. Baars, Nicole M. Gage. 2007. Cognition, brain and consciousness: Introduction to cognitive neuroscience, New York: Elsevier, Academic Press.

Koch, C. 2009. A Complex Theory of Consciousness. Scientific American Mind, 8: 13 – 14.

Bernat J. L. Chronic Disorders of Consciousness. Lancet, 2006, 367: 1181 – 1192.

BenjaminKozuch, ELIZABETH IRVINE. Consciousness as a Scientific Concept: A Philosophy of Science Perspective. Br J Philos Sci first published online September 14, 2013, doi: 10. 1093/bjps/axt029.

Block N. The Harder Problem of Consciousness. The Journal of Philosophy, 2002, 99: 1 – 35.

Bob Petr. 2011. Brain, Mind andConsciousness: Advances in Neuroscience Research. New York: Springer.

Boly M. , Coleman M. R. , Davis M. H. , et al. . When Thoughts Become Action: AnfMRI Paradigm to Study Volitional Brain Activity in Noncommunicative Brain Injured Patients. Neuroimage, 2007, 36: 979 – 992.

Bundzen PV, Korotkov KG, Unestahl LE. Altered states of consciousness: review of experimental data obtained with a multiple techniques approach. J Altern Complement Med. , 2002 Apr, 8 (2): 153 – 165.

Cavanna AE, Shah S, Eddy CM, Williams A, Rickards H. Consciousness: a neurological perspective. Behav Neurol. 2011, 24 (1): 107 – 116.

Chalmers D. The Conscious Mind. Oxford: Oxford University Press; 1996.

Koch, Christof. Tsuchiya, Naotsugu. 2007. Attention and consciousness: two distinct brain processes. Trends in Cognitive Sciences, 11 (1): 16 – 22.

Churchland P. S. Consciousness: The Transmutation of a Concept. Pacific Philosophical Quarterly, 1983, 64: 80 – 95.

Clark R. E., Manns J. R., Squire L. R. Classical Conditioning, Awareness, and Brain Systems. Trends in Cognitive Sciences, 2002, 6: 524 – 531.

Cleeremans, A. (ed.). 2003. The Unity of Consciousness: Binding, Integration and Dissociation. Oxford: Oxford University Press.

Cohen, Michael A., Dennett, Daniel C. Consciousness cannot be separated from function. Trends in Cognitive Sciences, 2011, 15 (8): 358 – 364.

Clifford, Colin W. G. Consciousness: Reading the Neural Signature. Current Biology, 2010, 20 (2): R61 – R62.

Coltheart M. What Has FunctionalNeuroimaging Told Us about the Mind (So Far)? Cortex, 2006, 42: 323 – 331.

Gamez, David. Progress in machine consciousness. Consciousness and Cognition, 2008, 17 (3): 887 – 910.

David J. Chalmers Constructing the World, Oxford: Oxford University Press, 2012.

Stanislas Dehaene, Jean-Pierre Changeux. Experimental and Theoretical Approaches to Conscious Processing. Neuron, 2011, 70 (2): 200 – 227.

Dehaene S., Sergent C., Changeux J. P. A Neuronal Network Model Linking Subjective Reports and Objective Physiological Data during Conscious Perception. Proceedings of the National Academy of Sciences of the United States of America, 2003, 100: 8520 – 8525.

Dretske F. Perception without Awareness. In: Hawthorne J., Gendler T., editors. Perceptual Experience. Oxford: Oxford University Press, 2006.

pp. 147 – 180.

Edelman, David B. Seth, Anil K. Animal consciousness: a synthetic approach. Trends in Neurosciences, 2009, 32 (9): 476 – 484.

ElizabethIrvine. Old Problems with New Measures in the Science of Consciousness. Br J Philos Sci. , 2012, 63 (3): 627 – 648.

Farah M. That Little Matter of Consciousness. The American Journal of Bioethics, 2008, 8: 17 – 18.

Fernando, H. , Lopes da Silva. Contribution to a neurophysiology of consciousness. Supplements to Clinical Neurophysiology, 2004, 57: 645 – 655.

Frith C. , Perry R. , Lumer E. The Neural Correlates of Conscious Experience: An Experimental Framework. Trends in Cognitive Sciences, 1999, 3: 105 – 114.

Gennaro, R. 2004. Consciousness and Self-consciousness: A Defense of the Higher-Order Tnought Theory of Consciousness. Amsterdam and Philadelphia: John Benjamins.

DeGraaf, Tom A. , Po-Jang Hsieh, Sack, Alexander T. The correlates in neural correlates of consciousness. Neuroscience & Biobehavioral Reviews, 2012, 36 (1): 191 – 197.

VanGulick, R. 2004. Higher-order global states HOGS: an alternative higher-order model of consciousness. In: Gennaro, R. ed. Higher-Order Theories of Consciousness. Amsterdam and Philadelphia: John Benjamins.

Jakob Hohwy. The neural correlates of consciousness: New experimental pproaches needed? Consciousness and Cognition, 2009, 18 (2): 428 – 438.

Jaan Aru, Talis Bachmann, Wolf Singer, Lucia Melloni. Distilling the neural correlates of consciousness. Neuroscience & Biobehavioral Reviews, 2012, 36 (2): 737 – 746.

Joseph Neisser. Neural correlates of consciousness reconsidered. Consciousness and Cognition, 2011, 21 (2): 681 – 690.

JohannesRoessler. Consciousness and the World. r J Philos Sci. , 2004, 55 (1): 163 – 173.

Kjaer TW, Bertelsen C, Piccini P, Brooks D, Alving J, Lou HC. Increased dopamine tone during meditation-induced change of consciousness. Brain Res Cogn Brain Res. 2002 Apr, 13 (2): 255 – 259.

Uriah Kriegel. A cross-order integration hypothesis for the neural correlate of consciousness. Consciousness and Cognition, 2007, 16 (4): 897 – 912.

Rees G, Kreiman G, Koch C. Neural correlates of consciousness in humans. Nat Rev Neurosci. 2002, 3: 261 – 270.

Lamme, Victor A. F. Why visual attention and awareness are different. Trends in Cognitive Sciences, 2003, 7 (1): 12 – 18.

Hakwan Lau, David Rosenthal. Empirical support for higher-order theories of conscious awareness. Trends in Cognitive Sciences, 2011, 15 (8): 365 – 373.

Lane, R. 2000. Neural correlates of conscious emotional experience. In: Lane, Nadel L, Ahern G, Allen J, Kaszniak A, Rapcsak S, Schwartz G, editors. Cognitive euroscience of Emotion. New York: Oxford University Press.

Lau H. C. , Passingham R. E. Unconscious Activation of the Cognitive Control System in the Human Prefrontal Cortex. Journal of Neuroscience, 2007, 27: 5805 – 5811.

NicholasShea and Tim Bayne. The Vegetative State and the Science of ConsciousnessBr J Philos Sci. , 2010, 61 (3): 459 – 484.

Lloyd, Dan. 2002. Functional MRI and the Study of Human Consciousness. Journal of Cognitive Neuroscience, 14: 818 – 831.

Lloyd, Dan (2003) . A Novel Theory ofConsciousness. Cambridge, MA: MIT Press.

Manzotti, Riccardo. Tagliasco, Vincenzo. Artificial consciousness: A discipline between technological and theoretical obstacles. Artificial Intelligence in Medicine, 2008, 44 (2): 105 – 117.

Kaspar Meyer. Primary sensory cortices, top-down projections and conscious experience. Progress in Neurobiology, 2011, 94 (4): 408 – 417.

Koivisto, Mika. Revonsuo, Antti. Event-related brain potential correlates of visual awareness. Neuroscience & Biobehavioral Reviews, 2010, 34 (6): 922 – 934.

Miranker, Willard L. Zuckerman, Gregg J. Mathematical foundations of consciousness. Journal of Applied Logic, 2009, 7 (4): 421 - 440.

MorganWallhagen. Consciousness and Action: Does Cognitive Science Support (Mild) Epiphenomenalism? Br J Philos Sci. , 2007, 58 (3): 539 - 561.

Nichols, S. , Stich, S. 2003. Mindreading: An integrated account of pretence, self-awareness, and understanding of other minds. Oxford University Press.

Morten Overgaard, Kristian Sandberg, Mads Jensen. The neural correlate of consciousness? Journal of Theoretical Biology, 2008, 254 (3): 713 - 715.

Morten Overgaard, Thor Grünbaum. Consciousness and modality: On the possible preserved visual consciousness in blindsight subjects. Consciousness and Cognition, 2011, 20 (4): 1855 - 1859.

AntoninoRaffone, Martina Pantani. A global workspace model for phenomenal and access consciousness. Consciousness and Cognition, 2010, 19 (2): 580 - 596.

Railo, Henry. Koivisto, Mika. Revonsuo, Antti. Tracking the processes behind conscious perception: A review of event-related potential correlates of visual consciousness. Consciousness and Cognition, 2011, 20 (3): 972 - 983.

Reddy, Vasudevi. On being the object of attention: implications for self - other consciousness. Trends in Cognitive Sciences, 2003, 7 (9): 397 - 402.

Phelps, E. A. 2005. Emotion and consciousness. New York and London: Guilford Press.

Sewards, Terence V. Sewards, Mark A. On the Correlation between Synchronized Oscillatory Activities and Consciousness. Consciousness and Cognition, 2001, 10 (4): 485 - 495.

Pockett, Susan. Holmes, Mark D. Intracranial EEG power spectra and phase synchrony during consciousness and unconsciousness. Consciousness and Cognition, 2009, 18 (4): 1049 - 1055.

Thomas Metzinger, 2000. Neural Correlates of Consciousness, MA: MIT Press.

Vaitl D, Birbaumer N, Gruzelier J, Jamieson GA, Kotchoubey B, et al. Psychobiology of altered states of consciousness. Psychol Bull. 2005 Jan. , 131 (1): 98 – 127.

Van Gaal, S; Lamme, VAF. Unconscious High-Level Information Processing: Implication for Neurobiological Theories of ConsciousnessThe Neuroscientist, The Neuroscientist, 1 June 2012, 18 (3): 287 – 301.

Zeki, Semir. The disunity of consciousness. Progress in Brain Research, 2007, 168: 11 – 18, 267 – 268.

后　记

　　经过三年半的日积月累和壬辰龙年春节假期的集中调整，这部书稿终于杀青了，心中的块垒也顿然消解了，但是与之相关的"认知情结"不仅未能悉数释然、反而愈加浓郁和厚重了。这究竟是怎么回事？

　　第一，概念之痒。两年前，笔者为了在"个人知识"与"自我知识"之间做出抉择而倍感纠结。其原因在于，当年萨义德所说的"个人知识"、纳比尔所提倡的"德性知识"、迈耶所揭示的"情感知识"、霍威尔所界定的"自我知识"和盖特勒所阐述的"元知识"，都是从不同的维度对人类的活知识的概括方式。

　　进而言之，现在需要研究者确定一个具有高度概括性的名称，借此涵纳和指称上述的这些知识模块。半年前，我初步选择了"本体知识"这个术语，企望以此实现对进入人类个体心中并被个性化重构的那个"知识王国"的合理赋名。

　　然而，在发表了若干论文之后，自己仍然是"满腹狐疑"：经过查阅文献与工具书等发现，现有的"本体"概念源于拉丁语，"本体论"的概念源于 17 世纪德国的经院哲学；它们分别指称存在及其本质规律（与形而上学相近）。但是，它们到底是指物质世界、文化世界还是精神世界呢？换言之，人类是否需要建立物质本体论、文化本体论和精神本体论呢？

　　其原因在于，物质世界、文化世界与精神世界的本质特征、演化规律、感性形态及价值蕴涵等方面，皆有重要区别；至于它们相互之间的共性特征，则不言而喻或不待自言了。

　　然而，千百年来，人类钟情于一个完形化的本体世界及其本体论的建构、认知与解释行为，继而形成了一种单一的、具有普遍信效度的理性知识观。对此，笔者将之称作"客体性知识"、"对象性知识"或"（外部）世界知识"；相形之下，人类对于自己的精神世界的"本体"所在之定位以及"精神本体论"的探索，均属鲜见。这是为什么？

　　原来，我们自称为"万物之灵"、作为体现人类价值品格的精神主体性力量，对诸如自然知识、科学知识、社会知识、人文知识等了如指掌，这些对象性知识系统都是由人类的不同个体逐步建立起来的。但是，我们对个体、群体、种族乃至全人类的精神世界的本体性真理却语焉不详！其逻辑动因在于，我们缺少用以表征人类精神世界之规律与真理的（人类精神）本体性概念；进而反溯至经验层面，我们缺少对精神本体的返身体验；再拾级而上，我们还缺少对精神本体的审美想象、科学推论、意象表征、意识预演、虚拟映射和外在转化。

　　至此，我终于在认识论的层面找到了用来统合精神世界之各种知识的比较恰切合理的一个符号——主体性知识，由而化解了概念之痒。

　　第二，结构之问。既然有了名分，那么接下来就需要界定主体性知识的内涵了。

　　首先应当明白的是，主体性知识是个性主体的思想之本、精神基础及人格价值特征的体现方式。人与人之间千差万别，其思想之别、情感殊征、意识特质、行为独韵、言语风品等等，皆源于每个人具有与众不同的自我经验、自我知识、自我概念及自我意识。这些个性化的认知产物皆有所不同于人们在学校里、书本上、作品中所应对的那些公用性、普遍性、标准化、客观性的知识。

　　进而言之，主体性知识与个性主体的精神活动命运攸关：它牵涉到个性主体如何思维、怎样管理情绪、怎样认知自我、如何理解客观世界、怎样运用共性知识、如何更新自我、怎样发现与创造主客体价值……等等。

　　具体来说，它涵纳了个性化的元知识、自我知识以及与个性主体有关的客体性知识（诸如科学知识、人文知识、社会知识、技术知识与艺术知识等一系列的通识性内容），体现了个性主体通过对人类公共知识的内化、重组与转化方式来自觉建构自我、认知自我、管理情知意和实现个性价值的人格智慧。因而，它是对人的主体性价值特征与能力的独特表征方式。其基本构成包括六大方面：①主体性经验知识；②主体性概念性知识；③主体性情感性知识；④主体性身体知识与技能知识；⑤主体性策略知识；⑥主体性理念知识。

上述的主体性知识的内在结构，遂成为当代教育理应体现的人本主义宗旨的客观内容，也是教学方法论及人才评价标准实现革新的人本参照系。

第三，原理之奥。外部知识是以何种方式被主体内化、改组与重建的？换言之，主体性知识的建构程序是什么？简言之，主体需要运用元认知系统来操作具身装置、分别解析与化合外源知识、进而重建自己的内源知识，即形成关于外源的共性知识之心理、大脑与身体的多元一体化表征形式。

需要说明的是，每个人的主体性知识不是自发形成的；它需要主体具有自觉的建构意识，还需要他人的方法示范与策略引导。其建构程序包括：①以寓身方式内化客体性知识，形成自传体记忆、情感知识与经验知识；②借助对象世界的概念建构自我——世界概念；③运用客观规则建构主客体认知策略；④运用程序性知识建构身体知识与技能知识。

第四，生成之妙。自我参照系是如何形成的？依笔者之见，一是情感参照系，或者说基于情感知识而形成的"情感性智能"。它一方面用于主体管理自己的情绪、认识自己的精神活动的情感价值，另一方面用于主体认知对象的情感意义；二是概念参照系，即主体基于自我概念而形成的自我符号系统，供主体用来表征自己的本体新经验、新理念，以及供主体概括与指称对象时空的新事实、新规则、新特征、新价值、新机制；三是身体参照系，即主体基于自己的身体工作记忆而形成的身体表达意象、身体感知意象。它们与主体所要表达的文化符号形式及其内在规范、操作程序等，形成了严密精细的镶嵌——耦合——匹配关系。因而，主体借助激活自己的相关身体意象，即可形成用于实施对象化创造活动的自我身体参照系。

进而言之，自我情感参照系具有动力导向作用，自我概念参照系具有思想创新的表征作用，自我身体参照系具有能力催化作用。

第五，机制之要。主体性知识是如何转化为主体性智慧的？要言之，个性主体需要借助客观规律建构元知识、本体性理念与自我——世界意识，以此形成元认知能力、人格智慧。

　　具体而言，人的主体性能力（自我认知能力及或人格智慧）的生成路径包括下列内容：①基于本体情绪工作记忆实施寓身体验与自我—世界表象重构；②基于本体概念工作记忆实施符号认知与自我—世界概念更新；③基于本体理念工作记忆实施意识预演与自我—世界意象廓出；④基于本体执行工作记忆（即身体工作记忆）实现自我意识与世界意识的人格整合及人格智慧生成。

　　第六，范式之谜。主体性智慧如何转化为客体性智慧？对于这个问题，当代的认知科学哲学、神经科学哲学和心理学哲学等研究者，已经从认知范式的主客观转型理论方面做出了初步的探索。然而，身处教育学、心理学和神经科学等领域的研究者、管理者与教学者，却未能有效应对此种挑战。

　　可以说，只有基于主体性知识这个人本坐标，我们才能深刻理解教育之妙、学习之奥，才能真正把握转化共性知识的思想之道、形成个性知识及人格智慧的科学之路，进而发见将人格智慧转化为世界智慧的必由途径。

　　细致而论，个性主体的人格智慧的对象性转化方式是：①将人格化的智慧意象转化为身体性的智慧意象（及其元调控范式）；②将身体性的智慧意象转化为符号性的身体概象图式；③将符号性的身体概象转化为感性化的身体表象（包括五官四肢等感觉—运动的）范式；④将感性化的身体表象转化为对象性与物化形态的多元化客体表象范式。

　　其间，自我参照系乃是最最重要的"导向仪"。其理由请参见上述第四条内容。论及自我意识，笔者以为它是体现主体对精神世界之规律与真理的理性认识能力；一个人在拥有自我意识的基础上，便会逐步发展与提升他的世界意识（包括对世界的元意识，以及科学意识、道德意识、审美意识、法律意识、家庭意识、社会意识、生态意识，批判意识、创新意识、协作意识，民族意识，等等），由此构成了他对物质世界、文化世界和社会世界的发展规律及价值真理的理性认识能力。从这个意义上说，人的意识建构乃是孕育人格智慧的一项伟大工程。

　　"问渠那得清如许，为有源头活水来。"人的思想之流与智慧之源，皆发端于交互造化的间体世界：物质世界—文化世界—精神世界；其中，自我与对象互为镜像、自我意识与世界意识相得益彰、实相再现与虚拟预演互补共进……

　　述说以上内容，有助于自己实现转移"认知情结"、达致放心境地的心愿。因而，这也是笔者应对"人生写作遗憾始"之永恒境遇的一种本体性慰藉方式。

　　久阴初晴，云淡、日朗、风柔、茵碧，梅花盈盈笑颜泛红，幼鸟喳喳歌载青春……亲睹斯情斯景，一种感觉自我之心宫油然而生：活着的美感与灵感就是人对本体价值的具身体验。活着即是创造，活着就是幸福！（这是否能算作本体幸福论呢？我暂且将之搁置起来吧。）

　　最后，我愿借此平台，首先向为我提供出版资助的杭州师范大学相关领导与专家致以衷心的感谢！其次向编辑加工此书的中国社会科学出版社编审罗莉老师致以深切的谢忱！另外，在我披星戴月的成书过程中，崔宁做出了长年累月的默默的辛苦奉献，为我分担了文献资料检索与数据核对加工等诸多事务。对此，我感到过意不去，并希望在退休之后能够为她多分担一些事情、增添一些舒心之举、造益她的健康和安怡生活。可以说，家人、学生、同事乃至中外古今之心师文友，都是我得以完善自我意识的人格之镜与智慧之鉴。因此，我理应基于"参之于汝，化之于汝"的道律，于今后努力推进自己的思想产物的社会性转化工作，以期对我的祖国和人类的心智发展有所造益。

作　者

谨识于杭州

2012 壬辰年二月初五